TRATAMENTOS TÉRMICOS E SUPERFICIAIS DOS AÇOS

abm
Associação Brasileira de
Metalurgia, Materiais e Mineração

**Coleção de Livros ABM em
Metalurgia, Materiais e Mineração**

Carlos Eduardo Pinedo

TRATAMENTOS TÉRMICOS E SUPERFICIAIS DOS AÇOS

Tratamentos térmicos e superficiais dos aços

© 2021 Carlos Eduardo Pinedo
Editora Edgard Blücher Ltda.

Imagem da capa: Microestrutura do aço inoxidável martensítico tipo AISI 410 temperado a partir de 950 °C. Microscopia óptica com técnica de luz polarizada. Reagente de Vilella. 250x.

Publisher Edgard Blücher

Editor Eduardo Blücher

Coordenação editorial Jonatas Eliakim

Produção editorial Bárbara Waida

Preparação de texto Beatriz Carneiro

Diagramação Taís Lago

Revisão de texto MPMB

Capa Leandro Cunha

Blucher

Rua Pedroso Alvarenga, 1245, 4° andar
04531-934 – São Paulo – SP – Brasil
Tel 55 11 3078-5366
contato@blucher.com.br
www.blucher.com.br

Segundo o Novo Acordo Ortográfico, conforme 5. ed. do *Vocabulário Ortográfico da Língua Portuguesa*, Academia Brasileira de Letras, março de 2009.

Dados Internacionais de Catalogação na Publicação (CIP)
Angélica Ilacqua CRB-8/7057

Pinedo, Carlos Eduardo
Tratamentos térmicos e superficiais dos aços / Carlos Eduardo Pinedo. -- São Paulo : Blucher, 2021.
326 p. (Coleção de Livros ABM em Metalurgia, Materiais e Mineração)

ISBN 978-65-5506-224-3 (impresso)
ISBN 978-65-5506-221-2 (eletrônico)

1. Aços 2. Aços - Tratamento térmico I. Título II. Série

18-0767 CDD 621.4021

Índices para catálogo sistemático:
1. Aços - Tratamento térmico

APRESENTAÇÃO DA COLEÇÃO DE LIVROS ABM

A Coleção de Livros ABM em Metalurgia, Materiais e Mineração, criada em 2005, tem por principais objetivos suprir lacunas de conhecimentos e estimular o desenvolvimento de pessoas.

De forma a ter uma abordagem mais didática, a coleção foi segmentada em quatro séries:

Livros de Referência – apresentam-se como materiais para consulta rápida de informações úteis, gerais ou focalizadas em um determinado campo do conhecimento, abrangendo, normalmente, tabelas, estatísticas, definições, exemplos, históricos e outros tipos de conteúdo.

Obras de Difusão – têm o propósito de levar a notícia e o conhecimento até o leitor comum, familiarizando-o com a natureza do progresso científico e tecnológico, bem como apresentar implicações econômicas, sociais e políticas, em uma sociedade exposta a constantes mudanças.

Livros de Atualização – fornecem ao leitor mais experiente a abordagem de assuntos especializados que complementam o conhecimento técnico-científico, além de atualização sobre os progressos nas áreas de metalurgia, materiais e mineração.

Livros-texto – destinam-se a leitores iniciantes ou que queiram se aprofundar no assunto, abordando temas de Fundamentos, Matérias-primas e Processos, Produtos e Aplicações e Gestão, seguindo uma sequência lógica de assunto e grau progressivo de dificuldade, compatíveis com a finalidade didática do livro.

O livro *Tratamentos Térmicos e Superficiais dos Aços* é fruto de mais uma parceria entre ABM e Editora Blucher, e vem enriquecer a Coleção de Livros, contribuindo com a série Livros-texto.

abm
Associação Brasileira de
Metalurgia, Materiais e Mineração

Ronaldo Barbosa
Editor-chefe

APRESENTAÇÃO DA COLEÇÃO DE LIVROS ABEM

[illegible]

CONTEÚDO

PREFÁCIO

Este novo livro de Carlos Eduardo Pinedo consegue ser acessível para quem entra na área sem uma formação anterior e, ao mesmo tempo, ser de grande interesse para alunos e profissionais que trabalham com tratamentos térmicos e superficiais dos aços. Diferentemente de uma grande parte dos livros-texto oriundos do meio acadêmico, esta obra reflete a particular experiência de vida do autor, que trabalha há mais de 34 anos com tratamentos térmicos de aços, sem perder o rigor do fundamento acadêmico. Graças a essa peculiaridade, pode-se dizer que Pinedo, ao mesmo tempo que apresenta o conhecimento explícito, formal, sobre o assunto, expõe muitos aspectos do "conhecimento tácito", as peculiaridades e observações, o "pulo do gato" que apenas a vivência pessoal, enfrentando e resolvendo pequenos e grandes problemas, pode trazer.

Nos capítulos iniciais do livro o autor apresenta a metalurgia física básica dos aços de forma didática e concisa, sem perder a precisão e o rigor trazidos por uma sólida formação acadêmica; em seguida descreve a tecnologia dos tratamentos térmicos, mostrando o vínculo fundamental entre os processos e os equipamentos, as microestruturas resultantes e as propriedades.

A importância e originalidade do livro manifestam-se também na abordagem dos capítulos sobre o tratamento térmico e superficial dos aços inoxidáveis e dos aços ferramenta, assuntos complexos, que são tratados em um texto aparentemente fácil, lógico e embasado na termodinâmica e cinética das transformações de fase, mas que em uma releitura cuidadosa mostra-se cheio de sutilezas e detalhes, graças à experiência do autor. O tratamento dado à nitretação, nitrocarburação, cementação e carbonitretação dos aços ligados, aços inoxidáveis e aços ferramenta, nos dois últimos capítulos, não se encontra em nenhum outro livro. A tecnologia dos tratamentos superficiais termoquímicos é descrita, mas sem esconder a complexidade dos fenômenos, mostrando as contradições e lacunas que ainda existem nesses assuntos, trazendo para o leitor as informações necessárias para trabalhar ou buscar respostas para problemas, falhas em serviço e mesmo eventuais desenvolvimentos.

Para entender como Pinedo reuniu essa formação, é preciso remontar à sua história profissional. Nas décadas de 1970 e 1980, um projeto desenvolvimentista de industrialização do país promoveu a criação de Centros de Pesquisa e Desenvolvimento (CP&Ds) apoiados por financiamentos e incentivos estatais em alguns setores industriais, reunindo equipes de formação acadêmica e industrial, com produção de conhecimento, inovação e formação de pessoal. Pinedo formou-se nesse contexto. Essa janela de oportunidade fechou-se após 1994, com o fim desse projeto de desenvolvimento. Após uma formação rigorosa no mestrado na Escola Politécnica da Universidade de São Paulo (EPUSP) como bolsista da Fundação de Amparo à Pesquisa do Estado de São Paulo (Fapesp), na segunda metade da década de 1980, durante a qual trabalhamos juntos na decomposição da austenita em ligas Fe-C-Cr, trabalhou no desenvolvimento de novos aços e ligas especiais em dois dos mais importantes CP&Ds do setor siderúrgico, o da Eletrometal, na equipe do Dr. Alain Jean Isoré, e em Aços Villares, na equipe do Prof. Dr. Ivan Gilberto Sandoval Falleiros e do Eng. Celso Antonio Barbosa. Com o fim desse ciclo, Pinedo passa a viver a experiência de professor universitário em período integral na Universidade de Mogi das Cruzes, obtendo o doutorado no Instituto de Pesquisas Energéticas e Nucleares (Ipen) da USP e, a partir de 1997, gerindo, simultaneamente, o cotidiano de sua empresa, a Heat Tech Tecnologia em Tratamento Térmico e Engenharia de Superfície Ltda., onde desenvolve e realiza processos industriais tecnológica e economicamente importantes na área de tratamentos térmicos e de superfície de aços ferramenta e aços inoxidáveis, com aplicações nas cadeias produtivas de matrizes e ferramentas, petróleo e gás e processamento de alimento, apenas para dar alguns exemplos.

Ao mesmo tempo, Pinedo mantém atividade de pesquisador com uma produção científica própria e, em paralelo, como pesquisador associado e pós-doutor no Departamento de Engenharia Metalúrgica e de Materiais da EPUSP, no Centro Nacional de Pesquisa em Energia e Materiais (CNPEM), no Laboratório Nacional de Luz Síncrotron (LNLS), em Campinas, e na Universidade de Birmingham. Graças a essa atividade, ele participa de pesquisas na fronteira da ciência, como o desenvolvimento dos aços inoxidáveis com austenita expandida e o desenvolvimento dos tratamentos de nitretação a baixa temperatura, assunto que já resultou em quatro patentes.

As próximas gerações de estudantes e profissionais da área terão neste livro a possibilidade de lidar com os tratamentos térmicos e superficiais a partir de exemplos concretos, incluindo informações e raciocínios surgidos tanto da prática industrial como da pesquisa e desenvolvimento, e sempre embasados nos conhecimentos de metalurgia física fundamental.

Prof. Dr. Hélio Goldenstein
Professor Titular do Departamento de Engenharia Metalúrgica
e de Materiais da Escola Politécnica da USP

CAPÍTULO 1
O SISTEMA FERRO-CARBONO

1.1 INTRODUÇÃO

Componentes metálicos são utilizados amplamente em diversos setores industriais. Esses componentes são fabricados principalmente com ligas à base de ferro, alumínio, cobre e níquel e se enquadram em aplicações específicas em função das propriedades necessárias para atingir o desempenho previsto do componente em serviço.

As ligas à base de ferro são, sem dúvida, as de maior importância e aplicação industrial, seja no número e variedade de componentes fabricados, seja na quantidade produzida anualmente nas usinas siderúrgicas. Essas ligas possuem o carbono como elemento de liga principal, e o sistema Fe-C permite a obtenção de microestruturas variadas em condições de equilíbrio ou de não equilíbrio. O sistema Fe-C possui teores nominais de carbono que variam de 0,05% até 6,67%. Industrialmente, os produtos siderúrgicos são classificados de acordo com o teor de carbono na forma em duas grandes famílias: os aços, com teor de carbono entre 0,05% até 2,20%, que caracteristicamente podem ser trabalhados por deformação a quente e a frio para obtenção das mais variadas formas e dimensões; e os ferros fundidos, com teor de carbono entre 2,20% até 6,67%, que não são passíveis de deformação e cujos produtos finais só podem ser obtidos pelo processo de fundição.

Os aços são as ligas do sistema Fe-C com aplicações abrangentes em segmentos industriais como: construção civil, automotivo, aeronáutico e aeroespacial, petróleo e gás, químico, farmacêutico, biomédico, entre outros. Essa variedade de aplicações se deve à possibilidade de se obter diferentes microestruturas após ciclos térmicos específicos de aquecimento e resfriamento, ou seja, após os tratamentos térmicos. A adição de elementos de liga como manganês, cromo, molibdênio, vanádio, tungstênio etc. amplia as possibilidades de se combinar as propriedades mecânicas, químicas e físicas nas ligas à base de ferro. As principais famílias de aços utilizados comercialmente são:

- aços-carbono;
- aços para construção mecânica ou para beneficiamento;
- aços inoxidáveis;
- aços ferramenta.

Os ferros fundidos também são passiveis de tratamentos térmicos, e a divisão destes em famílias está relacionada principalmente à presença e à forma da grafita, sendo classificados como: branco, cinzento, nodular e vermicular.

1.2 ALOTROPIA DO FERRO

O ferro é um elemento com reticulado cristalino da forma cúbica. Caracteriza-se esse elemento pelo fato de apresentar o fenômeno de alotropia ou polimorfismo, ou seja, a capacidade de possuir diferentes formas cristalinas cúbicas, como mostra a Figura 1.1. As formas alotrópicas são o ferro cúbico de corpo centrado (CCC) e o ferro cúbico de face centrada (CFC). O ferro cúbico de corpo centrado possui um átomo de ferro em cada vértice do cubo e um átomo no seu centro que correspondem às formas alotrópicas chamadas "delta" (δ) e "alfa" (α). O ferro cúbico de face centrada possui átomos de ferro nos vértices e nos centros das faces do cubo e corresponde à forma alotrópica chamada "gama" (γ).

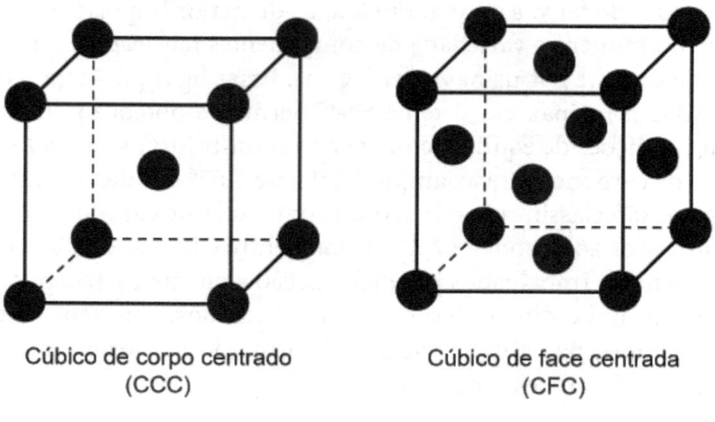

Figura 1.1 – Reticulados cristalinos do ferro. Fonte: adaptada de (1).

A característica mais importante do ferro e de suas ligas são as diferentes formas que seu reticulado cristalino assume com a variação da temperatura, denominadas formas alotrópicas. Isso porque essas formas alotrópicas permitem os diferentes tipos de tratamentos térmicos a serem descritos posteriormente. As mudanças de forma cristalina que acontecem em uma temperatura fixa no ferro puro e em um intervalo de temperatura em ligas de ferro são acompanhadas de uma variação de energia característica.

A Figura 1.2 mostra esquematicamente as transformações alotrópicas, mudanças de reticulado cristalino, do ferro puro com a temperatura. Os pontos de transformação alotrópica são representados por "A", correspondendo à palavra do francês "*arrêt*". No resfriamento se acrescenta a letra "r", correspondendo ao resfriamento, "*refroidissement*" em francês, e no aquecimento, a letra "c", "*chauffage*" em francês. A partir do líquido, o ferro se solidifica como ferro com reticulado CCC, chamado delta (δ), que permanece estável até a temperatura de 1.394 °C. Nessa temperatura ocorre a transformação alotrópica para o reticulado CFC, gama (γ), o qual permanece estável até 912 °C, quando o reticulado CFC se transforma em CCC, originando a fase alfa (α), que permanece estável até a temperatura ambiente. As transformações alotrópicas que ocorrem no resfriamento ocorrem de forma inversa no aquecimento. Na temperatura de 770 °C ocorre uma mudança importante de propriedade no ferro, não relacionada à transformação alotrópica. Nessa temperatura o ferro-α sofre uma mudança em seu comportamento magnético, passando de ferromagnético para paramagnético. Esta temperatura é denominada "temperatura Curie".

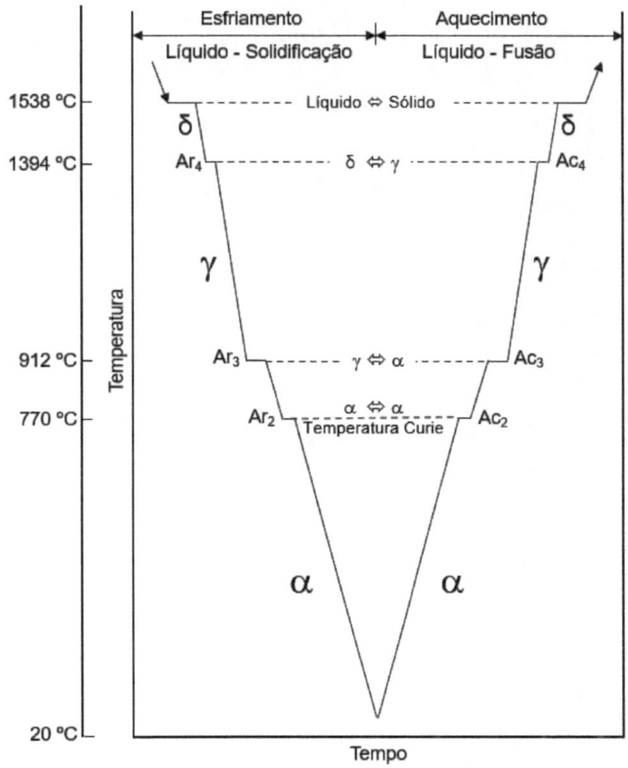

Figura 1.2 - Transformações alotrópicas do ferro. Fonte: adaptada de (1).

A ação da temperatura influencia não apenas a forma alotrópica de equilíbrio, mas também o parâmetro do reticulado cristalino de cada fase e, por consequência, a distância entre os átomos de ferro na célula unitária cúbica, apresentada na Figura 1.3. Esses fatores são importantes para a solubilidade do carbono e dos elementos de liga nas ligas de ferros.

Quando o ferro se apresenta ligado ao carbono, a solubilidade do carbono no ferro varia não apenas com a temperatura, mas também com a estrutura cristalina, forma alotrópica. A estrutura cristalina de baixa temperatura, ferro-α, mantém uma quantidade mínima de carbono em solução sólida, e a estrutura cristalina de alta temperatura, ferro-γ, dissolve quantidades apreciáveis de carbono. Os fenômenos de transformação alotrópica e de variação na solubilidade de carbono determinam importantes transformações de fases que ocorrem no aquecimento e resfriamento das ligas de ferro e que são a base dos tratamentos térmicos. O controle dessas transformações e das microestruturas obtidas é responsável pelas propriedades finais alcançadas nos mais diferentes produtos industriais.

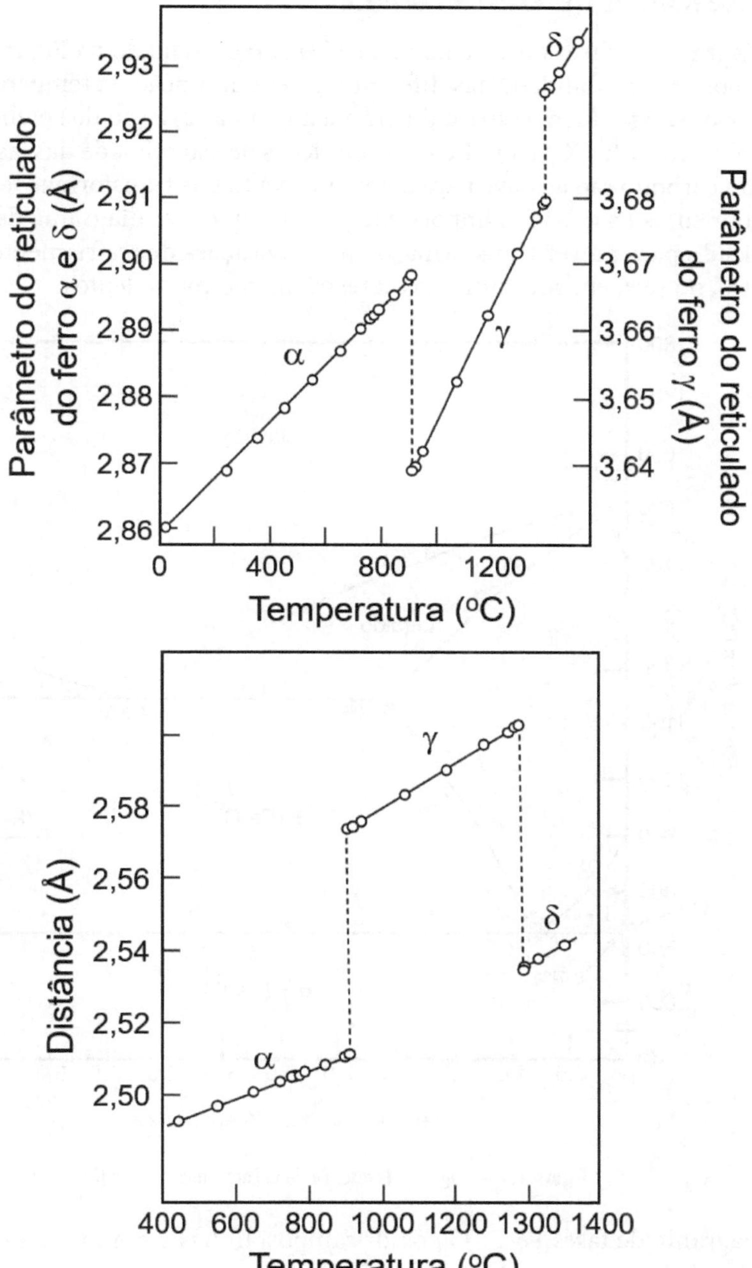

Figura 1.3 – Efeito da temperatura sobre o parâmetro do reticulado do ferro e sobre a distância mínima entre os átomos na célula unitária. Fonte: adaptada de (2).

1.3 DIAGRAMA DE FASES Fe-Fe_3C

O diagrama de fases do sistema Fe-Fe_3C está representado na Figura 1.4. Este diagrama mostra a estabilidade das diferentes fases em função da temperatura e do teor de carbono na liga. Além disso, o diagrama mostra a variação da solubilidade de carbono nos ferros α (CCC) e γ (CFC). As condições de estabilidade das fases e da solubilidade do carbono são a chave para o entendimento das transformações que ocorrem nos tratamentos térmicos. É importante pontuar que esse diagrama de fases só pode ser utilizado para prever transformações em condições de resfriamento próximas do equilíbrio, ou seja, em aquecimento ou resfriamento muito lentos.

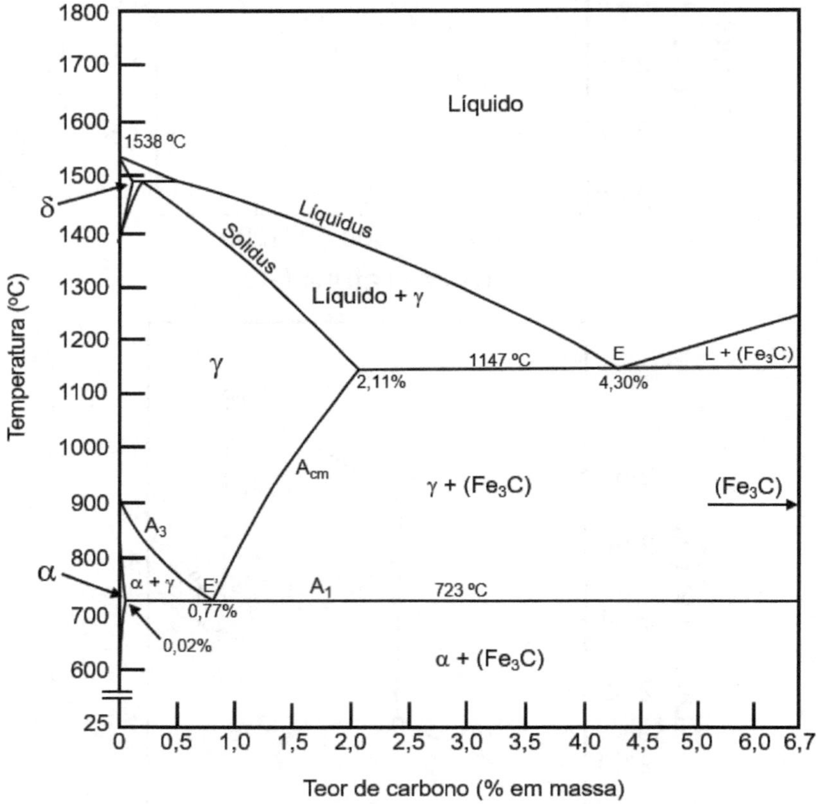

Figura 1.4 – Diagrama de fases Fe-Fe_3C. Fonte: adaptada de (3).

O diagrama de fases Fe-Fe_3C possui campos, linhas e pontos que indicam transformações de fase importantes em função do teor de carbono e da temperatura.

- A linha "*Liquidus*" indica o início da solidificação, e a linha "*Solidus*" indica o final da solidificação. No resfriamento observa-se primeiramente o campo do líquido (L), no qual qualquer quantidade de carbono pode ser dissolvida no ferro.

- Para as soluções sólidas de carbono no ferro observa-se o campo de formação do ferro sólido correspondente à ferrita-δ, um campo amplo de estabilidade da austenita (γ) e um campo restrito, à esquerda, referente à ferrita (α). Para o teor fixo de 6,67%C, uma linha indica a formação do carboneto de ferro, cementita (Fe_3C).
- As linhas A_3 e A_1 delimitam a estabilidade da austenita e indicam sua transformação para ferrita. A linha A_{cm} corresponde ao limite de solubilidade de carbono da austenita e indica o início da precipitação da cementita.
- A cementita é um composto intermetálico com um teor fixo de carbono de 6,67%. A cementita não apresenta reticulado cúbico como a austenita e a ferrita. Seu reticulado é ortorrômbico, com 12 átomos de ferro e 4 átomos de carbono localizados nos interstícios dos átomos de ferro (4).
- O ponto "E: eutético" indica a formação do eutético pela solidificação do líquido em austenita + cementita, ($L \rightarrow \gamma + Fe_3C$), que é denominado "ledeburita", e o ponto "E': eutetoide" indica a decomposição da austenita em um agregado constituído de ferrita e cementita, ($\gamma \rightarrow \alpha + Fe_3C$), que é denominado "perlita".

Associadas às transformações alotrópicas, as quantidades de carbono que podem ser dissolvidas na austenita e na ferrita são diferentes e variam com a temperatura. A austenita dissolve um teor máximo de 2,11%C na temperatura de 1.147 °C e um teor mínimo de 0,77%C na temperatura de 723 °C. Por sua vez, a ferrita dissolve um teor máximo de 0,02%C na temperatura de 723 °C e um teor insignificante, próximo de 0,008%C, na temperatura ambiente. Esse limite de solubilidade na austenita e na ferrita faz com que ocorra a precipitação do carboneto de ferro "Fe_3C", "cementita", quando esse limite de solubilidade é excedido pelo efeito da diminuição da temperatura. Aços com teor de carbono inferior ao do ponto E' (0,77%C) são denominados "aços hipoeutetoides", e aços com teor de carbono superior ao ponto E', até 2,11%C, são denominados "aços hipereutetoides".

No que se refere aos tratamentos térmicos dos aços, as principais transformações de fases estão relacionadas à decomposição da austenita no resfriamento lento, próximo ao equilíbrio termodinâmico. Entre as linhas A_3/A_1 e A_3/A_{cm} existe um equilíbrio de duas fases: "austenita + ferrita" e "austenita + cementita", respectivamente. No resfriamento dos aços hipoeutetoides a austenita se transforma, primeiramente, entre as temperaturas de A_3 e A_1, formando a ferrita proeutetoide. No resfriamento dos aços hipereutetoides a austenita se transforma, primeiramente, entre as temperaturas de A_{cm} e A_1, formando a cementita proeutetoide. Nos aços hipoeutetoides o progresso do resfriamento promove um aumento do teor de carbono da austenita não transformada até o máximo de 0,77% a 723 °C, e para os aços hipereutetoides o resfriamento promove uma diminuição do teor de carbono da austenita até um teor mínimo de 0,77% a 723 °C. Desta forma, a austenita não transformada sempre atinge no resfriamento abaixo de A_3 e A_{cm} a composição E' do eutetoide ao atingir a temperatura de 723 °C e no resfriamento subsequente será transformada em perlita.

O diagrama Fe-Fe_3C também pode ser utilizado para calcular a fração das fases presentes na microestrutura no resfriamento de equilíbrio. Para os aços, as transformações que ocorrem abaixo da linha A_1 e A_{cm}, até temperatura ambiente, têm sua fração de fases calculada com o uso da regra da alavanca, na forma:

Aços hipoeutetoides

$$\%ferrita = \frac{C_\gamma - C_o}{C_\gamma - C_\alpha} \times 100$$

Aços hipereutetoides

$$\%cementita = \frac{C_\gamma - C_o}{C_{Fe3C} - C_\gamma} \times 100$$

em que C_o: composição do aço; $C\gamma$: composição da austenita; $C\alpha$: composição da ferrita; e C_{Fe3C}: composição da cementita.

A Tabela 1.1 apresenta o cálculo das frações das fases proeutetoide, ferrita e cementita, e de perlita em uma temperatura logo abaixo de 723 °C. Para os aços hipoeutetoides, verifica-se que o teor de ferrita é máximo para teores de carbono baixos e que à medida que o teor de carbono no aço aumenta a fração de perlita na microestrutura aumenta até o máximo de 100% para a composição eutetoide de 0,77%C. Os aços hipereutetoides têm uma fração muito baixa de cementita proeutetoide e sempre elevada de perlita, principalmente próximo do teor mais utilizado nos aços, de 1,0%C.

Tabela 1.1 – Fração das fases proeutetoide e de perlita em uma temperatura logo abaixo de 723 °C

Aços hipoeutetoides		
C_o	% ferrita	% perlita
0,15	83,3	16,7
0,20	76,9	23,1
0,25	70,5	29,5
0,30	64,1	35,9
0,35	57,7	42,3
0,40	51,3	48,7
0,60	25,6	74,4
0,77	0,0	100,0

Aços hipereutetoides		
C_o	% cementita	% perlita
1,00	3,4	96,6
1,50	11,9	88,1
2,00	20,3	79,7

A Figura 1.5 apresenta as microestruturas resultantes do resfriamento lento, próximo ao equilíbrio, para aços de composição hipoeutetoide com teor de carbono entre 0,08% e 0,60%. Observa-se que, como previsto pela regra da alavanca, a fração de ferrita diminui e a de perlita aumenta com o aumento do teor de carbono no aço. Para teores de carbono tão baixos quanto 0,08%, a microestrutura é composta de uma matriz ferrítica com partículas isoladas de cementita, e para a composição de 0,60%C a ferrita encontra-se restrita à região dos contornos de grão e a perlita é a maior fração da matriz.

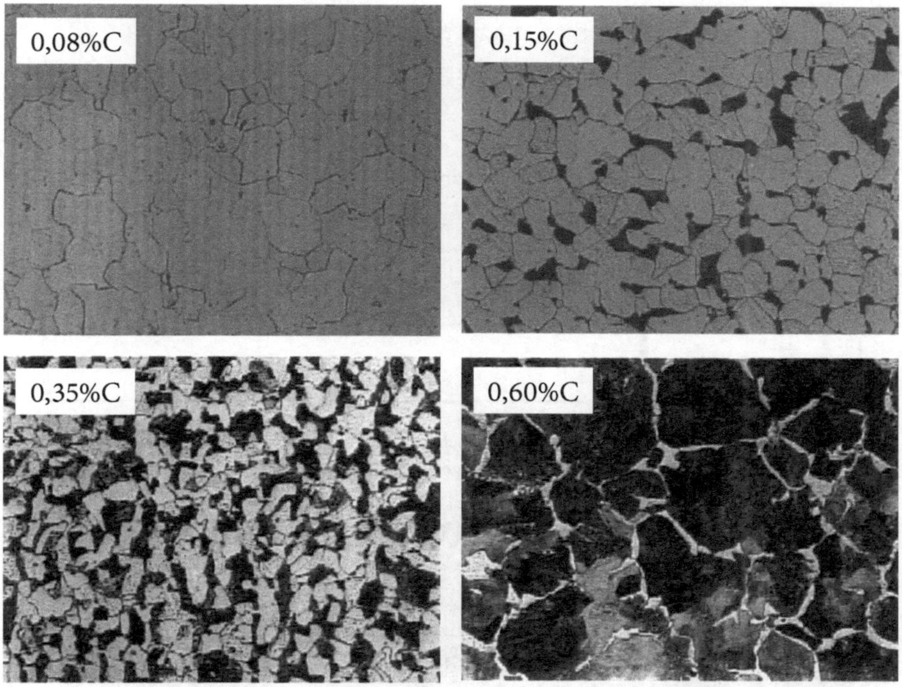

Figura 1.5 – Microestruturas de aços com diferentes teores de carbono. Nital 2%.100x. Fonte: o autor.

Para aços com teor de carbono até 2,11% a austenita não transformada no resfriamento progressivo dentro das zonas críticas (A_3/A_1) e (A_3/A_{cm}) tem seu teor de carbono em equilíbrio com as fases proeutetoides caminhando para a concentração de 0,77%C, que corresponde ao ponto Eutetoide, indicado por E'. No resfriamento, o ponto E' indica o início da formação de um agregado de "ferrita e cementita" e a austenita não transformada até a temperatura de 723 °C com 0,77%C se transforma em "perlita: $\alpha+Fe_3C$" ao ultrapassar essa temperatura no resfriamento.

A perlita é constituída de lamelas alternadas de ferrita e cementita formadas pela decomposição Eutetoide da austenita no ponto invariante: 0,77%C e 723 °C. Uma vez formado o núcleo da perlita, constituído de ferrita e cementita, o nódulo cresce por um mecanismo de ramificação de forma acoplada e cooperativa, de modo a manter o equilíbrio químico na frente de crescimento, como representado esquematicamente na Figura 1.6. A Figura 1.7 apresenta a microestrutura de um aço eutetoide, constituída exclusivamente de perlita, em que se observam nitidamente as lamelas de cementita (escuras) e de ferrita (claras).

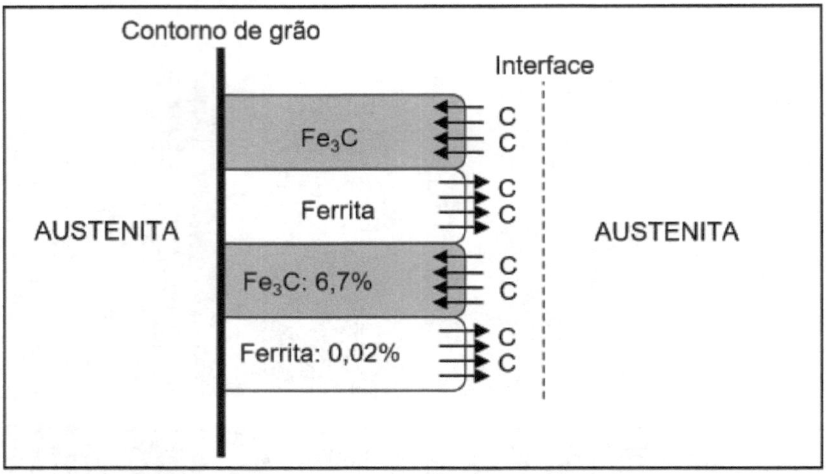

Figura 1.6 – Representação esquemática do crescimento da perlita a partir do contorno de grão austenita/austenita. Fonte: o autor.

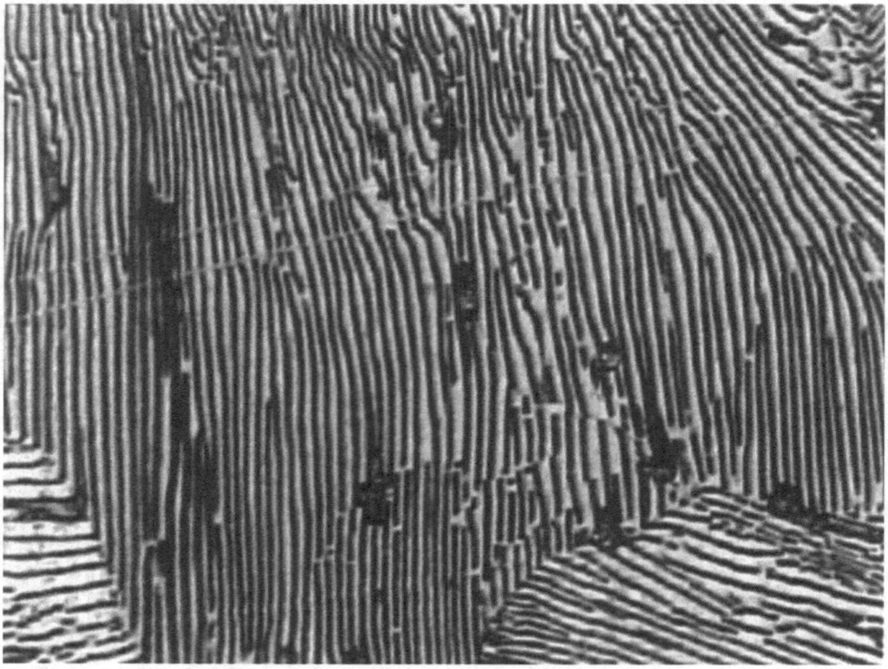

Figura 1.7 – Microestrutura da perlita na composição eutetoide. Nital 2%. 500x. Fonte: o autor.

As propriedades das fases obtidas em condições de resfriamento lento estão indicadas na Tabela 1.2. A ferrita é muito dúctil, "mole", e com resistência mecânica relativamente baixa. A cementita é um carboneto, uma fase cerâmica, e por isso muito dura e frágil. A perlita apresenta, na média, as melhores propriedades, embora nela esteja presente 11,5% de cementita. Contudo, a combinação dos dois constituintes da perlita, ferrita e cementita, altera o comportamento da perlita sob o ponto de vista da resistência mecânica, a qual, ao contrário do que se poderia esperar, aumenta desde que a quantidade de cementita não ultrapasse a porcentagem mais ou menos correspondente à do eutetoide. A Tabela 1.3 mostra a variação das propriedades dos aços em função do teor de carbono e, portanto, com a fração de ferrita, cementita e perlita presente na microestrutura.

Tabela 1.2 – Propriedades mecânicas dos microconstituintes dos aços (5)

Constituinte	Limite de resistência à tração		Alongamento em 2" (%)	Dureza Brinell (HB)
	(kg/mm²)	(MPa)		
Ferrita	35	340	cerca de 40	90
Perlita	85	830	cerca de 10	250-300
Cementita	3	30	0	650

Tabela 1.3 – Propriedades mecânicas de aços resfriados lentamente em função do teor de carbono (6)

Carbono %	Limite de escoamento		Limite de resistência		Alongamento em 2" (%)	Estricção (%)	Dureza Brinell (HB)
	kgf/mm²	MPa	kgf/mm²	MPa			
0,01	12,5	125	28,5	275	47	71	90
0,20	25,0	250	51,5	405	37	64	115
0,40	31,0	300	52,5	515	30	48	145
0,60	35,0	340	67	660	23	33	190
0,80	36,5	355	80,5	785	15	22	220
1,00	36,5	355	75,5	745	22	26	195
1,20	36,0	350	71,5	705	24	39	200
1,40	35,0	340	69,5	685	19	25	215

As linhas de transformação do diagrama Fe-Fe_3C (Figura 1.4) correspondem a uma posição média das transformações de fase e sofrem uma pequena modificação em sua posição de acordo com as condições de aquecimento ou resfriamento do aço. A Figura 1.8 mostra que as linhas A_1 A_3 e A_{cm} são deslocadas para cima no aquecimento, sendo indicadas por Ac_1 Ac_3 e Ac_{cm} com a adição da letra "c", correspondente ao francês "*chauffage*". No resfriamento, as linhas são indicadas por Ar_1 Ar_3 e Ar_{cm} com a adição da letra "r", correspondente ao francês "*refroidissement*". Contudo, essa diferença não afeta a prática dos tratamentos térmicos dos aços quando se objetiva aquecer e resfriar para obter as fases previstas pelo diagrama.

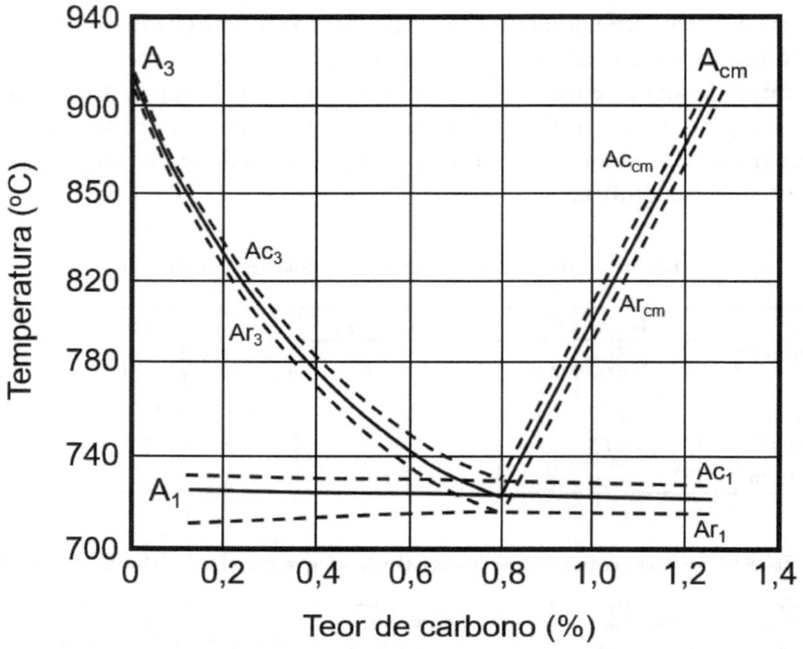

Figura 1.8 – Efeito do resfriamento e do aquecimento nas temperaturas de transformação alotrópica. Fonte: adaptada de (7).

1.4 EFEITO DOS ELEMENTOS DE LIGA NO SISTEMA FE-C

Os aspectos abordados anteriormente com relação ao sistema Fe-Fe_3C consideravam apenas o sistema de liga ferro e carbono. Entretanto, a maioria das ligas ferrosas utilizadas em componentes industriais possui, além do Fe e do C, elementos adicionais que proporcionam uma melhor resposta aos ciclos de tratamento térmico e permitem obter microestruturas com propriedades variadas e de especial importância para os diversos segmentos industriais. Esses elementos adicionados à composição base Fe-C são chamados de elementos de liga, e os principais são: manganês (Mn), níquel (Ni), cromo (Cr), molibdênio (Mo), vanádio (V), tungstênio (W), nióbio (Nb), entre outros.

Quando os elementos de liga são adicionados ao sistema base Fe-C, a primeira modificação ocorre no equilíbrio de fases, ou seja, na estabilidade da austenita e da ferrita. Como a maioria dos tratamentos térmicos utiliza as transformações de decomposição da austenita, é importante conhecer como o campo desta fase se modifica com a adição dos elementos de liga. Os elementos de liga podem influenciar no campo de estabilidade da austenita de duas formas:

- Expandindo o campo de estabilidade da austenita de maneira que esta seja formada para limites mais amplos de composição. Esses elementos são chamados de "estabilizadores da austenita". Os principais elementos estabilizadores da austenita são o níquel, o manganês e o nitrogênio.

- Contraindo o campo de estabilidade da austenita de forma que a estabilidade da ferrita seja favorecida. Esses elementos são chamados de "estabilizadores da ferrita". Os principais elementos estabilizadores da ferrita são o cromo e o silício.

Em consequência, com a adição dos elementos de liga, os diagramas de fases das ligas à base de ferro sofrem modificações com relação ao sistema ferro-carbono simples, como ilustrado na Figura 1.9. Os diagramas do "Tipo A" referem-se aos elementos de liga chamados "estabilizadores da austenita", e os diagramas do "Tipo B" referem-se aos elementos de liga estabilizadores da ferrita. De forma que:

- **Tipo A-I:** do tipo "campo γ-aberto", compreende os elementos de liga que ampliam a faixa de temperatura para austenita estável, resultando em rebaixamento de transformação gama-alfa e elevação da temperatura de transformação gama-delta. Entre esses elementos situam-se o manganês, o níquel e o cobalto.
- **Tipo A-II:** do tipo "campo γ-expandido", carbono e nitrogênio são os elementos mais importantes para expandir o campo de estabilidade da austenita, tornando-a mais estável.
- **Tipo B-I:** do tipo "campo γ-fechado", compreende os elementos de liga que diminuem a estabilidade da austenita, até fazê-la praticamente desaparecer. Esse é o efeito dos elementos estabilizadores da ferrita, e os mais importantes são: silício, cromo, molibdênio, vanádio, titânio e alumínio.
- **Tipo B-II:** do tipo "campo γ-contraído", além da diminuição na estabilidade da austenita, também são formados compostos intermetálicos ou constituintes outros que não soluções sólidas de ferro gama e ferro alfa. Exemplos: tântalo, zircônio, boro, enxofre e nióbio.

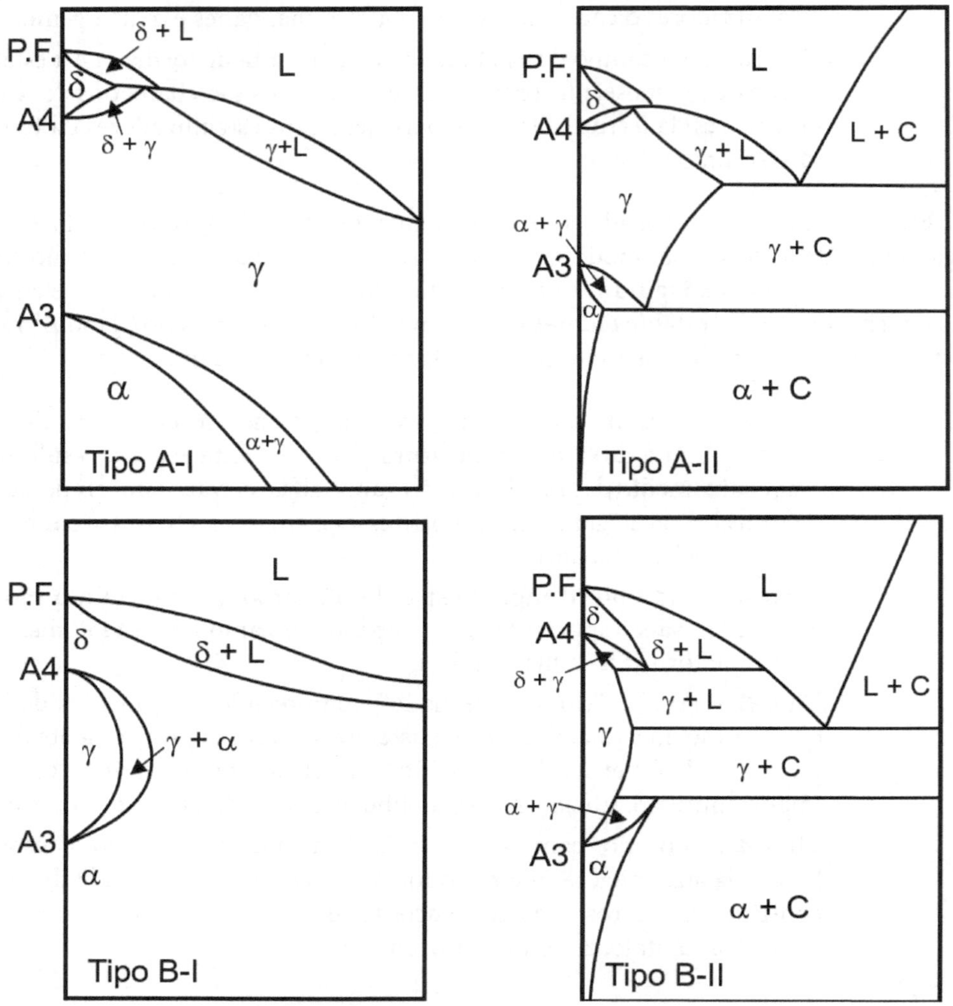

Figura 1.9 – Diagramas de fase formados com a adição dos elementos de liga. Tipo A-I: campo γ-aberto, Tipo A-II: campo γ-expandido, Tipo B-I: campo γ-fechado e Tipo B-II: campo γ-contraído. Fonte: adaptada de (8).

A adição de elementos de liga também afeta significativamente as condições de decomposição eutetoide da austenita para a formação da perlita, que no sistema Fe-C simples ocorre para 0,8%C a 723 °C. Esses elementos alteram a temperatura e o teor de carbono nos quais a transformação eutetoide ocorre. Os elementos estabilizadores de austenita diminuem a temperatura eutetoide, ampliando o campo da austenita, e os elementos estabilizadores de ferrita aumentam a temperatura eutetoide, restringindo o campo da austenita. O efeito dos elementos de liga sobre o teor de carbono e a temperatura do eutetoide e sobre o campo austenítico são mostrados nas Figuras 1.10 e 1.11 (9).

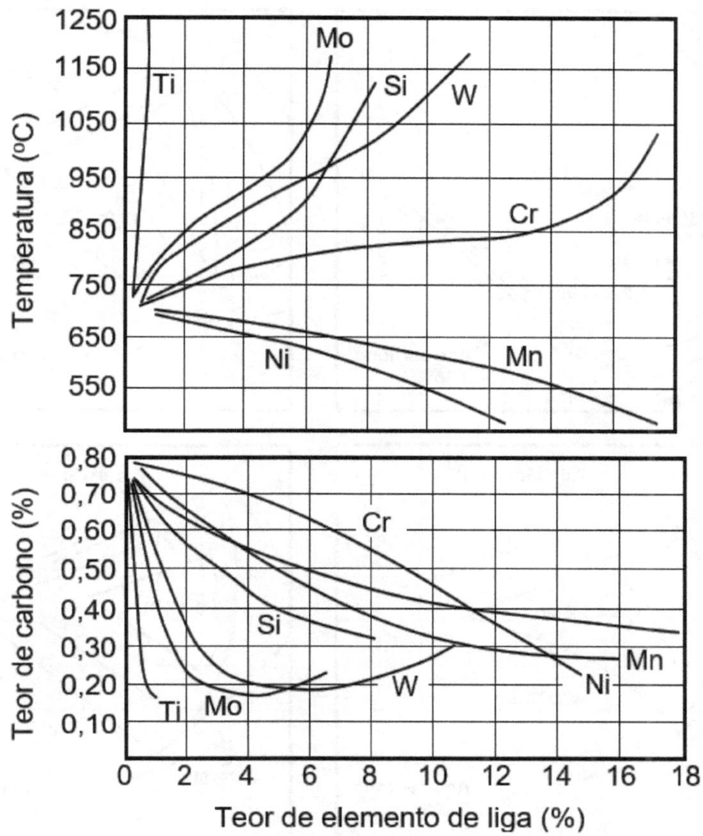

Figura 1.10 – Efeito dos elementos de liga sobre o teor de carbono e a temperatura de transformação eutetoide. Fonte: adaptada de (9).

Uma influência importante dos elementos de liga adicionados ao sistema Fe-C é a capacidade de formação de compostos como os carbonetos, nitretos e outros intermetálicos. Estes compostos participam de forma determinante em diferentes mecanismos de endurecimento presentes nos tratamentos térmicos e superficiais. Geralmente, esses elementos se dissolvem de forma extensa na austenita e possuem baixa solubilidade na ferrita, o que promove sua precipitação em diferentes condições de processo. A Tabela 1.4 mostra as principais características desses elementos.

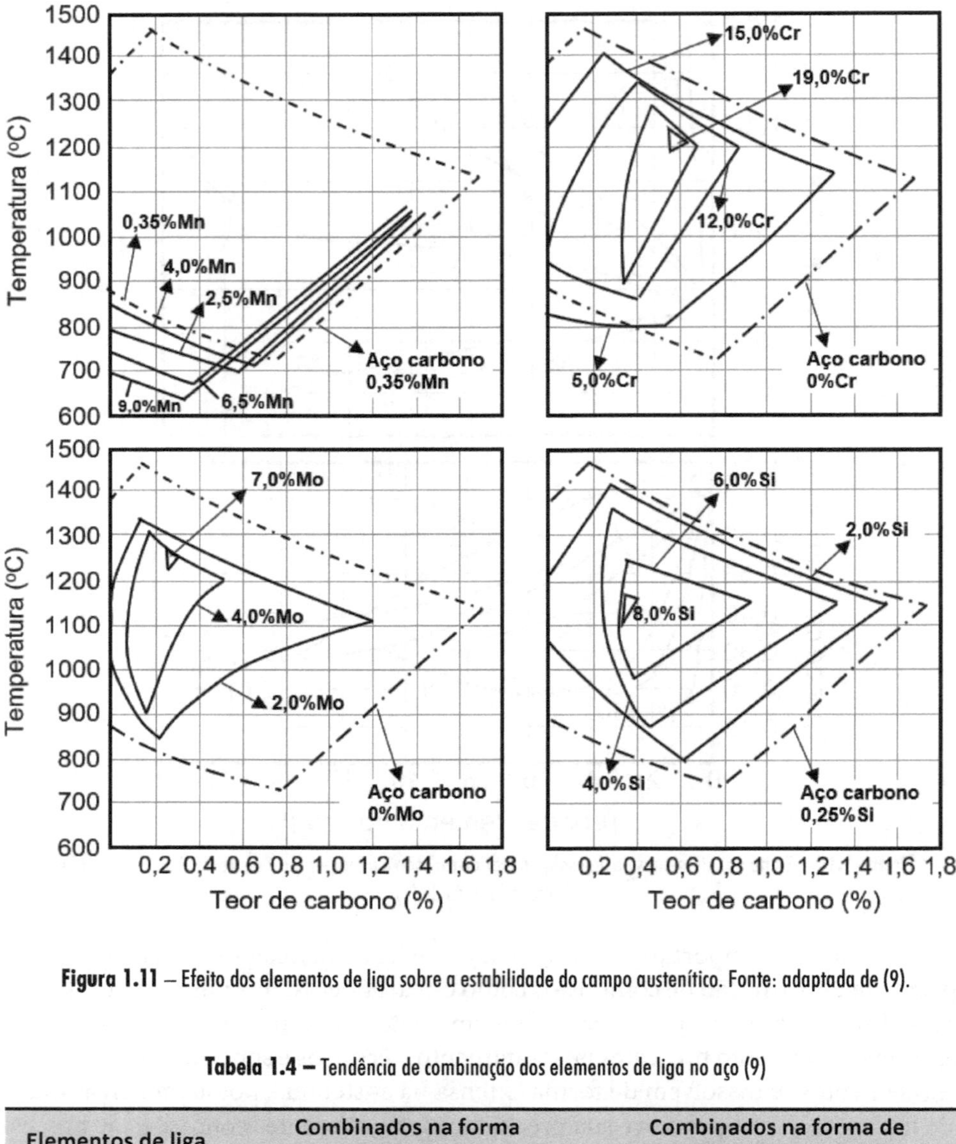

Figura 1.11 – Efeito dos elementos de liga sobre a estabilidade do campo austenítico. Fonte: adaptada de (9).

Tabela 1.4 – Tendência de combinação dos elementos de liga no aço (9)

Elementos de liga	Combinados na forma de carbonetos	Combinados na forma de compostos intermetálicos
Alumínio (Al)	------------------	AlN
Cromo (Cr)	Moderada ($Cr_{23}C_6$, Cr_7C_3)	CrN, Cr_2N
Tungstênio (W)	Moderada (WC, W_2C)	
Molibdênio (Mo)	Moderada (Mo_2C, Mo_6C)	Mo_2N
Vanádio (V)	Forte (VC)	VN
Titânio (Ti)	Forte (TiC)	TiCN, TiN
Nióbio (Nb)	Forte (NbC)	NbN, Nb_2N

REFERÊNCIAS

(1) K.-E. Thelning. *Steel and Its Heat Treatment*. 2. ed. London: Butterworth, 1984.

(2) W. Hume Rothery. *Estrutura das ligas de ferro*. São Paulo: Edgard Blücher, 1968.

(3) *ASM Handbook*. Volume 1. Properties and Selection: Irons, Steels, and High-Performance Alloys. Ohio: ASM International, 1993.

(4) L. H. Van Vlack. *Princípios de Ciência e Tecnologia de Materiais*. 4. ed. Rio de Janeiro: Campus, 1984.

(5) J. Chipman. *Metallography, Structure and Phase Diagrams*. 8. ed. Ohio: ASM International, 1973.

(6) G. Guzzoni. *Gli Acciai Comuni e Speciali*. Vol. 1. Milão: Ulrico Hoepli, 1966.

(7) V. Chiaverini. *Aços e ferros fundidos*. 7. ed. São Paulo: ABM, 1996.

(8) H. K. D. H. Bhadeshia, R. W. K. Honeycombe. *Steels Microstructure and Properties*. 3. ed. Amsterdam: Elsevier, 2006.

(9) E. C. Bain, H. W. Paxton. *Alloying Elements in Steel*. 2. ed. Ohio: ASM International, 1961.

CAPÍTULO 2
TRANSFORMAÇÕES FORA DO EQUILÍBRIO

2.1 INTRODUÇÃO

Nas transformações em condições de resfriamento de equilíbrio, ou seja, em resfriamento muito lento, o tempo não é considerado uma variável que interfere nas reações de decomposição da austenita, isso porque no resfriamento dentro do forno, muito lento, o tempo sempre é suficientemente longo para permitir a difusão do carbono necessária para que as transformações de fase ocorram. Entretanto, quando a velocidade de resfriamento aumenta, a difusão do carbono passa a ser restrita, ou seja, diminui com o aumento da velocidade de resfriamento, e isso altera as condições cinéticas das transformações de fase. Em condições de resfriamento fora do equilíbrio, a análise das transformações de fase não é satisfeita apenas com o uso do diagrama Fe-Fe_3C, e novas formas de análise devem ser utilizadas.

Os primeiros estudos das transformações de fase em resfriamento de não equilíbrio foram realizados por Davenport e Bain (1), que apresentaram novos diagramas capazes de modelar as transformações de fase em função do tempo e da temperatura. O método utilizado consistia em estudar as transformações da austenita em temperatura constante abaixo da linha de transformação A_1. Essa técnica é geralmente realizada em banhos de sal fundido, em que amostras são austenitizadas e transferidas rapidamente para um outro banho de sal na temperatura de estudo, inferior a Ac_1. Nesse banho, as amostras são mantidas em temperatura constante por tempos variados. Com isso, é possível avaliar o progresso das transformações com o tempo, desde quando as transformações se iniciam até quando elas terminam. Essa técnica é denominada “transformação isotérmica”.

2.2 CURVAS TTT E TRC

A mudança nas condições de resfriamento altera as características de formação dos produtos de decomposição da austenita. As transformações previstas pelo diagrama Fe-Fe_3C assumem que o resfriamento é sempre suficientemente lento para permitir que a difusão do carbono ocorra durante as transformações sem restrição da temperatura e do tempo, sempre próximas do equilíbrio termodinâmico.

Quando a temperatura é reduzida bruscamente, a taxa de nucleação e de crescimento dos produtos de decomposição da austenita muda. Em geral, as transformações em temperaturas menores sofrem um atraso, ou seja, começam e terminam em tempos maiores. Como a transformação da austenita em ferrita deve ser acompanhada por uma redistribuição de carbono entre essas fases, pois a solubilidade em ambas é diferente, a diminuição da temperatura de transformação a partir da temperatura de equilíbrio da austenita diminui a difusividade do carbono e com isso modifica as condições cinéticas da decomposição.

Os produtos de transformação da austenita fora do equilíbrio constituem agregados de ferrita e carbonetos. Entretanto, a morfologia destes agregados, bem como seu mecanismo de formação, pode ser diferente em função da temperatura e do tempo para a transformação. Para temperaturas de transformação isotérmicas mais elevadas, próximas de 600-700 °C, ocorre a formação da perlita com morfologia tipicamente lamelar, mas com espaçamento lamelar menor que a perlita de equilíbrio. Para temperaturas de transformação próximas de 500 °C ou inferiores ocorre a formação de uma nova fase chamada "bainita", que se constitui de um agregado de ferrita e cementita com morfologia acicular. A transformação em perlita ainda possui um forte caráter de difusão, mas a transformação em bainita possui um caráter de difusão e de cisalhamento. No caso de um resfriamento muito rápido, a formação da perlita e da bainita é suprimida, e em baixas temperaturas não existe condição para a difusão do carbono. Neste caso, ocorre a transformação da austenita sem difusão e a fase formada é chamada de "martensita". Esta transformação ocorre por um mecanismo complexo de cisalhamento, e não por difusão.

O progresso de transformação da austenita de um aço resfriado a partir da temperatura de equilíbrio até a temperatura de transformação isotérmica está representado esquematicamente na Figura 2.1. Quando a austenita é resfriada rapidamente para a temperatura de 700 °C, abaixo de Ac_1, existe um tempo no qual a austenita permanece metaestável nesta temperatura sem que a transformação ocorra, denominado tempo de incubação. Transcorrido esse tempo, a austenita inicia sua transformação de forma progressiva, de modo que o produto de transformação tem sua fração elevada de 0-100% e a austenita em transformação tem sua fração reduzida de 100-0%, gerando uma curva em "S" na qual se determinam os tempos para início, 50% e final de transformação da austenita. Um conjunto de curvas em "S" determinadas para uma ampla faixa de temperatura permite obter as curvas de transformação em "C", que são denominadas "curvas TTT" (temperatura, tempo, transformação) em resfriamento isotérmico (2).

No diagrama Fe-Fe_3C, as transformações de equilíbrio são previstas em função da composição e da temperatura, valendo, portanto, para qualquer liga de ferro com teor de carbono entre 0% e 6,7%. De forma diferente, as curvas TTT devem ser determinadas para a composição específica de cada tipo de aço e requerem para isso extenso trabalho laboratorial ou, mais recentemente, de simulação computacional (3).

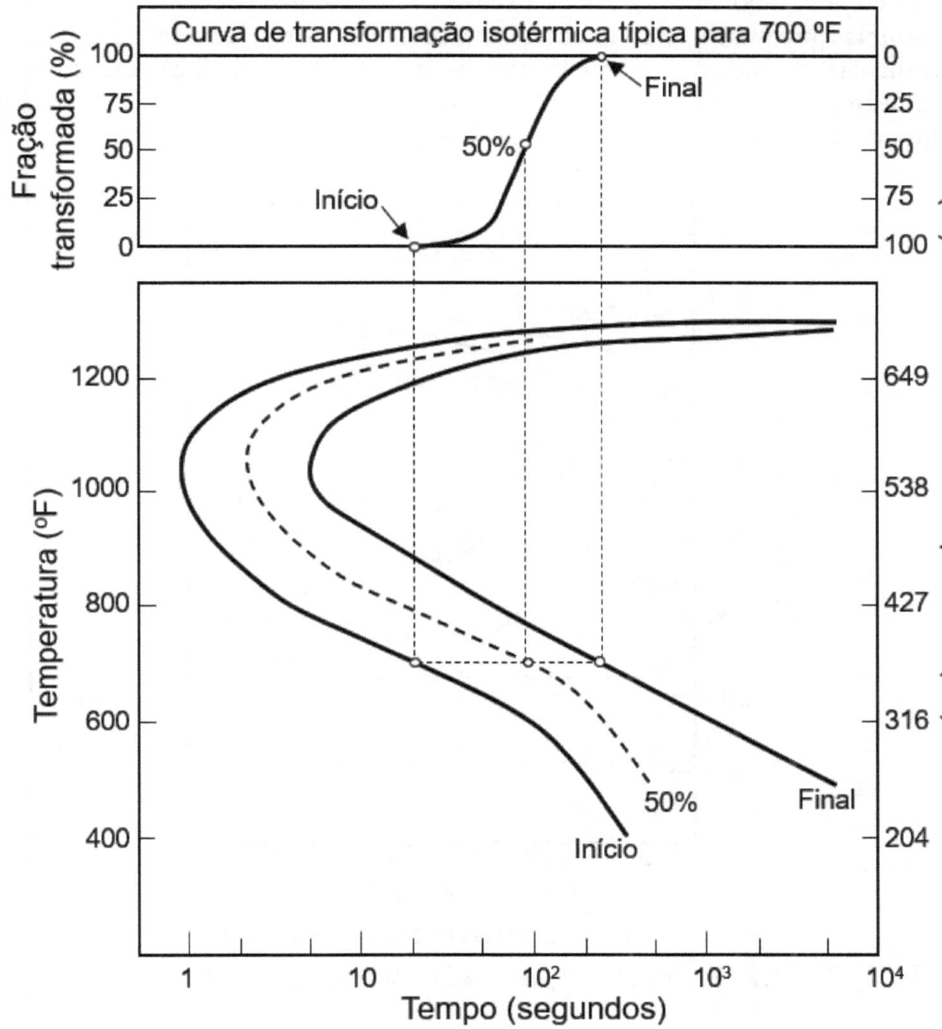

Figura 2.1 – Representação esquemática da construção de uma curva TTT a partir das curvas em "C". Fonte: adaptada de (11).

A Figura 2.2 apresenta a curva TTT para um aço eutetoide. A curva "i" marca o início da transformação da austenita e a curva "f", o final. Na região de decomposição da austenita são mostradas a formação da perlita, proveniente da transformação a altas temperaturas, e a formação da bainita, em temperaturas inferiores. As linhas "Mi" e "Mf" horizontais marcam o início e o fim de formação da martensita. A transformação martensítica só depende da temperatura, o que significa que, uma vez iniciada a formação da martensita, ela só continua e termina se houver queda da temperatura, independentemente do tempo de permanência à temperatura. A transformação da austenita em bainita e martensita será detalhada a seguir.

A maioria dos tratamentos térmicos utiliza resfriamento de forma contínua e não isotérmica. Apenas o tratamento térmico de austêmpera é realizado sob condição isotérmica. Por esse motivo, as curvas TTT são um guia, mas não podem ser aplicadas de forma direta e precisa em resfriamentos contínuos. Neste caso é necessário que sejam determinadas as condições de transformação da austenita na condição específica de resfriamento, na forma contínua em °C/minuto. Esta determinação leva à obtenção das curvas "TRC" (transformação sob resfriamento contínuo).

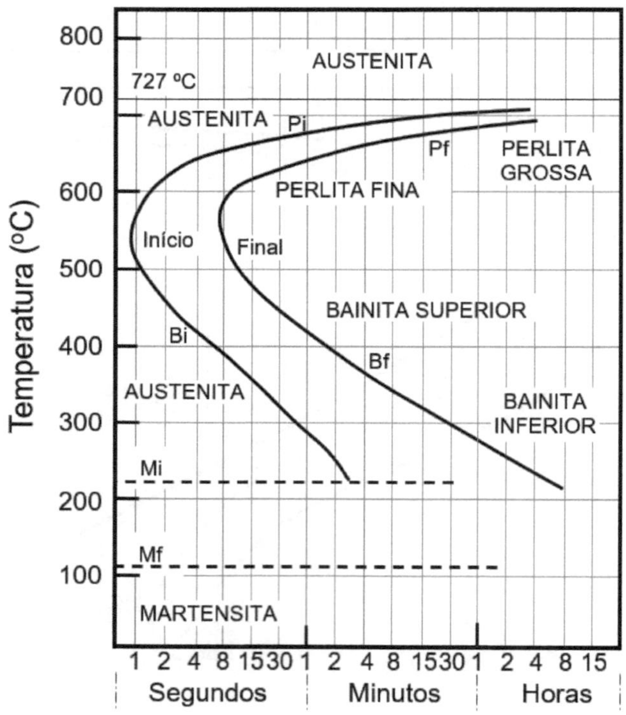

Figura 2.2 – Diagrama TTT para um aço eutetoide. Fonte: adaptada de (4).

Para obtenção das curvas TRC é utilizada a técnica de dilatometria, na qual se acompanha a variação de dimensão de um corpo de prova no aquecimento e resfriamento com taxas precisamente controladas. O aço exibe uma expansão térmica linear no aquecimento e uma contração linear no resfriamento. Entretanto, as transformações de fase são acompanhadas de variações dimensionais independentes relacionadas a mudança no reticulado cristalino e a particularidades das transformações de fase. Desta forma, ao se acompanhar as variações dimensionais por dilatometria, os pontos de início e final de transformação da austenita são determinados quando, no aquecimento ou resfriamento, o corpo de prova exibe uma expansão ou contração diferentes da térmica linear. O ponto de inflexão das retas corresponde ao início e ao final da transformação de fase.

A Figura 2.3 exemplifica três situações típicas desse ensaio, descritas como:

- A primeira curva mostra o aquecimento da ferrita com expansão linear até o primeiro ponto de inflexão, "i", que indica o início de formação da austenita e a partir do qual a transformação $\alpha \rightarrow \gamma$ ocorre por contração até se completar em "f". A partir deste ponto a austenita em aquecimento se expande até a temperatura de austenitização "$T\gamma$". No resfriamento a partir da austenitização a austenita metaestável se transforma na inflexão de início, "i", de formação da estrutura de alta temperatura, perlita, até se completar em "f". A partir desta temperatura não ocorrem outras transformações de fase.
- Na segunda curva, com uma velocidade de resfriamento superior à da primeira, a decomposição da austenita em perlita não se completa e a fração de austenita não transformada inicia em "i" uma segunda transformação para bainita, em temperatura mais baixa, até se completar em "f".
- Para a terceira curva, o maior aumento na taxa de resfriamento suprime a decomposição da austenita em perlita e bainita, de forma que apenas a transformação em martensita ocorre em mais baixa temperatura.

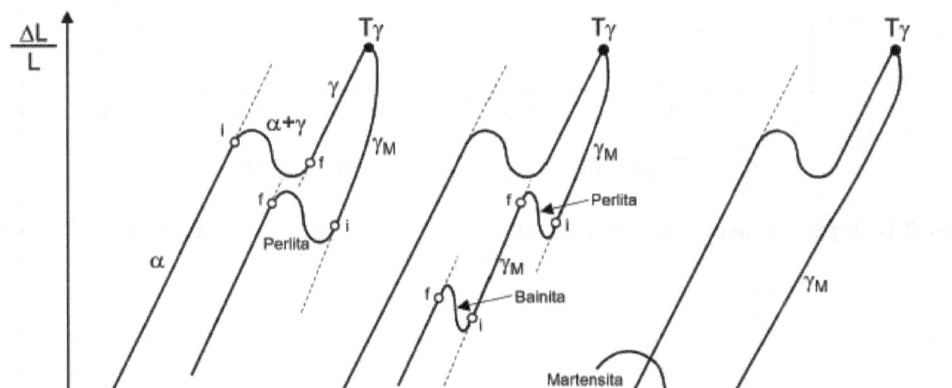

Figura 2.3 – Representação esquemática de curvas de aquecimento e resfriamento obtidas por dilatometria. Fonte: o autor.

Um conjunto completo destas curvas, para diversas taxas de resfriamento, permite a construção de uma curva TRC para um determinado tipo de aço. Da mesma forma que as curvas TTT, as curvas TRC devem ser construídas para cada composição específica. A Figura 2.4 representa esquematicamente a superposição de curvas de resfriamento em um diagrama de transformação para resfriamento contínuo. As curvas de resfriamento mostram que, dependendo da velocidade com que uma peça é resfriada após a austenitização, são obtidas diferentes microestruturas, que, por consequência, fornecem à peça diferentes propriedades mecânicas. As curvas A, B e C cortam as curvas de decomposição da austenita por difusão com a formação de perlita e bainita. As curvas com velocidades de resfriamento indicadas com as letras D e E são suficientemente rápidas para não formar qualquer fase proveniente da difusão da austenita, cortando apenas as linhas que indicam a formação da martensita, Mi e Mf.

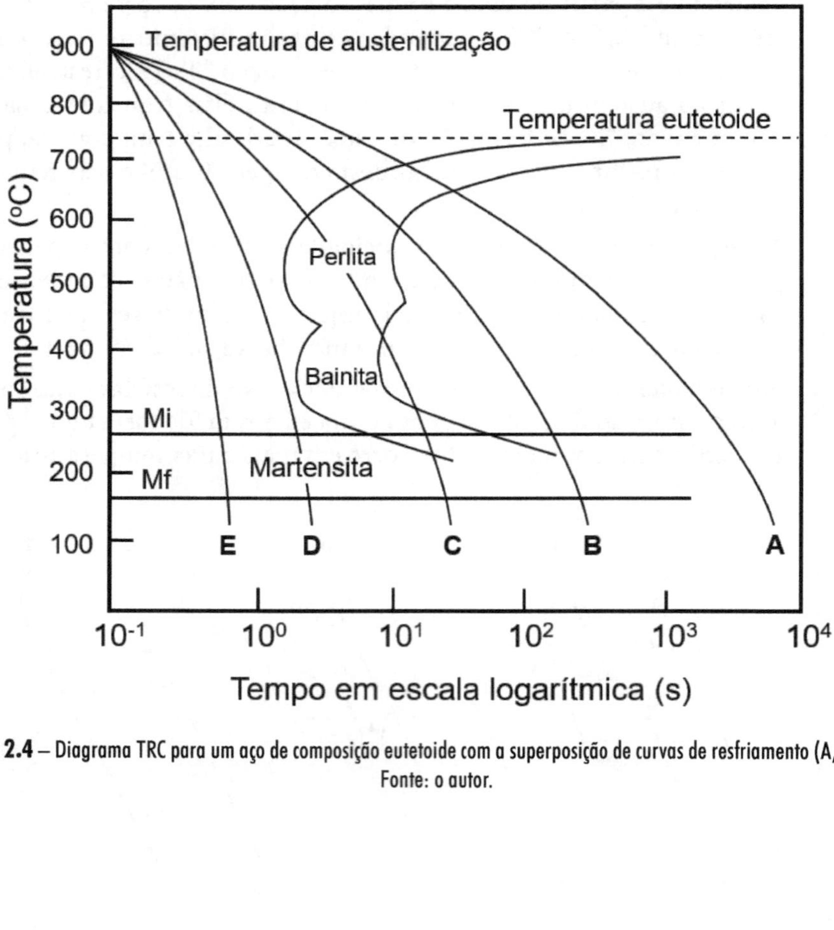

Figura 2.4 – Diagrama TRC para um aço de composição eutetoide com a superposição de curvas de resfriamento (A, B, C, D e E).
Fonte: o autor.

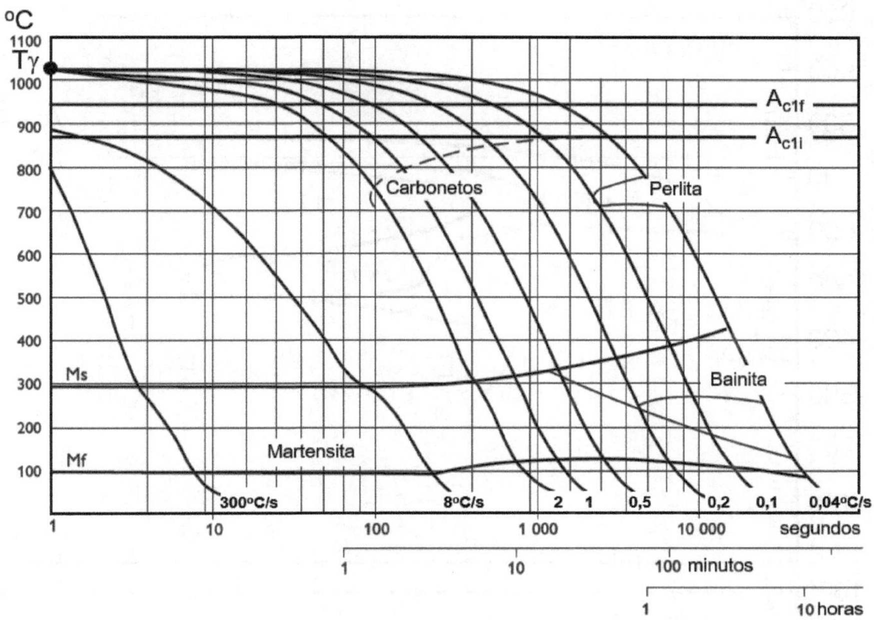

Figura 2.5 – Curva de transformação em resfriamento contínuo do aço ferramenta tipo AISI H13. Fonte: adaptada de (5).

A Figura 2.6 mostra as curvas de transformação isotérmica e contínua para o aço SAE 4140 (6) nas quais é possível verificar que nas curvas de resfriamento contínuo as reações de decomposição da austenita estão deslocadas para tempos de transformação mais longos.

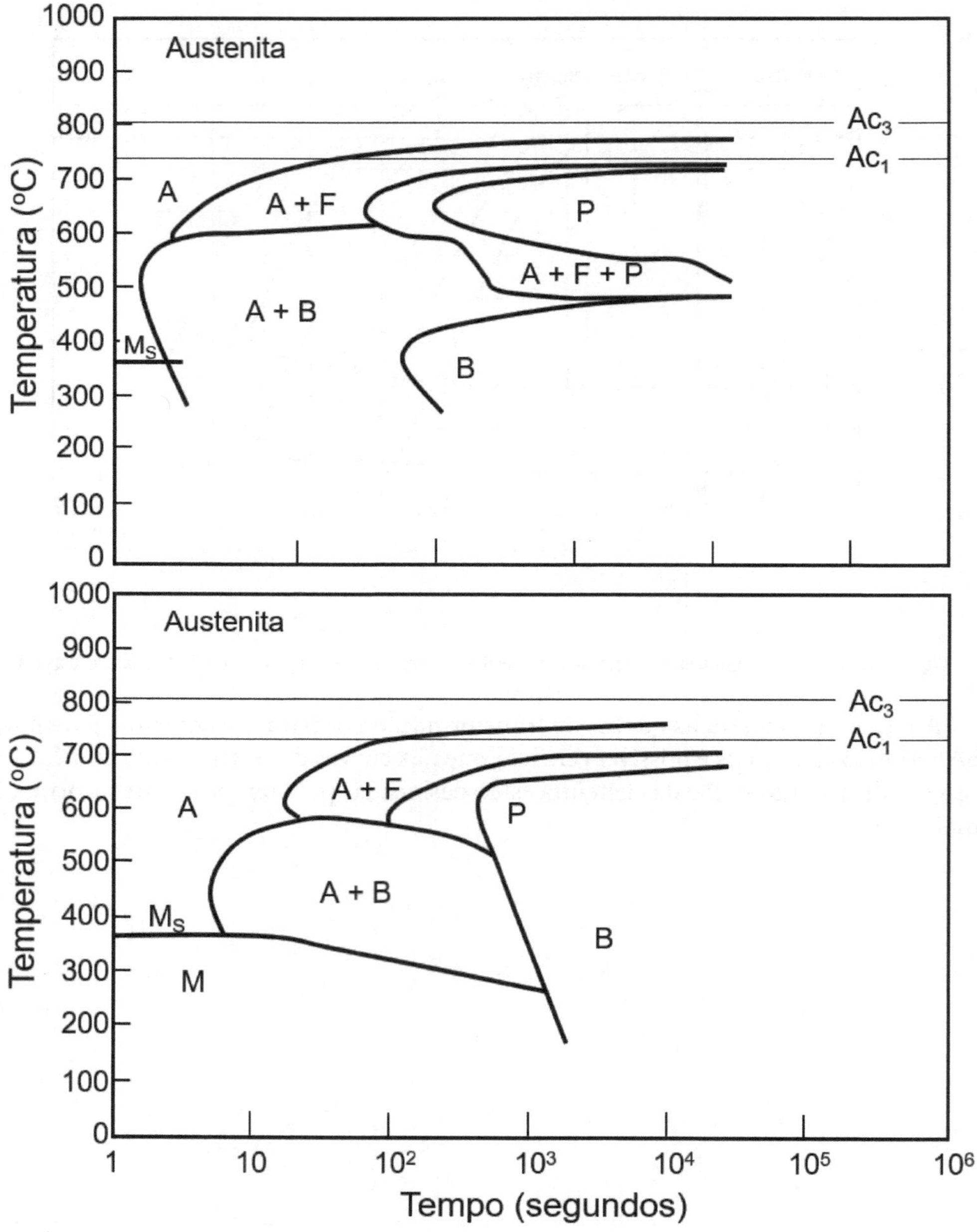

Figura 2.6 – Curvas de transformação em resfriamento isotérmico e contínuo para o aço SAE 4140. Fonte: adaptada de (6).

2.3 TRANSFORMAÇÕES FORA DO EQUILÍBRIO

2.3.1 TRANSFORMAÇÃO BAINÍTICA

Fora da condição de resfriamento próximo do equilíbrio termodinâmico, resfriamento muito lento, a decomposição da austenita possui mecanismos particulares que decorrem da restrição de difusão do carbono. Duas são as fases que se formam nestas condições, a bainita e a martensita.

A bainita é um agregado formado por ferrita e carbonetos, como a perlita, mas seu mecanismo de nucleação e crescimento é diferente. Na perlita, a ferrita e a cementita estão dispostas em arranjo lamelar e crescem por um mecanismo cooperativo e acoplado. A bainita possui uma morfologia acicular, na qual a ferrita é o primeiro produto de decomposição, seguida pela precipitação do carboneto Fe_3C, cementita.

A formação da bainita ocorre por um mecanismo de cisalhamento assistido por difusão do carbono. Existem duas morfologias distintas de bainita, dependendo da temperatura de transformação: a "bainita superior" (B_S) e a "bainita inferior" (B_I). A Figura 2.7 ilustra a formação das bainitas superior e inferior. Em ambos os casos a formação da bainita se inicia pela decomposição da austenita em ferrita supersaturada em carbono, por cisalhamento, seguida pela precipitação da cementita.

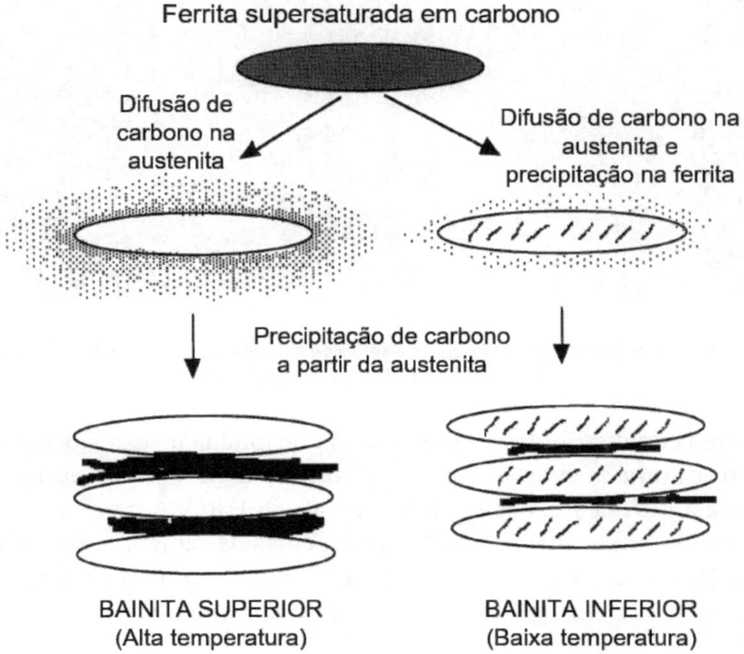

Figura 2.7 – Ilustração do crescimento e da formação da bainita superior e da bainita inferior. Fonte: adaptada de (7).

A Figura 2.8 apresenta a morfologia das bainitas superior e inferior obtidas em um aço com 0,6%C-1,5%Si-1,5%Mn sob condições de transformação isotérmica a 450 °C - bainita superior - e 300 °C - bainita inferior. As micrografias ópticas mostram a bainita superior (a) na forma de plaquetas e a inferior (c) de morfologia acicular. Nas micrografias eletrônicas de transmissão é possível observar em detalhe a diferença da precipitação da cementita nas diferentes condições de transformação isotérmica (b, d).

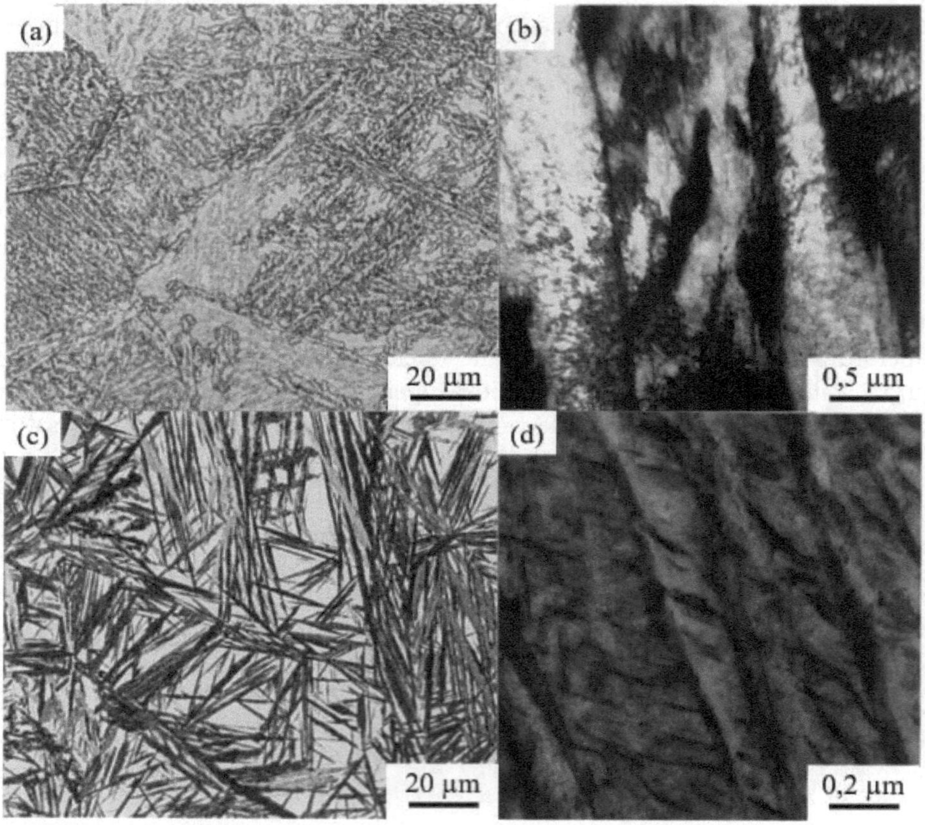

Figura 2.8 – Microestruturas de transformação isotérmica mostrando a formação de bainita superior a 450 °C (a, b) e de bainita inferior a 300 °C (c, d). Fonte: adaptada de (8).

A morfologia e a distribuição da cementita precipitada na transformação bainítica se refletem na dureza da microestrutura. A bainita superior possui partículas maiores na interface e a dureza situa-se em torno de 40-45 HRC. A bainita inferior possui, além de cementita mais fina na interface, partículas de cementita fina e homogeneamente precipitadas no inferior da plaqueta de ferrita, e isso eleva a dureza para valores próximos de 50-60 HRC, dependendo do teor de carbono do aço.

2.3.2 TRANSFORMAÇÃO MARTENSÍTICA

O aumento crescente na velocidade de resfriamento inibe completamente as transformações dependentes de difusão, de forma que a decomposição da austenita em perlita e bainita não ocorre. Com isso, a austenita sofre uma transformação sem difusão, por mecanismo de cisalhamento, independentemente do tempo, formando uma fase denominada "martensita". Como não existem condições cinéticas para a difusão do carbono nas temperaturas de transformação, a austenita se transforma por cisalhamento em ferrita, sendo que todo o carbono dissolvido na austenita no aquecimento permanece em solução sólida, tornando a ferrita supersaturada no intersticial. Essa supersaturação provoca uma distorção do reticulado cúbico de corpo centrado, dando origem a um reticulado do tipo tetragonal de corpo centrado (TCC). De uma forma simples essa mudança de reticulado, denominada "deformação de Bain", é representada esquematicamente na Figura 2.9.

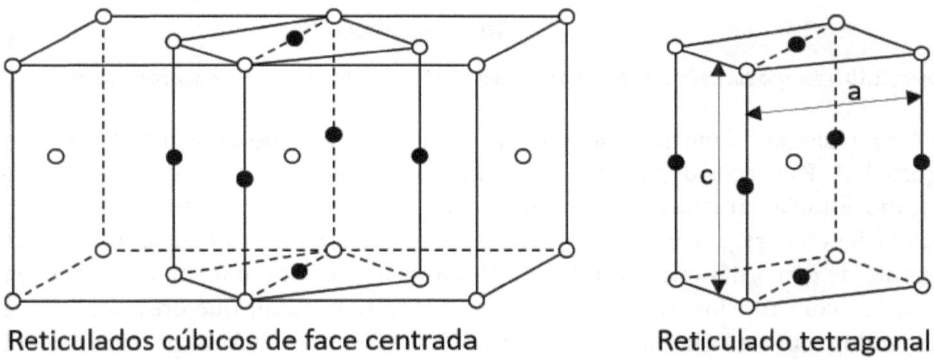

Figura 2.9 – Representação esquemática da formação do reticulado tetragonal característico da martensita. Os pontos pretos representam as posições que podem ser ocupadas pelos átomos de carbono. Fonte: adaptada de (10).

Como definido anteriormente, a ferrita é a uma solução sólida de carbono no ferro (α) com estrutura cristalina cúbica de corpo centrado (CCC), de parâmetro de reticulado cristalino igual a 2,86 Å, que dissolve um teor máximo de carbono de 0,02% na temperatura de 723 °C e menos de 0,008% na temperatura ambiente. Desta forma, quando a austenita é resfriada a partir da temperatura de equilíbrio em velocidades suficientemente rápidas para a formação da martensita, todo o carbono permanece em solução sólida na martensita promovendo a intensa supersaturação do reticulado cristalino e a distorção de CCC para TCC. A tetragonalidade do reticulado da martensita aumenta proporcionalmente ao teor de carbono no aço (9,10).

Na Figura 2.10 se apresenta a variação na dimensão do eixo "c" do reticulado TCC da martensita, com o aumento do teor de carbono, promovendo um aumento crescente na tetragonalidade. Com isso, o nível de tensões internas aumenta, o que é responsável por uma elevação nas propriedades mecânicas de resistência e na dureza da martensita após a têmpera.

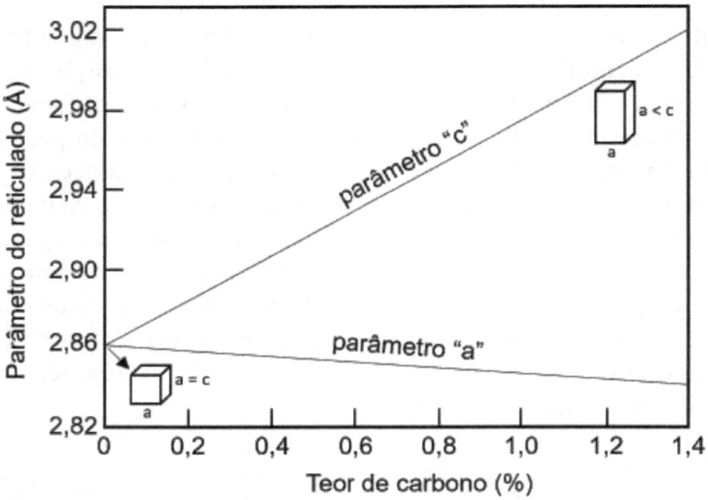

Figura 2.10 – Variação nos parâmetros de rede da martensita em função do teor de carbono no aço. Fonte: adaptada de (10).

A morfologia da martensita depende do teor de carbono do aço (11), conforme a Figura 2.11. Para aços de baixo teor de carbono se forma a "martensita escorregada", com morfologia característica de "ripas" que se apresentam na forma de pacotes. A martensita escorregada é caracterizada por possuir uma subestrutura interna predominante de discordâncias. Para teores elevados de carbono é formada a "martensita maclada", com morfologia de agulhas individuais, acicular, que crescem compartimentando os grãos originais da austenita. A martensita maclada possui uma subestrutura composta predominantemente de maclas. Em teores intermediários de carbono a martensita possui uma característica morfológica mista. Na Figura 2.12 são mostradas as microestruturas típicas dessas duas morfologias da martensita.

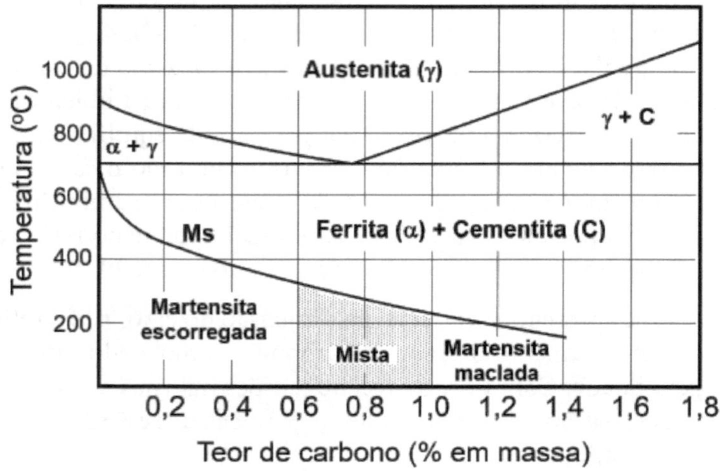

Figura 2.11 – Morfologia da martensita em função do teor de carbono. Fonte: adaptada de (11).

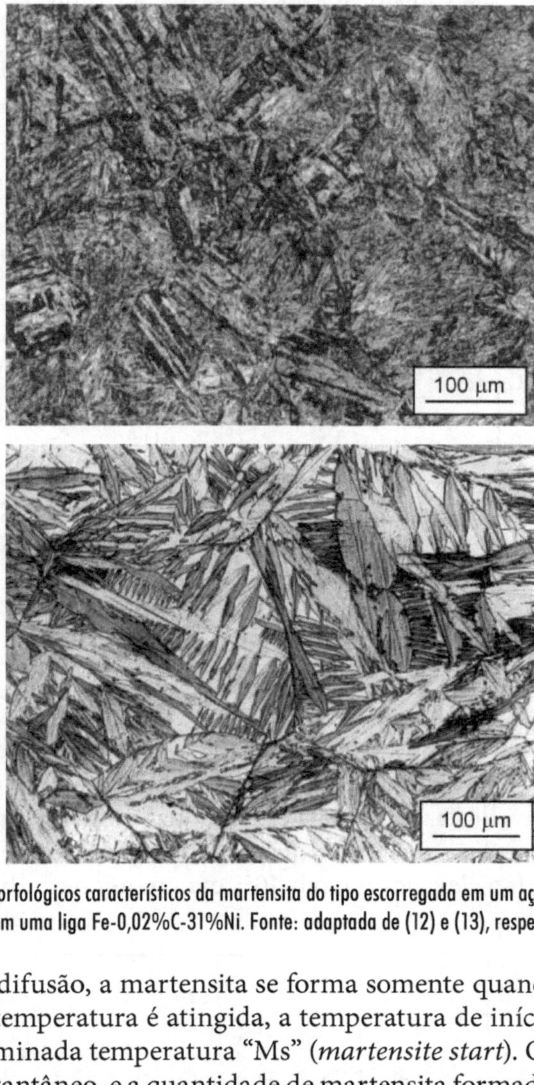

Figura 2.12 – Aspectos morfológicos característicos da martensita do tipo escorregada em um aço Fe-0,1%C-12%Cr e do tipo maclada em uma liga Fe-0,02%C-31%Ni. Fonte: adaptada de (12) e (13), respectivamente.

Na ausência de difusão, a martensita se forma somente quando, no resfriamento, uma determinada temperatura é atingida, a temperatura de início de transformação martensítica, denominada temperatura "Ms" (*martensite start*). O início de formação da martensita é instantâneo, e a quantidade de martensita formada aumenta à medida que a temperatura diminui. Assim, conforme a temperatura diminui, a transformação martensítica progride até o final, na temperatura de transformação denominada "Mf" (*martensite finish*). As temperaturas de início e final de transformação martensítica variam de acordo com o teor de carbono.

À medida que o teor de carbono aumenta essas temperaturas diminuem, de acordo com o apresentado na Figura 2.13. É importante observar que para teores de carbono elevados a temperatura Mf se situa abaixo da temperatura ambiente. Desta forma, para aços com teores superiores a aproximadamente 0,7%C a transformação martensítica não se completa na temperatura ambiente, formando a martensita (M) de forma parcial e a austenita, não transformada, que permanece na microestrutura e é denominada "austenita retida" (AR), como exemplificado a seguir. Esta austenita retida pode continuar sua transformação, de forma crescente, com resfriamentos em temperaturas inferiores à ambiente, ou seja, em temperaturas subzero.

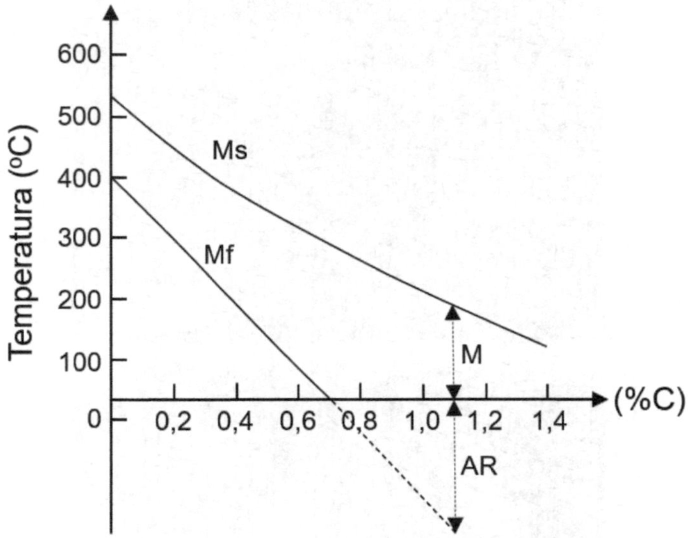

Figura 2.13 – Variação da temperatura de início (Ms) e de final (Mf) de transformação martensítica em função do teor de carbono. Fonte: adaptada de (14).

Roberts, Marder e Krauss determinaram a variação do teor de austenita retida em função do teor de carbono, com resultados apresentados na Figura 2.14 (15). Observa-se que a partir de 0,4% de carbono a austenita retida já está presente na microestrutura, ou seja, a transformação martensítica não foi completa. O teor de austenita retida pode atingir valores tão elevados quanto 40% para teores de carbono de 1,4%.

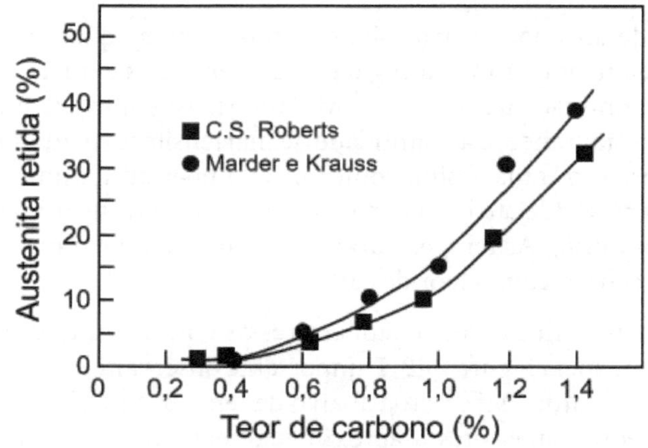

Figura 2.14 – Variação da fração de austenita retida com o teor de carbono. Fonte: adaptada de (24).

A Figura 2.15 mostra a microestrutura de um aço com 0,90%C resfriado rapidamente em água até a temperatura ambiente. Observa-se claramente a presença das agulhas de martensita maclada formadas na transformação martensítica de um aço com 0,90%C abaixo de Ms e a austenita retida (fundo branco) correspondendo à fração não transformada no resfriamento.

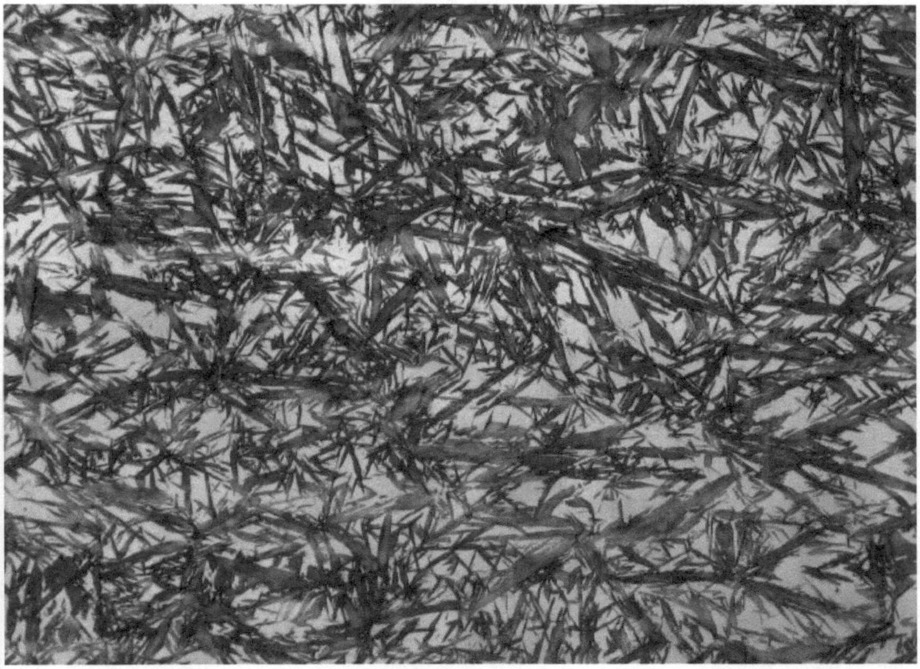

Figura 2.15 – Micrografia óptica de um aço com 0,90% de carbono mostrando martensita do tipo maclada e austenita retida. Fonte: adaptada de (16).

A dureza obtida na têmpera para aços com teores de carbono crescentes depende, portanto, dos princípios anteriormente apresentados. A dureza da martensita deve aumentar continuamente com o aumento do teor de carbono, pelo aumento da tetragonalidade e das tensões a ela associadas (Figura 2.10). Entretanto, à medida que o teor de carbono aumenta, a temperatura de início de transformação martensítica (Ms) diminui e a transformação não se completa na temperatura ambiente, a partir de aproximadamente 0,6%C, com a presença crescente de austenita retida, Figuras 2.13 e 2.14. A austenita, como solução sólida, é uma fase de baixa dureza.

A Figura 2.16 mostra a variação da dureza após a têmpera de aços com diferentes teores de carbono, entre 0,35% e 1,0%. Observa-se que a dureza HRC não aumenta de forma linear para toda a faixa de composição. Para aços com menores teores de carbono, no intervalo "A-B" o aumento de dureza é linear e depende apenas aumento da tetragonalidade crescente do reticulado da martensita pela crescente supersaturação em carbono. Entre os teores "B-C" a dureza continua aumentando, mas com uma taxa menor, o que se deve à presença da austenita retida em teores crescentes. Para teores mais elevados de carbono, acima de 0,9%, "C-D", a dureza diminui com o aumento do teor de carbono, tendo em vista que o teor de austenita retida é tão elevado que a contribuição da baixa dureza desta fase se torna superior à contribuição da elevada dureza da martensita formada.

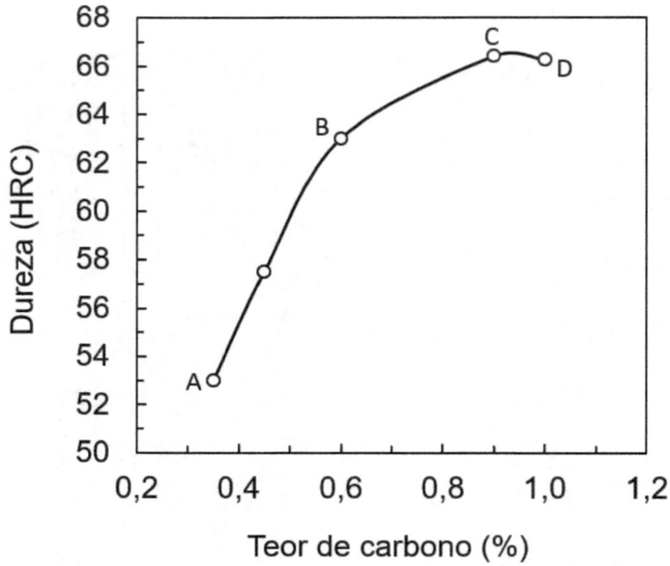

Figura 2.16 – Variação da dureza da martensita em função do teor de carbono no aço. Fonte: o autor.

2.4 TEMPERABILIDADE

Na língua inglesa este conceito é definido como "*hardenability*" e é considerado a capacidade de um aço em atingir a dureza máxima no resfriamento para a transformação martensítica. Entretanto, uma definição mais adequada para "temperabilidade" é a capacidade de um aço em atingir a dureza máxima na transformação martensítica aliada à capacidade de manter essa dureza através de sua seção transversal. Essa definição é muito importante do ponto de vista tecnológico, tendo em vista que os componentes industriais possuem seções transversais de diversas dimensões e que, na necessidade de endurecimento, a dureza deve ser o mais homogênea possível em todo o volume do corpo de um componente.

Para que o endurecimento atinja a sua capacidade máxima, com o máximo de penetração através da seção transversal, é necessário que a superfície e o núcleo da peça sejam resfriados de forma a não permitir as transformações por difusão e, com isso, garantam que a transformação martensítica ocorra em toda a peça.

Os diagramas de transformação TTT ou TRC são a forma de verificar a condição de resfriamento necessária para evitar as transformações por difusão. Esta condição de resfriamento não é a mesma para todos os aços, tendo em vista que para cada composição química de um aço as curvas de transformação estão posicionadas para tempos diferentes. A Figura 2.17 apresenta as curvas TTT para os aços AISI 5140 e AISI 4340 (17). Observa-se claramente que as curvas de transformação do aço AISI 5140 estão posicionadas para tempos mais curtos em comparação com as curvas de transformação do aço AISI 4340. Com isso, a velocidade de resfriamento para evitar as transformações por difusão, definida pela linha tracejada, exige resfriamentos mais severos para o aço AISI 5140 do que para o aço AISI 4340. Esta condição de resfriamento da linha tracejada é definida como a "velocidade crítica de têmpera" (V_c), de forma que qualquer resfriamento em velocidades superiores a "V_c" garante a transformação martensítica. É importante considerar que "V_c" deve ser garantida para a superfície e para o núcleo das peças de modo a se obter uma microestrutura martensítica por toda a seção transversal. Essa garantia de endurecimento depende de vários fatores que atuam no sentido de aumentar a temperabilidade, ou seja, deslocam as curvas de início das transformações por difusão para a direita, para tempos mais longos.

O deslocamento das curvas de transformação por difusão para tempos mais longos depende de fenômenos metalúrgicos complexos que atuam no sentido de alterar as condições de nucleação e crescimento da perlita e da bainita. A temperabilidade é elevada: (i) com o aumento no tamanho de grão austenítico, (ii) com o aumento do teor de carbono, (iii) com a adição de boro e (iv) com o aumento no teor de elementos de liga. O aumento no tamanho de grão austenítico diminui o número de sítios preferenciais de nucleação heterogênea, o aumento no teor de carbono estabiliza a austenita, atrasando sua transformação, e a adição de boro diminui a energia dos contornos de grão e diminui a taxa de nucleação. A adição dos elementos substitucionais atua de forma diferente na melhoria da temperabilidade. Os elementos de liga substitucionais possuem baixa difusão tanto na austenita quanto na ferrita e a necessidade de partição desses elementos para a formação dos agregados de ferrita e cementita, perlita e bainita é um fator cinético restritivo para a decomposição da austenita por difusão. Ainda, os elementos de liga não formadores de carboneto como Mn e Ni estabilizam a austenita e atrasam a nucleação; já o Si diminui a atividade do carbono e com isso diminui a cinética global. Elementos de liga formadores de carbonetos como Cr, Mo, V e W atuam de forma complexa nos contornos de grão, na estabilidade das fases e na formação de carbonetos complexos. A Figura 2.17 mostra que a diferença determinante na posição das curvas TRC entre os dois aços é a composição química, tendo em vista que estes aços possuem o mesmo teor de carbono, mas o aço AISI 4340 é mais rico em elementos de liga, o que lhe confere maior temperabilidade.

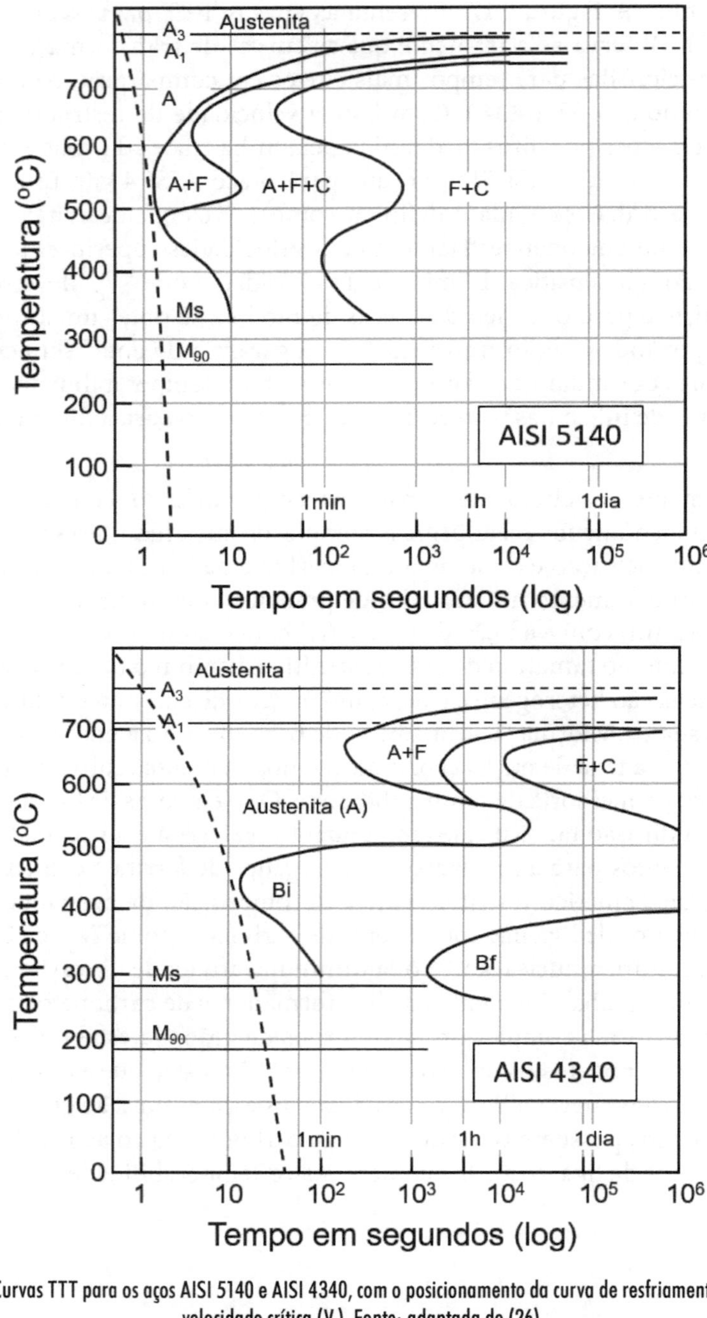

Figura 2.17 – Curvas TTT para os aços AISI 5140 e AISI 4340, com o posicionamento da curva de resfriamento correspondente à velocidade crítica (V_c). Fonte: adaptada de (26).

AISI 5140: 0,43%C-0,68%Mn-0,93%Cr.

AISI 4340: 0,42%C-0,78%Mn-1,79%Ni-0,80%Cr-0,33%Mo.

A Figura 2.18 mostra como esses elementos de liga substitucionais modificam a posição e a forma das curvas TTT com relação ao aço carbono simples e promovem o aumento na temperabilidade. Os elementos não formadores de carbonetos, Figura 2.18(a), apenas deslocam a curva para a direita, tempos mais longos. Os elementos formadores de carbonetos, Figura 2.18(b), além de deslocar as transformações para tempos mais longos, ainda separam as curvas da transformação da austenita em perlita e em bainita (18). As curvas do tipo (b) são as características dos aços de alta liga, principalmente dos aços ferramenta.

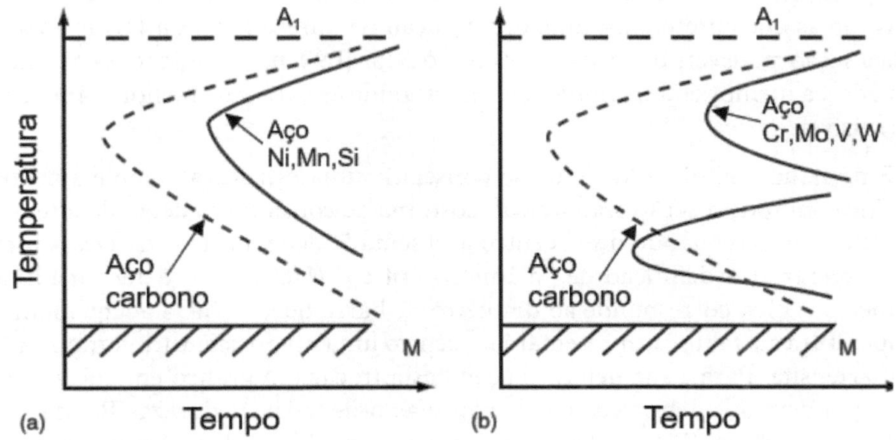

Figura 2.18 – Diagramas de transformação isotérmica da austenita (a) aço carbono e elementos de liga não formadores de carbonetos; (b) aço carbono e elementos de liga formadores de carbonetos. Fonte: adaptada de (18).

2.5 MÉTODOS PARA DETERMINAÇÃO DA TEMPERABILIDADE

O conceito de temperabilidade é de extrema importância na correta seleção de um aço para atingir as especificações de projeto de um componente em função de seu processo de fabricação. Isso porque as propriedades exigidas em projeto devem ser homogêneas por toda a seção transversal. Desta forma, a seleção do aço deve levar em consideração a seção transversal para que a microestrutura seja predominantemente martensítica da superfície ao núcleo.

Em outras palavras, embora o tratamento objetive produzir uma superfície de dureza elevada, é importante, na maioria das vezes, que essa dureza superficial se estenda de modo uniforme através de toda a seção transversal da peça. Enfim, o aço selecionado deve apresentar suficiente "capacidade de endurecimento" ou adequada "profundidade de endurecimento" para a peça a ser tratada termicamente de forma homogênea. O conhecimento dessa propriedade dos aços é, assim, tão importante quanto o conhecimento de suas curvas em "C". Existem dois métodos consagrados para a determinação da temperabilidade, endurecibilidade: o método de Grossmann e o método de Jominy.

2.5.1 MÉTODO DE GROSSMANN

Nesse método, barras cilíndricas de aço, de diâmetros crescentes, são austenitizadas e resfriadas rapidamente, em condições controladas de resfriamento, para transformação da austenita em martensita. Seções transversais das barras são, a seguir, submetidas à determinação de dureza, do centro à superfície, de modo a se obter uma curva de distribuição de dureza ao longo de toda a seção transversal de cada barra. Com esses dados, traça-se um gráfico, como o que está representado na Figura 2.19, em que nas abscissas são lançadas as distâncias do centro e nas ordenadas, os valores de dureza, em valores Rockwell "C" (HRC). Nota-se, claramente, que as barras mais finas são as que apresentam uma distribuição de dureza mais uniforme ao longo de toda a seção transversal, ou seja, para o aço AISI 1090, nas condições de resfriamento adotadas, a melhor endurecibilidade corresponde às barras de menor diâmetro, o que é previsível.

Em virtude da dificuldade de se conseguir uma estrutura completamente martensítica em toda a seção transversal, costuma-se considerar adequada a temperabilidade de um aço quando o seu centro apresenta 50% de martensita. Dessa premissa, pode-se extrair a definição de "diâmetro crítico" (Dc) de um determinado aço. O diâmetro crítico corresponde ao diâmetro de barra que, esfriada adequadamente da temperatura austenítica, apresentará no centro uma microestrutura composta de 50% de martensita. Para a sua determinação basta traçar um gráfico em que as abscissas correspondem aos diâmetros das barras e as ordenadas às durezas Rockwell C dos centros das barras. O diâmetro da barra para a qual se verifica a mais brusca queda de dureza é o diâmetro crítico, como mostrado na Figura 2.20, construída a partir da Figura 2.19.

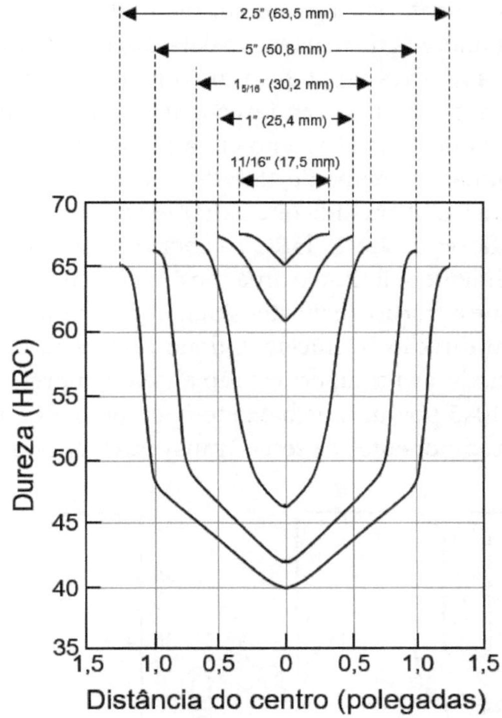

Figura 2.19 – Curvas de penetração de dureza para o aço SAE 1090 em barras de diâmetros diferentes com resfriamento em água. Fonte: adaptada de (19).

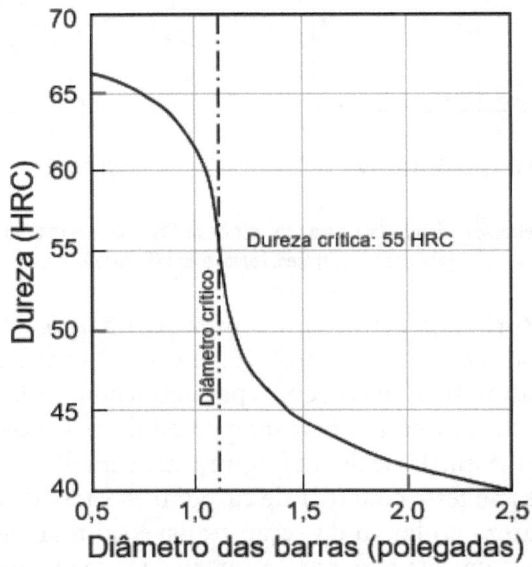

Figura 2.20 – Curva representativa da variação da dureza do centro das barras de aço AISI 1090. Fonte: adaptada de (19).

A Figura 2.21 mostra as curvas obtidas para barras de aço AISI 1045 em diferentes diâmetros, com resfriamento em água e em óleo (20). Resultados importantes são observados. A dureza máxima da martensita para um teor de carbono de 0,45% é próxima de 56 HRC, mas as curvas para o resfriamento do aço AISI 1045 em água, Figura 2.21(a), mostram que não se atinge o endurecimento máximo, nem profundo, mesmo em barras finas, ainda que o resfriamento em água seja um meio de têmpera severo. A máxima dureza obtida é próxima de 45 HRC, e apenas na superfície de uma barra com 25,4 mm de diâmetro. À medida que o diâmetro da barra aumenta a dureza máxima diminui para valores de até 25 HRC na cota zero da superfície. A deficiência na obtenção do endurecimento máximo é uma mostra clara da baixa temperabilidade do aço, tendo em vista que a fração de martensita não é máxima na superfície e diminui significativamente em direção ao núcleo. Quando o resfriamento é em óleo, Figura 2.21(b), as durezas máximas na superfície são ainda menores. Esses resultados mostram que o aço AISI 1045 possui uma baixa temperabilidade e não pode ser indicado para a fabricação de componentes de seção transversal espessa.

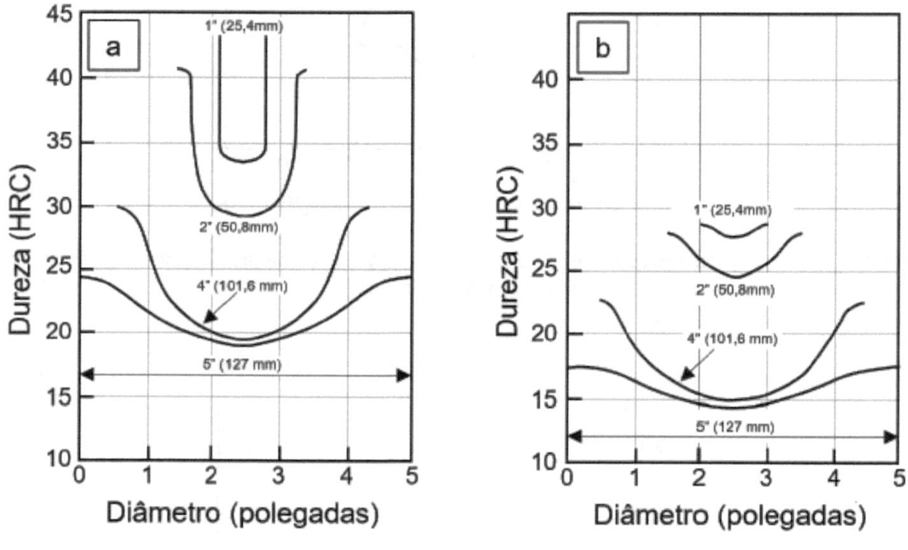

Figura 2.21 – Curvas de penetração de dureza em ensaio pelo método de Grossmann para o aço SAE 1045 com resfriamento em (a) água e em (b) óleo. Fonte: adaptada de (20).

A Figura 2.22 mostra a penetração de dureza em barras de aços com diferentes teores de carbono, todas com diâmetro de 25,4 mm (1") e resfriadas em óleo a partir da temperatura de austenitização específica para cada composição. Verifica-se nitidamente a influência do teor de carbono na temperabilidade. O aço com teor de carbono de 0,45% apresenta uma queda de dureza significativa em direção do núcleo da barra, enquanto as amostras de teste com teor de carbono elevado, 0,70% e 1,00%, apresentam um perfil de dureza ao longo da seção transversal mais homogêneo com uma queda não significativa da cota zero para o centro da seção transversal.

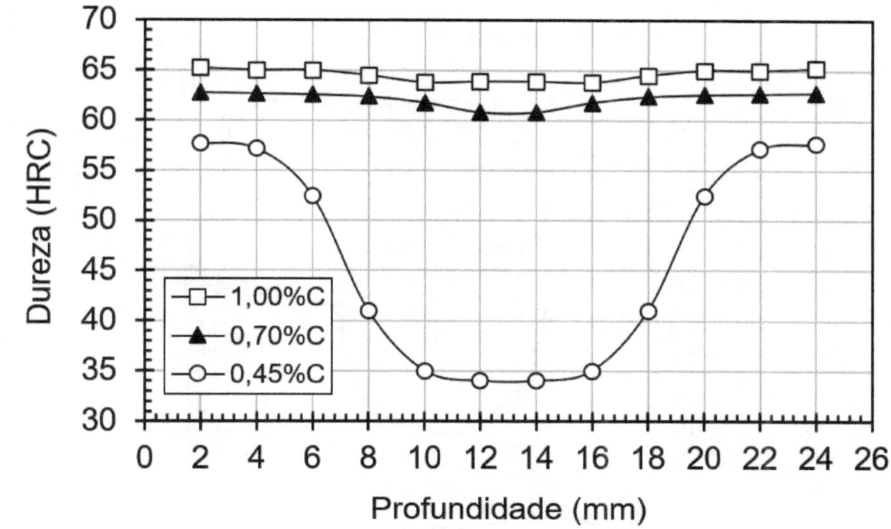

Figura 2.22 – Curvas de penetração de dureza, método de Grossmann para aços com diferentes teores de carbono. Amostras cilíndricas com 25,4 mm de diâmetro. Resfriados em óleo. Fonte: o autor.

O tamanho de grão da austenita também afeta a temperabilidade, de forma que quanto maior o tamanho de grão inicial da austenita, maior a temperabilidade, principalmente por diminuir os locais de nucleação heterogênea e por isso atrasar as transformações por difusão. Entretanto, esse artifício não deve ser utilizado na prática industrial como meio de aumentar a temperabilidade, pois as vantagens da granulação grosseira no sentido de aumentar a temperabilidade são menores que as desvantagens, sob o ponto de vista de propriedades mecânicas finais que são afetadas de forma negativa com o aumento do tamanho de grão.

2.5.2 MÉTODO JOMINY

O método de determinação da temperabilidade do tipo "Jominy" é também conhecido como o método de "resfriamento da extremidade" (*end quench*). O dispositivo Jominy está indicado na Figura 2.23. O ensaio é realizado utilizando um corpo de prova cilíndrico com 100 mm (4") de comprimento e 25,4 mm (1") de diâmetro. O corpo de prova é austenitizado em um forno em uma temperatura usualmente entre 800-925 °C, adequada ao tipo do aço em teste. Uma vez terminada a austenitização, o corpo de prova é transferido rapidamente para o dispositivo de teste, onde um jato de água é direcionado diretamente para sua extremidade, de forma que o resfriamento ocorre ao longo do comprimento do corpo de prova em uma velocidade muito rápida na extremidade que recebe o jato de água até uma velocidade equivalente ao resfriamento ao ar na extremidade oposta. Com isso, é possível simular em um único corpo de prova as transformações de decomposição da austenita em resfriamento contínuo sob diferentes taxas.

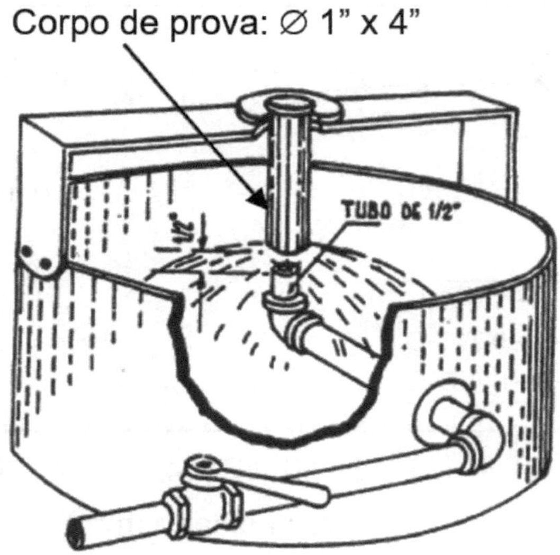

Figura 2.23 – Dispositivo utilizado para o ensaio de temperabilidade pelo método Jominy. Fonte: (21).

Após o resfriamento completo, uma pista plana é retificada ao longo do comprimento, em lados opostos, para permitir a posterior medida de dureza e eliminar uma possível oxidação e descarbonetação ocorridas na austenitização. As medidas de dureza Rockwell "C" são realizadas de uma extremidade a outra em intervalos de 1,5 mm para aços ligados e 0,75 para aços-carbono. Tipicamente, a dureza máxima se localiza na extremidade que recebe o jato de água e diminui gradativamente até a extremidade oposta. A alta dureza corresponde à região predominantemente martensítica, e a dureza baixa corresponde à região com formação de ferrita, perlita e bainita. A Figura 2.24 ilustra a relação entre o perfil de dureza e a curva TRC (22).

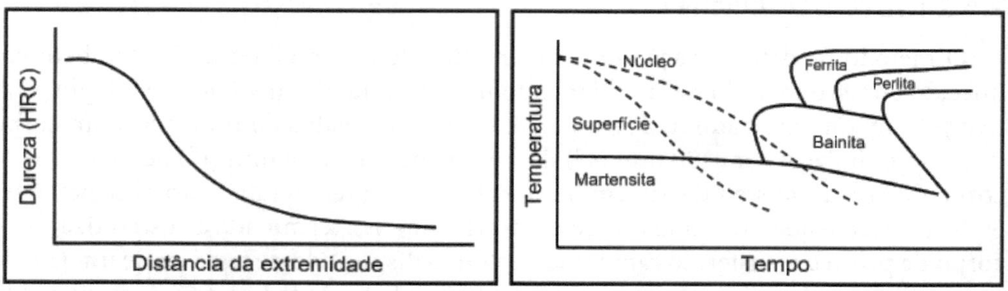

Figura 2.24 – Ilustração entre a curva de endurecimento obtida no ensaio Jominy e a curva TRC de um aço. Fonte: adaptada de (22).

Como no método Grossmann, a posição correspondente à queda mais brusca de dureza, ou seja, a posição que separa a zona em que predomina a estrutura martensítica, em uma fração de 50% ou superior, da zona em que predomina a estrutura periférica, é utilizada para medir a temperabilidade do aço. Essa posição corresponde ao chamado "diâmetro crítico" (D_{crit}), o qual pode ser comparado ao diâmetro crítico do método de Grossmann, embora não corresponda exatamente a esse diâmetro crítico. Contudo, pode-se dizer que cada posição ao longo do corpo de prova Jominy corresponde a um determinado diâmetro de barras redondas utilizadas no método de Grossmann. A distância crítica é também conhecida como "distância Jominy" e é, geralmente, representada por "Jp"; a dureza correspondente é chamada de "dureza crítica".

O ensaio de temperabilidade Jominy é ideal para selecionar o tipo de aço mais adequado para o tratamento térmico de acordo com as dimensões e a forma da peça a ser endurecida na têmpera pela transformação martensítica. Como visto anteriormente, os elementos de liga exercem uma ação de aumentar a temperabilidade, ou seja, aumentar a fração de martensita ao longo da seção transversal e com isso obter valores de dureza elevados a profundidades maiores. A Figura 2.25 apresenta as curvas Jominy para aços utilizados tradicionalmente na indústria metalomecânica para a fabricação de peças que exigem resistência ao carregamento mecânico atingida por tratamento térmico de têmpera e revenimento (23). Estes aços são conhecidos como "aços para construção mecânica" ou "aços para beneficiamento" e possuem o teor de carbono próximo de 0,40%, o que permite atingir uma dureza próxima de 55 HRC após a têmpera. A diferença entre esses aços está nos diferentes elementos de liga e no teor destes elementos.

Fica claro que o aço SAE 1040 é o que possui a temperabilidade mais baixa, já que a dureza máxima na cota inicial não é atingida e a queda de dureza ao longo do comprimento da amostra é abrupta. Isso mostra que o uso desse aço em peças tratadas é muito restrito. Com a adição de elementos de liga, todos os outros aços atingem a dureza máxima na cota inicial, mas possuem curvas de penetração de dureza diferentes. A adição de uma quantidade maior de elementos de liga e em maiores teores aumenta a temperabilidade do aço e conduz à obtenção de um perfil de endurecimento mais plano, ou seja, a dureza se mantém em valores elevados ao longo de um maior comprimento de teste. Os aços AISI 4140 e AISI 4340 são os que possuem maior temperabilidade e por isso são os aços para beneficiamento mais utilizados industrialmente. Por exemplo, a seleção do aço AISI 4340 permite a construção de peças com seção transversal espessa com excelente homogeneidade de dureza após a têmpera, em condições adequadas de resfriamento.

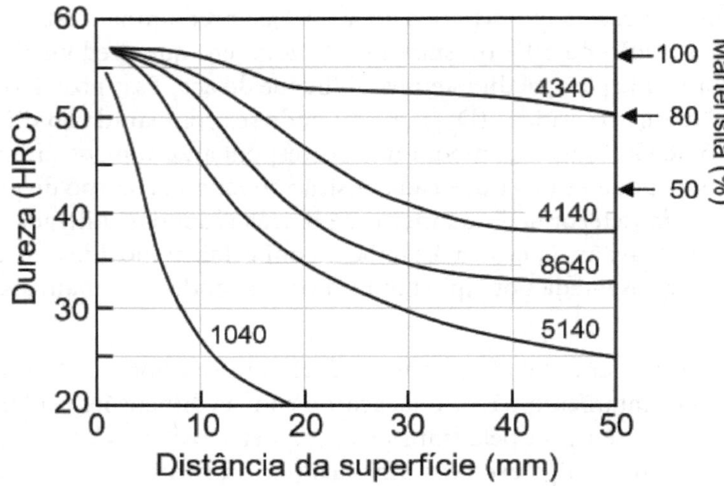

	C	Si	Mn	Cr	Mo	Ni
1040	0,40	0,20	0,70	--------	--------	--------
5140	0,40	0,25	0,80	0,80	--------	--------
8640	0,40	0,22	0,90	0,50	0,20	0,55
4140	0,40	0,25	0,90	0,95	0,20	--------
4340	0,40	0,25	0,70	0,80	0,20	1,80

Figura 2.25 – Curvas Jominy de aços com 0,4% de carbono, mas com diferentes elementos de liga. Fonte: adaptada de (23).

2.6 SEVERIDADE DE RESFRIAMENTO OU DE TÊMPERA

Como visto, a temperabilidade é um conceito relacionado à velocidade crítica de resfriamento ou velocidade crítica de têmpera, que depende da posição das curvas TRC para cada composição química dos diferentes tipos de aço. Por isso, de acordo com a Figura 2.17, aços de menor temperabilidade necessitam de uma maior velocidade de resfriamento, a partir do campo austenítico, para promover a transformação martensítica, ou seja, necessitam de meios de resfriamento mais severos. Quando a temperabilidade aumenta, a velocidade crítica diminui, e podem ser utilizados meios de resfriamento mais brandos.

A característica de severidade costuma ser indicada pela letra "H", e a Tabela 2.1 mostra valores típicos de "H" para os três meios de resfriamento mais empregados, em vários estados de agitação (24). A severidade aumenta quanto maior o índice H para os diferentes meios ou para diferentes agitações, de forma que a severidade é maior para o resfriamento em salmoura, seguido pela água e óleo. Ainda, a agitação crescente para um mesmo meio favorece o aumento na velocidade de resfriamento, pelo aumento do índice H. A severidade varia durante o ciclo de resfriamento, sobretudo em meios líquidos, diminuindo à medida que o aço vai atingindo a temperatura do meio.

Tabela 2.1 – Valores típicos de "H" (24)

Estado de agitação do meio de resfriamento	Óleo	Água	Salmoura
Nenhuma	0,25-0,30	1,0	2,2
Pouca	0,30-0,35	1,0-1,1	2,0-2,2
Moderada	0,35-0,40	1,2-1,3	
Boa	0,40-0,50	1,4-1,5	
Forte	0,50-0,80	1,6-2,0	
Violenta	0,80-1,10	4,0	5,0

Por isso, tem-se procurado exprimir a endurecibilidade de um modo mais preciso, definindo um meio de resfriamento "ideal" como aquele no qual a superfície da peça atinge instantaneamente a temperatura do meio. O diâmetro crítico correspondente ao resfriamento do meio ideal é denominado "diâmetro ideal". Como existe uma correlação entre a condição de resfriamento normal e a condição de resfriamento ideal, é possível utilizar-se a temperabilidade de um aço em termos de diâmetro ideal para predizer o diâmetro de uma barra redonda que endurecerá em qualquer meio, cuja severidade seja conhecida; ou, do mesmo modo, se se conhece o diâmetro de uma barra que endurece no centro num meio de resfriamento padronizado, tal diâmetro pode ser convertido no valor do diâmetro ideal para exprimir a temperabilidade.

O gráfico da Figura 2.26, conhecida a severidade de resfriamento do meio, como expresso na Tabela 2.1, permite transformar os valores de temperabilidade em termos de diâmetro crítico ($D_{crit.}$) em valores de temperabilidade em termos de diâmetro ideal (D_I) (24). Por exemplo: para um aço com diâmetro crítico $D_{crit.}$ = 1,2", esfriado num meio de resfriamento de severidade H = 0,4, a horizontal correspondente a $D_{crit.}$ = 1,2" encontra a curva correspondente a H = 0,4 no ponto correspondente ao diâmetro ideal D_I (abscissas) de 2,6". Do mesmo modo, é possível determinar o diâmetro de barras cilíndricas que podem ser endurecidas sob diferentes condições de resfriamento com a temperabilidade que ocasionou o diâmetro ideal de 2,6". Suponha-se resfriamento em água sem agitação, com H = 1; neste caso, pode-se obter o endurecimento para o mesmo D_I de 2,6" em barra de cerca de 1,7" de diâmetro. Para resfriamento ao ar, cuja severidade equivale a H = 0,02, é possível o endurecimento somente em barras de cerca de 1/4" de diâmetro.

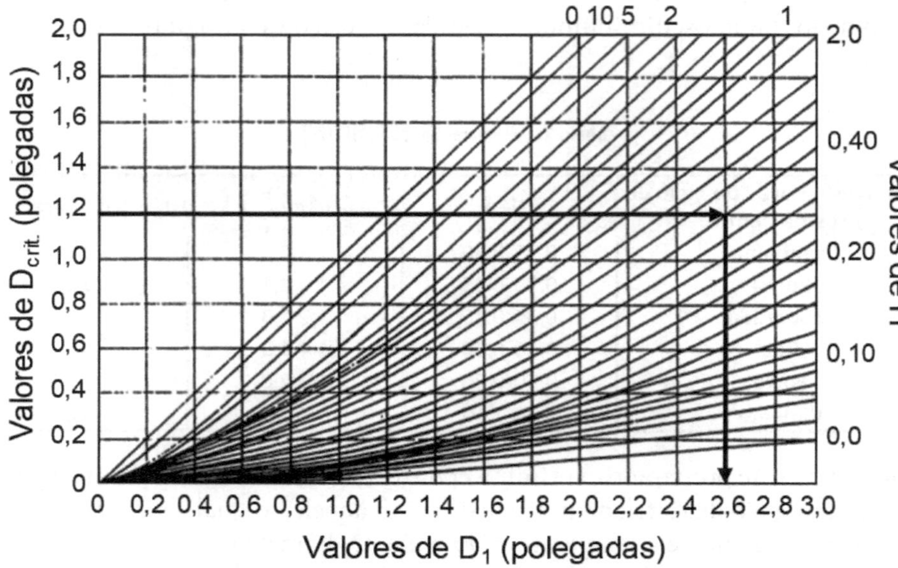

Figura 2.26 – Curvas representativas correspondentes ao diâmetro crítico ($D_{crit.}$), ao diâmetro ideal (D_1) e à severidade de resfriamento (H). Fonte: adaptada de (25).

É importante considerar que a composição química dos aços é especificada por um intervalo de valores para cada elemento químico. Com isso, para um mesmo tipo de aço, por exemplo o aço SAE 1045, a temperabilidade é expressa por uma faixa de resultados, obtidas por uma série de centenas de resultados obtidos pelas usinas siderúrgicas ao longo do tempo. A Figura 2.27 mostra a faixa de temperabilidade representativa para os aços SAE 1045H e 5140H, em função do intervalo de valores da especificação da sua composição química. Assim, a especificação da temperabilidade deve estar adequada à composição química real da peça dentro da faixa de temperabilidade da faixa nominal especificada pela SAE. Comparando as curvas dos dois aços é possível verificar ainda a maior temperabilidade do aço SAE 5140H, conferida pela adição do elemento de liga substitucional, formador de carboneto, cromo (26).

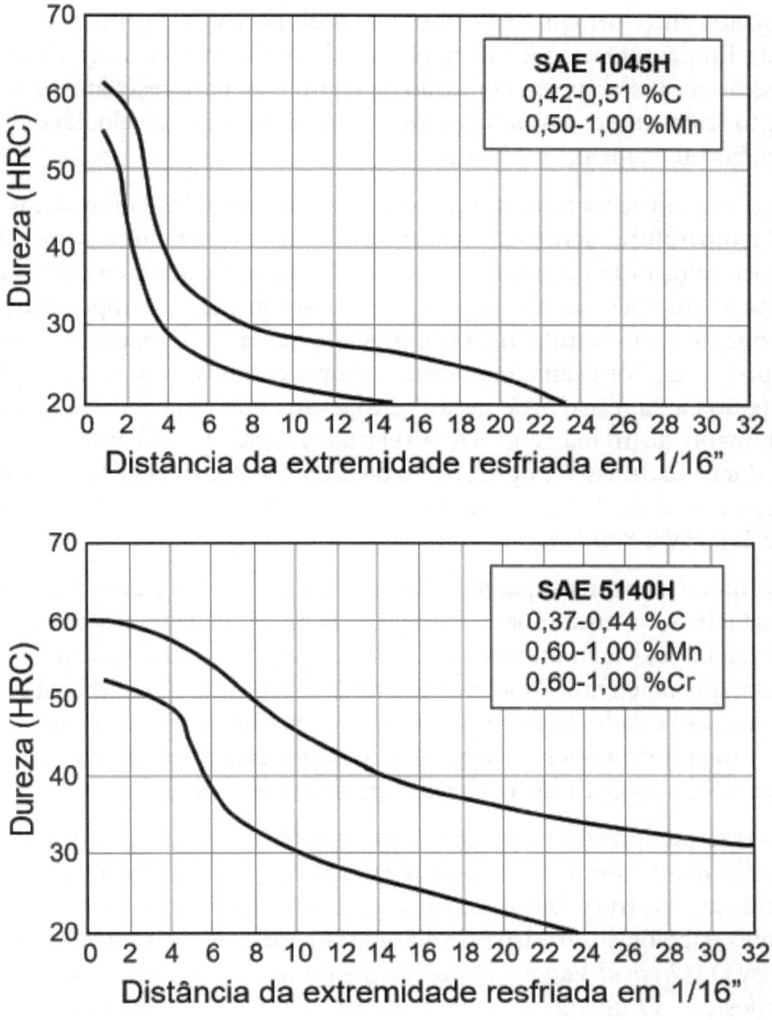

Figura 2.27 – Faixa de temperabilidade Jominy para os aços SAE 1045H e 5140H. Fonte: adaptada de (26).

2.7 CONCEITO DE TRATAMENTO TÉRMICO

A possibilidade de gerar diferentes microestruturas em função das transformações que ocorrem no resfriamento pela mudança alotrópica da austenita (CFC) em ferrita (CCC) associada à variação do limite de solubilidade dos solutos em diferentes temperaturas são os fatores primordiais que fazem com que os aços, em suas diferentes combinações de carbono e elementos de liga, tenham uma ampla possibilidade de aplicações em diversos segmentos industriais. Isso porque as propriedades características de cada fase ou mistura destas fases conduzem, principalmente, a diferentes propriedades mecânicas de resistência, ductilidade e resistência à fratura. Os conceitos expostos anteriormente mostram que a obtenção destas microestruturas está relacionada fundamentalmente às condições de resfriamento, as quais promovem a decomposição da austenita em condição de equilíbrio, para resfriamentos em velocidades muito lentas, ou em condições fora do equilíbrio, para velocidades de resfriamento rápidas ou de forma isotérmica.

Por isso, os principais tratamentos térmicos são definidos como ciclos de aquecimento até temperaturas acima da zona crítica (Ac_3 e A_{cm}), em que a austenita homogênea é a única solução sólida estável, seguidos de um resfriamento controlado no qual são obtidas as microestruturas objetivadas. Desta forma, as propriedades finais de um componente serão resultado da propriedade ou da combinação das propriedades das fases presentes. Por exemplo, microestruturas compostas predominantemente de (i) ferrita terão baixa resistência mecânica e elevada ductilidade ou se compostas predominantemente de (ii) martensita terão elevada resistência mecânica, elevada dureza e mínima ductilidade. Isso se deve ao fato de que a ferrita, como solução sólida, possui uma dureza média de 180 HV, enquanto a martensita possui durezas que atingem valores de 400 HV a 800 HV.

Os tratamentos térmicos que objetivam a transformação da austenita são: recozimento, normalização, austêmpera e têmpera. Também existem tratamentos térmicos realizados abaixo das temperaturas críticas Ac_3 e A_{cm}, subcríticos, sem decomposição da austenita, que objetivam condicionar a microestrutura com relação à morfologia e fração de fases, ao estado de tensões internas ou para promover a precipitação controlada de carbonetos e compostos intermetálicos, que são, por exemplo: esferoidização, alívio de tensões, recristalização, envelhecimento e revenimento.

Outros tratamentos objetivam condicionar apenas a microestrutura da superfície de peças e são chamados de tratamentos superficiais, como: cementação, carbonitretação, nitretação e nitrocarburação. Além desses tratamentos é possível fazer deposição de filmes tribológicos, resistentes ao desgaste, pelo processo de deposição física a vapor ou PVD (*Physical Vapour Deposition*) e/ou resistentes à corrosão, por exemplo a eletrodeposição. O universo dos tratamentos térmicos e superficiais é representado esquematicamente na Figura 2.28 e será objeto de estudo detalhado no decorrer deste texto.

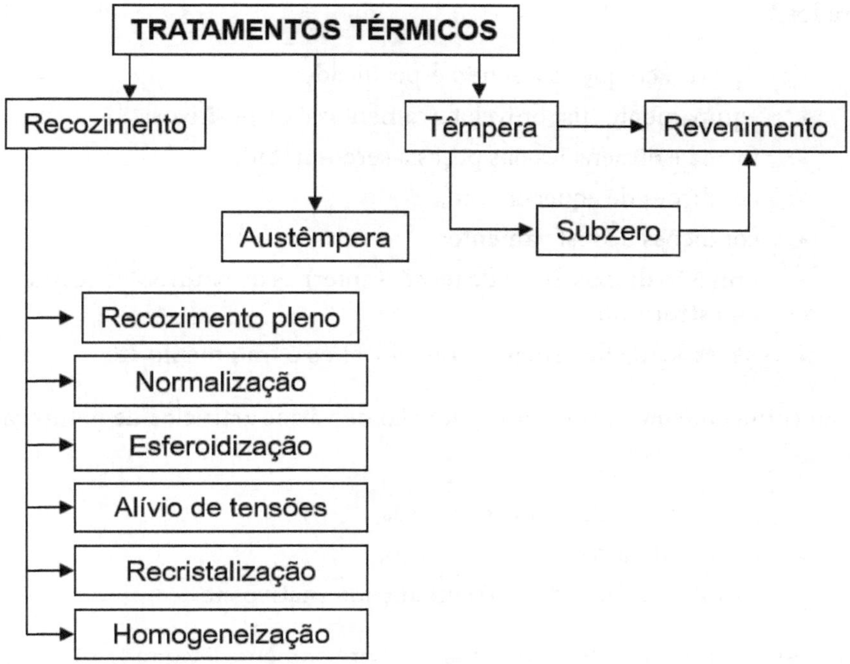

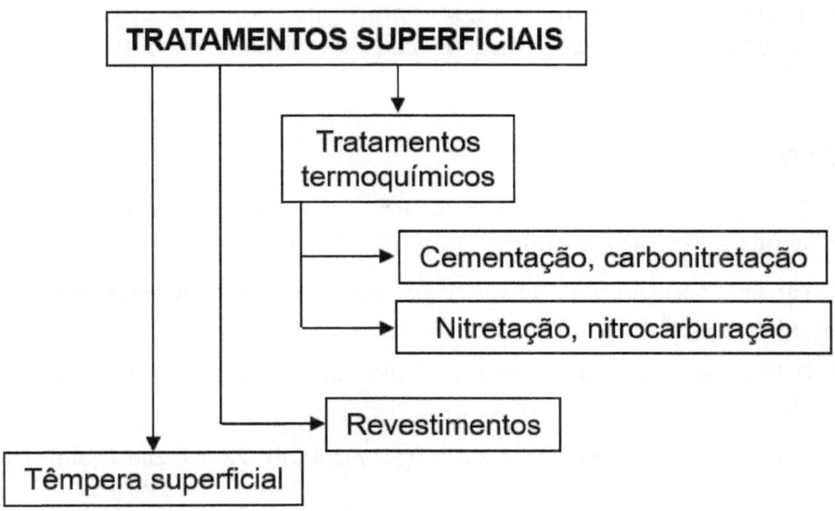

Figura 2.28 – Principais tratamentos térmicos e superficiais utilizados na prática industrial. Fonte: o autor.

Quanto aos aspectos da prática dos processos de tratamentos térmicos, devem ser considerados previamente quais os objetivos do tratamento térmico: aumento da dureza e da resistência mecânica, diminuição da dureza e aumento da ductilidade, melhora da capacidade de corte, aumento da resistência ao desgaste, aumento da resistência à corrosão etc., e quais as modificações estruturais necessárias para atingir os objetivos desejados. Em função desse conhecimento, outros aspectos devem ser analisados:

- tipo de aço que está sendo especificado;
- equipamento disponível, ferramentas e dispositivos;
- forma e dimensões das peças a serem tratadas;
- condições de aquecimento;
- condições de resfriamento;
- previsão de existência de tensões internas de natureza mecânica, térmica ou estrutural;
- necessidade de usinagem ou não, após o tratamento etc.

Esses conhecimentos propiciam a adoção de vários artifícios de natureza prática, como:

- modificação da forma das peças;
- alteração da composição do aço;
- escolha de meio de resfriamento alternativo etc.

Com essas precauções, baseadas nos fatos previamente levantados, muitos problemas podem ser antecipados e várias medidas preventivas podem ser adotadas de forma a evitar problemas como: não atingir as propriedades desejadas, geração de trincas e fratura, ocorrência de variação dimensional e de forma, entre outros.

REFERÊNCIAS

(1) E. S. Davenport, E. C. Bain. Transformation of Austenite at Constant and Subcritical Temperatures. *Transaction AIME*, v. 90, p. 117-154, 1930.

(2) G. F. Vander Voort. *Atlas of Time* - Temperature Diagrams for Irons and Steels. Ohio: ASM International, 1991.

(3) H. K. D. H. Bhadeshia. Thermodynamic analysis of isothermal transformation diagrams. *Metal Science*, v. 1, p. 159-166, 1982.

(4) V. Chiaverini. *Tratamentos térmicos das ligas metálicas*. 2a. ed. São Paulo: ABM, 2015. p. 29.

(5) Voestalpine Group. *Catálogo Técnico, Aço Orvar® Supreme, Uddeholm AB*. 2009.

(6) G. F. Vander Voort. *Atlas of Time* - Temperature Diagrams for Irons and Steels. Ohio: ASM International, 1991.

(7) H. K. D. H. Bhadeshia. The bainite transformation: unresolved issues. *Materials Science and Engineering A*, v. 273-275, p. 58-66, 1999.

(8) M. Azuma, N. Fujita, M. Takahashi, T. Senuma, D. Quidort, T. Lung. Modelling upper and lower bainite transformation in steels. *ISIJ International*, v. 45, p. 221-228, 2005.

(9) L. Cheng, A. Böttger, Th. H. de Keijser, E. J. Mittemeijer. Lattice parameters of iron-carbon and iron-nitrogen martensites and austenites. *Scripta Metallurgica et Materialia*, v. 24, p. 509-514, 1990.

(10) H. K. D H. Bhadeshia, R. W. K. Honeycombe. *Steels Microstructure and Properties*. 3. ed. Elsevier, 2006.

(11) G. Krauss. *Steels* – Processing, Structure, and Performance. 2. ed. Ohio: ASM International, 2015.

(12) C. E. Pinedo. *Decomposição isotérmica da austenita em um aço inoxidável martensítico Tipo AISI 410*. Dissertação (Mestrado), Escola Politécnica da Universidade de São Paulo, 1990.

(13) J. R. C. Guimarães, P. R. Rios. Microstructural path analysis of martensite dimensions in FeNiC and FeC alloys. *Materials Research*. n. 3, p. 595-601, 2015.

(14) E. R. Petty. *Martensite*: Fundamentals and Technology. London: Longman Group, 1970.

(15) G. Krauss. *Steels* – Processing, Structure, and Performance. 2. ed. Ohio: ASM International, 2015.

(16) Disponível em: https://www.sorbytecnologia.com/analises-macrograficas-e-micrografi. Gentilmente cedida pelo engenheiro Ailton Morassi.

(17) V. Chiaverini. *Aços e ferros fundidos*. 7. ed. São Paulo: ABM, 1996.

(18) G. E. Totten. *Steel Heat Treatment Handbook*. 2. ed. Florida: CRC Press, 2007.

(19) V. Chiaverini. *Aços e ferros fundidos*. 7. ed. São Paulo: ABM, 1996.

(20) P. Unterweiser, H. Boyer, J. J. Kubbs. *Heat Treaters Guide*. Ohio: ASM International, 1982.

(21) J. Marrow. Understanding the Jominy end-quench test. *Industrial Heating*, 16 jul. 2019.

(22) W. D Callister, D. G. Rethwisch. *Materials Science and Engineering*: an introduction. 8. ed. New Jersey: John Wiley & Sons, 2009.

(23) V. Chiaverini. *Tratamentos térmicos das ligas metálicas*. 2a. ed. São Paulo: ABM, 2015. p. 43.

(24) V. Chiaverini. *Tratamentos térmicos das ligas metálicas*. 2a. ed. São Paulo: ABM, 2015. p. 44.

(25) J. L. Dossett, G. E. Totten. Hardenability bands of alloy steels. In: *Heat Treating of Irons and Steels*. ASM Handbook, Volume 4D, 2014, p. 552-562.

(26) American Society for Metals. Hardenability Bands for Standard AISI-SAE H Steels. Data Book, *Metal Progress*. 1980.

CAPÍTULO 3
RECOZIMENTO E NORMALIZAÇÃO

3.1 INTRODUÇÃO

O tratamento térmico de recozimento tem por objetivo condicionar a microestrutura proveniente de etapas de fabricação anteriores, por processamento térmico e/ou mecânico, de forma a obter uma condição microestrutural de menor resistência mecânica e maior ductilidade, com o objetivo de otimizar a microestrutura para processamentos posteriores, sejam estes de conformação ou de usinagem. O recozimento pode ser realizado durante o processamento, por exemplo para recristalização de chapas laminadas a frio, chamado de "recozimento intermediário", ou ao final do processo, quando um produto siderúrgico ou uma peça estão prontos, chamado de "recozimento final". A Figura 3.1 mostra a região do diagrama Fe-Fe_3C correspondente aos aços com as faixas de temperaturas utilizadas nos principais tipos de recozimento.

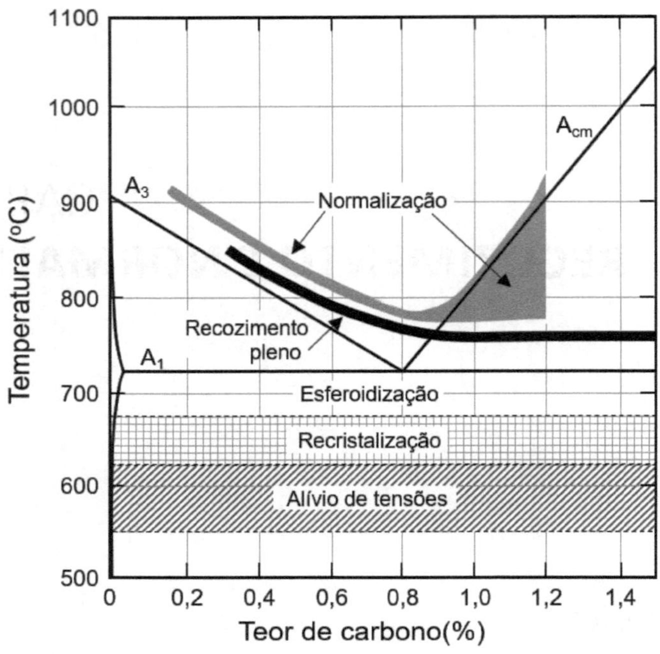

Figura 3.1 – Regiões correspondentes aos principais tipos de recozimento. Fonte: adaptada de (1).

3.2 RECOZIMENTO PLENO

O processo de recozimento pleno é aquele conduzido de forma que no resfriamento ocorra a transformação da austenita próxima do equilíbrio termodinâmico. Para isso, considera-se que o resfriamento a partir da temperatura de equilíbrio da austenita, acima de Ac_3, seja realizado com a menor velocidade possível. Em termos práticos, o resfriamento é aquele que corresponde ao resfriamento natural da carga dentro do forno de aquecimento. O ciclo térmico do recozimento pleno é representado esquematicamente na Figura 3.2.

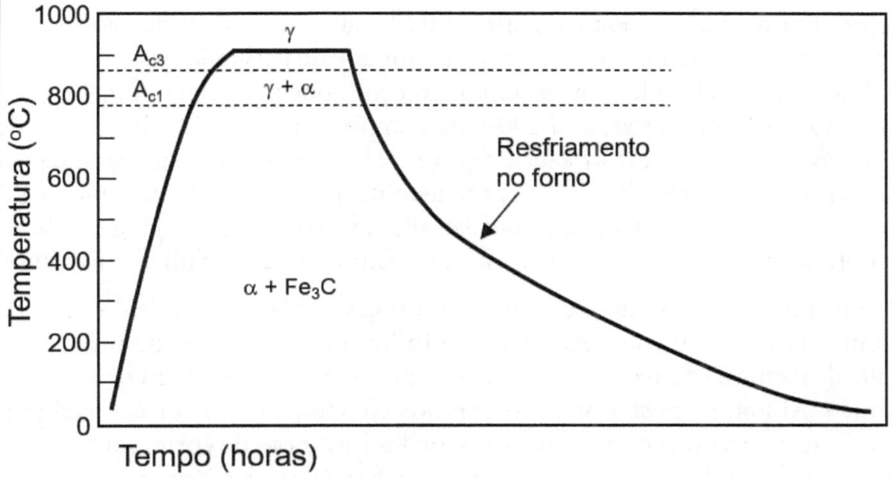

Figura 3.2 – Representação esquemática do ciclo térmico para o recozimento pleno para um aço hipoeutetoide. Fonte: o autor.

O aquecimento deve ser realizado até a temperatura de austenitização, que varia de acordo com a composição química do aço. Isso porque a temperatura Ac_3 varia de acordo com o teor de carbono e, da mesma forma, varia com a adição de elementos de liga. Em geral, a temperatura de austenitização é considerada aquela que corresponde a um valor 50 °C superior à temperatura Ac_3 do aço em tratamento. O tempo de manutenção em temperatura deve ser tal que possibilite a homogeneização da composição química na solução sólida, o que depende do fenômeno de difusão do carbono e dos elementos de liga. Em termos práticos, o tempo de austenitização mínimo deve ser de 1 h para cada 25,4 mm de seção transversal da peça, ou no mínimo 1 h para seções transversais mais finas. Nas condições de resfriamento lento, dentro do forno, as transformações da austenita se darão conforme descritas anteriormente no Capítulo 1. Assim, nos aços-carbono hipoeutetoides, a microestrutura será constituída de ferrita proeutetoide e perlita, e no aço eutetoide, de perlita. Os aços hipereutetoides não sofrem recozimento pleno, como será visto adiante. As fases estarão presentes em frações muito próximas daquelas calculadas com o uso da regra da alavanca no diagrama Fe-Fe_3C.

3.3 RECOZIMENTO DE ESFEROIDIZAÇÃO

Aços com teor de carbono superior a 0,6% não são submetidos ao recozimento pleno ou a normalização. Isso porque a quantidade de perlita lamelar na microestrutura desses aços é elevada. Por exemplo, no aço hipoeutetoide com 0,6%C, a fração de perlita é de 75%, chegando a 100% na composição eutetoide de 0,8%C. Para os aços hipereutetoides essa restrição se agrava, pois além da elevada fração de perlita a microestrutura apresenta cementita proeutetoide, predominantemente na região dos contornos de grão. A presença de uma elevada fração de perlita, agregado de ferrita e cementita aumenta a resistência mecânica e diminui a ductilidade e a usinabilidade.

Tendo em vista que os aços de alto carbono são trefilados e laminados a frio, é importante que o recozimento seja capaz de diminuir a resistência e de aumentar a ductilidade de forma a otimizar a capacidade de deformação a frio para o processamento mecânico. Ainda, na posterior usinagem dos componentes, o corte é facilitado pela esferoidização, permitindo maiores velocidades e avanços de corte, com melhor quebra de cavaco. A esferoidização faz com que a ferrita passe a constituir a fase matriz com elevada plasticidade, na qual as partículas esféricas de cementita se encontram distribuídas de forma isolada e homogênea.

A esferoidização objetiva modificar apenas a morfologia da cementita de lamelar para esférica. Isso ocorre em virtude do balanço de energia necessário para manter o equilíbrio termodinâmico entre a "energia livre associada à superfície (G_S)" e a "energia livre associada ao volume (G_V)" da partícula de cementita. Para que a cementita atinja a relação mínima entre G_S e G_V, em direção ao equilíbrio, é necessário que a forma da cementita se modifique de lamelar para esférica, tendo em vista que a esfera é o sólido geométrico que possui a mínima relação G_S/G_V. A modificação da forma da cementita ocorre termodinamicamente de maneira espontânea, mas é preciso que haja o fornecimento de energia térmica para permitir a difusão do carbono necessária para a mudança de forma.

Nesse tratamento não ocorre transformação de fase, ou seja, o processo ocorre naturalmente em temperaturas subcríticas, abaixo de Ac_1, mas pode ser realizado com ciclagem térmica em torno da temperatura Ac_1, em que a formação parcial de austenita facilita a dissolução de lamelas de cementita, facilitando a velocidade do processo. De qualquer forma, para que a esferoidização se complete nessas temperaturas, são necessários tempos longos a fim de que ocorra a difusão de carbono suficiente para modificar a forma da cementita. A Figura 3.3 mostra os ciclos térmicos para a esferoidização (2).

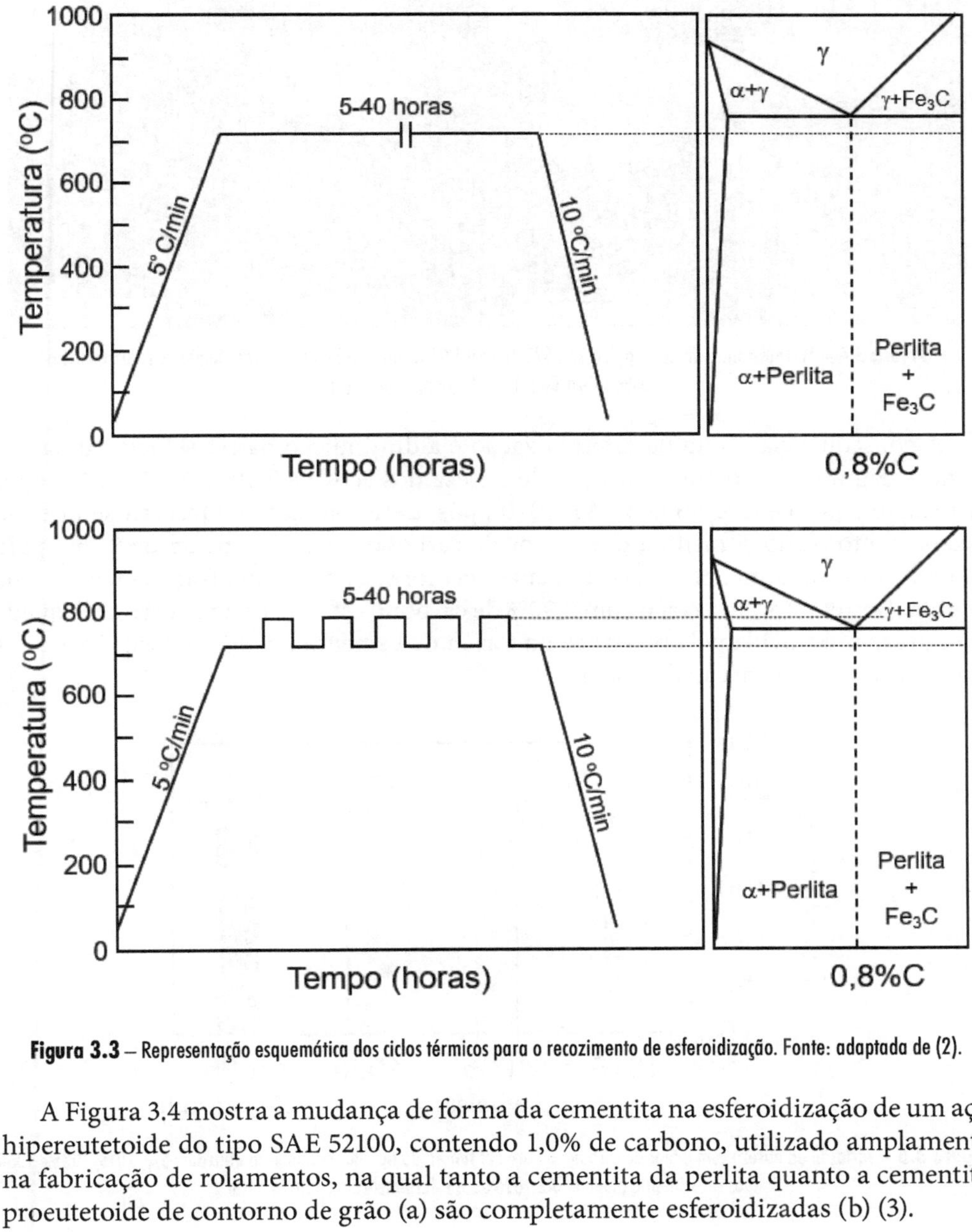

Figura 3.3 – Representação esquemática dos ciclos térmicos para o recozimento de esferoidização. Fonte: adaptada de (2).

A Figura 3.4 mostra a mudança de forma da cementita na esferoidização de um aço hipereutetoide do tipo SAE 52100, contendo 1,0% de carbono, utilizado amplamente na fabricação de rolamentos, na qual tanto a cementita da perlita quanto a cementita proeutetoide de contorno de grão (a) são completamente esferoidizadas (b) (3).

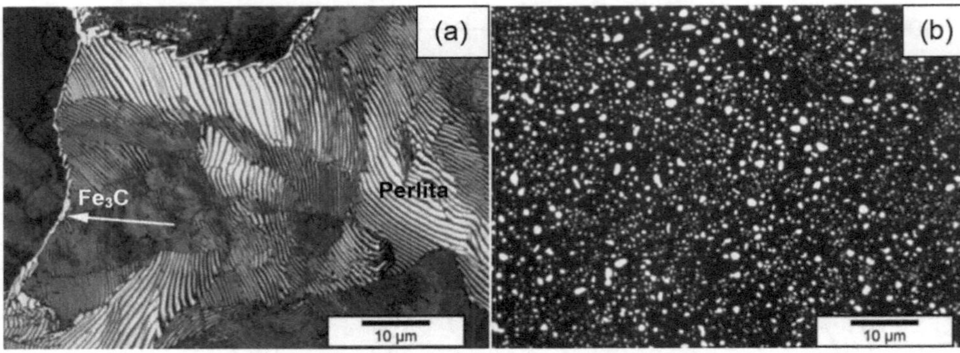

Figura 3.4 – Microestrutura de um aço tipo SAE 52100, com 1,0%C, antes (a) e após o tratamento de recozimento e esferoidização (b). Fonte: adaptada de (3).

A consequência direta da esferoidização é a diminuição da resistência ou da dureza. A Figura 3.5 mostra a variação de dureza dos aços SAE 1015, 1035 e 1060 após o recozimento pleno e do aço SAE 1090 após a esferoidização. Observa-se que, no recozimento pleno, à medida que o teor de carbono no aço aumenta de 0,15% para 0,60% a dureza aumenta constantemente pela formação de uma fração crescente de perlita. Entretanto, para o aço com 0,90% de carbono esferoizidado ocorre uma queda de dureza promovida pela mudança na forma da cementita e, por consequência, nas condições de deformação da matriz.

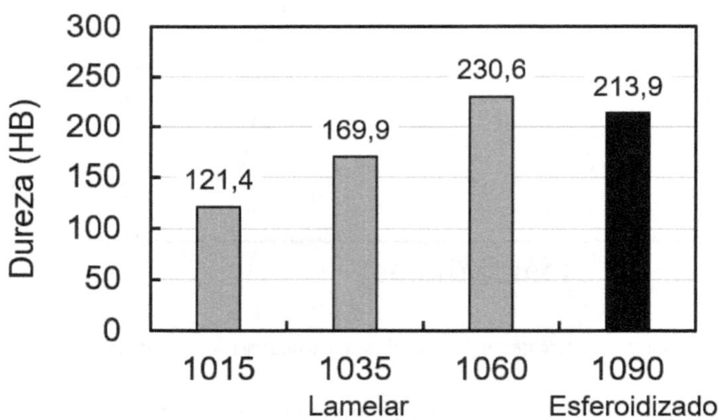

Figura 3.5 – Variação da dureza com o teor de carbono no aço em função do tipo de recozimento utilizado. SAE 1015, 1035 e 1060 após recozimento pleno e SAE 1090 após esferoidização. Fonte: o autor.

Um resultado mais completo é obtido pelo ensaio de tração. A Figura 3.6 e a Tabela 3.1 mostram as curvas obtidas sob tração e suas propriedades para o aço SAE 1060 nas duas condições de recozimento. Observa-se claramente que a esferoidização diminui o limite de resistência à tração (LR) e aumenta as propriedades de ductilidade, traduzidas pelo alongamento (A) e pela redução em área (RA).

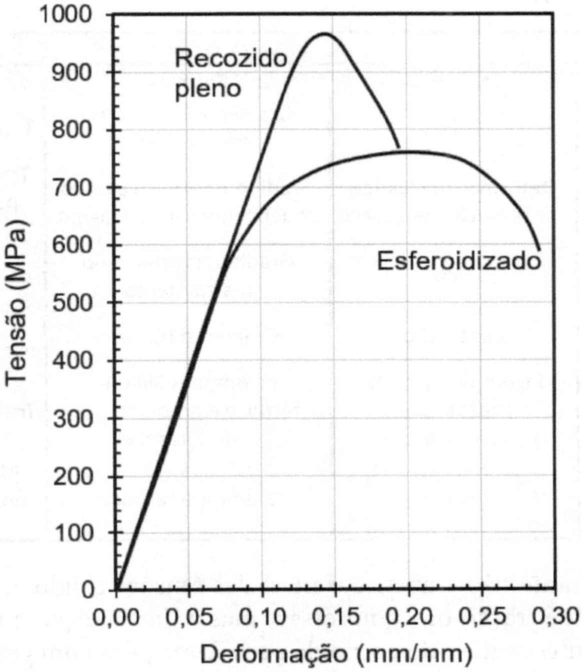

Figura 3.6 – Curvas tensão/deformação obtidas para o aço SAE 1060 após esferoidização. Fonte: o autor.

Tabela 3.1 – Propriedades sob tração referentes às curvas da Figura 3.5 para o SAE 1060 após esferoidização

Recozido pleno	Esferoidizado	Recozido pleno		Esferoidizado	
LR (MPa)	LR (MPa)	A (%)	RA (%)	A (%)	RA (%)
918,4	705,7	10,8	44,9	24,1	56,5

3.4 RECOZIMENTO PARA ALÍVIO DE TENSÕES

Todas as peças possuem, inerentemente, tensões residuais internas associadas ao histórico de seu processo de fabricação. Essas tensões são geradas desde o momento da solidificação e se acumulam ao longo do processamento. As tensões residuais em uma peça são causadas principalmente por: (i) fatores térmicos em ciclos de aquecimento e resfriamento, como fundição e tratamentos térmicos, que geram expansão e contração, promovendo variações volumétricas; (ii) fatores mecânicos como usinagem e deformação; e (iii) fatores metalúrgicos relacionados às transformações de fase. A Tabela 3.2 apresenta algumas das principais origens de tensões residuais internas no processamento dos aços.

Tabela 3.2 – Principais origens de tensões residuais resultantes de diferentes processos de fabricação (4)

Processo	Origem		
	Mecânica	Térmica	Microestrutural
Fundição	Não	Gradiente térmico no resfriamento	Transformação de fases
Usinagem	Deformação plástica por remoção de cavaco	Gradiente térmico devido aquecimento na usinagem	Transformação de fase por geração de altas temperaturas
Solubilização	Não	Gradiente térmico no resfriamento	Não
Soldagem	Contração	Gradiente térmico	Mudanças microestruturais na ZTA
Aspersão térmica	Incompatibilidade mecânica e microtrincas	Incompatibilidade térmica e gradiente de temperatura	Transformações de fase
Têmpera superficial	Não	Gradiente térmico	Mudança de volume por transformação de fase

O mais importante não é apenas o nível das tensões residuais internas em uma peça, se estas são de tração ou compressão, mas a distribuição e intensidade destas tensões em diferentes regiões do corpo da peça. Uma peça com geometria complexa, diferentes formas e dimensões nas suas seções transversais pode gerar, ao longo de sua fabricação, uma distribuição de tensões heterogêneas, com acúmulo de tensão em determinadas regiões, de tração e compressão, que podem conduzir à nucleação de trincas e em casos extremos a fratura catastrófica mesmo antes de sua colocação em serviço.

Pela presença dessas tensões residuais internas é indicado o tratamento térmico de recozimento para alívio de tensões. Este tratamento não elimina as tensões, mas promove a diminuição na intensidade e uma distribuição homogênea por toda a seção transversal, independentemente de dimensão e forma, de modo a se obter a mesma intensidade de tensão residual em todas as posições da peça. O tratamento de alívio de tensões não envolve qualquer transformação de fase e é realizado em temperaturas inferiores à temperatura Ac_1, em geral abaixo de 700 °C, seguido de resfriamento lento. A Figura 3.7 mostra como as propriedades em tração, limite de resistência (RT) e limite de escoamento (LE) de um aço de baixo carbono diminuem com o aumento da temperatura, com o consequente aumento na propriedade de ductilidade, alongamento (A), e com isso permitem o alívio das tensões residuais internas.

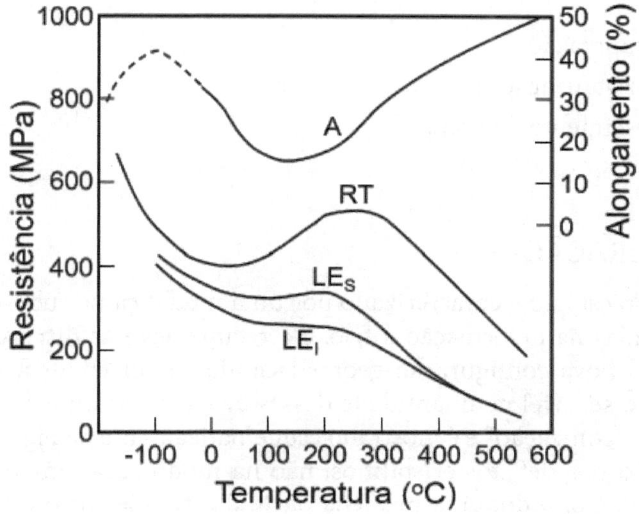

Figura 3.7 – Mudança nas propriedades mecânicas sob tração de um aço de baixo carbono em função do aumento da temperatura: limite de resistência (LR), limite de escoamento superior (LE_S), limite de escoamento inferior (LE_I) e alongamento (A). Fonte: adaptada de (5).

3.5 RECOZIMENTO PARA RECRISTALIZAÇÃO

Quando um metal é trabalhado plasticamente a frio, ocorre uma deformação no reticulado cristalino, com um aumento na densidade de defeitos lineares, discordâncias, que promovem um aumento na resistência mecânica, dureza, e a consequente queda na capacidade de deformação plástica. Este fenômeno é chamado de "encruamento" e se intensifica quanto maior for a intensidade da deformação (6). Esse arranjo e a quantidade de discordâncias do encruamento aumentam de forma substancial a energia de deformação armazenada no reticulado cristalino de maneira que a estrutura encruada é termodinamicamente instável com relação à condição não deformada. Essa energia armazenada atua como força motriz capaz de provocar uma volta do sistema às condições normais, uma estrutura não deformada com baixa quantidade de discordâncias, desde que se criem condições energeticamente favoráveis para reverter o encruamento. A barreira energética que impede essa volta à condição não deformada é ultrapassada pelo aquecimento do metal em temperaturas específicas durante um tempo determinado. Esse processo de aquecimento é chamado de "recozimento de recristalização".

O rearranjo e a eliminação das configurações de defeitos lineares, as discordâncias, dependem dos níveis de temperatura utilizados. Em função da temperatura, dependendo dos níveis de energia atingidos, tanto na estrutura cristalina como nas propriedades do metal encruado, elas serão revestidas em graus crescentes.

O recozimento de recristalização compreende três estágios principais:

- recuperação;
- recristalização; e
- crescimento de grão.

3.5.1 RECUPERAÇÃO

Esse primeiro estágio é caracterizado por uma mudança na subestrutura das discordâncias geradas na deformação a frio. Na recuperação as discordâncias se rearranjam em uma nova configuração geométrica, de menor energia, sem que ocorra uma diminuição sensível na quantidade desses defeitos cristalinos. Esse rearranjo é chamado de "poligonização" e é mostrado esquematicamente na Figura 3.8. A não ser essa modificação nos defeitos cristalinos, não há modificação microestrutural sensível do material. Contudo, uma pequena parte das tensões introduzidas durante o encruamento é diminuída, em virtude do rearranjo das discordâncias.

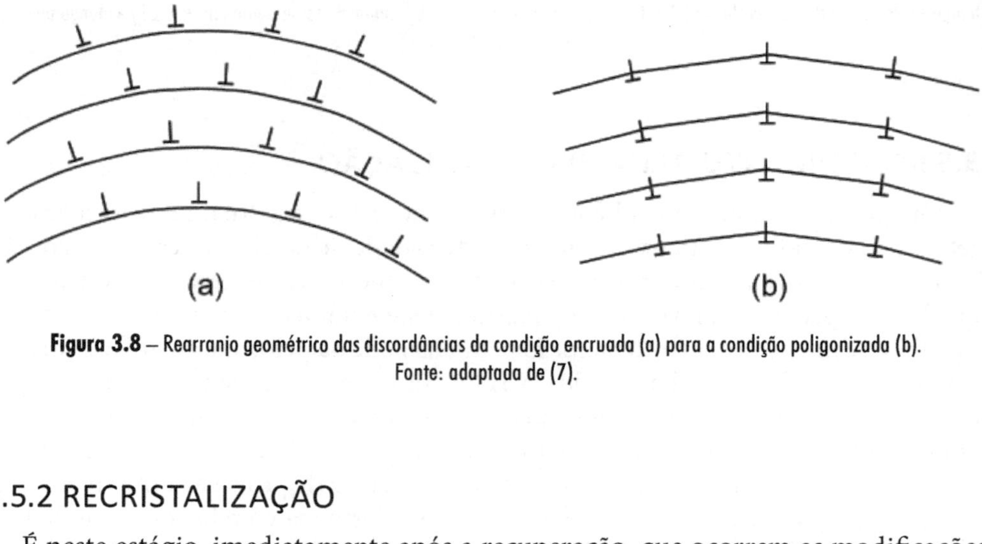

Figura 3.8 – Rearranjo geométrico das discordâncias da condição encruada (a) para a condição poligonizada (b).
Fonte: adaptada de (7).

3.5.2 RECRISTALIZAÇÃO

É neste estágio, imediatamente após a recuperação, que ocorrem as modificações mais importantes do recozimento, resultando em um completo rearranjo da subestrutura de discordâncias. A recristalização é caracterizada pela nucleação e o crescimento de novos grãos, finos e equiaxiais, isentos de deformação. A nucleação destes novos grãos ocorre preferencialmente nas regiões da estrutura com maior intensidade de deformação, com uma diminuição da resistência do aço, pela formação de núcleos não deformados.

Como resultado da formação de uma estrutura composta por grãos equiaxiais, homogêneos e isentos de deformação, as propriedades mecânicas são restauradas para os valores anteriores ao encruamento, ou seja, a resistência mecânica diminui e a ductilidade aumenta.

A Figura 3.9 mostra as micrografias da liga de alumínio tipo AA 5182 antes da deformação, deformada a 90% e após o recozimento de recristalização a 400 °C por 4 minutos. Antes da deformação a frio (a) a microestrutura é composta por grãos equiaxiais isentos de deformação. Com a deformação a frio (b) ao nível do microscópio óptico (MO) os grãos são deformados e alinhados na direção de laminação. Com a recristalização, a nucleação de novos grãos isentos de deformação conduz a uma microestrutura composta novamente por grãos equiaxiais, mas com tamanho inferior ao inicial em (c). A subestrutura de discordâncias gerada na deformação a frio, existente no interior dos grãos de (b), pode ser observada por microscopia eletrônica de transmissão (MET) juntamente com um núcleo recristalizado, isento de deformação – área branca marcada pela seta (8).

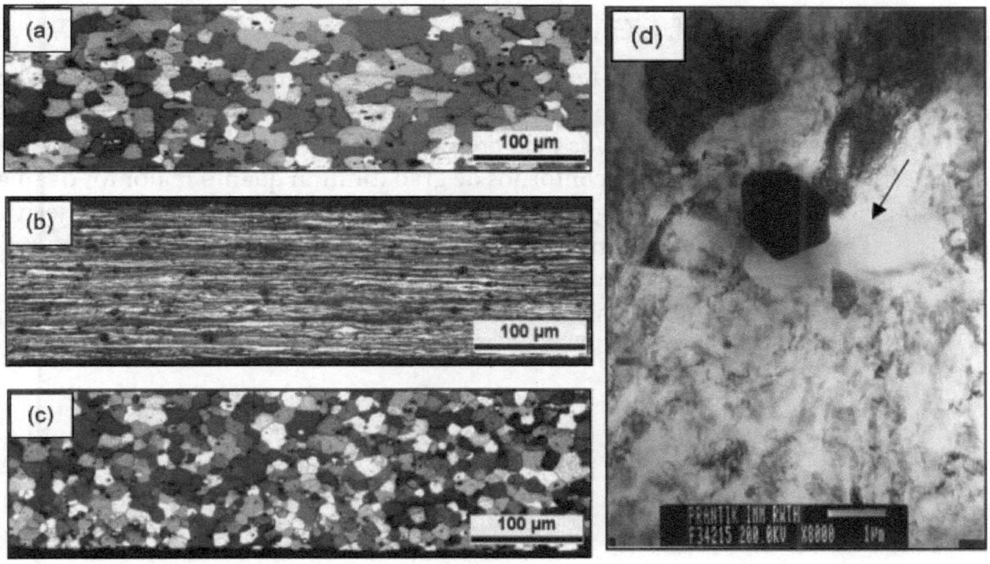

Figura 3.9 – Microestrutura de uma liga de alumínio tipo AA5182 antes da deformação (a), deformada a frio em 90% (b) e recristalizada a 400 °C (c) MO e formação do núcleo de recristalização – seta – na estrutura saturada em discordâncias (d) MET. Fonte: adaptada de (8).

A temperatura de recristalização é definida como a temperatura na qual o material atinge recristalização total em um tempo de 1 hora. Tipicamente, a temperatura de recristalização se situa entre metade e um terço da temperatura de fusão do metal ou de suas ligas. A Tabela 3.3 (9) indica as temperaturas de recristalização e de fusão e a relação entre elas para alguns metais.

Tabela 3.3 – Relação entre as temperaturas de recristalização e de fusão (9)

Metal	Temperatura de recristalização (°C)	Temperatura de fusão (°C)	$\frac{\text{T. de recristalização}}{\text{T. de fusão}}$
Alumínio	150	660	0,45
Prata	200	960	0,38
Ouro	200	1063	0,41
Cobre	200	1083	0,35
Ferro	450	1536	0,40
Platina	450	1769	0,35
Níquel	600	1450	0,51
Molibdênio	900	2610	0,31
Tungstênio	1200	3400	0,40

3.5.3 CRESCIMENTO DE GRÃO

Uma vez que a recristalização tenha se completado, a energia interna associada aos defeitos gerados no encruamento é minimizada. Entretanto, a energia interna ainda pode ser adicionalmente diminuída pelo crescimento de grão, uma vez que a energia de superfície associada à área de contornos de grão diminui quanto maior for o tamanho do grão. O crescimento de grão, na maioria das vezes, é uma etapa indesejável, pois, apesar de uma pequena diminuição na resistência mecânica, ocorre um comprometimento da resistência a fratura. A Figura 3.10 representa esquematicamente a variação das propriedades mecânicas durante todas as etapas que ocorrem no recozimento de recristalização.

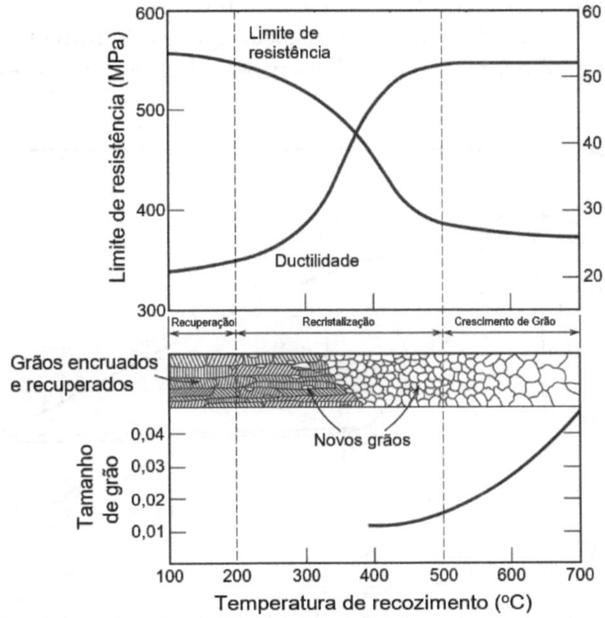

Figura 3.10 – Variação das propriedades mecânicas do Latão durante o recozimento de recristalização. Fonte: adaptada de (10).

3.6 RECOZIMENTO DE HOMOGENEIZAÇÃO

Quando o aço é solidificado, as características do processo de solidificação originam variações de composição química entre a superfície e o núcleo do molde ou lingoteira, gerando as "macrossegregações", e entre as fases sólida e líquida, gerando as "microssegregações". A macro e a microssegregação, de acordo com o tipo de aço e sua aplicação, podem comprometer severamente as propriedades finais, principalmente a resistência a fratura dos componentes, e diminuir sua vida em serviço. A homogeneização objetiva minimizar a segregação e pode ser realizada em fundidos, lingotes ou em produtos já deformados a quente. Esta escolha fica ao critério das características de rota produtiva das siderúrgicas, do produto em fabricação e da composição química do aço. A eficiência da homogeneização de produtos já conformados é mais favorável, pois as regiões microssegregadas encontram-se menos distantes quando comparadas aos lingotes.

A microssegregação é gerada pela diferença de composição química entre o sólido e o líquido durante a solidificação do lingote. A Figura 3.11 mostra a seção isotérmica do sistema Fe-C-Cr, para um teor fixo de 5%Cr. Tomando-se como exemplo uma liga com composição de 0,4% de carbono, na temperatura de 1450 °C, a composição do sólido austenita (C_γ) é de aproximadamente 0,30%C e está em equilíbrio com um líquido de composição (C_L) com aproximadamente 1,05%C, o que mostra um enriquecimento em carbono na região do líquido remanescente. Este enriquecimento em carbono aumenta com o transcorrer da solidificação à medida que C_L caminha pela linha "*Liquidus*". A mesma microssegregação que o diagrama mostra para o elemento carbono também ocorre para os elementos de liga presentes no aço.

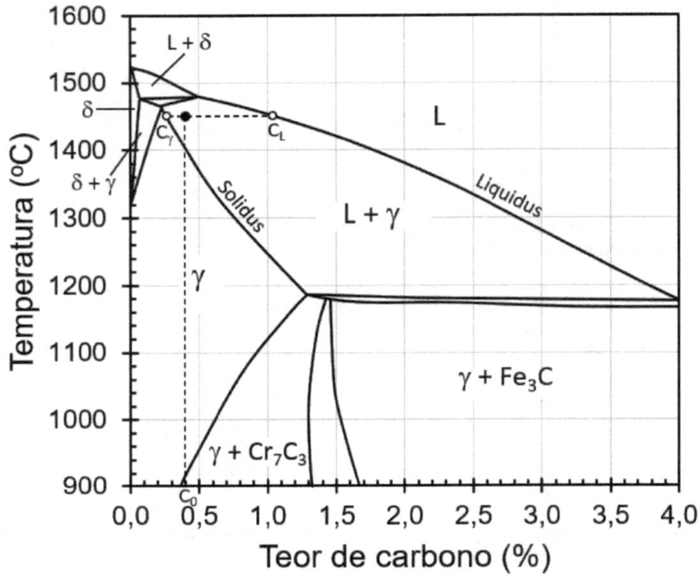

Figura 3.11 – Diagrama pseudobinário do sistema Fe-C-Cr para um teor fixo de 5%Cr. Fonte: adaptada de (11).

Essa segregação não pode ser eliminada, mas pode ser minimizada pelo "recozimento de homogeneização". Esse processo é termodinamicamente espontâneo, entretanto é necessário utilizar temperaturas elevadas e tempos longos para permitir a difusão do carbono e principalmente dos elementos de liga substitucionais que possuem menor coeficiente de difusão na matriz metálica. Na prática industrial, a homogeneização é realizada em temperaturas entre 100 °C e 200 °C abaixo da linha "*Solidus*", de forma a garantir a máxima difusividade dos elementos sem que ocorra a fusão de microrregiões, "liquação", e com isso a perda do material na operação posterior de conformação a quente. A homogeneização também pode ser realizada com vantagem em produtos deformados nos quais a diminuição da seção transversal aproxima as regiões microssegregadas e diminui o caminho médio necessário para a difusão.

Um exemplo da microssegregação para o aço ferramenta tipo AISI H13 é apresentado na Figura 3.12, para uma taxa de solidificação de 0,5 °C/s. Observam-se a estrutura de dendritas (brancas) e as regiões interdendríticas (escuras), que correspondem ao último líquido a solidificar e que se encontram segregadas em carbono e elementos de liga; Cr, Mo e V.

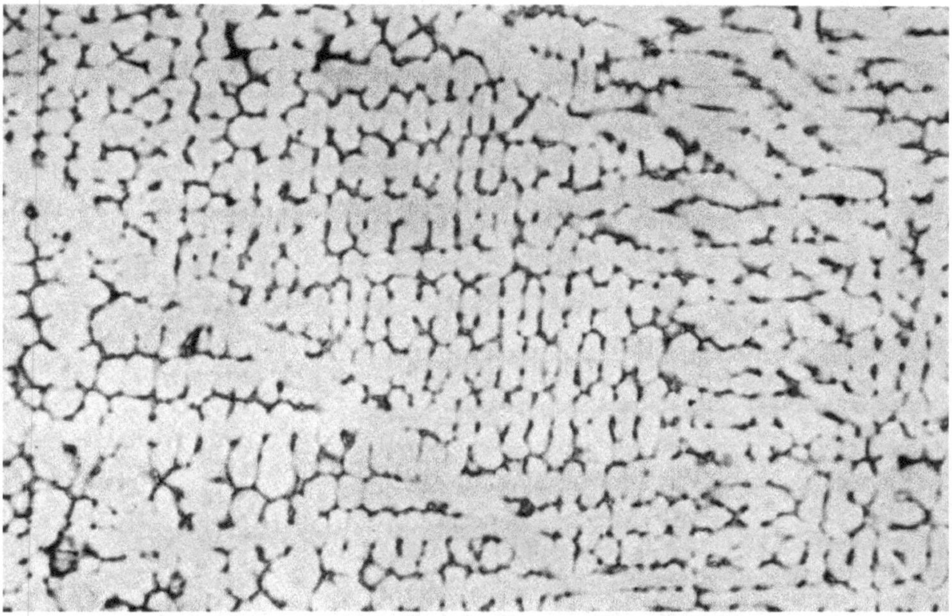

Figura 3.12 – Microestrutura de solidificação do aço tipo AISI H13 mostrando a microssegregação – regiões escuras – nos espaços interdendríticos. 20x. Fonte: (11).

A microssegregação mostrada no aço ferramenta para trabalho a quente AISI H13 pode ser minimizada pela homogeneização (12). A Figura 3.13 mostra os perfis de composição de Cr, Mo e V para um lingote de aço AISI H13 homogeneizado a 1250 °C por 48 horas. Os perfis composicionais, antes e após a homogeneização, foram determinados em microscópio eletrônico de varredura acoplado a um sistema de análise química de microrregiões por técnica de espectrometria de raios X por comprimento de onda (WDS - *Wavelength Dispersive X-Ray Spectroscopy*). Para cada elemento químico foi determinada a intensidade em WDS em cinquenta pontos aleatórios na microestrutura. A seguir, cada ponto é classificado por sua intensidade (I) com relação à média ($I_{médio}$), de forma que os valores de "$I/I_{médio}$" superiores a 1,0 indicam regiões enriquecidas e os inferiores indicam regiões empobrecidas no elemento de liga. Para todos os elementos é nítida a minimização da microssegregação após a homogeneização, indicada pela posição mais próxima de 1,0 para o perfil obtido. A Tabela 3.4 apresenta os valores do coeficiente de microssegregação: "$K = I_{máximo} / I_{mínimo}$", antes e após a homogeneização, demonstrando a eficiência desse tratamento em minimizar as diferenças composicionais nas microrregiões.

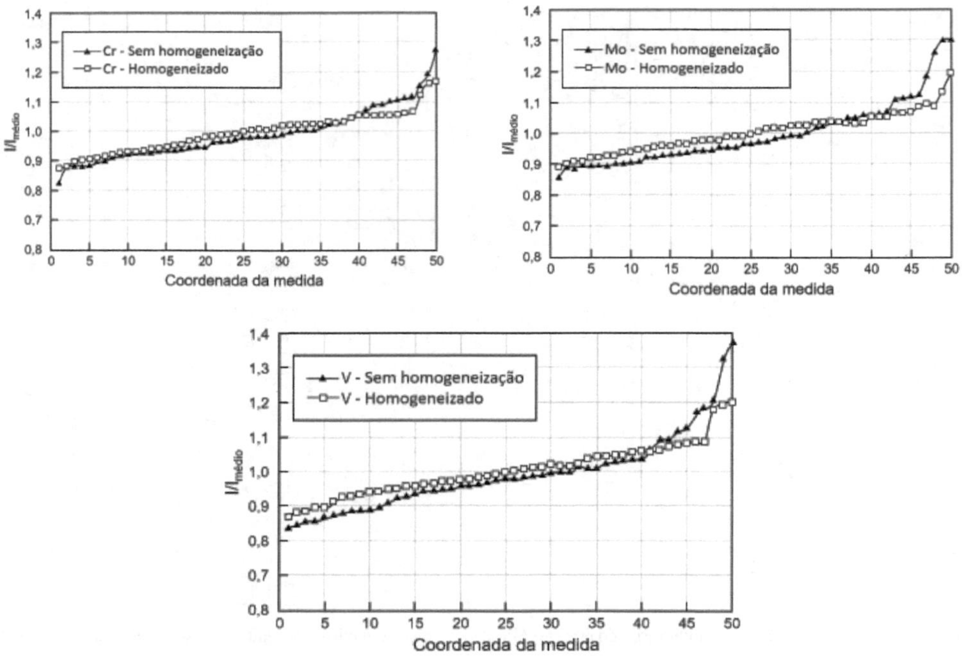

Figura 3.13 – Perfis composicionais obtidos por WDS para o aço tipo AISI H13 antes e após o recozimento de homogeneização. Fonte: adaptada de (12).

Tabela 3.4 – Variação dos coeficientes de microssegregação para o aço tipo AISI H13 antes e após o recozimento de homogeneização (12)

Elemento	Coeficientes de microssegregação, "$K = I_{máximo} / I_{mínimo}$"	
	Não homogeneizado	Homogeneizado
Cromo (Cr)	1,24	1,16
Molibdênio (Mo)	1,52	1,34
Vanádio (V)	1,64	1,31

3.7 NORMALIZAÇÃO

A normalização é um tratamento similar ao recozimento pleno, em que a diferença se encontra nas condições de resfriamento. Na normalização o resfriamento a partir da austenitização é mais rápido do que no recozimento pleno. Em geral as peças são resfriadas ao ar, de acordo com o ciclo térmico mostrado na Figura 3.14. Nestas condições de resfriamento a decomposição da austenita ocorre diferentemente do equilíbrio. De uma maneira geral são formadas as mesmas fases, ferrita e perlita, mas a fração e a característica das lamelas da perlita são modificadas. Como resultado, é possível obter uma microestrutura com resistência mecânica superior à do material recozido. Apesar do ciclo térmico semelhante, o tratamento de normalização não deve ser confundido com o tratamento de recozimento, por terem objetivos diferentes.

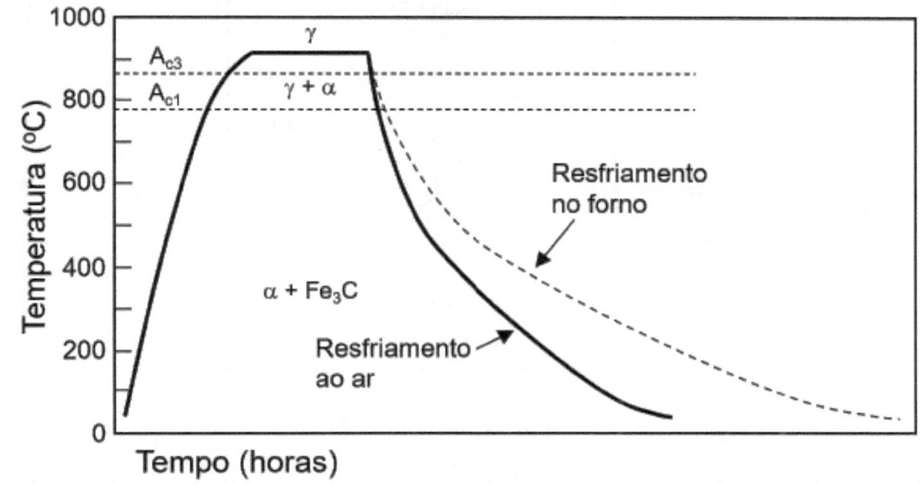

Figura 3.14 – Representação esquemática do ciclo térmico para a normalização para um aço hipoeutetoide, mostrando a diferença na condição de resfriamento (ao ar) com relação ao recozimento pleno (no forno). Fonte: o autor.

Em condições de resfriamento fora do equilíbrio, as linhas do diagrama Fe-Fe_3C podem ser prolongadas para temperaturas abaixo de Ac_1, originando uma zona de crescimento acoplado (ZCA) para a perlita. Com isso, aços hipoeutetoides resfriados mais rápido que no equilíbrio formam perlita em uma fração maior do que no resfriamento lento dentro do forno. A Figura 3.15 mostra a região do diagrama Fe-Fe_3C correspondente aos aços com o prolongamento das linhas A_{cm} e Ac_3 e a geração da zona de crescimento acoplado da perlita.

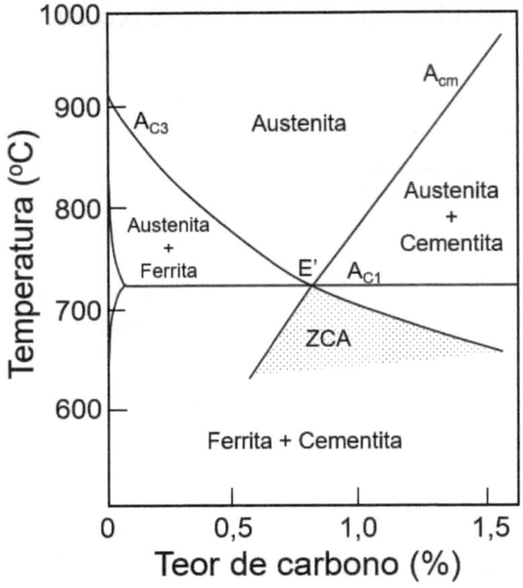

Figura 3.15 – Representação esquemática do diagrama Fe-Fe_3C na região que corresponde aos aços com o prolongamento das linhas A_{cm} e A_{C3} e a geração da zona de crescimento acoplado da perlita. Fonte: o autor.

Como a transformação da austenita em perlita ocorre em temperaturas mais baixas e tempos mais curtos, condições desfavoráveis para a difusão de carbono, o equilíbrio químico na frente de crescimento da perlita só é mantido com uma diminuição no espaçamento lamelar, ou seja, com a formação de perlita mais fina, como exemplificado na Figura 3.16.

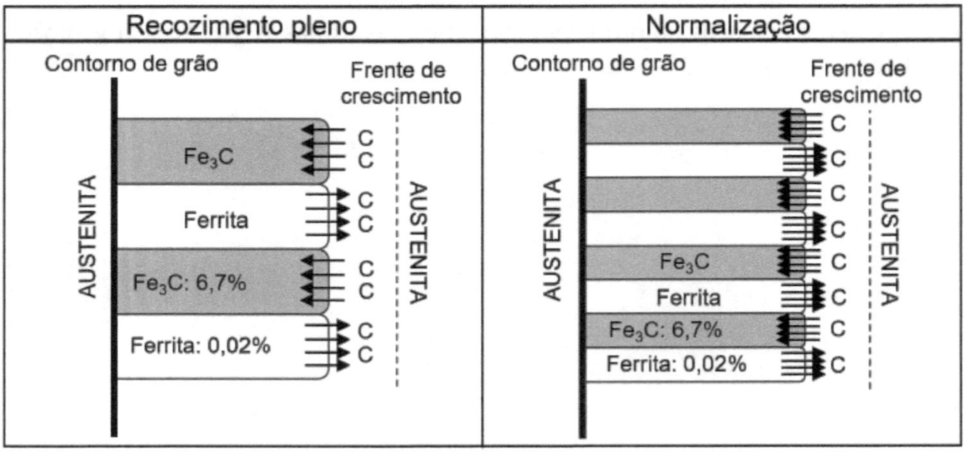

Figura 3.16 – Representação esquemática do crescimento da perlita no recozimento pleno e na normalização.

A formação de uma maior fração de perlita com lamelas mais finas eleva a resistência mecânica do aço. Por isso, a normalização é utilizada como tratamento térmico para o endurecimento de aços em valores superiores aos obtidos no recozimento e inferiores a têmpera e revenimento. A Figura 3.17 apresenta a comparação entre as propriedades da perlita grossa, da perlita fina e da cementita esferoidizada.

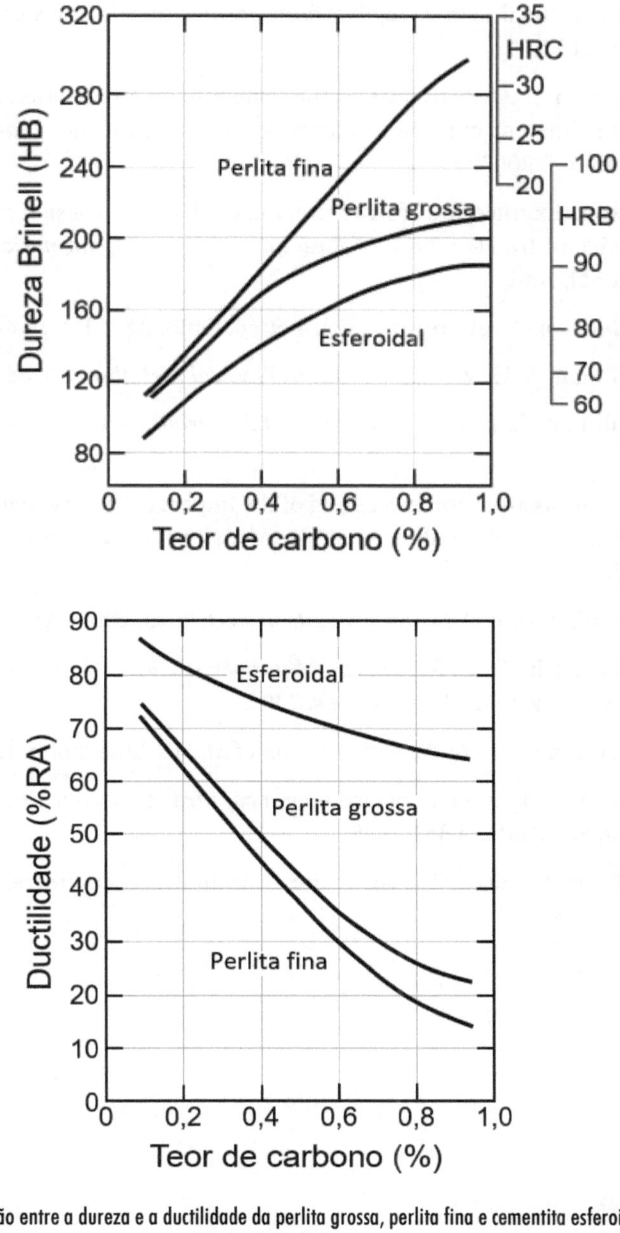

Figura 3.17 – Comparação entre a dureza e a ductilidade da perlita grossa, perlita fina e cementita esferoidizada. Fonte: adaptada de (13).

REFERÊNCIAS

(1) K.-E. Thelning. *Steel and Its Heat Treatment.* 2. ed. London: Butterworth, 1984.

(2) O. Altuntas, A. Güral. Effect of spheroidizing heat treatment on the microstructure, hardness and toughness of high carbon powder metallurgy steel. *Kovove Mater,* v. 55, p. 303-310, 2017.

(3) N. V. Luzginova, L. Zhao, J. Sietsma. The cementite spheroidization process in high-carbon steels with different chromium contents. *Metallurgical and Materials Transactions A,* v. 39, p. 513-521, 2008.

(4) J. Lu. Prestress Engineering of structural material: a global design approach to the residual stress problem. In: *Handbook of Residual Stress and Deformation of Steel.* Ohio: ASM International, 2002.

(5) *Metals Handbook*: Heat Treating, Vol. 4. 9. ed. Ohio: ASM International, 1981.

(6) R. E. Smallman, A. H. W. Ngan. *Modern Physical Metallurgy.* 8. ed. Elsevier, 2014.

(7) R. E. Smallman, R. J. Bishop. *Metals and Materials.* London: Butterworth-Heinemann, 1995.

(8) O. Engler. Through-process modelling of the impact of intermediate annealing on texture evolution in aluminium alloy AA 5182. *Modelling Simul. Mater. Sci. Eng.*, v. 11, p. 863-882, 2003.

(9) E. C. Bain, W. Paxton. *Alloying elements in steel.* 2. ed. Ohio: ASM International, 1961.

(10) W. D. Callister Jr., D. G. Rethwisch. *Materials Science and Engineering*: an introduction. 8. ed. New Jersey: John Wiley & Sons, 2009.

(11) Jernkontoret. *A Guide to the Solidification of Metals.* Stockholm: Jernkontoret, 1977.

(12) C. E. Pinedo, C. Barbosa. *Aços ferramenta para trabalho a quente com elevada tenacidade e isotropia.* São Paulo: ABM, 1995.

(13) R. F. Mehl, W. C. Hagel. The Austenite: Pearlite Reaction. *Progress in Metal Physics*, v. 6, p. 74-134, 1956.

CAPÍTULO 4
TÊMPERA E REVENIMENTO

4.1 INTRODUÇÃO

A têmpera e o revenimento são tratamentos combinados, de forma que, uma vez que a peça tenha sido temperada, ela deve obrigatoriamente sofrer o tratamento de revenimento. Isso ocorre porque a têmpera é o meio pelo qual se obtém o máximo endurecimento de um aço, para a composição química especificada. Entretanto, esse endurecimento máximo, que promove a elevação nas propriedades de resistência mecânica, conduz a um mínimo na resistência a fratura, tenacidade. Componentes industriais confeccionados em aço devem, obrigatoriamente, combinar resistência mecânica ao carregamento e resistência a fratura da melhor maneira possível para a sua composição e aplicação.

Esse equilíbrio entre resistência, dureza, e resistência a fratura, tenacidade, é conseguido pelo tratamento de revenimento, que deve ser realizado imediatamente após a têmpera. O revenimento é responsável por aliviar as tensões associadas à transformação martensítica por meio da precipitação progressiva de carbonetos com o aumento da temperatura, diminuindo por consequência a supersaturação e a tetragonalidade da martensita até a sua completa recristalização.

Por outro lado, é o revenimento que permite obter uma gama de durezas de serviço mais ampla que a dureza dos aços no estado recozido ou no temperado, os extremos da menor e da maior dureza, respectivamente. Com o revenimento, a dureza pode ser selecionada em função da aplicação. Por exemplo, o aço SAE 4140 no estado recozido apresenta uma dureza próxima de 20 HRC e no estado temperado, próxima de 56 HRC. Somente com a combinação da têmpera com o revenimento é possível obter para o aço SAE 4140 durezas de serviço entre 26 HRC e 40 HRC, adequadas para uma grande variedade de componentes que necessitam combinar propriedades mecânicas como de tração, compressão, fadiga, torção, cisalhamento e resistência a fratura. Para isso, é necessário determinar, para cada tipo de aço, a sua curva de revenimento, ou seja, a variação da dureza para temperaturas progressivas entre 100 °C e 700 °C. A curva de revenimento característica para o aço SAE 4140 será apresentada posteriormente.

4.2 TÊMPERA

O objetivo do tratamento térmico de têmpera é atingir a máxima dureza de um aço. Como visto anteriormente, a máxima dureza está relacionada: (i) à composição química, principalmente com relação ao teor de carbono; (ii) a sua temperabilidade; e (iii) à prática de tratamento, principalmente ao método de resfriamento utilizado.

Na prática industrial existem diferentes fornos para o aquecimento de peças destinadas à têmpera. Os mais utilizados são os fornos do tipo (i) câmara, (ii) banhos de sal e (iii) sob vácuo. Em termos gerais, a seleção do tipo de forno de aquecimento depende: da temperatura de austenitização, do requisito de integridade superficial, da integridade de forma e dimensão e da sequência necessária no resfriamento. Atualmente, os tratamentos térmicos mais empregados para aços-carbono e média liga são fornos tipo câmara e banho de sal. Para aços de alta liga a preferência é por tratamentos em forno a vácuo.

- Fornos tipo câmara possuem uma restrição importante com relação à integridade superficial. Tendo em vista que a austenitização ocorre em temperaturas elevadas, em geral entre 800 °C e 1200 °C, mesmo em atmosfera controlada de baixo potencial de oxigênio esses fornos têm elevada tendência à oxidação e descarbonetação. Além disso, o controle de velocidades precisas de aquecimento é bastante restrito.
- Fornos de banho de sal possuem como principal vantagem a estabilidade térmica, que garante a precisão na temperatura de tratamento e a elevada capacidade de transferência de calor. Por serem fornos que trabalham em temperatura fixa, são necessários vários fornos para a realização da sequência de pré-aquecimentos e austenitização. Os sais utilizados nesses fornos são à base de cianetos e fazem com que esse processo tenha como principal desvantagem a limitação ambiental e a saúde dos operadores.
- Fornos a vácuo são a tecnologia mais moderna disponível para a têmpera dos aços. Esses fornos não conduzem a alterações superficiais de oxidação e descarbonetação. Seu sistema de operação é completamente automatizado, independente da ação do operador, e permite um controle rígido das taxas de aquecimento e resfriamento. Ainda, o resfriamento é realizado no mesmo ciclo de aquecimento por fluxo gasoso a alta pressão, principalmente de nitrogênio, sendo eficiente não apenas para atingir a transformação martensítica, mas para garantir uma variação dimensional e de forma mais controlada, conduzindo a uma menor distorção de

peças geometricamente complexas. A desvantagem desse forno é o elevado investimento inicial.

A têmpera está relacionada fundamentalmente ao meio de resfriamento utilizado e sua adequação à composição química do aço em processo. O esquema do ciclo térmico da têmpera é apresentado na Figura 4.1. Uma vez que o aço seja austenitizado, diferentes meios e métodos podem ser utilizados no resfriamento para a têmpera, cada qual com uma característica e velocidade de resfriamento. Na Figura 4.1 o meio com resfriamento mais rápido é a água, seguido de óleo e ar. É apresentado também o resfriamento por "martêmpera" e "têmpera interrompida", que são práticas utilizadas para controlar a transformação martensítica em aços de alta liga, de forma a obter uma microestrutura homogênea na seção transversal, evitar geração de tensões de origem térmica do resfriamento e associadas à expansão da transformação martensítica e, desta forma, buscar a máxima estabilidade dimensional com mínima possibilidade de geração de trincas.

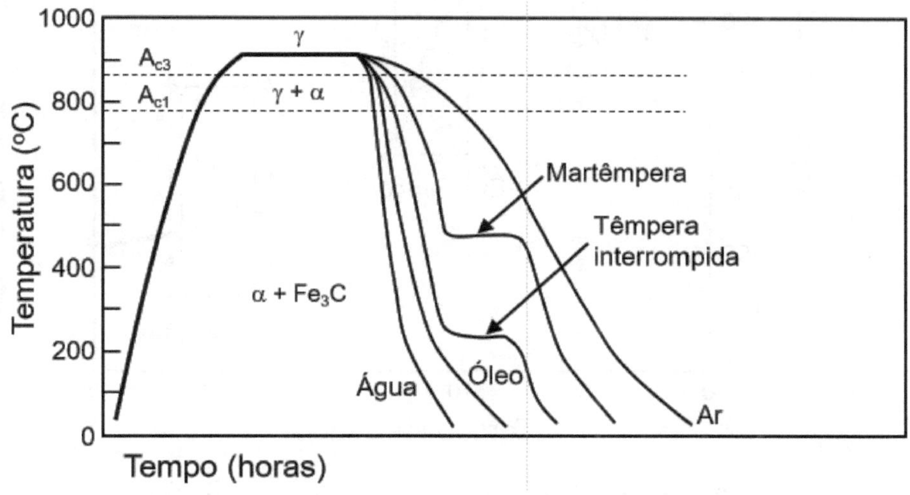

Figura 4.1 – Representação esquemática do ciclo de tratamento térmico de têmpera em diferentes meios de resfriamento. Fonte: o autor.

A etapa de resfriamento é fundamental na têmpera, de forma que a seleção do meio de têmpera deve fornecer uma velocidade de resfriamento, em °C/min, sempre superior à velocidade crítica de têmpera. Ou seja, a velocidade de resfriamento deve estar adequada à temperabilidade do aço em tratamento. Em vista disso, é importante entender a característica de resfriamento dos meios mais utilizados: o líquido e o gasoso.

Quando a têmpera é realizada em meio líquido, o processo de resfriamento consiste em três etapas: formação de uma cobertura de vapor, evaporação e convecção. Cada uma dessas etapas extrai calor com uma velocidade diferente, como mostrado na Figura 4.2. Nos estágios iniciais, a elevada temperatura da peça causa intensa vaporização do líquido e gera a cobertura de vapor que praticamente isola a peça do líquido refrigerante, fazendo com que a extração de calor seja baixa. Com a diminuição da temperatura da peça ocorre apenas a evaporação do líquido e a velocidade de resfriamento aumenta significativamente até que ocorra apenas o processo de convecção nos estágios finais do resfriamento com menor velocidade. O controle dessas etapas pela correta seleção do meio líquido refrigerante, por exemplo a água, óleo ou um polímero, é fundamental para a transformação martensítica, na geração das tensões residuais e para a estabilidade dimensional e de forma.

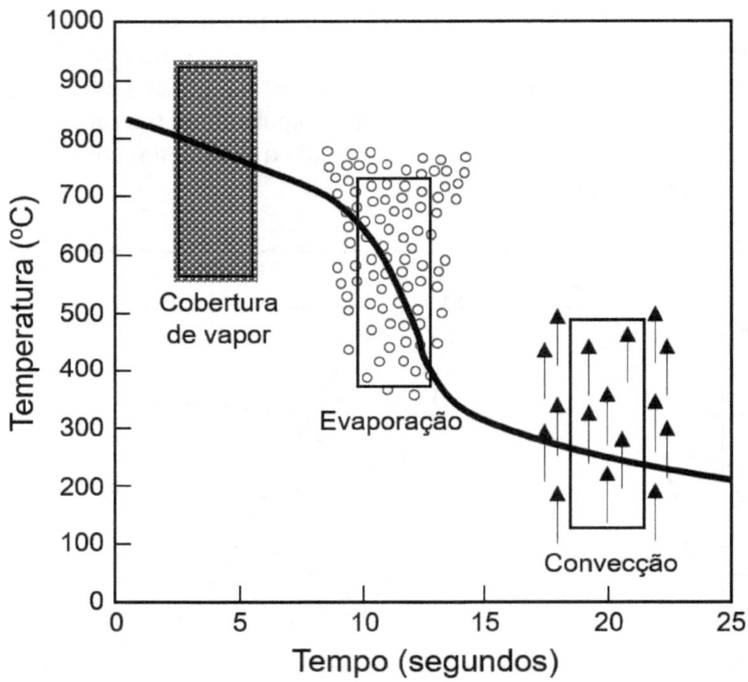

Figura 4.2 – Estágios de resfriamento na têmpera em meio líquido. Fonte: adaptada de (1).

A Figura 4.3 mostra a comparação entre o resfriamento em meio de têmpera líquido e gasoso. A Figura 4.3(a) mostra que no resfriamento de um cilindro em meio líquido, óleo ou água, ocorrem três etapas principais, cada qual com uma característica de extração de calor: (i) na primeira etapa, logo ao introduzir a peça no meio, ocorre a formação de um filme gasoso decorrente da intensa vaporização do líquido causada pela elevada temperatura da peça recém-saída da austenitização. Esse filme de vapor isola a peça do meio e promove um baixo coeficiente de transferência de calor (α em W/m^2K); (ii) uma vez que a peça continue o resfriamento, a formação do filme é interrompida e ocorre apenas a formação de bolhas de vapor, com a máxima intensidade de extração de calor; e (iii) com a contínua extração de calor da peça, ocorre apenas a convecção e a velocidade de extração de calor diminui gradativamente. Essa sequência de eventos causa um perfil de temperatura heterogêneo ao longo do comprimento da peça e pode gerar dois problemas importantes na peça: (i) em aços de baixa temperabilidade, a transformação martensítica pode não ocorrer por completo ao longo do comprimento e da seção transversal com uma têmpera não homogênea; e (ii) os gradientes de temperatura geram contração térmica e expansão de transformações de fase diferentes, causando uma variação dimensional maior na região mais fria e com isso distorção do cilindro temperada. A Figura 4.3(b) mostra que no resfriamento em meio gasoso a característica é diferente. O fluxo gasoso em alta pressão envolve toda a superfície da peça, o que gera uma frente de extração de calor plana com a mesma intensidade ao longo do comprimento. Com isso, o perfil de temperatura no resfriamento varia da superfície para o núcleo, através da seção transversal, e não ao longo comprimento. Em consequência disso, a variação dimensional decorrente da variação de temperatura e da transformação martensítica ocorre de forma mais homogênea, o que resulta em menor distorção.

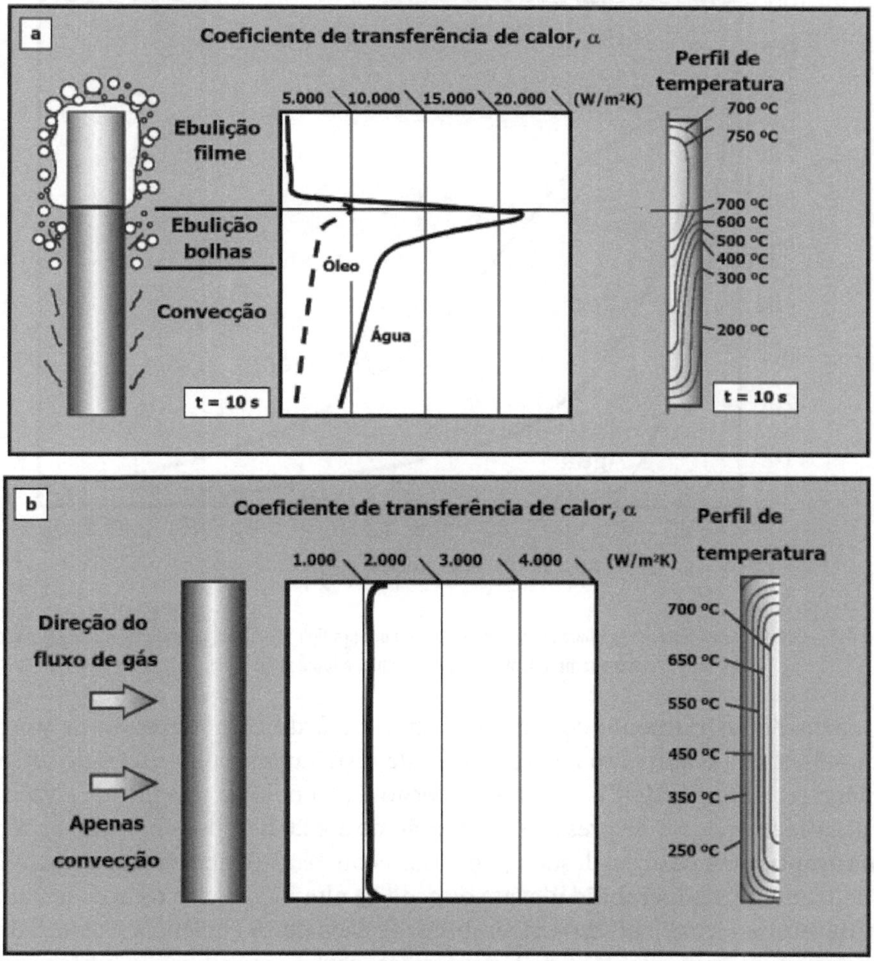

Figura 4.3 – Representação esquemática da troca de calor durante o resfriamento em meio líquido, óleo e água (a) e com fluxo de gás (b). Fonte: adaptada de (2).

Os meios de resfriamento na têmpera têm, portanto, características diferentes de extração de calor que devem ser consideradas em um amplo espectro de variáveis. A Figura 4.4 apresenta as curvas de resfriamento para a água, óleo e nitrogênio (injetado a 86 m/s) no resfriamento de amostra de aço para rolamento do tipo SAE 52100 (1%C-1,5%Cr) (3). Observa-se claramente a maior severidade da água comparada ao óleo e do óleo comparado ao fluxo gasoso de nitrogênio. A escolha do meio de têmpera ideal dependerá da temperabilidade do aço a ser tratado, da dimensão da seção transversal da peça e da complexidade geométrica, para que a velocidade de resfriamento seja suficientemente elevada para garantir a máxima formação da martensita através da seção transversal, mas não rápida demais para favorecer a ocorrência de trinca, fratura e/ou distorção.

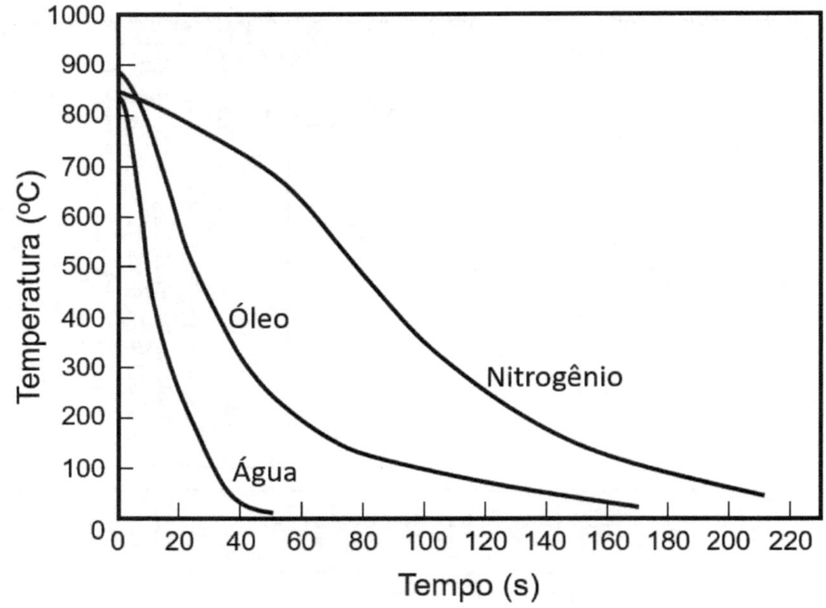

Figura 4.4 – Curvas de resfriamento contínuo em diferentes meios para aço tipo SAE 52100 para cilindros com diâmetro de 20 mm e comprimento de 60 mm. Fonte: adaptada de (3).

As taxas de resfriamento com gás variam de acordo com a pressão de injeção. A Figura 4.5 mostra o aumento da velocidade de resfriamento na injeção de nitrogênio em diferentes pressões de 1 a 5 bar. A evolução da tecnologia nos fornos a vácuo permite, atualmente, o uso de pressões de injeção de até 20 bar, possibilitando a têmpera de uma ampla faixa de aços, desde os aços para construção mecânica, como SAE 4140 e 4340, de menor temperabilidade, até os aços de alta liga, como os aços ferramentas e inoxidáveis martensíticos, de temperabilidade elevada. A eficiência na troca de calor pode ser elevada com a injeção de outros gases, como argônio, hélio e hidrogênio. A Figura 4.6 mostra as velocidades de resfriamento desses diferentes gases (4).

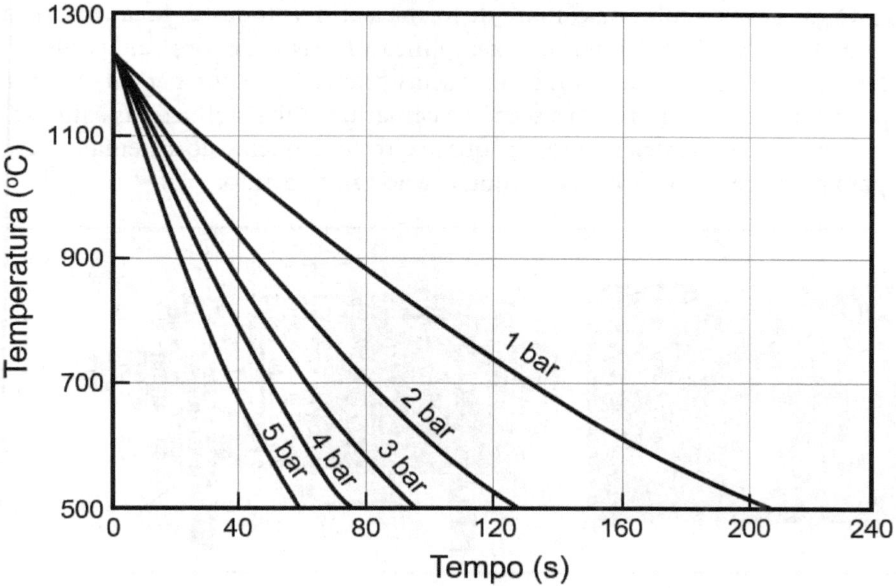

Figura 4.5 – Curvas de resfriamento para uma barra de aço rápido tipo AISI M2 com diâmetro de 25 mm e comprimento de 48 mm em gás nitrogênio em diferentes pressões de injeção. Fonte: adaptada de (4).

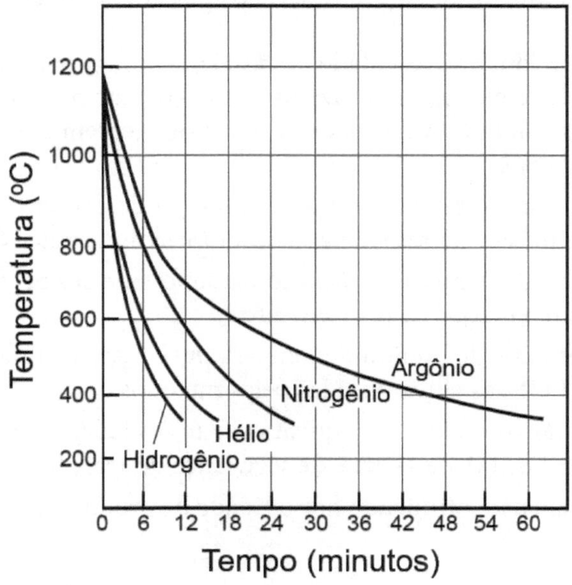

Figura 4.6 – Curvas de resfriamento para diferentes gases na têmpera. Fonte: adaptada de (5).

A eficiência do resfriamento também depende do sistema construtivo do forno a vácuo. O gás deve circular na câmara de forma a atingir todas as peças o mais homogeneamente possível. A Figura 4.7 exemplifica um sistema com saídas distribuídas diametralmente pela câmara do forno – setas brancas –, o que permite uma injeção completa e homogênea por toda a seção da câmara. Neste sistema o gás é injetado frio, atinge as peças para resfriamento, se aquece e retorna quente ao sistema de refrigeração, para então retornar frio e dar sequência ao resfriamento.

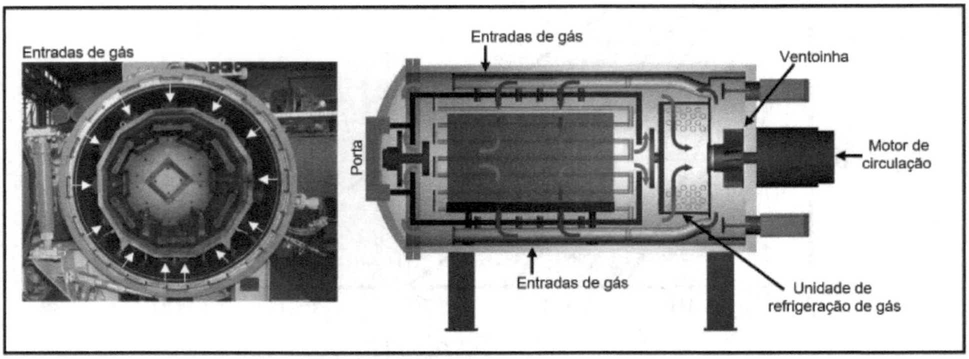

Figura 4.7 – Forno a vácuo com a indicação das saídas de nitrogênio – setas brancas – e do sistema de circulação e resfriamento de gás. Fonte: adaptada de (6).

Para meios de têmpera líquidos, além da garantia da transformação martensítica para a maior profundidade de seção transversal possível, também é importante (7):

- Proporcionar a velocidade de resfriamento apropriada em todo o intervalo de temperatura utilizado, em particular para temperaturas abaixo de Ms, em que a velocidade deve ser suficientemente lenta para prevenir a distorção.
- Manter a estabilidade durante o tempo de uso em serviço, ou seja, os meios devem ser resistentes a decomposição térmica e a oxidação.
- Impedir a interação do meio com a superfície das peças, com a atmosfera ou com o tanque de resfriamento.
- Os resíduos de líquido de têmpera devem ser facilmente removíveis da superfície das peças tratadas pelos métodos de lavagem disponíveis.
- Adequar os meios aos requisitos de toxicidade, inflamabilidade, legislação ambiental, de saúde e de segurança no trabalho.
- Ter um custo otimizado por unidade de produção.

4.2.1 VARIAÇÃO DIMENSIONAL E DE FORMA

Existem vários fatores que colaboram para a variação dimensional e de forma no tratamento térmico de têmpera e revenimento. Apesar de esses fatores agirem de forma isolada, eles estão relacionados entre si e atuam simultaneamente. Os principais fatores são o térmico e o das transformações de fase. O fator térmico está relacionado à variação da temperatura no aquecimento, etapa de expansão, e resfriamento, etapa de contração, e a sua homogeneidade na seção transversal. Isto porque, durante o aquecimento, a temperatura entre a superfície e o núcleo é diferente. Esse gradiente de temperatura aumenta com o aumento da seção transversal da peça. Desta forma, a expansão da superfície mais aquecida é restrita pela região do núcleo mais frio e com menor plasticidade, gerando tensões que promovem a deformação da externa com maior plasticidade. A taxa de aquecimento, o uso de patamares intermediários de pré-aquecimento e a seção transversal da peça são parâmetros de controle importantes para minimizar a distorção. O fator transformação de fase está relacionado à transformação alotrópica da ferrita em austenita no aquecimento, que causa uma contração, até o patamar de austenitização, e à transformação martensítica no resfriamento para a têmpera, que gera uma expansão.

A Figura 4.8 exemplifica as etapas envolvidas na variação dimensional que uma peça sofre quando submetida ao tratamento térmico de têmpera. Em primeiro lugar, a variação dimensional é decorrente da variação da temperatura (T), ou seja, expansão (+) no aquecimento e contração (-) no resfriamento. Conjuntamente, ou não, está associada a variação dimensional relacionada às transformações de fase (TF) no aquecimento e no resfriamento. Assim, no aquecimento para a austenitização, até a temperatura A_{c1}, ponto 1, ocorre apenas a expansão pelo aumento da temperatura. Acima de A_{c1} ocorre o início da transformação alotrópica da ferrita (CCC) em austenita (CFC), e essa mudança de reticulado cristalino resulta em uma contração, que se associa à contínua expansão associada ao aumento da temperatura. Entre os pontos 1 e 2 a peça sofre simultaneamente expansão e contração. No resfriamento rápido da têmpera, entre os pontos 3 e 4, a austenita não transformada sofre contração do resfriamento até atingir a temperatura de início de transformação martensítica M_S, ponto 4. A transformação martensítica promove uma expansão de forma que entre o início M_S e o final da transformação em M_F, ponto 5, ocorrem simultaneamente a contração da austenita não transformada e a expansão da martensita (α') recém-transformada. Abaixo da temperatura M_F, com a transformação martensítica completa, ocorre apenas a contração final, com o resfriamento progressivo até a temperatura ambiente.

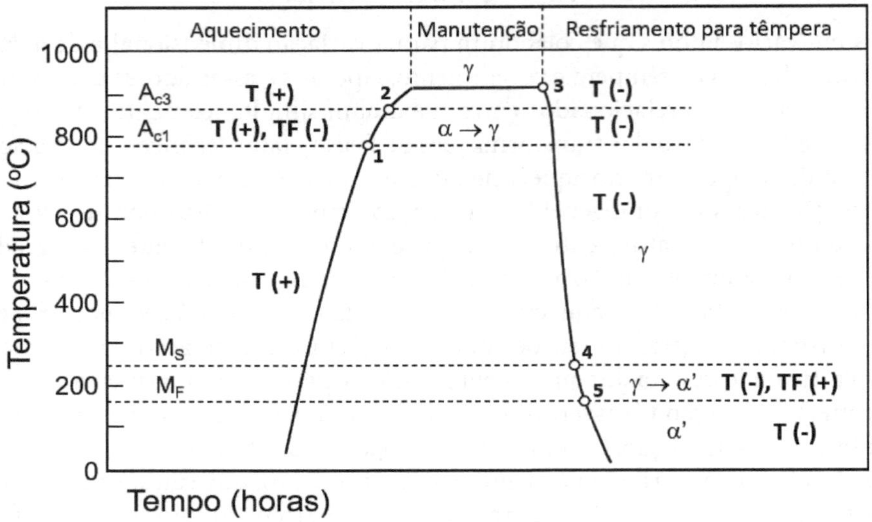

Figura 4.8 – Representação esquemática do ciclo térmico da têmpera com as expansões (+) e contrações (-) associadas à variação da temperatura (T) e às transformações de fase (TF). Fonte: o autor.

Além dos fatores térmicos e de transformação de fase relacionados anteriormente, existem diversos outros fatores que estão presentes e que interferem na estabilidade dimensional e de forma de uma peça na têmpera. Os principais são:

- composição química do aço, teor de carbono e elementos de liga;
- temperabilidade do aço;
- homogeneidade de composição química na seção transversal, grau de microssegregação;
- tensões residuais existentes antes do tratamento térmico;
- correta escolha da temperatura e tempo de austenitização;
- seleção do meio de têmpera adequado à temperabilidade do aço e à massa da peça;
- montagem da carga na câmara de tratamento térmico;
- relação dimensional entre comprimento, largura e espessura;
- complexidade geométrica da peça; entre outros.

4.3 REVENIMENTO

O revenimento é um tratamento de baixa temperatura, inferior à temperatura crítica Ac_1, que objetiva fornecer energia térmica suficiente para promover a difusão do carbono na matriz martensítica e com isso possibilitar a precipitação do carboneto de ferro Fe_3C e/ou de carbonetos de elementos de liga. O ciclo térmico do tratamento de têmpera e revenimento é mostrado na Figura 4.9. Após a têmpera, as peças devem ser transferidas imediatamente para o revenimento depois de a temperatura da peça atingir 70-90 °C, e a temperatura de revenimento deve ser selecionada a partir das propriedades mecânicas e dureza especificadas em projeto para a peça. Em aços de baixa e média ligas é realizado apenas um revenimento por tempo mínimo de uma hora na temperatura, e para aços de alta liga são realizados no mínimo dois revenimentos por um tempo mínimo de duas horas em cada um deles.

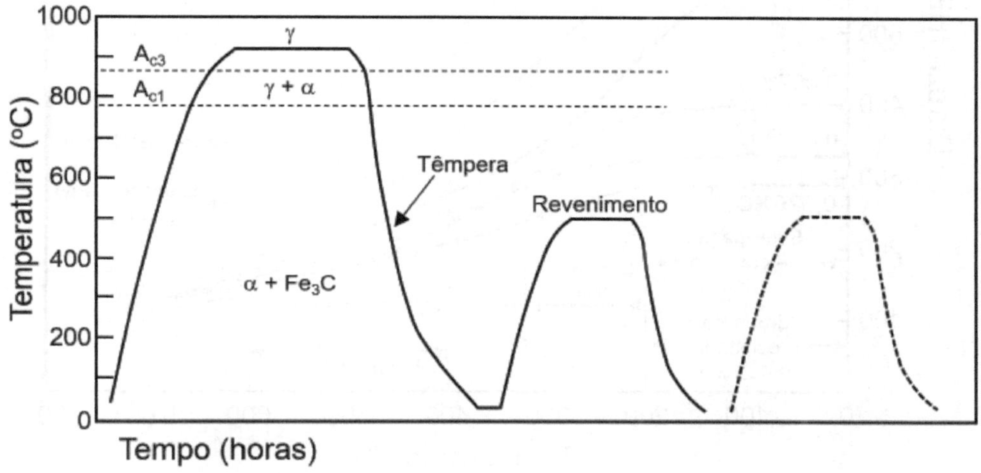

Figura 4.9 – Representação esquemática do ciclo térmico do tratamento de têmpera e revenimento. Fonte: o autor.

4.3.1 TRANSFORMAÇÕES NO REVENIMENTO

Em artigo clássico, Speich e Leslie (8) apresentam a sequência de fenômenos que ocorrem durante o revenimento de aços com diferentes teores de carbono, como mostrado na Figura 4.10. Independentemente do teor de carbono, até 0,39%, a dureza cai continuamente entre 100 °C e 700 °C, o que acarretará um aumento na ductilidade e resistência a fratura. Como visto, essa queda de dureza durante os estágios do revenimento está associada a fenômenos distintos e dependentes da temperatura, que controlam a difusão do carbono e, portanto, a precipitação do carboneto de ferro. Desta forma, em temperaturas de até 200 °C observam-se a segregação de carbono e a formação do carboneto ε-$Fe_{2,4}C$. O aumento da temperatura promove a precipitação da cementita, a recuperação dos defeitos da martensita, discordâncias e maclas, e progressivamente a total recristalização da matriz martensítica e o coalescimento da cementita.

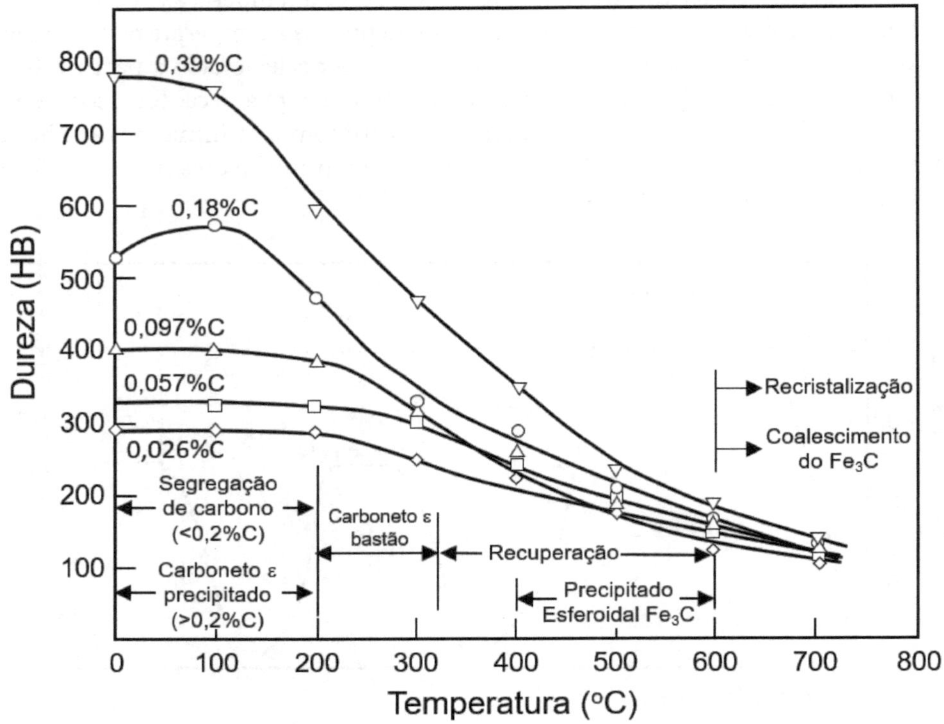

Figura 4.10 – Transformações durante o revenimento em aços com diferentes teores de carbono. Adaptado de (8).

As transformações que ocorrem com o aumento da temperatura de revenimento definem os "estágios do revenimento" descritos como (9):

- **Primeiro estágio:** entre as temperaturas de 100 °C a 200 °C, ocorre a precipitação do carboneto de ferro metaestável: ε-$Fe_{2,4}C$. Para aços de carbono mais elevado, acima de 0,20%, a precipitação do carboneto ε causa um pequeno aumento na dureza próximo a 100 °C. A precipitação do carboneto ε-$Fe_{2,4}C$ leva a um consumo de carbono que causa a supersaturação do reticulado TCC da martensita e, com isso, se inicia a perda da tetragonalidade.
- **Segundo estágio:** ocorre no intervalo de temperatura de 200 °C a 350 °C, e é caracterizado, para aços de alto carbono, pela decomposição da austenita retida. É aceito que a austenita se decomponha, no resfriamento, para ferrita e cementita, com morfologia próxima da bainita. Neste estágio se inicia a transformação do carboneto metaestável ε-$Fe_{2,4}C$.
- **Terceiro estágio:** acima 350 °C, é caracterizado pela transformação completa do carboneto metaestável ε-$Fe_{2,4}C$ no carboneto de ferro estável, cementita Fe_3C. Durante este estágio as partículas de cementita, inicialmente na forma de bastonetes ou plaquetas, começam a sofrer o processo de esferoidização. Temperaturas de 600 °C elevam a difusão do carbono,

causando transformações importantes no estágio final do revenimento. À medida que a temperatura aumenta, a precipitação de cementita se completa na forma de partículas esféricas e, progressivamente, se inicia um processo de coalescimento. Esta precipitação diminui progressivamente a supersaturação do reticulado cristalino da martensita, causando uma perda total da tetragonalidade em temperaturas acima de 600 °C. Ao final desse estágio ocorrem a recristalização completa e a formação de grãos equiaxiais de ferrita. As temperaturas de cada estágio na verdade se sobrepõem. Ao final do revenimento, independentemente da temperatura selecionada, a microestrutura obtida é denominada "martensita revenida", como mostrado na Figura 4.11 para o revenimento a 700 °C de um aço com 0,20% de carbono.

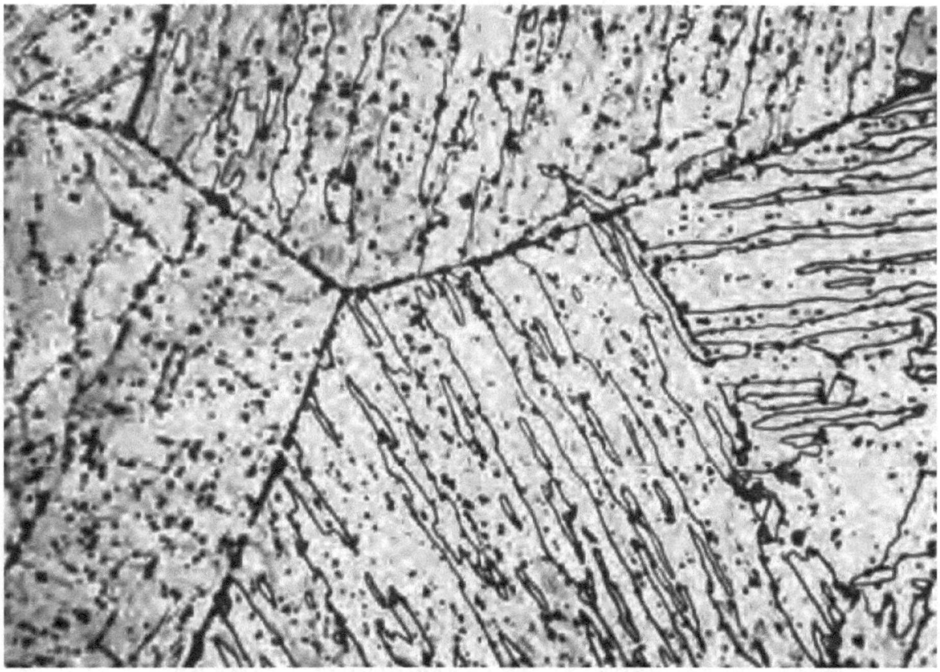

Figura 4.11 – Microestrutura de um aço com 0,20%C após revenimento a 700 °C, 2 horas, mostrando a martensita do tipo maclada completamente recristalizada e partículas de cementita. Reagente Nital. 500×. Fonte: adaptada de (9).

4.3.2 PROPRIEDADES MECÂNICAS NO REVENIMENTO

Dependendo da temperatura de revenimento é possível atingir diferentes propriedades de resistência e ductilidade, uma vez que a estrutura frágil da martensita formada após a têmpera é condicionada pelo processo de revenimento e fica com maior ductilidade e resistência a fratura. Assim, uma vez definidas as propriedades finais de uma peça, em um projeto específico, a escolha do aço e a definição do tratamento térmico devem levar em consideração a dureza máxima da martensita, a temperabilidade necessária para a seção transversal da peça e a curva de revenimento característica do aço selecionado. Estas considerações metalúrgicas devem permitir selecionar o processo correto dos tratamentos combinados de têmpera e revenimento.

Como exemplo, a Figura 4.12 mostra a variação das propriedades mecânicas em tração para o aço SAE 4140 durante o revenimento após a têmpera em óleo, realizada com austenitização a 800 °C. Desta forma, se as propriedades em projeto especificam uma resistência a tração final no intervalo de 900 MPa a 1000 MPa, típica para a aplicação do aço SAE 4140 em componentes mecânicos, a temperatura de revenimento selecionada deverá ser de aproximadamente 650 °C.

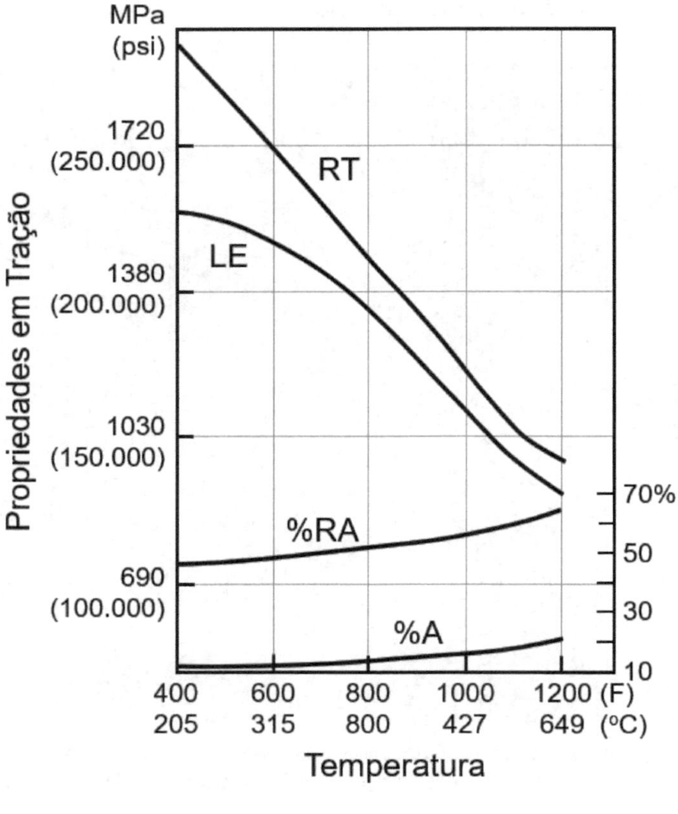

Figura 4.12 – Propriedades em ensaio de tração para o aço SAE 4340 em diferentes temperaturas de revenimento. RT = resistência à tração, LE = limite de escoamento, A = alongamento e RA = redução em área. Fonte: adaptada de (10).

O comportamento do aço SAE 4140 quanto a fratura para diferentes condições de revenimento é mostrado na Figura 4.13. O aço foi temperado após austenitização a 850 °C e revenido nas temperaturas de 500 °C e 640 °C. A resistência a fratura, obtida por ensaio de impacto em corpos de prova Charpy "V", mostra que a condição de máxima dureza obtida com a martensita corresponde à mínima resistência a fratura, devido ao excesso de tensões geradas pela supersaturação em carbono. Após o revenimento verificam-se a queda de dureza com relação à martensita e uma queda maior com o aumento na temperatura de revenimento de 500 °C para 640 °C. A queda de dureza associada às transformações microestruturais no revenimento é responsável pelo aumento significativo na energia absorvida no impacto. Esses resultados confirmam a premissa da necessidade do revenimento em condicionar a microestrutura para atingir ótimos valores de resistência a fratura.

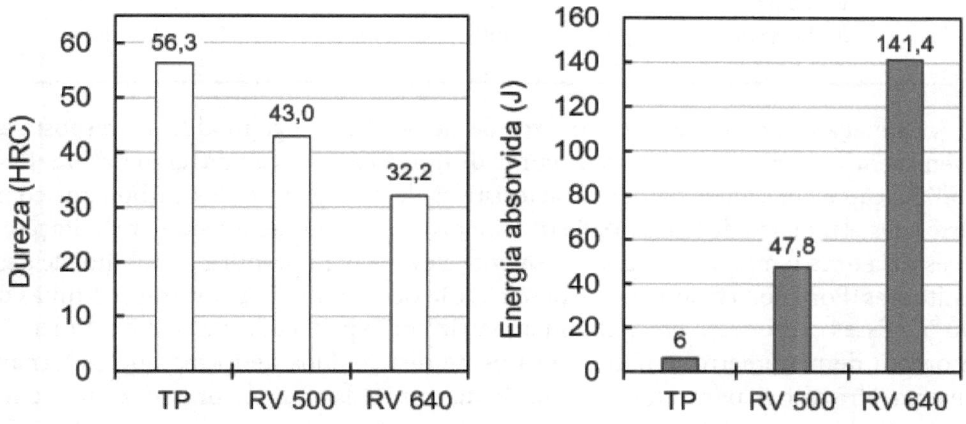

Figura 4.13 – Resposta ao tratamento térmico têmpera (TP) e revenimento a 500 °C (RV500) e a 640 °C (RV640) para o aço SAE 4140. Fonte: adaptada de (11).

4.3.3 REVENIMENTO DE AÇOS LIGADOS

Para atender às mais diferentes solicitações dos diversos segmentos industriais, os aços devem apresentar propriedades otimizadas para cada setor e aplicação. Por exemplo: propriedades mecânicas elevadas, resistência a fratura, resistência a corrosão e resistência a desgaste. Os aços-carbono não conseguem suprir essa necessidade e, por isso, são adicionados diversos elementos de liga aos aços, de forma a combinar diferentes propriedades de forma ótima, originando famílias dos aços de alta liga como a dos aços inoxidáveis e a dos aços ferramenta. No que se refere às propriedades mecânicas, dureza e resistência ao desgaste de aços temperáveis, os principais elementos de liga adicionados ao aço são elementos substitucionais fortes formadores de carbonetos.

Esses elementos de liga, por possuírem maior afinidade com o carbono, formam carbonetos complexos, preferencialmente o carboneto de ferro (12). A Tabela 9, adaptada dos dados de (11), mostra os principais elementos de liga adicionados ao aço com o objetivo de elevar as propriedades mecânicas no tratamento de têmpera e revenimento, os carbonetos formados e, qualitativamente, sua afinidade pelo carbono.

Tabela 4.1 – Principais elementos de liga formadores de carbonetos (11)

Elemento	Carboneto	Afinidade pelo C
Ferro (Fe)	Fe_3C	
Cromo (Cr)	$Cr_{23}C_6$, $C_{r7}C_3$	
Molibdênio (Mo)	Mo_2C, Mo_6C	
Tungstênio (W)	W_2C, WC	Aumenta ↓
Vanádio (V)	VC	
Nióbio (Nb)	NbC	
Titânio (Ti)	TiC	

A formação de carbonetos complexos de elementos de liga modifica a resposta ao revenimento e, portanto, a forma da curva de dureza em função da temperatura. Essa modificação é consequência das características de precipitação dos carbonetos complexos. Os elementos de liga são substitucionais, e, para que aconteça a precipitação, é necessária uma temperatura suficientemente elevada para permitir a mobilidade desses átomos. Por isso, o fenômeno de precipitação ocorre em temperaturas próximas de 500 °C. Esses carbonetos precipitam na matriz como partículas finas, com dimensão da ordem de nanômetro, e homogeneamente distribuídos de forma que se tornam uma barreira efetiva para a movimentação das discordâncias e, por isso, aumentam a resistência do material, traduzida na forma de dureza na curva de revenimento.

A Figura 4.14 mostra a precipitação de carbonetos de cromo em um aço com 0,1%C-2,25%Cr-1%Mo após o revenimento na temperatura de 550 °C. A imagem foi obtida por micrografia eletrônica de transmissão (MET), e a escala de 200 nm permite comparar os tamanhos dos precipitados de carbonetos obtidos. Estes carbonetos, predominantemente de cromo, são indicados como: M_7C_3 e $M_{23}C_6$. Tendo em vista que os carbonetos podem dissolver na parcela metálica outros elementos, nesse aço se formam carbonetos: $(Cr,Mo)_7C_3$ e $(Cr,Mo)_{23}C_6$. Estes carbonetos assumem formas diferentes, sendo o M_7C_3 na forma de bastão e o $M_{23}C_6$ esférica. Isso ocorre para acomodar a interface carboneto/matriz, de modo a resultar em um ajuste coerente ou semicoerente, o que é mais efetivo como barreira para movimentação das discordâncias e, portanto, para aumentar a resistência.

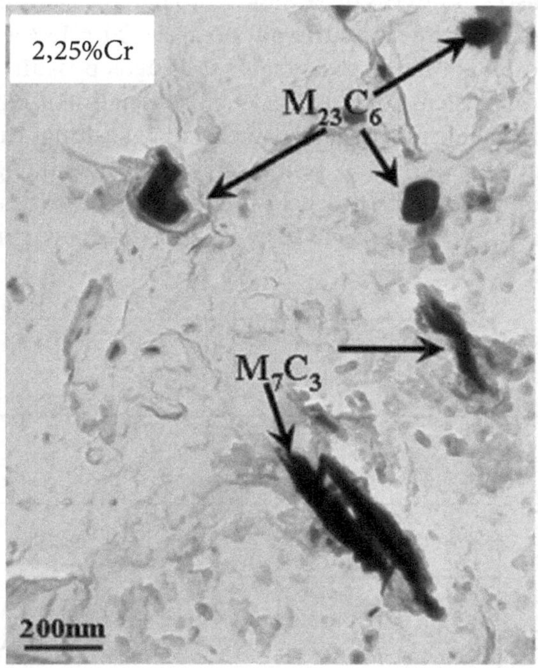

Figura 4.14 – Micrografia obtida por MET mostrando carbonetos de cromo precipitados no endurecimento secundário. Fonte: adaptada de (13).

Essa precipitação fina dos carbonetos de elementos de liga que eleva a dureza do aço em temperaturas de revenimento próximas de 500 °C origina o "endurecimento secundário". Este endurecimento é tanto maior quanto maior for o teor do elemento de liga no aço. A Figura 4.15 mostra a origem e a intensidade do pico de endurecimento secundário para os elementos de liga Molibdênio (Mo) e Cromo (Cr).

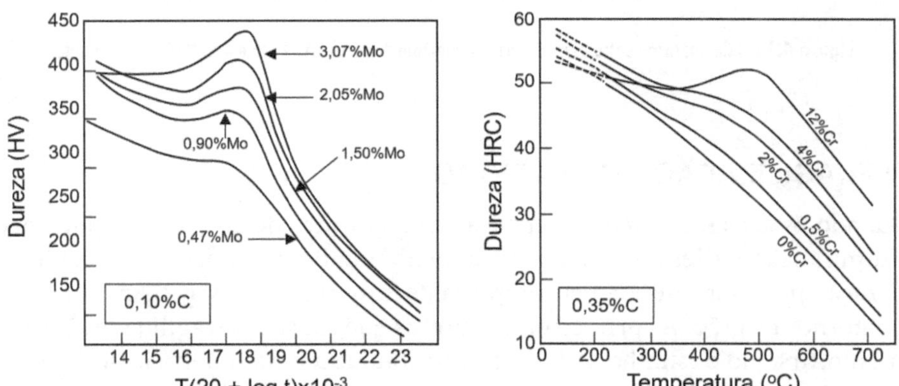

Figura 4.15 – Característica do endurecimento secundário no revenimento para aços ligados ao molibdênio e ao cromo. Fonte: adaptada de (10).

A Figura 4.16 mostra as curvas de revenimento para os aços SAE 4340 e AISI H13. São nítidos o endurecimento secundário para o aço AISI H13 e a queda de dureza em contraste para o aço SAE 4340. Apesar de os dois aços possuírem o mesmo teor de carbono, 0,4%, o teor de elementos de liga é substancialmente diferente. O aço AISI H13, considerado um aço de alta liga, possui elevada quantidade de Cr, Mo e V, quando comparado com o aço SAE 4340, sendo estes elementos de liga responsáveis pelo endurecimento secundário deste aço pela precipitação de carbonetos complexos. O teor de elementos de liga do aço SAE 4340 não é suficiente para gerar o endurecimento secundário.

	C	Mn	Cr	Mo	V	Austenitização
SAE 4340	0,4	0,9	0,9	0,3	-------	850 °C
AISI H13	0,4	0,4	5,0	1,5	1,0	1020 °C

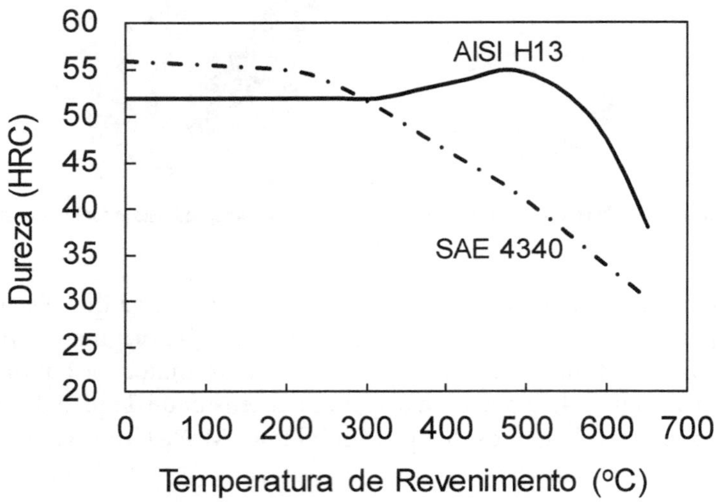

Figura 4.16 – Comparação entre as curvas de revenimento dos aços SAE 4340 e AISI H13. Fonte: o autor.

4.3.4 FRAGILIZAÇÃO AO REVENIDO

Quando os aços são revenidos entre as temperaturas de 200-400 °C pode ocorrer uma diminuição na resistência a fratura, denominada fragilidade ao revenido. Esta fragilização pode ser causada pela presença de impurezas que segregam para a região dos contornos de grão. As principais impurezas que causam a fragilidade são: fósforo, antimônio, arsênio e estanho. A fragilização conduz a uma superfície de fratura com aspecto intergranular. A fragilização ao revenido depende da composição química do aço. Aços com teor de carbono inferior a 0,5% não são suscetíveis a fragilização, mas a adição de níquel, cromo e manganês aumenta essa suscetibilidade, enquanto o tungstênio e o molibdênio podem diminuir essa tendência.

A fragilização pode ser revertida por um novo aquecimento a temperaturas acima de 600 °C seguido de resfriamento rápido até 300 °C e, depois, de resfriamento ao ar. O mais importante, entretanto, é controlar o processo de elaboração dos aços na aciaria de forma a reduzir ao máximo o teor dos elementos residuais que causam a fragilização. Os novos procedimentos de aciaria, seguidos de metalurgia de panela, são primordiais para garantir o menor teor permitido desses elementos.

REFERÊNCIAS

(1) K.-E. Thelning. *Steel and Its Heat Treatment*. 2. ed. London: Butterworth, 1984.

(2) ALD Vacuum Technologies AG. Catálogo Técnico. *Vacuum Systems and Technologies for Metallurgy, Heat Treatment, Recycling*. 1995.

(3) L. Hou, H. Cheng, J. Li, Z. Li, B. Shao, J. Hou. Study on the cooling capacity of different quenchant. *Procedia Engineering*, v. 31, p. 515-519, 2012.

(4) G. E. Totten. *Steel Heat Treatment Handbook*. 2. ed. Florida: CRC Press, 2007.

(5) T. W. Ruffle, E. R. Byrnes. Quenching in Vacuum Furnaces. In: *Handbook of Residual Stress and Deformation of Steel*. Ohio: ASM International, 2002.

(6) A. J. Fuller Jr. Introduction to Carburizing and Carbonitriding. In: *ASM Handbook*, Vol. 4A, Steel Heat Treating Fundamentals and Processes. Ohio: ASM International, 2013. p. 507-521.

(7) W. Luty. Types of cooling media and their properties. In: *Theory and Technology of Quenching*. Springer, 1992.

(8) G. R. Speich, W. C. Leslie. Tempering of steels. *Metallurgical Transactions A*, v. 3, p. 1043-1054, 1972.

(9) R. N. Caron, G. Krauss. The tempering of Fe-C lath martensite. *Metallurgical Transactions*, v. 3, p. 2381-2389, 1972.

(10) Bethlehem Steel Corp. *Modern Steels and Their Properties (Handbook 2757)*. 7. ed. 1972.

(11) C. E. Pinedo et al. Relação entre propriedades mecânicas e tratamento térmico do aço AISI 4140. In: 52º Congresso Anual da ABM. *Anais...* CD-ROM, São Paulo, 1997.

(12) H. K. D H. Bhadeshia, R. W. K. Honeycombe. *Steels Microstructure and Properties*. 3. ed. Elsevier, 2006.

(13) T. P. Hou, K. M. Wu. Alloy carbide precipitation in tempered 2.25 Cr–Mo steel under high magnetic field. *Acta Materialia*, v. 61, p. 2016-2024, 2013.

(14) H. K. D. H. Bhadeshia, R. W. K. Honeycombe. *Steels Microstructure and Properties*. 3. ed. Elsevier, 2006.

CAPÍTULO 5
AUSTÊMPERA

O tratamento térmico de austêmpera é um tratamento do tipo isotérmico com o objetivo de obter uma microestrutura constituída predominantemente de bainita. Na maioria dos casos a austêmpera é realizada em meios de resfriamento líquidos, sendo o mais comum os banhos de sais fundidos. Na austêmpera se atingem níveis de resistência comparáveis ao tratamento térmico de têmpera e revenimento, com as vantagens de ser este um tratamento de uma única etapa e permitir uma boa combinação entre resistência mecânica e resistência a fratura. Como a expansão associada à formação da bainita é menor que na martensita e o resfriamento mais brando, a variação dimensional é menor e colabora para uma menor distorção. No resfriamento isotérmico é possível minimizar a diferença de temperatura entre a superfície e o núcleo das peças de forma a garantir uma mínima distorção.

O ciclo térmico da austêmpera é mostrado na Figura 5.1. A austêmpera tem como vantagem sobre a têmpera e o revenimento o fato de ser um tratamento constituído de apenas duas etapas; a austenitização e o resfriamento isotérmico, ao passo que a têmpera e o revenimento são um tratamento que exige a austenitização, a têmpera e o revenimento. Isso faz com que, quando possível, a austêmpera tenha um custo de tratamento inferior.

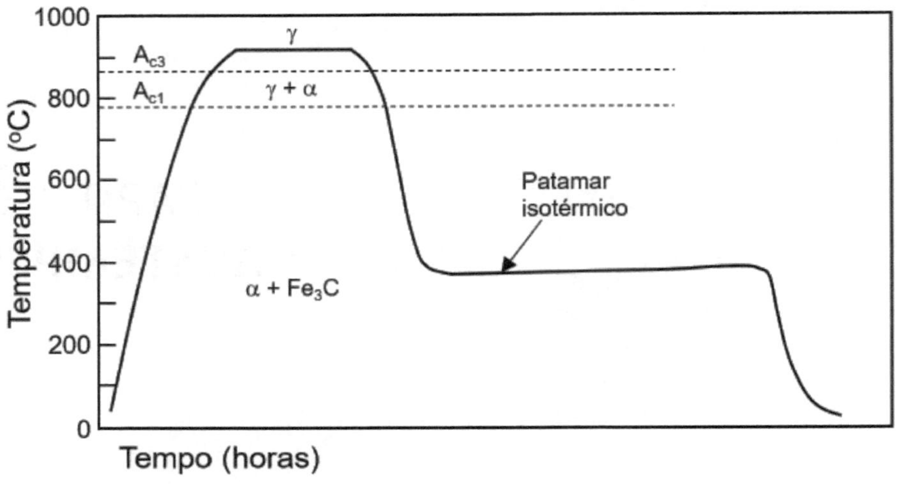

Figura 5.1 – Ciclo térmico do tratamento de austêmpera. Fonte: o autor.

Para que o tratamento seja possível, é necessário que a curva TTT do aço em tratamento esteja suficientemente deslocada para a direita, com tempos longos de transformação, a fim de evitar a formação da perlita. Os principais parâmetros do tratamento de austêmpera são (1):

- **Temperatura e tempo de austenitização:** a temperatura deve ser selecionada de forma a se obter uma estrutura completamente austenítica e o tempo deve ser suficiente para a dissolução dos carbonetos e homogeneização do teor de carbono.
- **Temperatura de transformação:** a temperatura do banho de austêmpera se situa entre 260 °C e 450 °C e sua escolha é importante, pois influencia diretamente a resistência obtida no tratamento. Temperaturas de transformação elevadas, na região da bainita superior, conduzem a uma menor resistência quando comparadas a temperaturas de transformação menores na região da bainita inferior. A temperatura que separa essas regiões é próxima de 350 °C.
- **Tempo de patamar:** deve ser suficientemente longo para que toda a transformação isotérmica da austenita em bainita se complete, conforme previsto na Curva TTT específica do aço.
- **Resfriamento:** o meio de resfriamento deve garantir uma velocidade suficientemente rápida para assegurar a ausência de formação de perlita entre a temperatura de austenitização e a temperatura de transformação da austêmpera.

A seleção dos aços para a austêmpera está baseada no diagrama de transformação isotérmica. A Figura 5.2 mostra a curva TTT para o aço eutetoide, 0,8%C, SAE 1080, na qual é possível observar o tempo curto necessário para o resfriamento da austenita, na superfície (S) e no núcleo (N) de uma peça a fim de não formar a perlita (2). Isso mostra que na seleção de um aço é necessário que este possua as curvas de início de transformação em tempos suficientemente longos para permitir o resfriamento da austenita até a temperatura de patamar sem que ocorra a formação de perlita.

Em geral os aços utilizados na austêmpera são aços-carbono ou de baixa liga, que possuem uma curva TTT pouco deslocada para a direita. Isso faz com que as peças em que a austêmpera é aplicada sejam peças de pequenas dimensões e seções preferencialmente mais finas. A Tabela 5.1 mostra a seção máxima e a dureza típica atingidas na austêmpera para alguns tipos de aço (2).

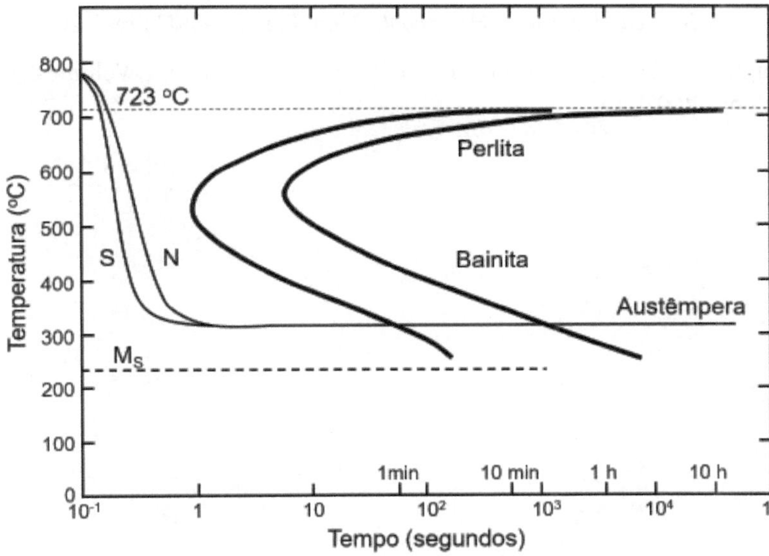

Figura 5.2 – Curva TTT para o aço SAE 1080 e as condições de resfriamento isotérmico para a austêmpera. Fonte: adaptada de (2).

Tabela 5.1 – Seções transversais limites para a austêmpera e dureza obtida no tratamento (2)

Tipo de aço (SAE)	1065	1090	4150	5160	52100
Seção (mm)	5	20	13	26	8
Dureza (HRC)	53-56	44,5 média	52 máx.	46,7 média	57-60

Uma das principais vantagens da austêmpera com relação à têmpera e revenimento é atingir níveis de resistência, dureza, equiparáveis, mas com ductilidade e resistência a fratura superiores. A Tabela 5.2 mostra uma comparação entre as propriedades obtidas na austêmpera, na têmpera e no revenimento do aço SAE 1085 e o maior valor de redução em área, parâmetro de ductilidade, obtido na austêmpera.

Tabela 5.2 – Comparação das propriedades mecânicas obtidas em uma barra de 5 mm de diâmetro em aço SAE 1085 após austêmpera e têmpera e revenimento (2)

	Austemperado	Temperado e revenido
Limite de resistência (MPa)	1780	1795
Limite de escoamento (MPa)	1450	1550
Redução em área (%)	45	28
Dureza (HRC)	50	50

REFERÊNCIAS

(1) G. E. Totten. *Steel Heat Treatment Handbook*. 2. ed. Florida: CRC Press, 2007.

(2) J. R. Keough, W. J. Laird Jr. Austempering of Steel. *ASM Handbook*, Volume 4. Ohio: ASM International, 2002.

CAPÍTULO 6
ENDURECIMENTO POR PRECIPITAÇÃO

Muitos sistemas de ligas metálicas podem ter sua resistência mecânica elevada pelo mecanismo de endurecimento por precipitação. Para isso, via de regra, se utiliza o tratamento térmico combinado de "solubilização" seguida de "envelhecimento". Neste caso, para que o endurecimento por precipitação ocorra de forma eficiente é necessário que o sistema de liga exiba uma solubilidade parcial com relação ao elemento de liga e que, preferencialmente, possua a formação de compostos intermetálicos.

O ciclo desse tratamento térmico consiste primeiramente na realização do tratamento de solubilização em temperatura elevada, acima da curva que descreve o limite de solubilidade, linha "*Solvus*", de modo que os elementos de liga estejam disponíveis, na maior quantidade possível, em solução sólida na matriz. Uma vez terminado o patamar de solubilização, as peças devem ser resfriadas rapidamente com o objetivo de se obter uma solução sólida supersaturada em elementos de liga.

O tratamento subsequente à solubilização é o envelhecimento. Esse tratamento é realizado de forma controlada em temperaturas abaixo do limite de solubilidade, abaixo da linha "*Solvus*", de maneira a permitir que o excesso de soluto seja precipitado na forma de uma fase ou de um composto intermetálico. Essa precipitação, controlada pela temperatura e pelo tempo de envelhecimento, é a responsável pelo endurecimento da liga.

Considerando que o requisito fundamental para o endurecimento das ligas metálicas é a restrição à movimentação dos defeitos lineares – as discordâncias –, o endurecimento por precipitação deve fornecer partículas de compostos intermetálicos finas, em elevada fração e homogeneamente distribuídas na matriz de forma a atuar como uma barreira efetiva para a movimentação de discordâncias. A presença de partículas duras de segunda fase faz com que uma discordância, sujeita a uma tensão, portanto em movimento de escorregamento, seja obrigada a se curvar entre os precipitados, deixando ao final de sua movimentação anéis de novas discordâncias em torno das partículas, conforme mostrado na Figura 6.1.

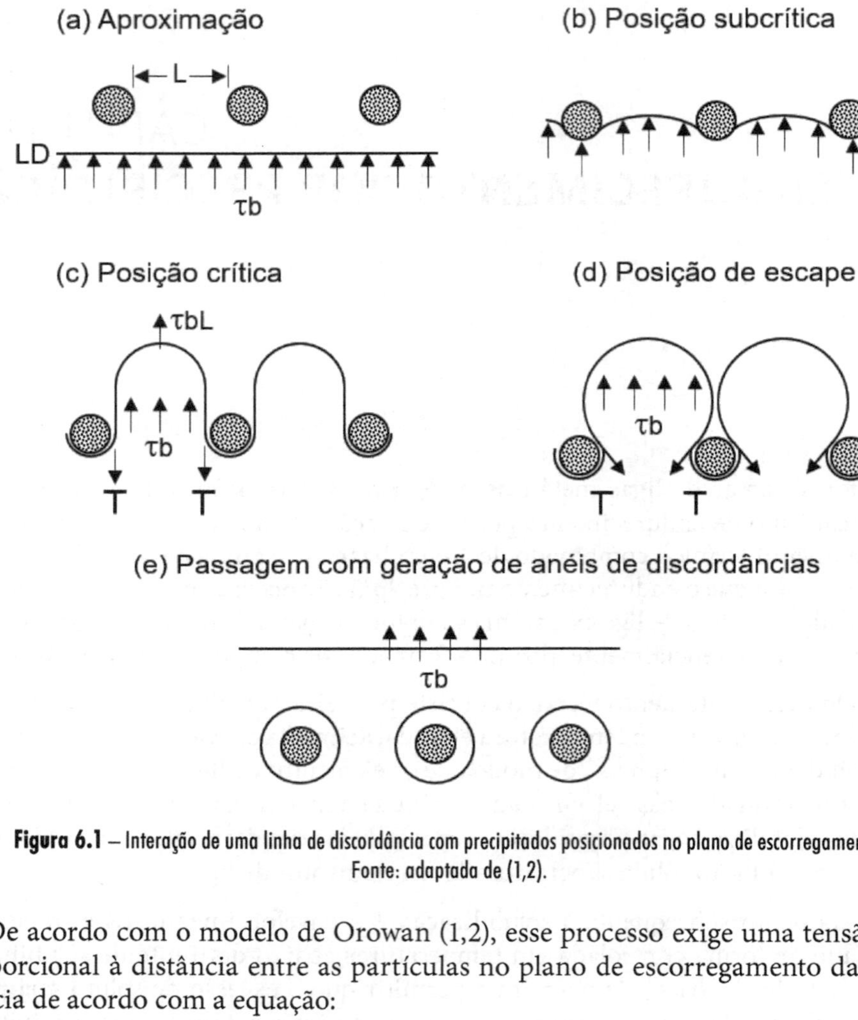

Figura 6.1 – Interação de uma linha de discordância com precipitados posicionados no plano de escorregamento. Fonte: adaptada de (1,2).

De acordo com o modelo de Orowan (1,2), esse processo exige uma tensão que é proporcional à distância entre as partículas no plano de escorregamento da discordância de acordo com a equação:

$$\Delta\tau_y = \frac{Gb}{L}$$

em que: "$\Delta\tau_y$" é o aumento na tensão de escoamento para a movimentação da linha de discordância na presença dos precipitados, "G" é o módulo de cisalhamento da matriz metálica, "b" é o vetor de Burgers da discordância e "L" é a distância entre os precipitados. Desta forma, o endurecimento é mais efetivo quanto menor for a distância entre os precipitados, ou seja, quanto mais fina e homogeneamente distribuída for a precipitação.

O endurecimento por precipitação está presente em muitos dos tratamentos de endurecimento das ligas à base de ferro, por exemplo no envelhecimento de aços de baixo carbono e principalmente nas reações de revenimento de aços de alta liga. O endurecimento secundário verificado no revenimento de aços com elevados teores de Cr, Mo, W e V ocorre pela precipitação de partículas submicroscópicas de carbonetos que interagem com a elevada densidade de discordâncias existente na martensita escorregada, dificultando sua mobilidade e, com isso, promovendo o endurecimento. Ainda, existem aços de alta liga que possuem composição química especialmente projetada para promover o endurecimento por precipitação da forma clássica, por solubilização seguida de envelhecimento, por exemplo nos aços tipo Maraging e nos inoxidáveis classe PH (*Precipitation Hardening*).

Muitas ligas não ferrosas à base de alumínio, cobre, titânio e níquel são endurecidas por precipitação. O sistema Al-Cu é um dos mais clássicos exemplos para se entender os fenômenos desse processo. O diagrama de fases Al-Cu é apresentado na Figura 6.2. Esse sistema possui uma solução sólida rica em alumínio, fase alfa (α) e o composto intermetálico de equilíbrio θ-$CuAl_2$, que contém entre 52,5% e 53,7% de cobre. A linha que limita o campo de estabilidade da fase α, linha "*Solvus*", descreve o limite de solubilidade do cobre no alumínio, cuja solubilidade máxima na matriz (α) é de 5,6%Cu na temperatura de 548 °C (3).

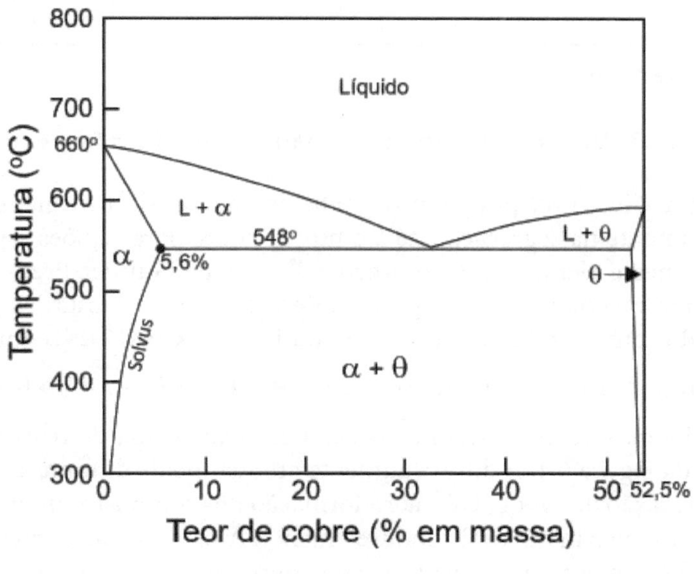

Figura 6.2 – Diagrama de fases Al-Cu. Fonte: adaptada de (3).

Neste exemplo do sistema Al-Cu a solubilização deve ser realizada em uma temperatura acima da linha "*Solvus*" de forma a dissolver todo o teor de cobre na solução sólida (α). Essa temperatura depende do teor de cobre na liga, por exemplo, 550 °C para uma liga com 4,5%Cu. Essa etapa é seguida de um resfriamento rápido de modo a se obter uma solução sólida supersaturada em cobre na temperatura ambiente. Essa solução sólida, diferentemente da martensita obtida na têmpera, possui baixa resistência, baixa dureza. Uma vez terminada a solubilização, é realizado na sequência o tratamento de envelhecimento, no qual ocorre o endurecimento por precipitação. Durante o envelhecimento, a energia térmica disponível é responsável por promover a precipitação espontânea do composto intermetálico, neste exemplo o θ-$CuAl_2$, para manter o equilíbrio termodinâmico do sistema Al-Cu. O ciclo esquemático desse tratamento é mostrado na Figura 6.3.

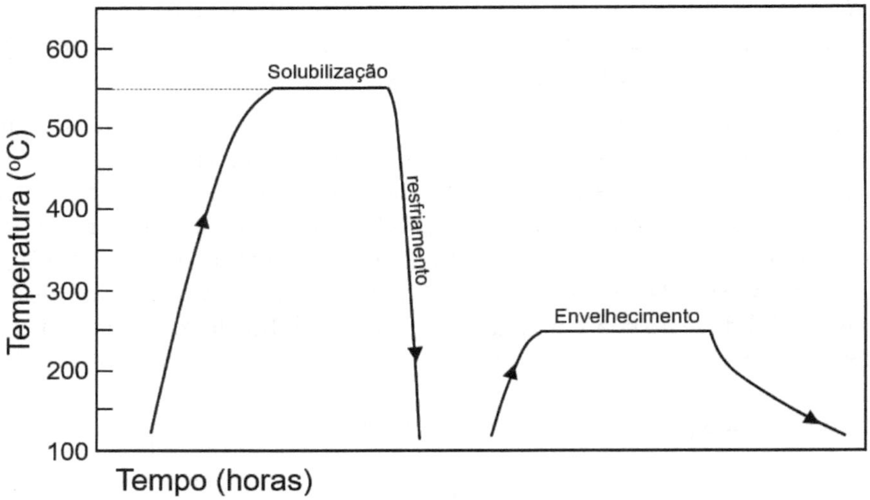

Figura 6.3 – Representação do ciclo térmico de solubilização e envelhecimento. Fonte: o autor.

No sistema Al-Cu, a precipitação no envelhecimento obedece a uma sequência que consiste inicialmente na segregação de átomos de cobre para regiões específicas que se enriquecem nesse elemento, denominadas "zonas de Guinier-Preston" (GP). Na sequência ocorre a formação de compostos intermetálicos metaestáveis, do tipo θ" e θ', e, por fim, do composto intermetálico de equilíbrio θ-$CuAl_2$, da seguinte forma:

$$\text{Solução sólida supersaturada } (\alpha) \rightarrow GP1 \rightarrow GP2 \rightarrow \theta'' \rightarrow \theta' \rightarrow \theta\text{-}CuAl_2$$

O endurecimento no envelhecimento varia em cada etapa de reações de acordo com o gráfico da Figura 6.4. A dureza aumenta gradualmente durante a formação das regiões de segregação de soluto, GPs, até a formação dos compostos intermediários θ" e θ', em que se atinge o máximo do endurecimento. À medida que o intermetálico estável θ se forma e aumenta em dimensão, para tempos prolongados, a dureza diminui. A dureza obtida está relacionada a: dimensão, forma, fração/quantidade e às características de ajuste da interface entre o precipitado e a matriz em cada etapa do processo. Os precipitados do tipo θ" e θ' possuem interfaces coerentes e semicoerentes, que colaboram no incremento de dureza, e o precipitado de equilíbrio θ possui interface não coerente que, em conjunto com o aumento de sua dimensão e diminuição da sua fração, diminui a dureza.

A Tabela 6.1 apresenta diferentes sistemas metálicos, ligas comerciais, os precipitados formados durante o envelhecimento e as propriedades mecânicas máximas atingidas pelo endurecimento por precipitação após a solubilização e o envelhecimento.

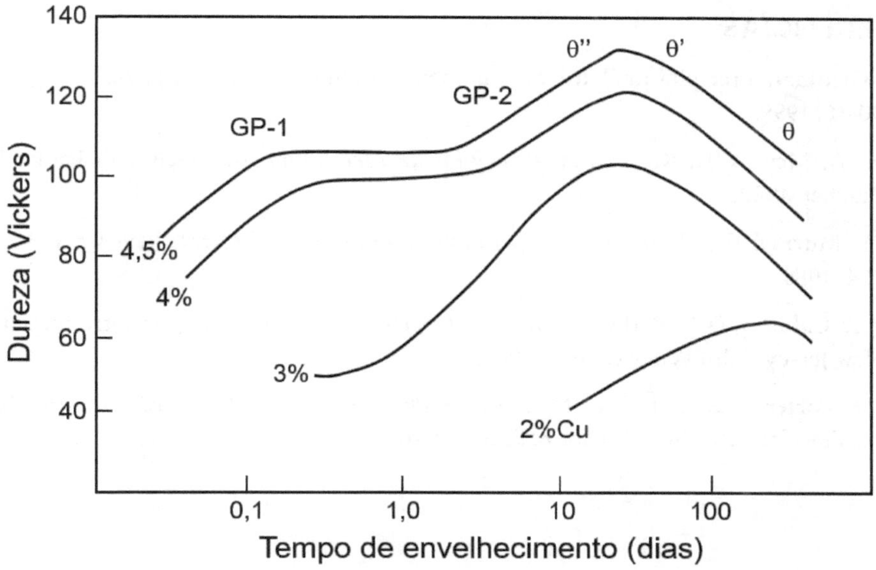

Figura 6.4 – Endurecimento de diferentes ligas Al-Cu durante o envelhecimento na temperatura de 130 °C. Fonte: adaptada de (2,4).

Tabela 6.1 – Sistemas e ligas comerciais endurecíveis por precipitação no tratamento térmico de envelhecimento (5)

Sistema	Liga	Precipitado	L.E.[a] (MPa)	L.R.[a] (MPa)	A[a] (%)
Alumínio	2024	S' (Al_2CuMg)	390	500	13
	6061	β' (Mg_2Si)	280	315	12
	7075	η' ($MgZn_2$)	500	570	11
Cobre	Cu-Be	GP	770	1160	5
Níquel	Nimonic 105	γ' (Ni_3TiAl)	750[b]	1100[b]	25[b]
Ferro	Maraging	σ (FeMo), Ni_3Ti	1000	1900	4

[a] Determinada na temperatura ambiente.
[b] Determinada a 600 °C.

Na prática industrial, as ligas e os aços endurecíveis por precipitação recebem o tratamento de solubilização pelo fabricante. Ou seja, a matéria-prima para a fabricação de peças é fornecida solubilizada na condição de mínima dureza. Isso facilita os processos de fabricação, seja por conformação ou usinagem. Uma vez produzidas as peças, o fabricante deve fazer apenas o tratamento térmico de envelhecimento para atingir as propriedades mecânicas finais especificadas para o seu produto. Uma vantagem importante do envelhecimento é o fato de resultar em uma variação de dimensão e forma desprezível com relação às tolerâncias de desenho.

REFERÊNCIAS

(1) T. Gladman. Precipitation hardening in metals. *Materials Science and Technology*, v. 15, p. 30-36, 1999.

(2) M. A. Meyers, K. K. Chawla. *Princípios de Metalurgia Mecânica*. São Paulo: Edgard Blücher, 1982.

(3) J. L. Murray. The aluminium-copper system. *International Metals Reviews*, v. 30, p. 211-234, 1985.

(4) W. D. Callister, D. G. Rethwisch. *Materials Science and Engineering*: an introduction. 8. ed. New Jersey: John Wiley & Sons, 2009.

(5) D. E. Porter, K. E. Easterling, M. Y. Sherif. *Phase Transformations in Metals and Alloys*. 3. ed. Florida: CRC Press, Taylor & Francis Group, 2009.

CAPÍTULO 7
TRATAMENTOS SUPERFICIAIS

7.1 INTRODUÇÃO

Na seleção de aços, para as mais variadas aplicações, devem ser consideradas diferentes propriedades de forma a atender às solicitações de projeto e evitar qualquer tipo de falha em serviço. Dentre as propriedades exigidas, as mecânicas são as mais importantes. A seleção em termos de propriedades mecânicas deve sempre priorizar a combinação entre resistência ao carregamento mecânico, ductilidade e resistência a fratura. Outras propriedades como as resistências a fadiga, flexão e cisalhamento devem ser consideradas nas aplicações específicas com igual importância. Entretanto, além das propriedades mecânicas exigidas do corpo do componente, as solicitações de trabalho na superfície podem exigir dos aços propriedades específicas. Essas solicitações diferenciadas a que as superfícies de trabalho estão relacionadas são a "tribologia" e a "corrosão".

O conceito da palavra "tribologia" em termos de engenharia moderna pode ser creditado ao Dr. H. Peter Jost por seu relatório para o governo britânico, publicado em 1966 (1). As elevadas perdas financeiras relacionadas ao aumento do número de falhas na indústria em decorrência do desgaste e de causas associadas foram a motivação desse estudo, tendo em vista que no ano desse relatório, 1966, as perdas estimadas na indústria por falhas associadas aos fatores tribológicos foram calculadas em 15 milhões de libras. Jost resgatou os conceitos históricos da tribologia e definiu como esses fenômenos estão relacionados aos conceitos científicos de atrito, desgaste e lubrificação.

A tribologia foi então definida como *a ciência e a tecnologia que estudam a interação de superfícies em movimento relativo, seus assuntos e práticas relacionadas.* Em vista da importância assumida pela tribologia nas últimas décadas, seu estudo e consequentemente a pesquisa e desenvolvimento de tecnologias, a "engenharia de superfícies", assumem uma posição de destaque para combater os danos tribológicos de forma a minimizar falhas e perdas que ocorrem em segmentos industriais distintos que incluem: siderurgia (2), automotivo (3), biomateriais (4), entre outros. Apesar da abordagem atual mais científica dos fenômenos da tribologia, o combate aos danos superficiais causados pelo desgaste tem sido realizado há mais de um século. Ao longo dos anos, a tecnologia dos processos tradicionais foi modernizada pelos avanços tecnológicos de computação, controle e automação, e novos processos foram desenvolvidos.

Os tratamentos superficiais são utilizados amplamente em diversas aplicações industriais nas quais: (i) a complexidade e intensidade das solicitações na superfície do componente não são completamente satisfeitas pela microestrutura e propriedades após tratamento térmico do corpo da peça; (ii) os aços selecionados são de metalurgia simples e o tratamento superficial é uma alternativa tecnológica viável para satisfazer as solicitações na superfície e otimizar a relação custo/benefício do produto; ou (iii) quando é necessário manter um núcleo com a melhor combinação entre resistência mecânica e resistência a fratura, mas com uma superfície de resistência, dureza, substancialmente superior. Os principais tratamentos superficiais mais utilizados na indústria são:

- cementação;
- nitretação;
- têmpera superficial;
- revestimentos.

A cementação e a nitretação são tratamentos nos quais o endurecimento necessita da difusão de um elemento intersticial na superfície, carbono e nitrogênio, respectivamente. A têmpera superficial é um tratamento térmico restrito a poucos milímetros de profundidade e que endurece mediante a transformação martensítica. Os revestimentos baseiam-se na adição de materiais específicos, ligas especiais ou materiais cerâmicos por processos de adição de material como na "aspersão térmica" e nos "revestimentos PVD". Esses tratamentos superficiais serão descritos em detalhe nos itens subsequentes com relação à tecnologia de cada processo e às modificações metalúrgicas objetivadas nos diferentes tipos de aços.

7.2 CEMENTAÇÃO

O processo de cementação é um tratamento superficial, termoquímico, que objetiva elevar o teor de carbono na superfície dos aços, por difusão, e, em consequência, permitir o endurecimento superficial por tratamento térmico. O processo de cementação é aplicado em componentes que precisam combinar resistência ao desgaste e resistência a fratura sem utilizar o tratamento térmico de têmpera total. Neste caso, a resistência ao desgaste na superfície é conferida por uma camada endurecida em decorrência do enriquecimento em carbono e posterior têmpera e revenimento. O núcleo da peça, de baixo carbono, é capaz de combinar resistência mecânica e resistência a fratura.

Como a cementação é um processo termoquímico que envolve uma reação heterogênea, com a posterior difusão do carbono na matriz metálica da austenita, é necessário que os aços selecionados para esse processo possuam baixo teor de carbono para estabelecer uma diferença entre a atividade de carbono na fase austenita do aço e o potencial de carbono no meio cementante. Os aços utilizados na cementação possuem, em geral, teor de carbono entre 0,10% e 0,30%. A Tabela 7.1 apresenta os principais aços utilizados na cementação (5).

Tabela 7.1 – Principais aços para cementação (5)

Norma	C	Si	Mn	Ni	Cr	Mo
DIN 16MnCr5	0,14-0,19	0,40 mín.	1,00-1,30	----------	0,80-1,10	----------
DIN 20MnCr5	0,17-0,22	0,40 mín.	0,70-1,00	----------	0,30-0,60	0,40-0,50
SAE 8620	0,18-0,23	0,15-0,35	0,70-0,90	0,40-0,70	0,40-0,60	0,15-0,25
SAE 4320	0,17-0,22	0,15-0,35	0,45-0,65	1,65-2,00	0,40-0,60	0,20-0,30

Como estes aços possuem baixo carbono, sua temperabilidade é baixa e a dureza da martensita não ultrapassa o valor de aproximadamente 40 HRC. A cementação objetiva enriquecer a superfície até teores entre 0,7%C e 1,2%C. Essa elevação do teor de carbono na superfície aumenta localizadamente a temperabilidade e a dureza da martensita. A cementação inclui uma primeira etapa de difusão do carbono na austenita, seguida das etapas de tratamento térmico de têmpera e revenimento.

A etapa de difusão de carbono é realizada no campo de estabilidade da austenita, tendo em vista que esta fase é uma solução sólida CFC com elevada solubilidade de carbono, 2,11%C máximo. Para a difusão são utilizadas temperaturas de austenitização elevadas, entre 900 °C e 950 °C. Após a difusão, a carga é resfriada e em seguida tratada termicamente. Para a têmpera se utiliza uma temperatura de austenitização inferior à de difusão, compatível com o teor de carbono da superfície delimitada pelas linhas Ac_3 e A_{cm}, e segue-se o resfriamento rápido, em geral utilizando óleo como meio de têmpera. Após a têmpera, é realizado o revenimento em temperaturas próximas de 200 °C. Com isso se obtém a máxima dureza na superfície e no núcleo do material. Os ciclos completos da cementação são mostrados na Figura 7.1, sendo (a) um ciclo com têmpera após a etapa de difusão, que é o mais amplamente utilizado hoje, e (b) um ciclo com têmpera direta a partir da etapa de difusão.

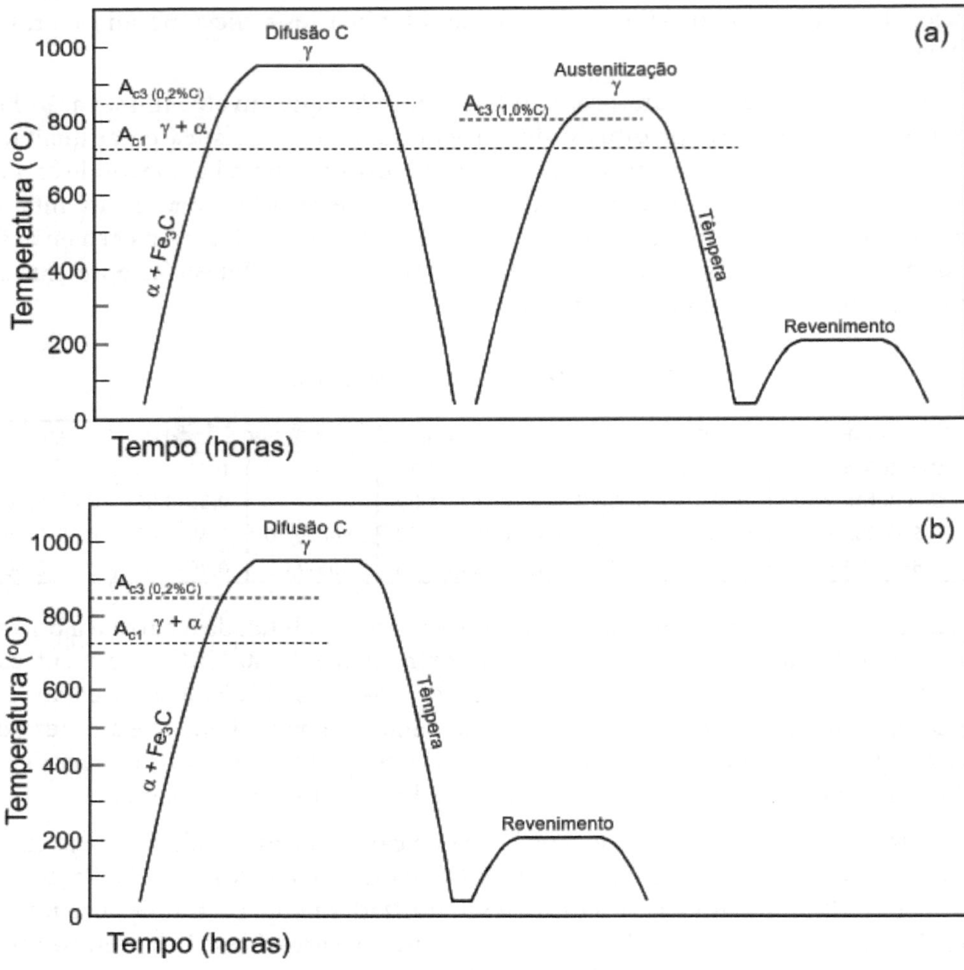

Figura 7.1 – Ciclo térmico do tratamento de cementação. Fonte: o autor.

Existem diferentes processos industriais para a realização do tratamento superficial de cementação. Cada processo possui características próprias com relação ao meio de transporte do carbono, às características finais especificadas para a camada cementada e ao tipo e à quantidade de peças disponíveis para cementação. Os processos de cementação mais amplamente utilizados são (6):

- **Cementação gasosa:** é o processo mais amplamente utilizado na indústria por sua possibilidade de aplicação nos mais diferentes tipos de aço, por ser eficiente em peças de tamanhos e geometrias complexos e por possibilitar o tratamento de elevadas quantidades de peças em cargas intermitentes ou contínuas. Pode utilizar diferentes gases precursores de carbono, como metano, etano, propano e gás natural, atingindo camadas com profundidades de até 1,3 mm. A atividade do carbono, potencial cementante, é determinada pelo método do ponto de orvalho, pelo teste da relação CO/CO_2 e por sonda de oxigênio. Tipicamente, este processo utiliza tempos entre 4 e 10 horas.

- **Cementação em caixa:** neste processo, as peças de aço são posicionadas em uma caixa e envolvidas com carvão e/ou coque, que são os elementos que contêm o carbono. No processo podem ser utilizados borato de bário ou carbonato de bário para facilitar a formação de CO. O CO reage com o ferro para formar o carbono ativo necessário para a difusão. A cementação em caixa é realizada entre 920-940 °C por tempos entre 2 a 36 horas.
- **Cementação em meio líquido**: é o processo realizado em banhos de sais fundidos contendo um sal de cianeto, como o cianeto de sódio (NaCN) ou o cianeto de potássio (KCN), que contém o carbono para o processo. Existem dois tipos de cementação líquida. Um tipo utiliza baixa temperatura, entre 840 °C e 900 °C, para atingir profundidades de camadas de até 0,76 mm. O segundo tipo é realizado em temperaturas elevadas, entre 900 °C e 950 °C, para profundidades de camada entre 0,76 mm e 3,0 mm. O tempo típico de processo varia de 1 a 4 horas.

As reações que ocorrem na cementação gasosa fornecem os elementos básicos para a formação do carbono nascente ou ativo na superfície do aço, [C], necessário para a difusão e o consequente enriquecimento da superfície neste elemento. As principais reações do processo são apresentadas na Figura 7.2 (7).

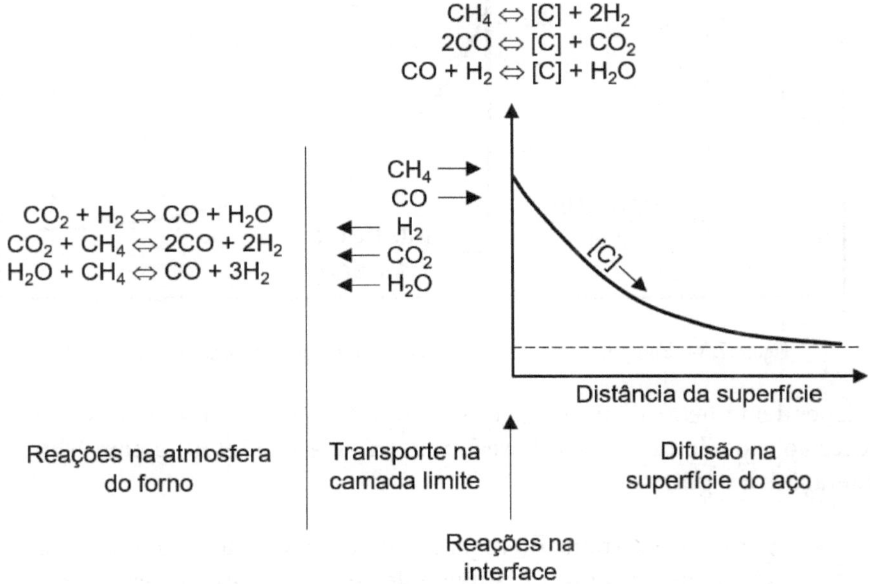

Figura 7.2 – Representação esquemática das reações presentes no processo de cementação gasosa. Fonte: adaptada de (7).

7.2.1 DIFUSÃO

A cementação pode ser realizada por processos que utilizam diferentes meios, como sólido, líquido ou gasoso, cada qual com sua própria fonte precursora de carbono. A cinética global de transferência de massa na cementação é composta de três etapas principais (6):

1. transporte de carbono do meio através da camada limite (β);
2. reação química na superfície do aço; e
3. difusão do carbono no interior do aço (D_C).

A cinética dos processos metalúrgicos, ou a velocidade do processo, é controlada pelas etapas mais lentas. Com relação às etapas da cementação, aquelas que controlam o processo são: o transporte de massa, etapa 1, e a difusão do carbono, etapa 3. A Figura 7.3 representa esquematicamente o transporte de carbono na cementação gasosa.

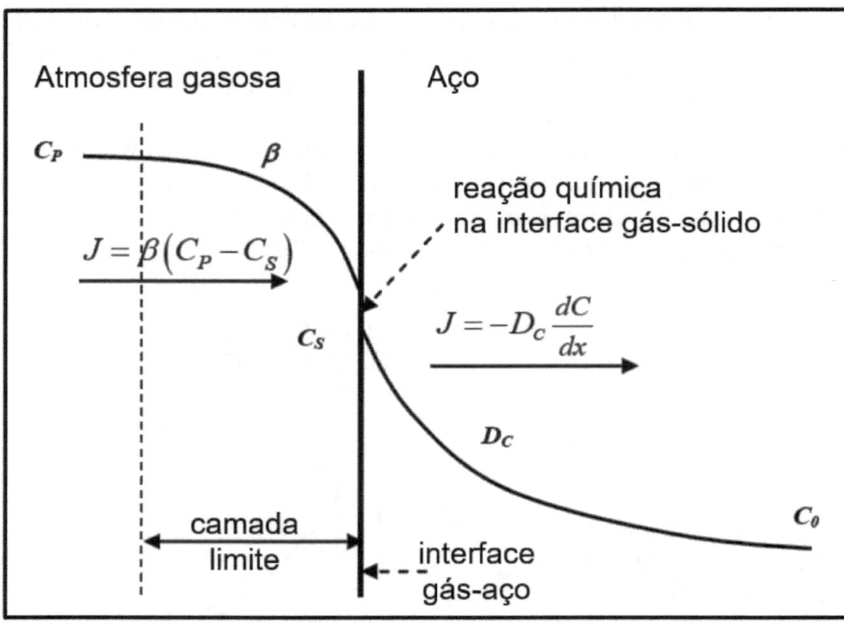

Figura 7.3 – Representação do transporte de carbono na cementação. Fonte: adaptada de (6).

Independentemente do processo utilizado, a difusão de carbono na superfície deve obedecer ao modelo de difusão baseado na lei de Fick (8,9,10) e com isso seguir as considerações a seguir:

- para que o carbono do meio cementante seja incorporado ao aço é necessário que exista um gradiente de concentração, ou seja, a concentração do carbono no meio (C_P) deve ser superior à concentração de carbono no aço (C_0);

- uma vez estabelecida a diferença de concentração, o carbono difunde para o interior do aço na direção perpendicular à superfície; e
- a temperatura do processo é mantida constante.

Uma vez estabelecida a diferença de concentração ($\Delta C = C_P - C_0$), o fluxo de carbono (J_C) por uma distância (x) é calculado por:

$$J_c = -D_C \frac{\Delta C}{\Delta x}$$

O coeficiente de difusão de carbono "D_C" varia com a temperatura de acordo com uma equação do tipo de Arrhenius:

$$D_C = -D_0 e^{-\frac{Q}{RT}}$$

em que são constantes: "D_0" = 738×10^{-7} m^2 s^{-1}, "Q" = 159 kJ mol^{-1} e "R" = 8,314 J mol^{-1} K^{-1}.

A relação entre a distância de difusão "x" e o coeficiente de difusão do carbono "D_C" varia de acordo com a equação:

$$x = k\sqrt{D_C t}$$

em que "k" é uma constante.

Essas equações mostram que a difusão do carbono na cementação depende, além do potencial químico do meio carburante, fundamentalmente, da temperatura e do tempo. Assim, a cinética, velocidade, do processo, aumenta exponencialmente com o aumento da temperatura, e a profundidade de cementação, para uma temperatura constante, depende do tempo do processo.

Utilizando as equações de difusão, Goldstein e Moren (11) calcularam as curvas de penetração do carbono em função da temperatura e do tempo, mostradas na Figura 7.4. Observa-se que o aumento tanto da temperatura de difusão quanto do tempo de processo, em temperatura constante, promove a difusão de carbono para profundidades crescentes. A Figura 7.5 apresenta o aumento na profundidade de endurecimento na cementação do aço AISI 8620 para tempos crescentes a 900 °C .

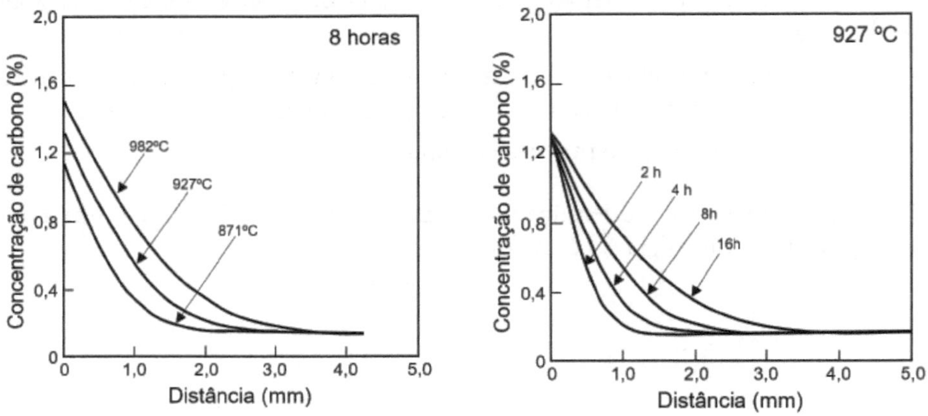

Figura 7.4 – Curvas de penetração de carbono através da espessura em função da temperatura e do tempo. Fonte: adaptada de (11).

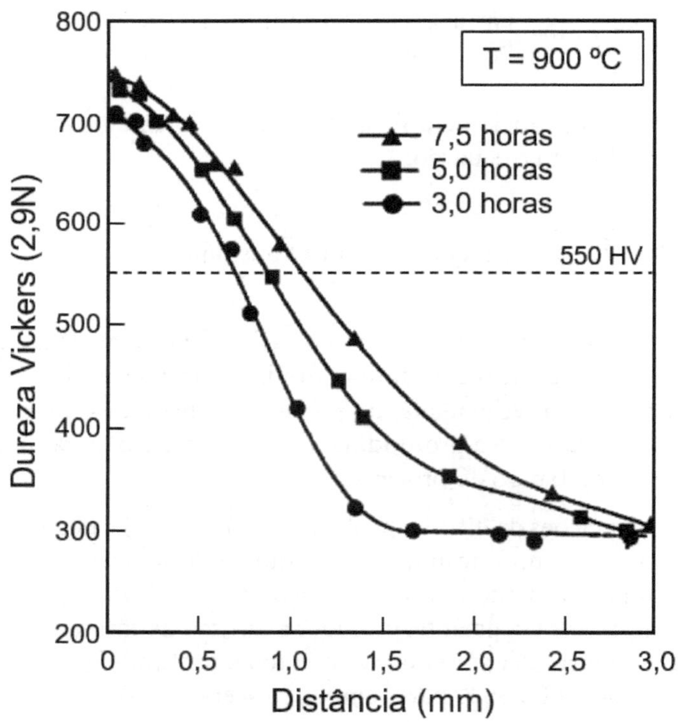

Figura 7.5 – Perfis de endurecimento transversal após a cementação a 900 °C por tempos crescentes. Fonte: adaptada de (12).

7.2.2 TÊMPERA E REVENIMENTO

Como resultado da difusão de carbono, a matriz de aço de baixo carbono na superfície é enriquecida em teores que são máximos na cota zero e diminuem gradativamente em direção ao núcleo. A partir de dados retirados da curva de cementação a 927 °C por um tempo de 16 horas mostrada na Figura 7.4, a Tabela 7.2 apresenta a diminuição gradativa do teor de carbono em diferentes posições através da profundidade. O teor máximo de carbono, que na cota zero é de 1,30%, diminui até o teor original do aço em 0,18%C.

Tabela 7.2 – Variação do teor de carbono com a profundidade de acordo com a Figura 7.4

Profundidade (mm)	0,0	0,5	1,0	1,5	2,0	2,5	3,0	4,0
% de carbono	1,30	1,00	0,72	0,50	0,34	0,25	0,20	0,18

Na região de cementação, a Tabela 7.2 mostra que da cota zero para o núcleo cada incremento decimal corresponde a um teor de carbono diferente, podendo-se considerar, portanto, que a cada posição existe um aço diferente. Com isso, as transformações da austenita no resfriamento deverão seguir as condições específicas do teor de carbono correspondente a cada posição de transformação. O entendimento da microestrutura resultante no tratamento térmico de têmpera após a cementação deve considerar os principais conceitos:

- A dureza da martensita aumenta com o aumento do teor de carbono.
- A temperabilidade aumenta com o aumento do teor de carbono.
- A temperatura M_S diminui com o aumento do teor de carbono, com o consequente aumento no teor de austenita retida.
- A morfologia da martensita é do tipo acicular para teores elevados de carbono e em ripas para teores baixos.

Esses conceitos serão os responsáveis pela microestrutura obtida na têmpera da camada cementada e consequentemente responsáveis pelo perfil de endurecimento transversal.

A Figura 7.6 apresenta a camada cementada de um aço carbono de composição química: 0,10%C-070%Mn-0,50%Si-0,03%P-0,03%S. Observa-se claramente a região mais escura, mais próxima da superfície, que corresponde à posição com maior teor de carbono. Em direção ao núcleo, a camada cementada vai ficando cada vez mais clara em decorrência do menor teor de carbono e pela presença de diferentes fases decorrentes da transformação na têmpera. Em sobreposição à microestrutura encontra-se o perfil de endurecimento transversal. As microestruturas correspondentes às posições da superfície “S”, meio “M” e final de camada “F” são apresentadas em detalhe.

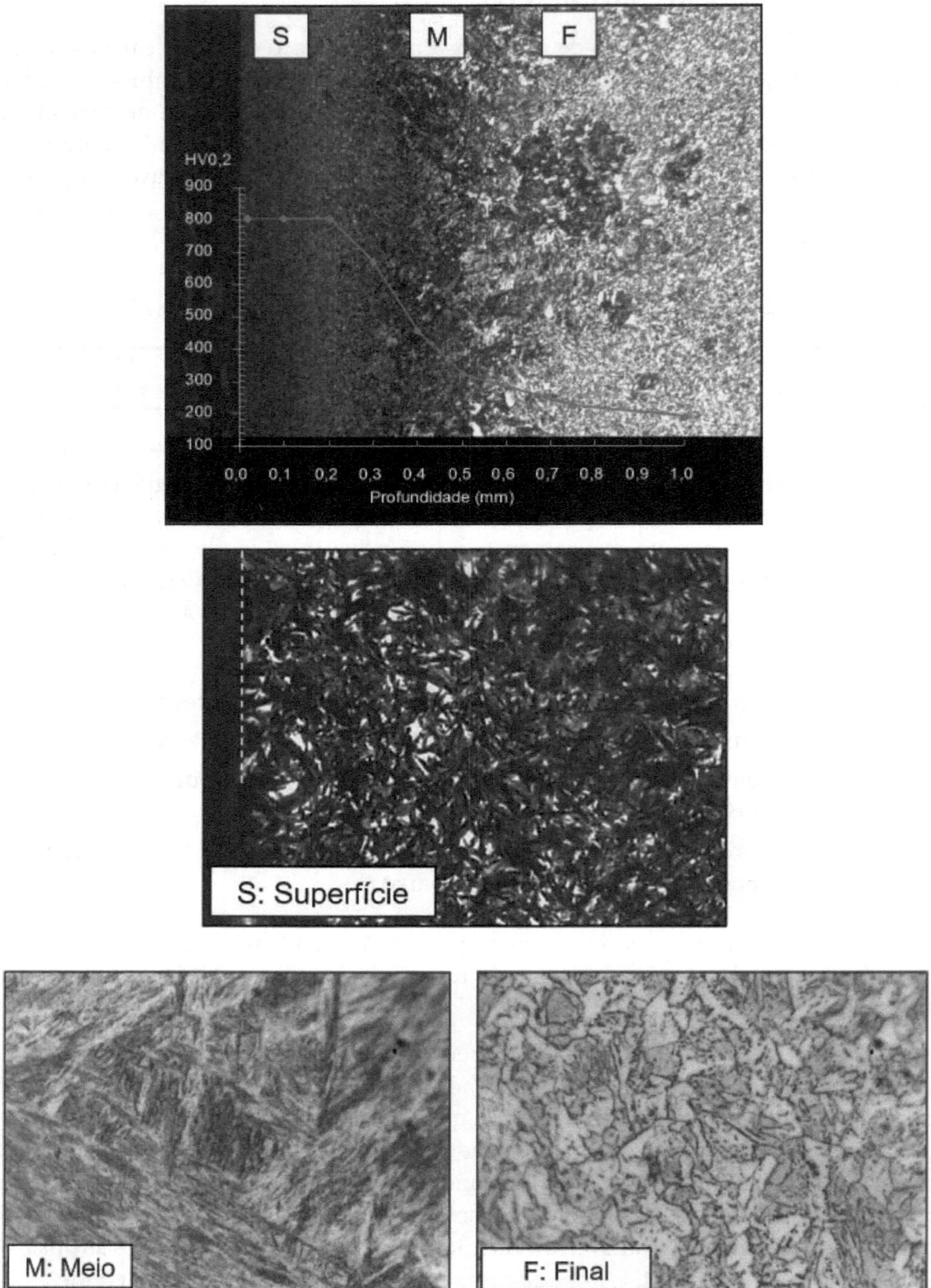

Figura 7.6 – Microestrutura e perfil de endurecimento transversal após a cementação de um aço com 0,10%C. Detalhes da microestrutura nas posições, superfície, meio e final de camada cementada. Fonte: o autor.

Sob o ponto de vista dos conceitos expostos anteriormente, a microestrutura da camada da Figura 7.6 mostra que:

- Na região mais próxima da superfície (S), com maior teor de carbono, a microestrutura é composta de martensita de alto carbono do tipo maclada com morfologia acicular. O aumento do teor de carbono diminui a temperatura (M_S), e se observa a presença de austenita retida, em maior fração junto à superfície mais externa, cota zero (linha tracejada branca), diminuindo em direção ao núcleo. A dureza nesta região é máxima, correspondendo ao maior teor de carbono difundido. O elevado teor de carbono confere alta temperabilidade e formação apenas de martensita.
- Caminhando para a posição do meio (M) da camada cementada ainda ocorre a formação martensita, mas do tipo escorregada com morfologia típica de ripas em razão do menor teor de carbono. A dureza por consequência diminui. Ainda que menor, o teor de carbono é suficiente para conferir uma temperabilidade que permita a formação apenas de martensita. Com a diminuição do teor de carbono, a temperatura (M_S) aumenta e não se observa a presença de austenita retida.
- No final da camada (F), a microestrutura é composta de uma mistura de pacotes de martensita escorregada de baixo carbono e grãos de ferrita com partículas finas e esféricas de cementita. Essa mistura de fases é decorrente da menor temperabilidade dessa região. A partir dessa região a dureza diminui até atingir o valor do aço recozido.

7.2.3 CARBONITRETAÇÃO

A carbonitretação consiste na difusão simultânea de carbono e nitrogênio na austenita. Esse tratamento é similar à cementação, compreendendo as etapas de difusão e tratamento térmico. O enriquecimento em nitrogênio tem por objetivo aumentar a temperabilidade e permitir o uso de aços de mais baixo carbono para atingir durezas comparáveis a cementação sem a necessidade de utilização de meios de têmpera severos, o que resulta em menor distorção e risco de formação de trincas (14).

A Figura 7.7 apresenta o perfil composicional de carbono e nitrogênio após a carbonitretação de um aço de baixo carbono, aproximadamente 0,18%, na temperatura de 860 °C, mostrando o enriquecimento em nitrogênio na camada de difusão (15). A Figura 7.8 mostra as curvas TTT correspondentes aos teores de carbono de 0,80% e para uma composição com 0,80%C e 0,22%N. A adição de nitrogênio na carbonitretação desloca as curvas TTT para a direita, tempos mais longos, promovendo o aumento da temperabilidade (15) e permitindo o uso de meios de têmpera mais brandos, por exemplo o óleo em vez de água, beneficiando assim a integridade das peças.

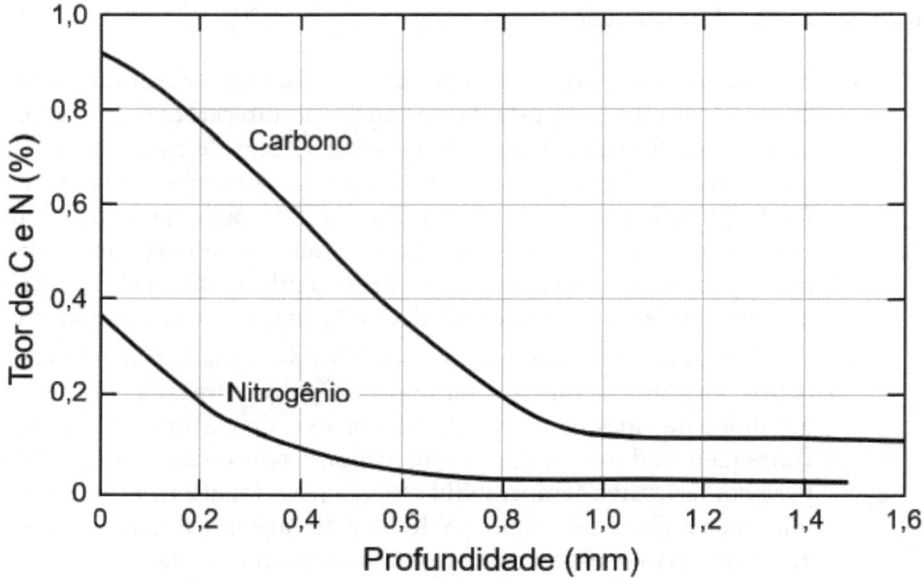

Figura 7.7 – Perfis composicionais de carbono e nitrogênio após a carbonitretação a 860 °C. Fonte: adaptado de (15).

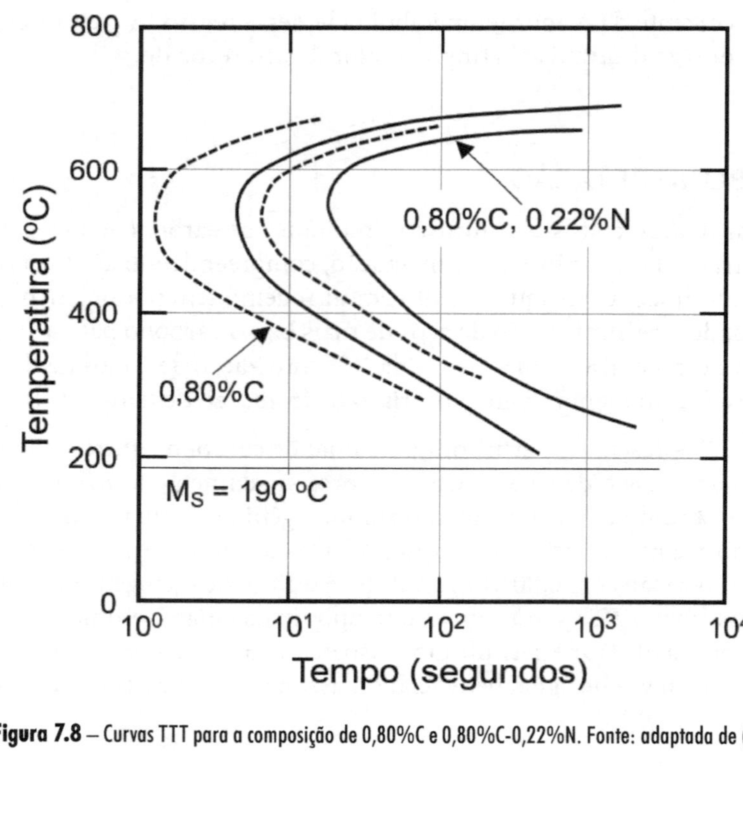

Figura 7.8 – Curvas TTT para a composição de 0,80%C e 0,80%C-0,22%N. Fonte: adaptada de (15).

7.3 NITRETAÇÃO

O processo de nitretação é definido como um tratamento termoquímico que envolve a introdução de nitrogênio na forma atômica no interior do reticulado cristalino das ligas ferrosas no campo de estabilidade da ferrita, em temperaturas normalmente no intervalo de 500 °C a 590 °C. Consequentemente, no processo de nitretação não ocorre nenhuma transformação de fase, apenas saturação da rede cristalina e a formação e precipitação de nitretos ou carbonitretos. Em termos gerais, os principais benefícios da nitretação são:

- alta dureza superficial, que confere maior resistência ao desgaste;
- alta resistência ao revenido com elevada dureza a quente;
- redução do coeficiente de atrito;
- melhor resistência a corrosão para algumas aplicações específicas;
- elevação da resistência a fadiga;
- alta estabilidade dimensional em face das baixas temperaturas em que se realiza o processo;
- possibilidade de ser aplicada no final da fabricação do componente, com dimensões e geometria finais de acabamento.

Historicamente (16), o desenvolvimento do processo de endurecimento superficial por difusão de nitrogênio no estado sólido é creditado a Adolph Machlet, que depositou a primeira patente em 1908, reconhecida em 1913, referente ao desenvolvimento do processo de endurecimento em atmosfera gasosa de amônia (NH_3), para aços e ferros fundidos, utilizando temperaturas de 480 °C a 980 °C, com a vantagem, sobre a cementação, de promover um endurecimento superficial com a formação de uma camada de nitretos fina e de elevada dureza sem a necessidade de tratamento posterior de têmpera, minimizando com isso o risco de deformação (17). Em 1921, Adolph Fry depositou efetivamente a primeira patente de um processo de endurecimento superficial, denominado nitretação (17), reconhecida em 1924. Fry descreve o processo de nitretação gasosa como um meio de endurecimento superficial em temperaturas próximas a 580 °C, no campo monofásico da ferrita, gerando superfícies nitretadas com as características conhecidas até hoje (17,18). McQuaid e Ketcham (17) conduziram pesquisas importantes nos EUA, publicadas em 1928, para a nitretação em temperaturas entre 540 °C e 650 °C. O uso de temperaturas menores que as do processo de Machlet procurava evitar supersaturação de nitrogênio com formação de redes de nitretos, principalmente em cantos, e queda de dureza do núcleo de peças pré-tratadas, provocadas pela exposição a alta temperatura.

A nitretação pode ser realizada por diferentes processos industriais, cada qual com o seu próprio meio gerador da espécie nitretante, o nitrogênio, e com características particulares de temperatura e tempo. Os principais processos de nitretação são:

- Nitretação gasosa;
- Nitretação líquida;
- Nitretação sob plasma.

7.3.1 O SISTEMA Fe-N

As transformações de fase que ocorrem na superfície das peças nitretadas, à medida que a concentração de nitrogênio aumenta pela difusão, seguem o equilíbrio descrito no diagrama de fases ferro-nitrogênio, apresentado na Figura 7.9 (19).

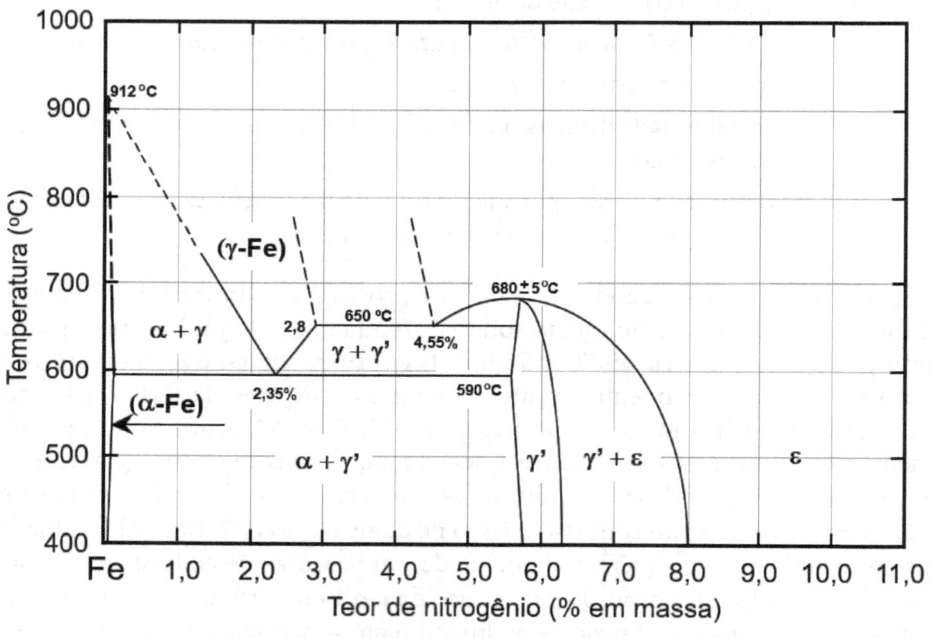

Figura 7.9 – Diagrama de fases Fe-N. Fonte: adaptada de (19).

Nas temperaturas próximas às usuais de nitretação, 550 °C a 570 °C, a máxima solubilidade de nitrogênio em estado sólido na ferrita é da ordem de 0,10% em massa. Quando a quantidade de nitrogênio difundida excede esse valor, inicia-se a formação de compostos intermetálicos de ferro e nitrogênio denominados nitretos. O primeiro nitreto estável a se formar é denominado "γ'" com estequiometria Fe_4N, com composição média de nitrogênio de 5,8% e estável até temperaturas de 680 °C. Quando o teor de nitrogênio excede 6,1% ocorre a formação simultânea do nitreto "ε" de estequiometria $Fe_{2\text{-}3}N$, que pode dissolver até 11,0% de nitrogênio. Para teores de nitrogênio superiores a 7,5% o único nitreto estável é o tipo "ε-$Fe_{2\text{-}3}N$". Em condições de não equilíbrio podem ser formados nitretos metaestáveis como o α"-$Fe_{16}N_2$ e o ζ-Fe_2N. As características principais das fases de equilíbrio presentes no sistema Fe-N e de não equilíbrio são apresentadas na Tabela 7.3 (20).

Tabela 7.3 – Fases do diagrama Fe-N abaixo de 590 °C (20)

Fase	Estequiometria	% em massa N	Reticulado cristalino	Parâmetro do reticulado (Å)
Ferrita (α)	Fe	0,1 máximo	CCC	2,8664
α''	$Fe_{16}N_2$	2,8	TCC	a = 5,72 c/a = 1,10
γ'	Fe_4N	5,77-5,88	CFC	a = 3,795
ε	$Fe_{2-3}N$	7,5-11,0	HCP	a = 2,76 c/a = 1,59
ζ	Fe_2N	11,14	Ortorrômbico	a = 5,53 b = 4,48 c = 4,42

O diagrama de fases Fe-N não é, entretanto, suficiente para descrever o equilíbrio entre as fases durante o tratamento de nitretação. A condição de equilíbrio do sistema sólido/espécie na nitretação deve ser também analisada em função do potencial de nitretação e da temperatura do processo. O modelamento termodinâmico que descreve o equilíbrio de fases em função do potencial de nitrogênio, encontra-se formalizado na literatura a partir do processo de nitretação gasosa (21,22).

De forma simplificada, o modelo assume que no equilíbrio os potenciais químicos do nitrogênio nas fases sólidas e na espécie nitretante são iguais. Nessa condição, o equilíbrio de fases em função do potencial de nitrogênio, em uma temperatura fixa de processo, é descrito pelo diagrama de Lehrer, apresentado na Figura 7.10 (21,23). Este diagrama permite prever como pode ser realizado o controle sobre a metalurgia da superfície nitretada utilizando como variável a pressão parcial de nitrogênio, ou do potencial de nitretação. Nas temperaturas usuais de nitretação, por exemplo na linha tracejada, o equilíbrio de fases depende do potencial de nitrogênio, de forma que um aumento na pressão parcial de nitrogênio ou da atividade do nitrogênio dissolvido desloca a estabilidade das fases em equilíbrio de Fe-α, saturado em nitrogênio na solução sólida, para a formação do nitreto tipo γ' e para a formação do nitreto tipo ε.

Assim, existem condições termodinâmicas em processos de nitretação com potencial de nitrogênio controlado que permitem que se obtenha uma camada nitretada projetada para aplicações específicas (24), ou seja, permite eliminar a formação da camada de compostos, para potenciais de nitrogênio muito baixos, ou controlar qual nitreto estará presente na camada de compostos, para potenciais maiores. Bell et al. (25) determinaram as condições em que a nitretação pode ocorrer com ou sem a formação da camada de compostos. O tratamento de nitretação em que se elimina a camada de compostos é denominado "nitretação brilhante".

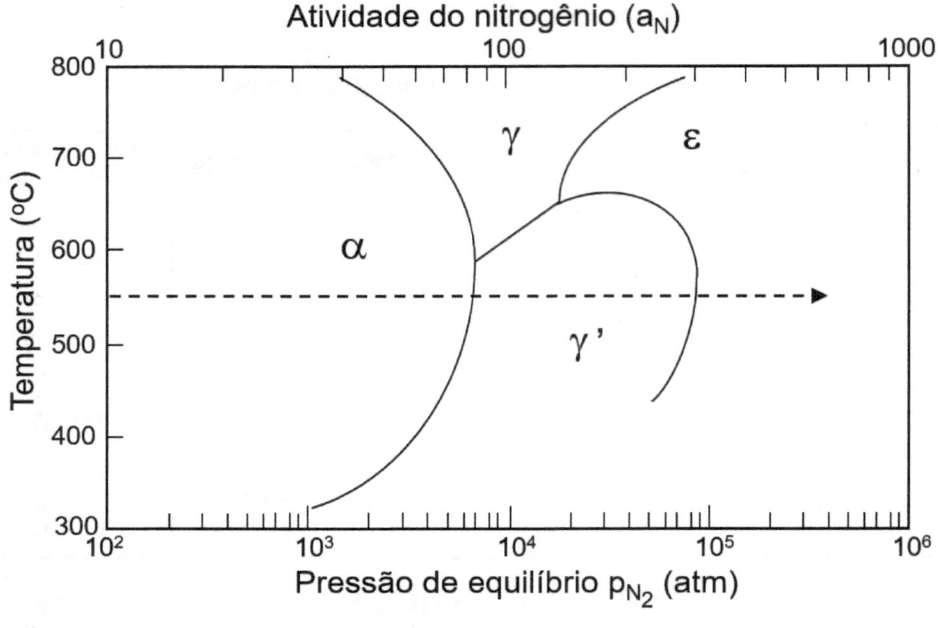

Figura 7.10 – Diagrama de Lehrer considerando a atividade de nitrogênio no sólido e a pressão parcial de equilíbrio na atmosfera gasosa. Fonte: adaptada de (21,22).

7.3.2 CINÉTICA DE NITRETAÇÃO

O processo de nitretação, como o de cementação, envolve a difusão de um elemento intersticial, neste caso o nitrogênio no reticulado cristalino CCC da ferrita. A velocidade de crescimento da superfície nitretada é função da cinética de difusão e também é tratada pela lei de Fick.

Uma vez estabelecida a diferença de concentração entre o meio nitretante "N_P" e o aço "N_0" ($\Delta N = N_P - N_0$), o fluxo de nitrogênio (J_N) por uma distância, profundidade, (x) é calculado por:

$$J_N = -D_N \frac{\Delta N}{\Delta x}$$

A relação entre a distância de difusão "x" e o coeficiente de difusão do carbono "D_N" varia de acordo com a equação:

$$x = k\sqrt{D_N t}$$

em que "k" é uma constante e "t", o tempo de difusão.

O coeficiente de difusão de nitrogênio "D_N" varia de acordo com a temperatura conforme uma equação do tipo de Arrhenius:

$$D_N = -D_0 e^{-\frac{Q}{RT}}$$ em que são constantes: "D_0", "Q" e "R" = 8,314 J mol^{-1} K^{-1}.

O coeficiente de difusão do nitrogênio "D_N" pode ser calculado a partir das profundidades de nitretação, obtidas pela medida por metalografia ou por determinação do perfil de endurecimento transversal. A partir desses valores é possível calcular a energia de ativação do processo "Q".

Pinedo e Monteiro (26,27) formalizaram a análise cinética para a nitretação do aço inoxidável martensítico AISI 420 obtendo a energia de ativação do processo "Q" a partir da linearização dos valores de coeficiente de difusão de nitrogênio "D_N" em função da profundidade de nitretação "x", para diferentes temperaturas de nitretação, utilizando a equação "$x = \sqrt{D_N t}$" em que "t" é o tempo de nitretação igual a 4 horas. A Figura 7.11 mostra a linearização destes dados e o valor da energia de ativação. O valor da constante "D_0" corresponde ao coeficiente angular da reta obtida na linearização.

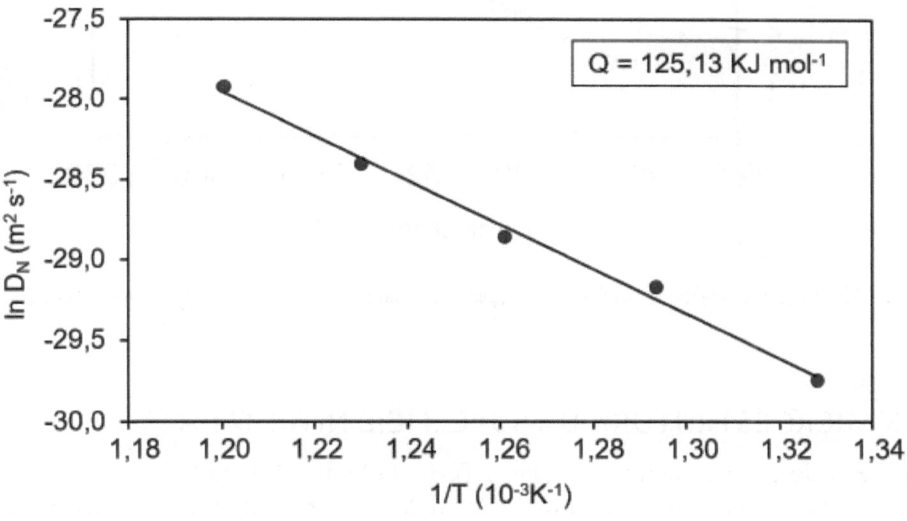

Figura 7.11 – Determinação da energia de ativação "Q" a partir da linearização de "D_N" em diferentes temperaturas de processo. Fonte: adaptada de (26,27).

A partir da energia de ativação obtida, mostrada na Figura 7.11, a variação do coeficiente de difusão do nitrogênio em função da temperatura do processo é descrita por uma equação cinética do tipo de Arrhenius:

$$D_N = 6,0668 \times 10^{-05} exp(\frac{-125.132,8}{RT})$$

O comportamento exponencial formalizado na equação mostra a forte influência da temperatura de nitretação sobre o coeficiente de difusão e consequentemente sobre a profundidade da camada nitretada, como ilustrado na Figura 7.12. Desta forma, a profundidade de nitretação aumenta muito mais pela ação da temperatura crescente do que com relação ao aumento do tempo de processo.

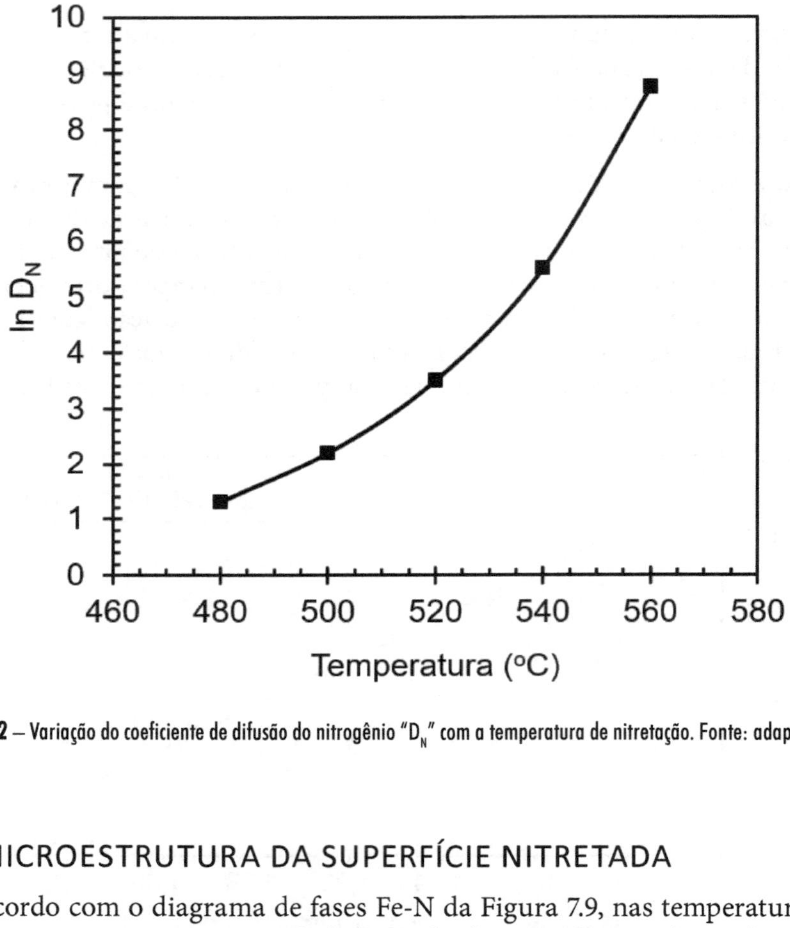

Figura 7.12 – Variação do coeficiente de difusão do nitrogênio "D_N" com a temperatura de nitretação. Fonte: adaptada de (27).

7.3.3 MICROESTRUTURA DA SUPERFÍCIE NITRETADA

De acordo com o diagrama de fases Fe-N da Figura 7.9, nas temperaturas usuais de nitretação apenas uma quantidade limitada de nitrogênio pode ser dissolvida intersticialmente na matriz ferrítica e os nitretos tipo γ'-Fe_4N e ε-$Fe_{2\text{-}3}N$ são formados em condições de concentração de nitrogênio crescente. Por este fato, na região mais externa da superfície nitretada em contato direto com o meio contendo o agente nitretante, com máximo teor de nitrogênio, é formada uma fina camada constituída de nitretos de ferro chamada de "camada de compostos". Por sua característica metalográfica, ao ser observada pelo microscópio óptico, a camada de compostos é comumente conhecida por "camada branca".

A camada de compostos é formada pela nucleação e crescimento dos nitretos estáveis à medida que se atinge concentração crítica de nitrogênio na interface. Os diferentes nitretos se apresentam na forma de camadas individuais, em função da concentração de nitrogênio difundida e da estequiometria do nitreto. A Figura 7.13 apresenta esquematicamente a sequência de formação das monocamadas de nitretos na camada de compostos em função do perfil da concentração de nitrogênio difundido na nitretação gasosa (28). A nucleação do nitreto de ferro na interface gás-sólido ocorre após a concentração de nitrogênio na interface exceder um valor crítico. O acúmulo de nitrogênio na interface é decorrente de uma competição entre o fornecimento de nitrogênio pela fase gasosa e a remoção de nitrogênio por difusão no substrato. Isso explica a existência de um tempo de incubação para a nucleação do nitreto da camada de compostos (29).

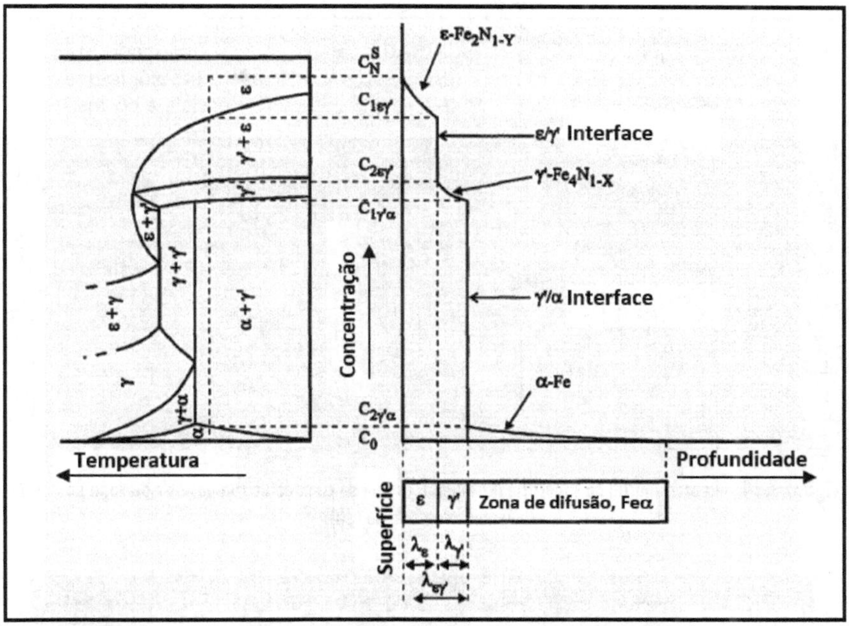

Figura 7.13 – Relação entre o diagrama de fases Fe-N e o perfil composicional no crescimento da camada de compostos dupla com nitretos tipo γ' e ε na superfície, seguida da zona de difusão. Fonte: adaptada de (28).

Uma vez formada a camada de compostos, com a diminuição do teor de nitrogênio difundido, forma-se a "zona de difusão", constituída da matriz ferrítica com partículas finas de nitretos que são precipitados a partir da supersaturação da ferrita. As características da precipitação dos nitretos na zona de difusão dependem da condição de tratamento térmico anterior à nitretação.

A Figura 7.14 mostra esquematicamente a formação da microestrutura na superfície nitretada com relação à camada de compostos - camada branca -, a zona de difusão e suas principais funções. A camada de compostos é formada por nitreto ε na região mais rica em nitrogênio e em seguida de nitreto γ'. A zona de difusão é formada por ferrita supersaturada em nitrogênio com partículas de precipitados de nitreto γ' na posição mais próxima da camada de compostos, seguida por uma região com precipitados de nitreto α". A micrografia típica da superfície de um aço carbono tipo SAE 1020, inicialmente no estado recozido com matriz de ferrita e perlita, após nitretação sob plasma na temperatura de 530 °C por 6 horas, é mostrada na Figura 7.15 (31). Observam-se a presença da camada de compostos na região externa, junto à faixa preta de baquelite, e a zona de difusão na matriz metálica com a precipitação de nitretos de ferro tipo γ'-Fe_4N na região mais externa, mais rica em nitrogênio, na forma de agulhas intragranulares longas, seguida de uma região com precipitação de nitretos α"-$Fe_{16}N_2$ na região mais interna com menor teor de nitrogênio na forma de agulhas pequenas com arranjamento de Widmanstätten.

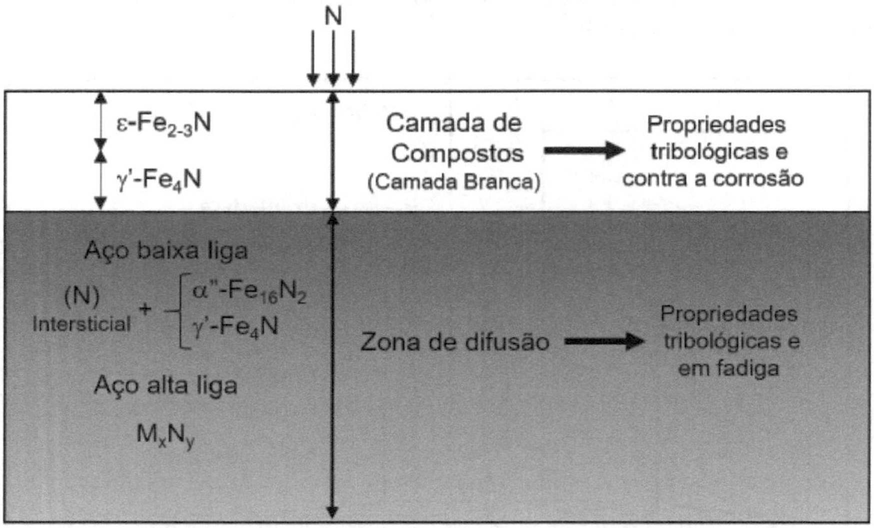

Figura 7.14 – Representação da superfície nitretada formada da camada de compostos e da zona de difusão. Fonte: adaptada de (30).

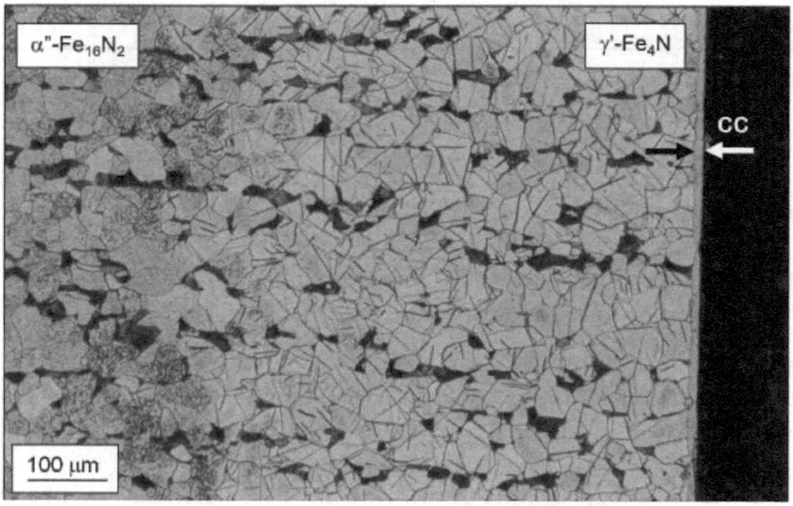

Figura 7.15 – Microestrutura da superfície nitretada em um aço SAE 1020 após nitretação sob plasma. Camada de compostos (CC) e precipitação de nitretos na zona de difusão. Fonte: adaptada de (31).

Para aços com microestrutura de partida constituída de martensita revenida, a modificação microestrutural na formação da superfície nitretada tem características diferentes. A Figura 7.16 mostra em detalhe a microestrutura da camada nitretada em um aço AISI H13, temperado e revenido, após nitretação gasosa, sendo composta de:

- **Camada de compostos:** na região externa da superfície em contato com o meio nitretante onde o teor de nitrogênio difundido é máximo. Assim, a camada de compostos é constituída de nitretos e se apresenta ao microscópio óptico com a coloração branca, sendo denominada comumente de "camada branca". Em virtude do elevado potencial de nitrogênio na nitretação, a camada branca se apresenta com excesso de porosidade junto à superfície externa e também cresce como intrusões de nitreto para o interior da matriz metálica. A porosidade presente na posição mais externa da camada de compostos é decorrente da recombinação localizada de átomos de nitrogênio pela reação $2N \rightarrow N_2$, que ocorre em virtude do equilíbrio com o meio externo de elevado potencial de nitrogênio. O excesso de porosidade altera a rugosidade e afeta de forma negativa as características de deslizamento na superfície.
- **Zona de difusão:** é constituída da matriz metálica enriquecida em nitrogênio até o limite de solubilidade da ferrita, 0,1% em massa. O teor de nitrogênio que excede o limite de solubilidade promove a precipitação de duas formas: (i) precipitação homogênea de nitretos de ferro de tamanho submicroscópico responsáveis pelo endurecimento da matriz metálica, não visíveis ao microscópio óptico, mas que escurecem a região após o ataque com reagente de Nital; e (ii) precipitação de nitretos intergranulares na forma de partículas alongadas paralelas à superfície, que marcam a frente de nitretação e que se formam em maior fração na posição mais próxima da camada branca.

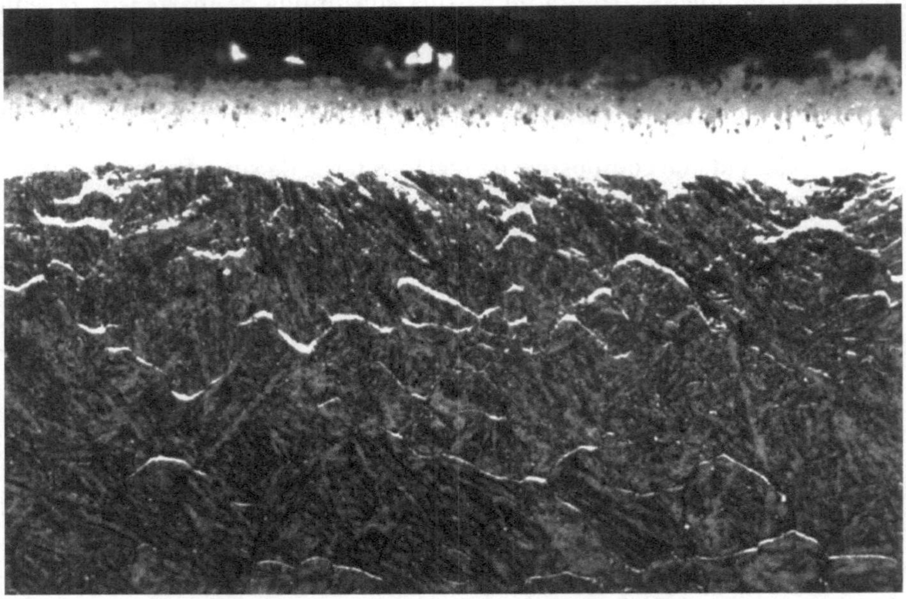

Figura 7.16 – Microestrutura da superfície nitretada em um aço AISI H13 no processo de banho de sal. Detalhe da camada de compostos e da zona de difusão. Nital 4%. Fonte: o autor.

7.3.4 ENDURECIMENTO DA SUPERFÍCIE NITRETADA

A camada branca, constituída de nitretos de ferro em aços de baixa e média liga e de nitretos de ferro e nitretos de liga para aços de alta liga, possui uma dureza que varia entre 800 HV e 1200 HV. Essa dureza confere uma melhoria significativa na resistência ao desgaste abrasivo contra partículas de dureza compatíveis às da camada branca. No desgaste adesivo a camada branca é benéfica em razão de seu baixo coeficiente de atrito, menor tendência a solda fria e melhoria nas condições de lubrificação em camadas com porosidade controlada.

Na zona de difusão o endurecimento ocorre pela precipitação de nitretos decorrente do excesso de nitrogênio difundido com relação ao limite de solubilidade da ferrita. Nos aços-carbono e de baixa liga, sem tratamento térmico anterior, o endurecimento máximo na zona de difusão é de 400-500 HV. Em aços de média e alta ligas, com tratamento térmico de têmpera e revenimento anterior à nitretação, o endurecimento máximo na camada nitretada atinge valores de 700-1200 HV, dependendo do tipo de aço.

Na zona de difusão o teor de nitrogênio é máximo junto à superfície da peça, cota zero, e diminui gradativamente em direção ao núcleo. Desta forma, considerando que o endurecimento dessa região se dá pelo mecanismo de precipitação, a dureza será maior quanto maior for o teor de nitrogênio difundido pela maior intensidade de precipitação de nitretos. Com isso, a nitretação gera um perfil transversal composicional de nitrogênio que diminui em direção ao núcleo, que, por consequência, gera um perfil de endurecimento que segue o mesmo comportamento, Figura 7.17.

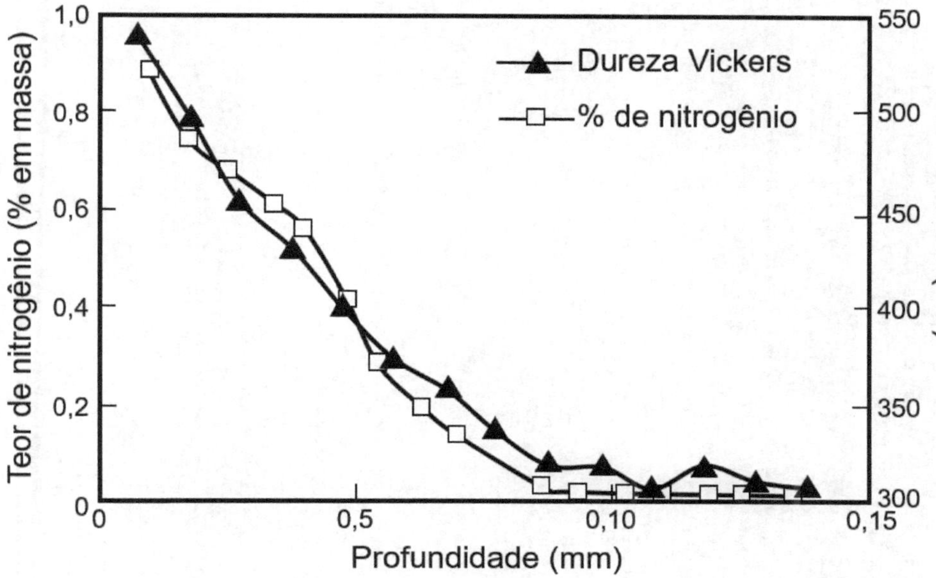

Figura 7.17 – Perfil de concentração de nitrogênio e de microdureza Vickers após a nitretação gasosa do aço SAE 4140. Fonte: adaptada de (32).

A Figura 7.18 apresenta a camada nitretada sob plasma em um aço SAE 4140, partindo de uma matriz no estado inicial temperado e revenido. Observa-se claramente a formação da camada de compostos de nitretos na superfície mais externa, como uma "faixa" fina e homogênea, não atacada pelo reagente de Nital, e por esta característica denominada comumente de camada branca (CB). Abaixo da camada branca observa-se uma região com maior intensidade de ataque pelo reagente de Nital que corresponde à zona de difusão (ZD), na qual o nitrogênio difundido promove a precipitação de nitretos responsáveis por causar o endurecimento superficial da matriz metálica. A tonalidade da zona de difusão tem a forma de "degradê", ou seja, quanto menor o nitrogênio difundido a maiores profundidades, menor a precipitação de nitretos na matriz e menor a intensidade de ataque pelo reagente de Nital. O perfil de endurecimento transversal da Figura 7.19 corresponde à microestrutura da Figura 7.18 e traduz claramente que a região mais escura da zona de difusão, com maior precipitação de nitretos, possui maior dureza que a região mais clara, com menor precipitação de nitretos.

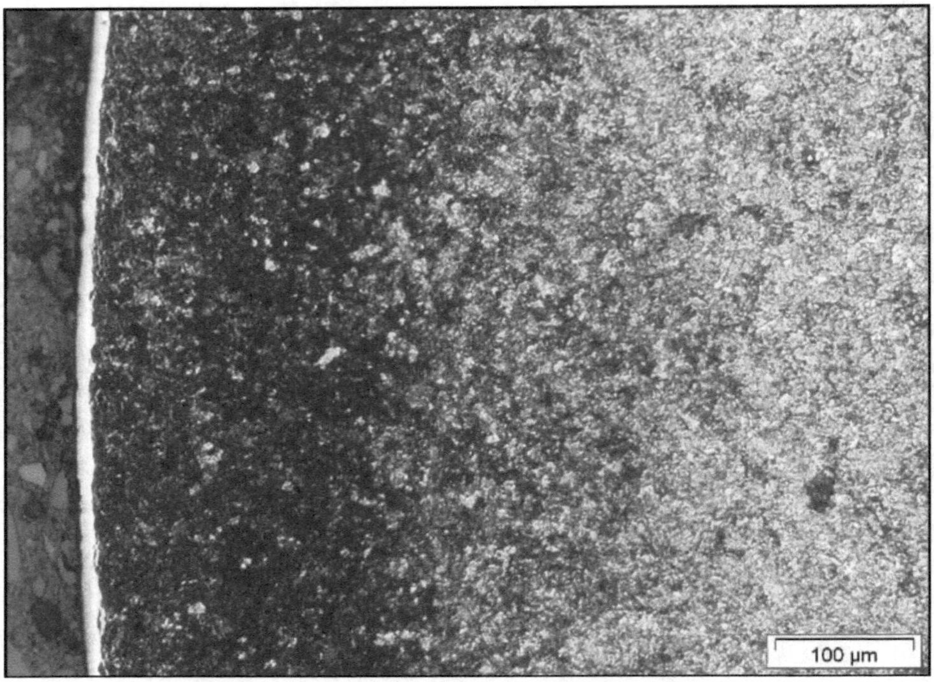

Figura 7.18 – Superfície de um aço para construção mecânica SAE 4140 após nitretação sob plasma. Observa-se a presença da camada branca (CB) e da zona de difusão (ZD). Nital 4%. Fonte: o autor.

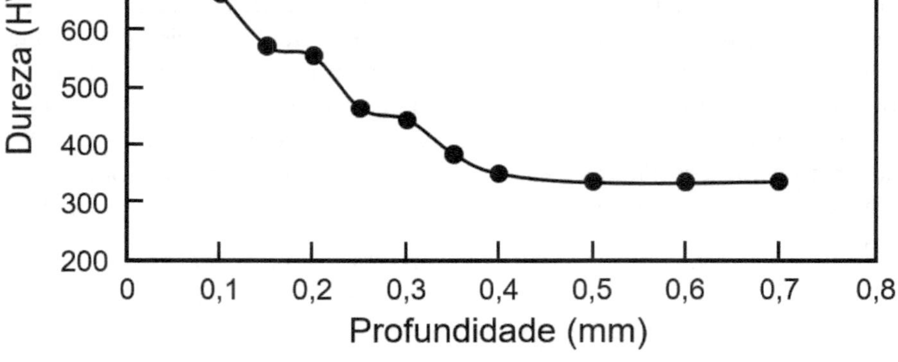

Figura 7.19 – Perfil de endurecimento transversal para a superfície nitretada do SAE 4140 de microestrutura mostrada na Figura 7.14. Fonte: o autor.

Como visto, a microestrutura da superfície nitretada pode ser projetada em função do potencial de nitrogênio disponível no meio de nitretação, da temperatura do processo e do tempo. Esses parâmetros são utilizados para definir uma curva limite para a formação da camada de compostos. A Figura 7.20 mostra a curva de potencial limite para um aço tipo AISI 6431 nitretado a gás, com sonda de nitrogênio, a 515 °C. A formação da camada de compostos é favorecida por potenciais elevados de nitrogênio, mesmo para tempos curtos. Para se obter uma superfície nitretada sem camada de compostos, nitretação brilhante, devem ser utilizados baixos potenciais de nitrogênio, permitindo tempos longos de processo quanto menor o potencial de nitretação.

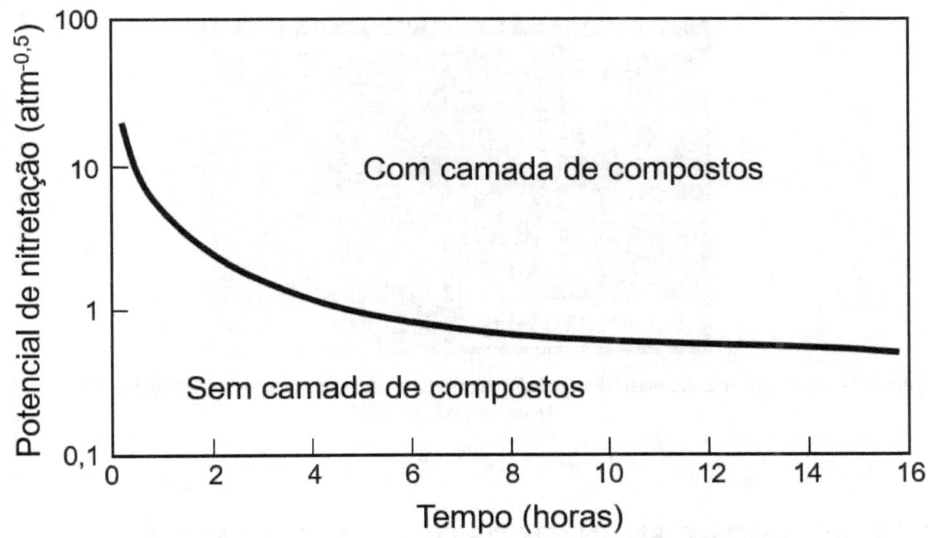

Figura 7.20 – Curva de potencial limite para a formação da camada de compostos para o aço AISI 6431 nitretado a 515 °C em processo gasoso com sonda de nitrogênio. Fonte: adaptada de (33).

A Figura 7.21 mostra as microestruturas do aço SAE 4140 nitretado sob plasma (i) a 500 °C por 12 horas, utilizando mistura gasosa de composição: 5%N_2:95%H_2, e (ii) a 550 °C por 12 horas, em misturas gasosas de 75%N_2:25%H_2 e 90%N_2:10%H_2. Para um potencial de nitretação de 5%, a formação da camada de compostos é incipiente, com espessura de 1,7 μm. O aumento do potencial de nitrogênio promove a formação efetiva da camada de compostos, atingindo 12,1 μm para 75%N_2 e 13,5 μm para 90%N2 (34).

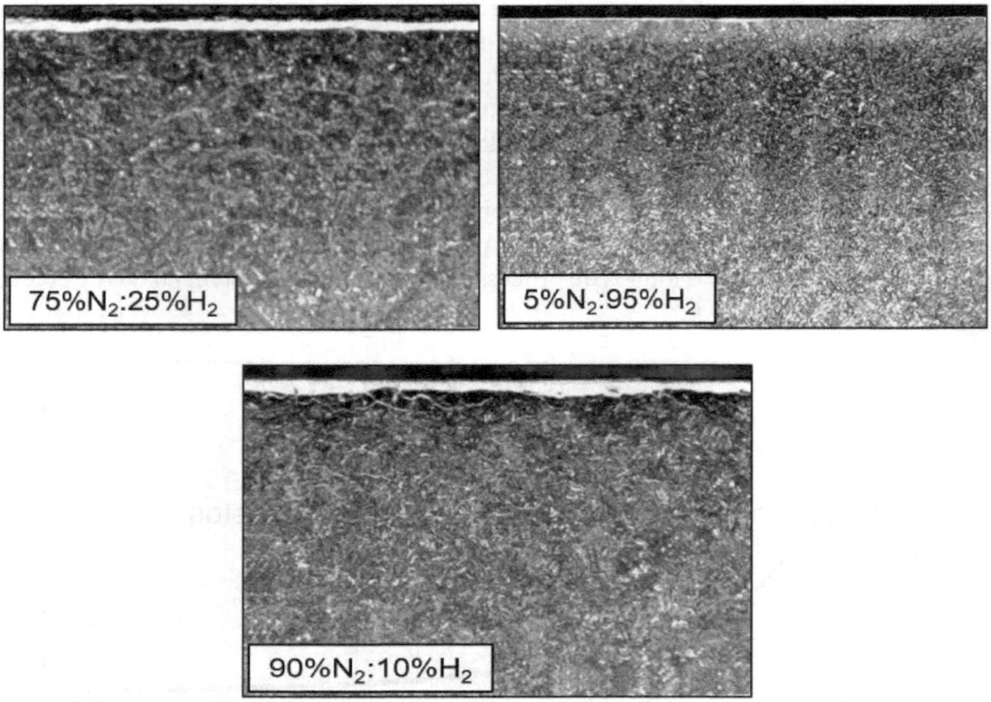

Figura 7.21 – Microestruturas das superfícies nitretadas sob plasma em diferentes potenciais de nitrogênio. Nital 2%. 500×.
Fonte: adaptada de (34).

7.3.5 EFEITO DOS ELEMENTOS DE LIGA NA RESPOSTA À NITRETAÇÃO

A resposta à nitretação com relação a microestrutura, profundidade e característica de endurecimento depende do teor de carbono e de elementos de liga, principalmente dos elementos de liga formadores de nitretos. O carbono influencia na formação da camada de compostos controlando o tipo de nitretos formados, γ'-Fe_4N ou ε-$Fe_{2\text{-}3}N$. Para aços com teores de carbono até 0,4% a formação de γ'-Fe_4N e ε segue as condições de equilíbrio do processo. Teores de carbono superiores estabilizam a fase ε-$Fe_{2\text{-}3}N$ na camada de compostos (35). A presença de carbono presente na cementita, em associação ao nitrogênio difundido, altera parcialmente as características de formação da camada de compostos (36), pela reação do nitrogênio com a cementita para a formação do carbonitreto tipo "ε":

$$Fe_3C + N \rightarrow Fe_3CFe_4N \rightarrow Fe_3CFe_3N \rightarrow Fe_{2-3}(N, C)$$

Esse processo tende a elevar a espessura da camada de compostos, mas essas reações tendem a diminuir a profundidade da zona de difusão, em decorrência da diminuição do fluxo de nitrogênio para o substrato.

Todos os aços são capazes de formar nitretos de ferro na presença de nitrogênio, porém o nível de dureza atingido pela camada é fortemente dependente do teor de outros elementos de liga formadores de nitretos (37). O efeito de elementos de liga em aços com uma composição base de 0,35%C-0,30%Si-0,70%Mn é mostrado na Figura 7.22. Pode-se observar que, de todos os elementos de liga estudados, apenas o níquel não é formador de nitretos. Os outros elementos, que formam nitretos complexos, geram um aumento de dureza na zona de difusão, sendo que o maior incremento de dureza se dá com os elementos Al e Ti.

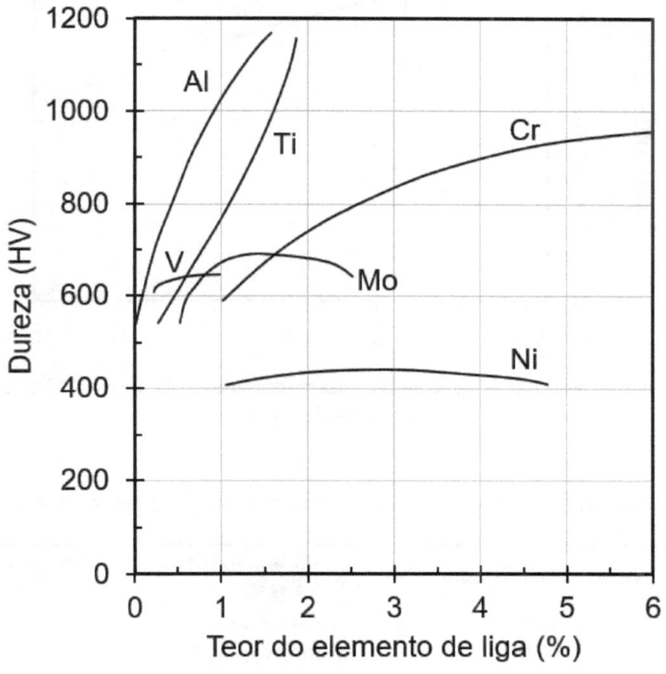

Figura 7.22 – Efeito dos elementos de liga após 8 horas de nitretação gasosa a 520 °C. Aço com 0,35%C-0,30%Si-0,70%Mn. Fonte: adaptada de (37).

A profundidade da camada nitretada para o mesmo aço, Figura 7.23, indica uma redução para os elementos formadores de nitretos, já que estes fixam o nitrogênio nos nitretos complexos. O alumínio é uma exceção, quando em baixos teores.

A resposta dos aços ao tratamento de nitretação é mais favorável quando estes contêm um ou mais dos principais elementos de liga formadores de nitretos. O efeito desses elementos de liga é sinérgico, de tal modo que para uma mesma porcentagem total existe uma tendência de maior incremento de dureza quando presente um maior número de elementos de liga formadores de nitretos. A Tabela 7.4 apresenta os nitretos de elementos de liga normalmente encontrados em aços nitretados e sua entalpia de formação.

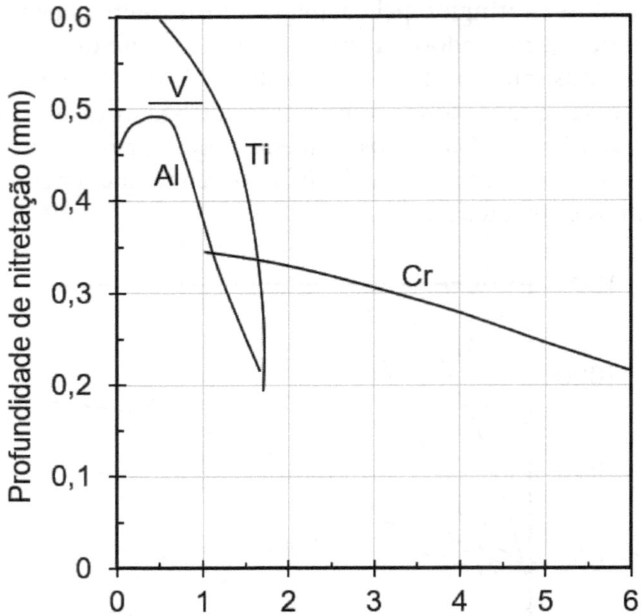

Figura 7.23 – Influência dos elementos de liga na profundidade da camada nitretada. Aço com 0,35%C-0,30%Si-0,70%Mn. Fonte: adaptada de (37).

Tabela 7.4 – Características de nitretos complexos formados pelos principais elementos de liga nos aços (38)

Fase	Reticulado cristalino	Célula unitária (Ångstrom)	Entalpia de formação (kcal/mol)
TiN	CFC	a = 4,244	–80,0
AlN	HC	a = 3,110 c = 4,975	–72,0
VN	CFC	a = 4,139	–52,0
CrN	CFC	a = 4,149	–30,0
Mo_2N	CFC	a = 4,169	–19,5
W_2N	CFC	a = 4,126	–17,0

Um dos aços mais utilizados com elevada resposta à nitretação é o Nitralloy 135M (39), de composição-base Fe-0,40%C-0,60%Mn-0,30%Si-1,60%Cr-0,35%Mo-1,20%Al. Este aço possui características dos aços para beneficiamento, ou seja, teor de carbono próximo de 0,40%, e adição de Mn, Cr e Mo para elevar a temperabilidade, permitindo com isso a obtenção de uma matriz homogênea de martensita revenida com dureza entre 28 HRC e 30 HRC, com adição de alumínio em teor próximo de 1,0% para otimizar a resposta à nitretação. A Figura 7.24 compara a resposta ao endurecimento na nitretação entre os aços AISI 4140 e Nitralloy 135M, partindo da condição temperada e revenida, após a nitretação sob plasma a 520 °C por 8 horas. A adição de 1,2% de alumínio à liga Nitralloy 135M potencializa o endurecimento na nitretação pela precipitação de nitretos AlN hexagonais que causa elevadas tensões no reticulado cúbico da martensita revenida (40). A introdução de outros elementos de liga como o cromo também aumenta o potencial de endurecimento máximo e a profundidade de endurecimento, como apresentado na Figura 7.25.

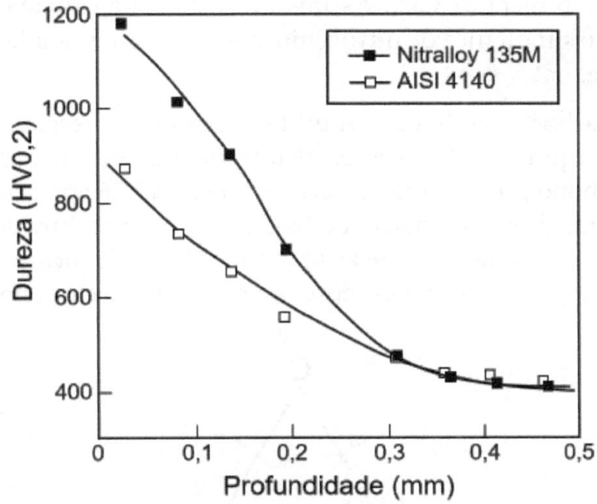

Figura 7.24 – Resposta ao endurecimento na nitretação sob plasma, 520 °C - 8 horas para os aços AISI 4140 e Nitralloy 135M. Fonte: adaptada de (40).

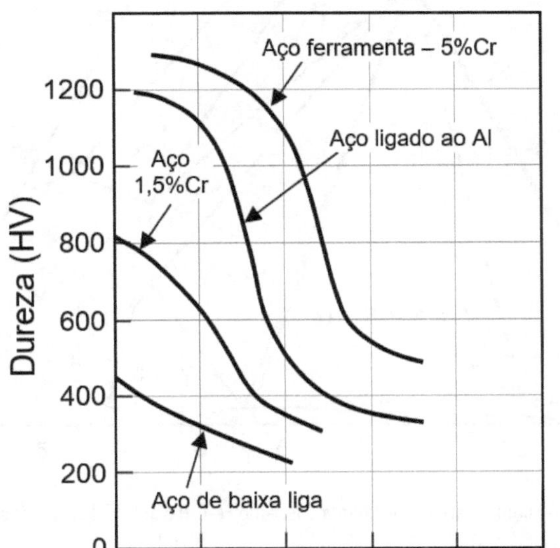

Figura 7.25 – Resposta ao endurecimento na nitretação para os aços com diferentes teores de elementos de liga. Fonte: adaptada de (41).

7.3.6 NITROCARBURAÇÃO

A nitrocarburação consiste no tratamento de nitretação com enriquecimento de carbono, ou seja, ao meio nitretante é adicionado um componente precursor de carbono, por exemplo o metano, CH_4. Assim, a formação da camada "nitrocarburada" ocorre pela difusão simultânea de nitrogênio, em maior quantidade, e de carbono, em menor quantidade.

A adição de carbono modifica o equilíbrio das fases presentes na camada, que são previstas pelo equilíbrio ternário entre o ferro, elemento majoritário dos aços, o nitrogênio e o carbono presentes no processo. A Figura 7.26 apresenta uma seção isotérmica do diagrama de fases ternário Fe-N-C para a temperatura de 565 °C, típica da nitrocarburação, com o qual se pode avaliar a tendência de formação de fases da camada nitrocarburada em função dos teores de nitrogênio e carbono difundidos (42).

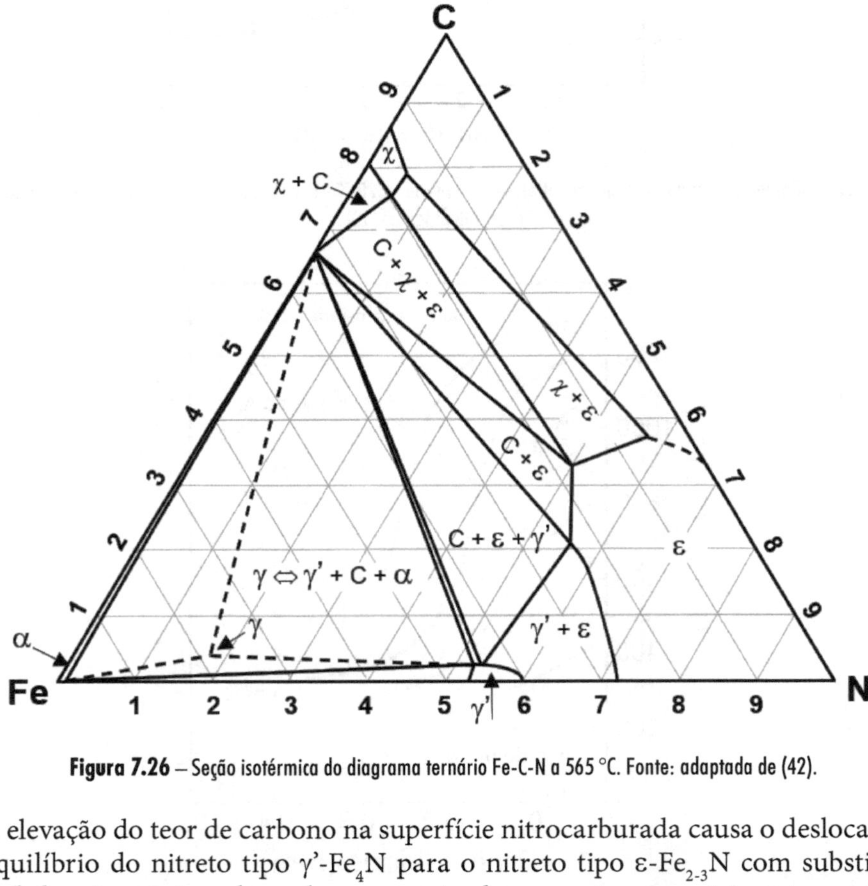

Figura 7.26 – Seção isotérmica do diagrama ternário Fe-C-N a 565 °C. Fonte: adaptada de (42).

A elevação do teor de carbono na superfície nitrocarburada causa o deslocamento do equilíbrio do nitreto tipo γ'-Fe_4N para o nitreto tipo ε-$Fe_{2\text{-}3}N$ com substituição parcial do nitrogênio pelo carbono, mantendo-se a estequiometria entre os intersticiais e os átomos de ferro. A região da camada de compostos rica em carbono passa a ser constituída predominantemente de nitreto tipo ε na forma do carbonitreto ε-Fe_{2-3}(C,N) (43,44). O diagrama de fases também mostra que em certos casos o enriquecimento de carbono pode gerar cementita.

A estabilidade dos nitretos presentes na camada de compostos depende da quantidade de carbono adicionada à mistura gasosa (45). Quando se adiciona até 0,5% atômico, a camada de compostos é constituída predominantemente de nitreto tipo γ'. Entretanto, em teores acima de 0,7% atômico a formação do nitreto γ' tende a ser fortemente inibida e a formação da fase ε e de cementita torna-se dominante. A espessura da camada de compostos tende a aumentar para adições de até 0,5% atômico. Teores superiores de adição tendem a diminuir a cinética devido à competição na formação dos diferentes intermetálicos. A Tabela 7.5 mostra a variação do tipo de nitreto formado na camada de compostos, durante a nitretação sob plasma de ligas de ferro com carbono crescente e em função da quantidade de carbono presente na mistura gasosa (46). É importante considerar que no processo de nitrocarburação a estabilidade dos nitretos na camada dependerá não apenas do potencial de carbono no meio, mas também do teor de carbono no aço, fatores que agem simultaneamente.

Tabela 7.5 – Fases presentes na camada de compostos após a nitrocarburação a plasma. Análises por difração de raios X (46)

Adição de carbono no gás, % atômica	Tipo de liga			
	Ferro puro	Aço 1035	Aço 4140	Ferro fundido
0,00	γ'	γ', (ε)	γ' e ε	γ', (ε)
0,25	γ' e ε	------------	------------	γ', (ε)
0,50	γ' e ε	------------	------------	ε, Fe_3C
1,00	γ' e ε	(γ'), ε, Fe_3C	γ', ε, Fe_3C	------------
2,00	ε, Fe_3C	ε, Fe_3C	ε, Fe_3C	------------
4,00	ε, Fe_3C	(ε), Fe_3C	(ε), Fe_3C	------------

7.4 PROCESSOS DE NITRETAÇÃO

Os três principais métodos de nitretação são: a nitretação gasosa, a nitretação em banho de sais e a nitretação sob plasma. Os processos mais amplamente utilizados são as nitretações gasosa e em banhos de sais. A nitretação sob plasma, apesar de menos frequente em nível industrial, vem recebendo atenção crescente em função da evolução dos sistemas de controle, da versatilidade no controle microestrutural, bem como de suas vantagens com relação às questões do meio ambiente e da saúde dos operadores.

7.4.1 NITRETAÇÃO GASOSA

A nitretação gasosa utiliza como fonte de nitrogênio o gás de amônia, NH_3, que, mediante o aquecimento das partes que se deseja nitretar até uma temperatura média de 540 °C, se decompõe e fornece o nitrogênio nascente para a difusão. As reações mais importantes da nitretação gasosa (47) estão relacionadas:

a) à dissociação da amônia de forma catalítica na presença do ferro com a formação de nitrogênio nascente:

$$2NH_3 \rightarrow 2N + 6H$$

b) ao fato de o tempo de vida do nitrogênio nascente ser muito curto, entre 1 e 1,5 segundos, ocorrendo uma recombinação que forma:

$$N_2 \ e \ 3H_2$$

de modo que a reação pode ser expressa por:

$$2NH_3 \rightarrow N_2 + 3H_2$$

c) à atividade termodinâmica do nitrogênio no ferro, "a_N", expressa por:

$$a_N = k_1 \frac{P_{NH_3}}{\frac{3/2}{P_{H_2}}} = k_1 N_p$$

em que "P" é a pressão parcial e "k" é a constante de equilíbrio. "N_p" é definido como o potencial de nitrogênio do processo. Assim, uma elevação na pressão parcial de hidrogênio e uma diminuição na pressão parcial de amônia diminuem a eficiência da nitretação.

O processo de dissociação da amônia e da sua incorporação e difusão no substrato de aço é representado esquematicamente na Figura 7.27.

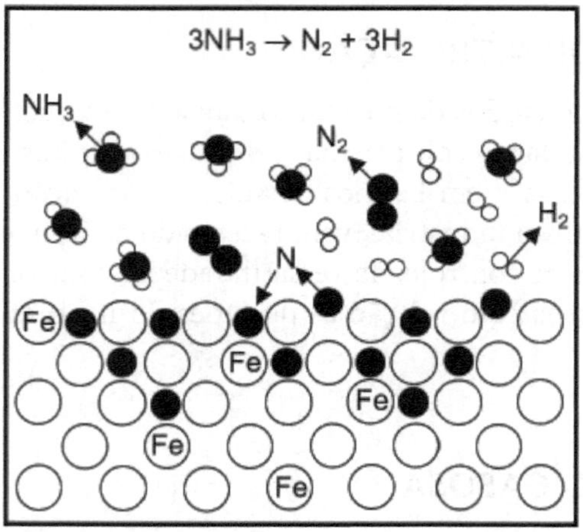

Figura 7.27 – Esquema do processo de dissociação da amônia e da difusão de nitrogênio que ocorre durante a nitretação gasosa. Fonte: adaptada de (48).

Até recentemente, a nitretação gasosa permitia um controle muito restrito da microestrutura da superfície nitretada. O controle da atmosfera de nitretação era realizado pelo controle da taxa de dissociação da amônia, principalmente pela possibilidade de reação explosiva com o oxigênio em altas temperaturas, e por exalar produtos gasosos prejudiciais à saúde.

Uma nova tecnologia de controle da atmosfera nitretante utiliza como padrão um sensor de estado sólido denominado "sonda de hidrogênio". A partir dos dados obtidos e com base na constante de equilíbrio "k_1", pode-se calcular precisamente o potencial de nitretação. Com isso é possível obter superfícies nitretadas com microestrutura específica para diferentes especificações (49,50,51). O processo gasoso permite a realização de "nitrocarburação", ou seja, a difusão simultânea de nitrogênio e carbono. Para a nitrocarburação é necessário adicionar em conjunto com a amônia (NH_3) gases que sejam precursores de carbono. As peças são submetidas a atmosferas contendo espécies reativas e geradoras de uma condição nitrocarburantes, como CO, CO_2 e CH_4. A principais reações do processo são (52):

$$CO + H_2 \Leftrightarrow [C] + H_2O$$

$$CH_4 \Leftrightarrow [C] + 2H_2$$

Nessas reações o potencial de carbono é definido por:

$$r_c = \frac{P_{CO}P_{H_2}}{P_{H_2O}} \qquad\qquad r_c = \frac{P_{CH_4}}{{P_{H_2}}^2}$$

Como exposto anteriormente, na nitrocarburação ocorre a substituição de átomos de nitrogênio por átomos de carbono, o que, no sistema Fe-N-C, faz com que a camada de compostos seja constituída preferencialmente por carbonitretos do tipo ε-$Fe_3(CN)$ e ε-$Fe_2(CN)$, com uma menor fração de nitreto γ-Fe_4N. A Figura 7.28 (53) mostra a estabilidade de fases na formação da camada branca em função do enriquecimento de carbono simultaneamente ao nitrogênio. Quando a atividade de carbono é de 0,2, o equilíbrio é deslocado para a formação de misturas γ' e ε para teores de nitrogênio entre 20-25 % atômico, mas para a atividade de carbono de 1,5 a fase estável na camada branca é predominantemente a fase ε. Teores crescentes de carbono permitem a formação de cementita em conjunto com o nitreto ε.

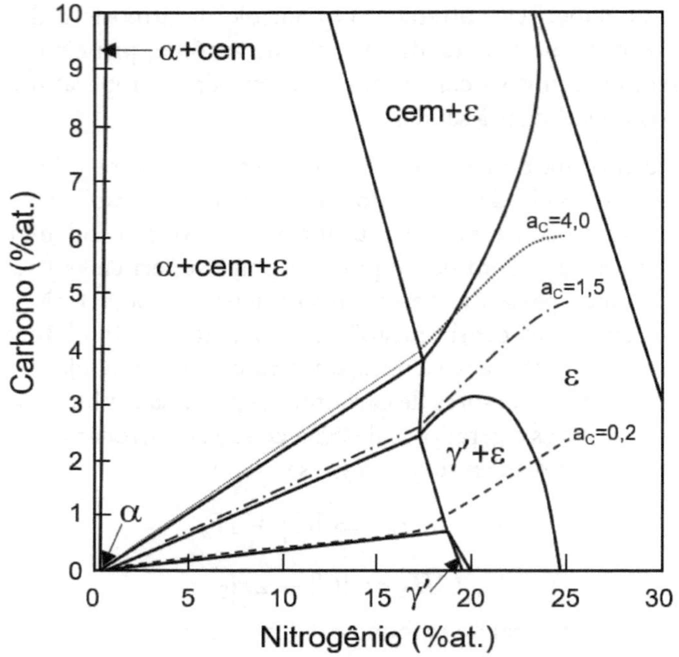

Figura 7.28 – Estabilidade de fases na camada de compostos em função da atividade de carbono e nitrogênio na nitrocarburação a 575 °C com atividade de nitrogênio = 800. Fonte: adaptada de (53).

7.4.2 NITRETAÇÃO EM BANHOS DE SAIS

A nitretação em banhos de sais é quase tão antiga quanto o processo original de nitretação a gás. As misturas de sal comercialmente mais usadas são à base de sais de sódio (60-70%) e potássio (30-40%), os sais de sódio contendo 96,5% NaCN; 2,5% Na_2CO_3; e 0,5% NaCN, e os sais de potássio contendo 96% KCN; 0,6% K_2CO_3; 0,75% KCNO; e 0,5% KCl (54). O teor ideal de cianato pode ser elevado envelhecendo o banho a 575 °C por 12 horas, atingindo o valor de 45%. As peças não podem ser imersas no banho durante o estágio de envelhecimento. Os banhos de sais fundidos geram nitrogênio e carbono, e o processo é controlado por duas reações, uma de oxidação e a outra catalítica, descritas por (55):

$$2\ NaCN + O_2 \Leftrightarrow 2\ NaCNO$$

$$4\ NaCNO \Leftrightarrow Na_2CO_3 + 2\ NaCN + CO + 2\ N$$

A temperatura normal de trabalho para a nitretação em banho de sal fica entre 570 °C e 610 °C, e o tempo de imersão pode variar de segundos até por volta de 2 horas, dependendo do material e da espessura a nitretar. Vale salientar que o tempo de tratamento não pode ser muito prolongado, já que os sais têm forte ação corrosiva, podendo aumentar a rugosidade superficial e comprometer a qualidade superficial da peça. É importante considerar que os compostos de cianatos que são parcialmente convertidos a cianetos causam danos à saúde dos operadores e ao meio ambiente. O gerenciamento da atividade laboral e dos tratamentos de resíduos deve estar estritamente em acordo com a legislação da saúde do trabalho e ambiental.

7.4.3 NITRETAÇÃO SOB PLASMA

O processo de nitretação sob plasma foi concebido por Berghaus no início dos anos 1930, não tendo sido continuado industrialmente em função das dificuldades encontradas na época em controlar os principais parâmetros físicos do processo (56,57,58). Com avanços tecnológicos nos sistemas de controle lógico e automação, a nitretação sob plasma assumiu um destaque no ambiente industrial e tem sido utilizada de forma crescente. O processo de nitretação sob plasma tem como principal vantagem a possibilidade de controlar a microestrutura da superfície nitretada por meio de um controle preciso da composição da mistura gasosa do processo e, com isso, do potencial de nitretação. Esse processo assume comumente as denominações:

- nitretação sob plasma;
- nitretação assistida por plasma;
- nitretação iônica ou ionitretação.

O princípio do processo de nitretação sob plasma consiste na produção do nitrogênio nascente, acelerando elétrons através de um campo elétrico para lhes conferir energia suficiente para acarretar a decomposição do gás e geração de íons carregados positivamente, conforme a reação a seguir (59). O nitrogênio ionizado, juntamente com os elétrons, forma uma mistura com um número muito próximo entre cargas positivas e negativas. Esse conjunto de partículas forma o plasma.

$$e^- \rightarrow N_2 = N^+ + N^+ + 2e^-$$

A nitretação sob plasma pode ser realizada em reatores de parede fria ou em fornos de parede quente. O esquema de um forno de nitretação sob plasma com parede quente é mostrado na Figura 7.29. O processo dispõe de uma fonte de tensão DC pulsada que é responsável por gerar uma diferença de potencial entre o anodo (+), que corresponde à campânula do forno, e o catodo (–), que corresponde às peças em tratamento. Os gases de processo são introduzidos dentro da câmara por uma central equipada com fluxímetros de massa de alta precisão e que permitem gerar misturas gasosas em proporções definidas para cada processo. Uma bomba de vácuo, acoplada a uma válvula de passagem, controla a pressão interna da câmara. A temperatura de processo é controlada por termopares, que podem ser posicionados diretamente nas peças ou em cupons de massa equivalente. A correta combinação entre temperatura e pressão e tensão e composição gasosa permite obter um plasma sustentável e homogêneo para o processo. O forno de nitretação sob plasma (60,61,62) utiliza como gases de processo: nitrogênio, hidrogênio, argônio e metano em alta pureza, grau analítico

5.0. Estes gases são injetados em misturas e quantidades específicas que dependem da estrutura da superfície nitretada que se deseja obter e do tipo de aço em nitretação.

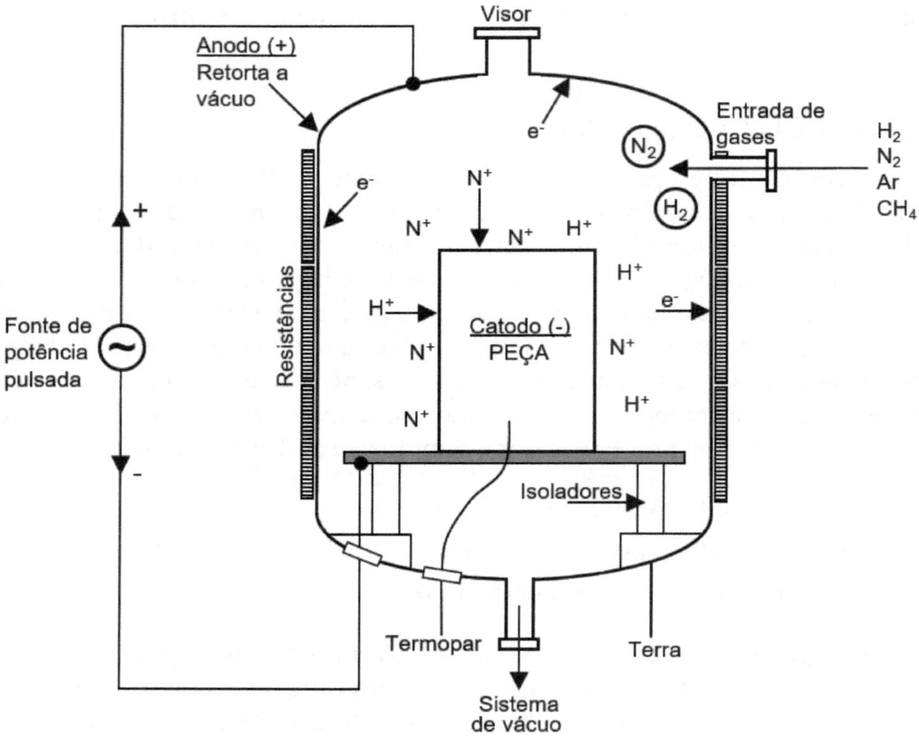

Figura 7.29 – Esquema de um reator de nitretação por plasma. Fonte: adaptada de (60).

Quando uma diferença de potencial é aplicada entre os dois eletrodos, posicionados dentro de uma mistura gasosa em condições específicas de temperatura e pressão, ocorre a geração de uma descarga cuja característica depende da tensão e da corrente geradas no processo. A Figura 7.30 apresenta a relação existente entre tensão e corrente, seus diferentes efeitos e a região de formação da descarga anormal que gera uma "descarga brilhante" ou "descarga incandescente" – "*glow discharge*" – e corresponde à combinação de tensão e corrente propícias para gerar um plasma eficiente ao processo de nitretação (56,59).

É importante notar que essa camada visível de gás ionizado, denominado "bainha de plasma", envolve a superfície de cada peça da carga como uma "luva", atingindo homogeneamente diferentes formas de superfície; planas, curvas, fendas e furos. Essa homogeneidade garante a obtenção de uma zona nitretada com a mesma qualidade metalúrgica em qualquer parte da peça, independentemente de sua geometria. A Figura 7.31 mostra a fotografia da bainha de plasma, descarga brilhante, formada na nitretação de eixos. A espessura da bainha é nítida e envolve cada eixo de forma igual, permitindo a nitretação por igual em toda a superfície. Por essas características, um grande número de peças, algumas ou uma única peça podem ser corretamente nitretadas para as necessidades esperadas de desempenho.

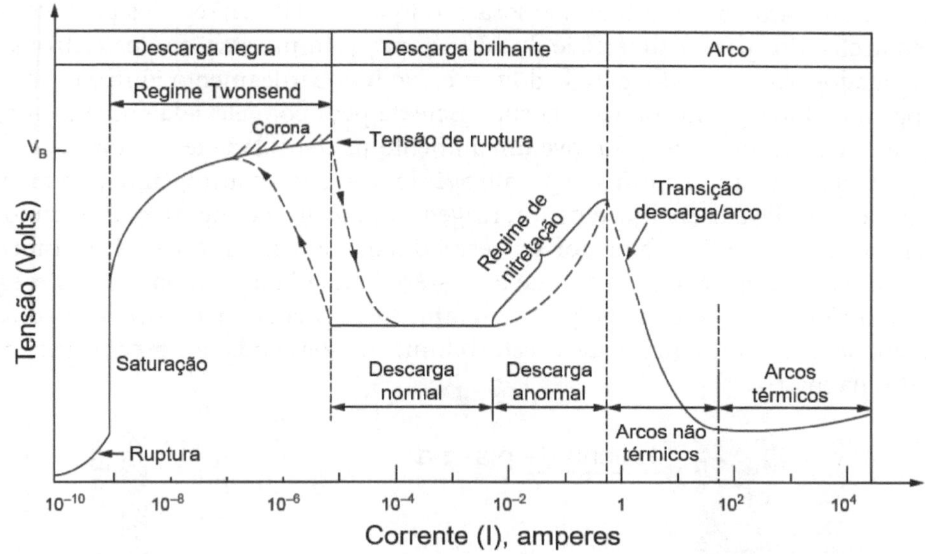

Figura 7.30 – Relação entre a tensão e corrente para a geração da descarga anormal ou brilhante – *"glow discharge"* –, correspondente ao regime de nitretação sob plasma. Fonte: adaptada de (63).

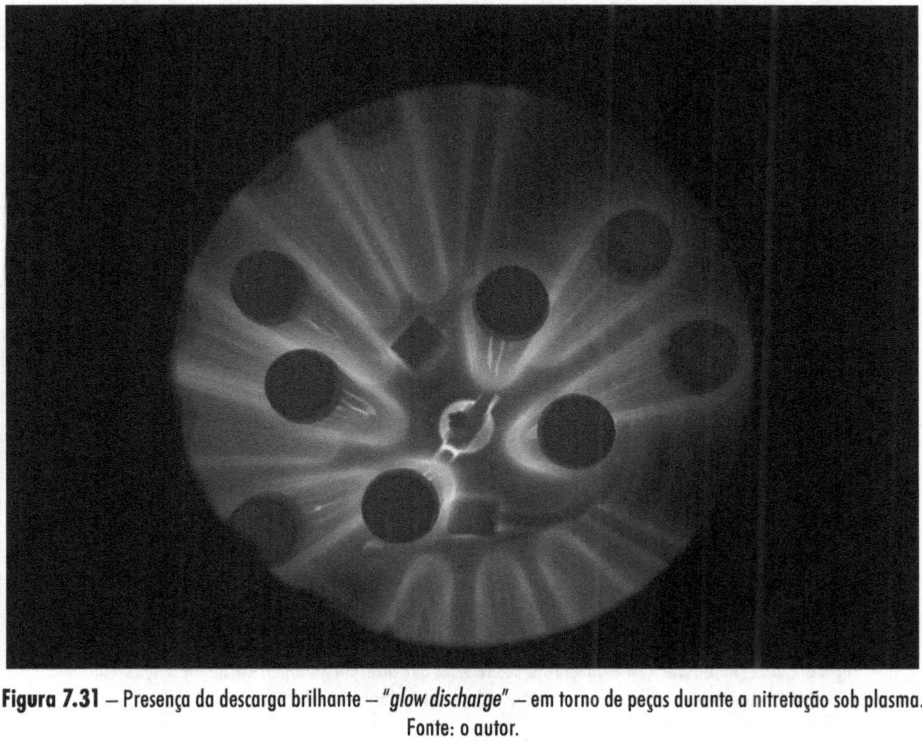

Figura 7.31 – Presença da descarga brilhante – *"glow discharge"* – em torno de peças durante a nitretação sob plasma. Fonte: o autor.

A Figura 7.32 apresenta de forma esquemática os fenômenos que ocorrem no processo de nitretação sob plasma, na região da descarga brilhante, bainha de plasma, pelo modelo de "bombardeamento e recondensação" proposto por Kölbel (63,64,65,66). Após a dissociação das moléculas gasosas, os íons (N^+, H^+) carregados positivamente são acelerados para a superfície do catodo, peça em nitretação, e os elétrons são direcionados para o anodo, parede do forno. No bombardeamento iônico os íons de nitrogênio e hidrogênio colidem na superfície da peça com elevada energia cinética (E_f), que remove átomos e promove um aumento na densidade de lacunas que ativa a superfície, facilitando a difusão do nitrogênio. Os íons de nitrogênio, por sua vez, acelerados em elevada energia cinética, reagem com os átomos de ferro, formando, na superfície, a espécie FeN, que, por ser termodinamicamente instável, é transformada em nitretos ε-$Fe_{2-3}N$ e γ'-Fe_4N, que formarão a camada de compostos. Ao mesmo tempo, o nitrogênio se difunde progressivamente na matriz para formar a zona de difusão, na qual o nitrogênio que excede o limite de solubilidade é precipitado como nitretos na matriz.

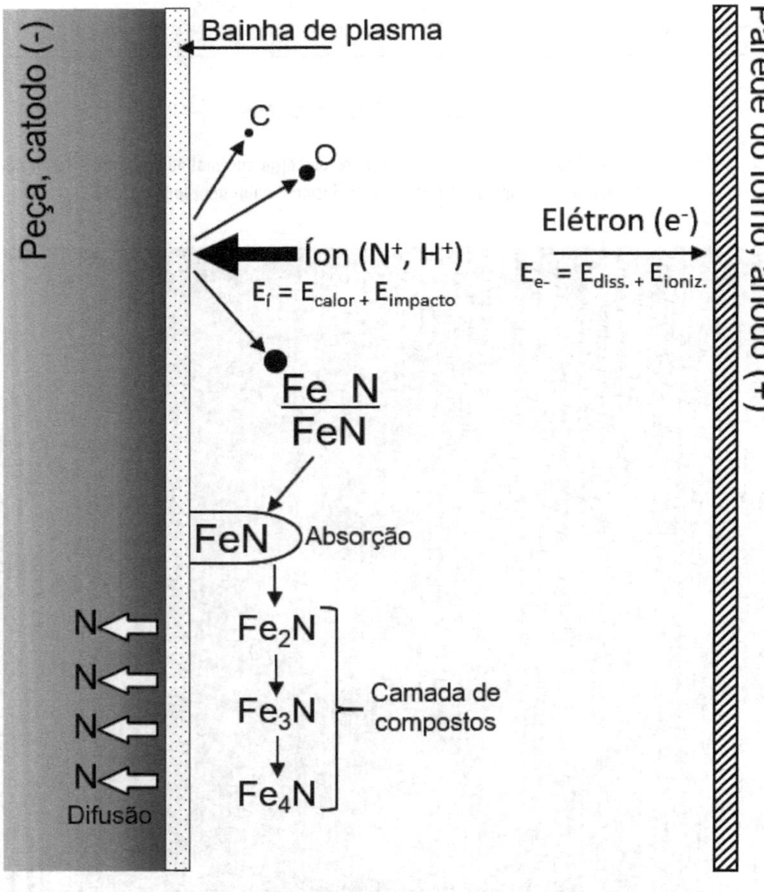

Figura 7.32 – Representação esquemática das reações que ocorrem na superfície na presença do plasma. Fonte: adaptada de (64).

O processo é constituído basicamente de quatro etapas:

- **Purga e aquecimento:** realizada para garantir a redução do teor de oxigênio para uma quantidade mínima durante o aquecimento da carga, pela parede quente do forno, até uma temperatura ideal para a geração de um plasma estável.
- **Limpeza iônica *(sputtering)*:** terminado o pré-aquecimento, a câmara é evacuada até atingir a correta pressão, entre 0,8 mBar e 1,0 mBar, para a geração do plasma estável com a ionização de uma mistura gasosa composta de hidrogênio ou de hidrogênio/argônio. A etapa de limpeza remove contaminantes voláteis, promove a redução de óxidos e ativa a superfície para a etapa de nitretação.
- **Nitretação ou nitrocarburação:** realizada em pressões entre 1,0 mBar a 6,0 mBar. As principais variáveis desta etapa são: temperatura, tempo e proporção da mistura gasosa. Da correta combinação destas variáveis resultam a microestrutura e a profundidade da camada nitretada ou nitrocarburada.
- **Resfriamento sob vácuo:** uma vez terminada a nitretação, as peças são resfriadas sob vácuo, sem a presença de plasma, e então descarregadas.

O ciclo da nitretação sob plasma é mostrado esquematicamente na Figura 7.33.

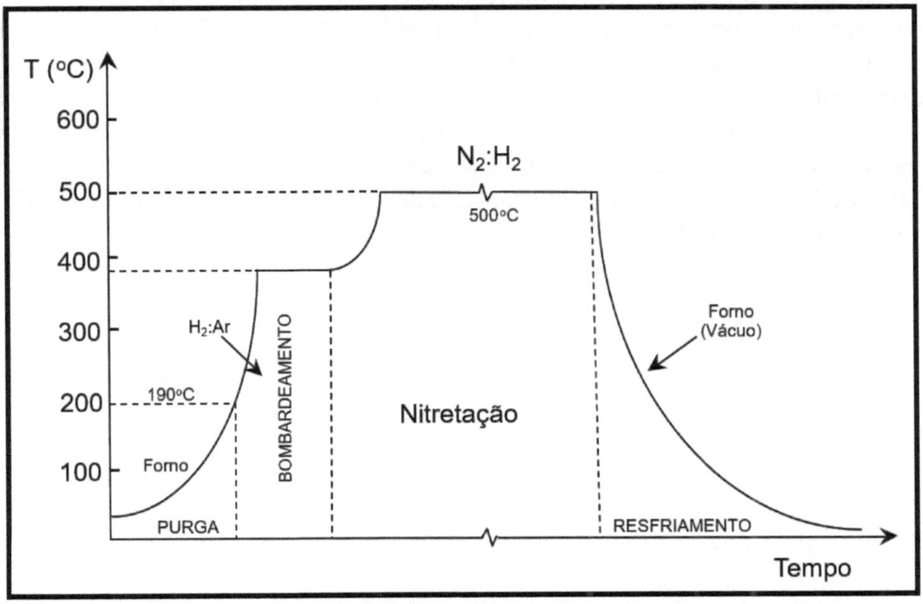

Figura 7.33 – Representação esquemática do ciclo de nitretação sob plasma. Fonte: o autor.

O processo de nitretação sob plasma oferece diversas vantagens sobre os processos convencionais de nitretação. Dentre elas está o fato de esse processo ser especialmente projetado para possibilitar um controle completo sobre a microestrutura da superfície nitretada, permitindo variar os tipos de nitreto na camada de compostos, minimizar e até mesmo eliminar a precipitação de nitretos em contornos de grão na zona de difusão. Assim, a metalurgia da superfície nitretada pode ser projetada de forma específica para diferentes aplicações e solicitações. As questões ambientais e de saúde presentes nos processos convencionais, com o uso de amônia ou de sais fundidos de cianeto, são eliminadas no processo de plasma. As principais vantagens que o processo oferece são:

- não causa dano ambiental ou à saúde dos operadores;
- processo completamente computadorizado e automatizado;
- elevada reprodutibilidade;
- alta flexibilidade;
- facilidade de automação para sistemas produtivos;
- possibilita eliminar a camada de compostos;
- controla a formação de nitretos na camada de compostos, γ' ou ε;
- permite a nitretação a baixas temperaturas, próximas de 350 °C;
- conduz a baixa variação dimensional e de forma;
- permite nitretação localizada.

A Tabela 7.6 compara as principais características dos processos de nitretação convencionais com o processo sob plasma. Uma das principais diferenças que pode ser observada é quanto à formação da camada de compostos (camada branca) (60). Nesse sentido, a nitretação sob plasma oferece amplo controle, o que não ocorre para os outros processos, podendo inclusive nitretar sem a presença de camada de compostos, dependendo principalmente da composição da mistura gasosa utilizada no processo. A Tabela 7.7 mostra as principais propriedades obtidas na superfície nitretada sob plasma para diferentes tipos de aços.

Tabela 7.6 – Comparação entre os três processos de nitretação

Processo de nitretação	Nitretação em banho de sal	Nitretação a gás	Nitretação sob plasma
Tipo de forno	Cadinho	Gás	Vácuo
Meio de tratamento	Sais de cianetos e cianatos	Amônia, nitrogênio e adições de hidrogênio	Nitrogênio, hidrogênio e adições de metano
Limite de temperatura, °C	550-570	510-570	350-600
Tempo, horas	0,1-4,0	10,0-100,0	0,1-30,0
Camada de compostos (camada branca)	Fe_2-3N (Fe_{2-3}CxNy)	$Fe_4N + Fe_{2-3}N$ ($Fe_{2-3}N$)	Nenhum, Fe_4N, $Fe_{2-3}N$, livre de mistura de fases
Zona de difusão	Carbonitretos	Nitretos, carbonitretos	Nitretos, carbonitretos, livre de nitretos em contornos de grão

Tabela 7.7 – Propriedades obtidas na nitretação sob plasma

Tipo de aço	AISI/SAE	Dureza superficial (HV2)	Profundidade de camada (mm)	Camada de compostos (μm)
Carbono	1020	120-350	0,30-0,80	4-10
	1045	350-500	0,30-0,80	4-15
Ressulfurados	1212	200-250	0,30-0,80	6-10
Construção mecânica	4140	550-700	0,20-0,60	4-8
Nitralloy	A355	900-1100	0,20-0,50	2-8
A.F. trabalho a frio	D2	900-1100	0,10-0,30	-----------
A.F. trabalho a quente	H13	900-1100	0,20-0,40	8-12
	H13	900-1000	0,10-0,20	4-8
Rápido	M2	1000-1200	0,030-0,100	8-12
Maraging	300	850-950	0,10-0,40	2-4
Inoxidável austenítico	316	900-1400	0,008-0,015	-----------
Inoxidável martensítico	420	900-1100	0,070-0,090	-----------

A otimização da microestrutura, a espessura da camada de compostos, o endurecimento superficial e a profundidade da zona de difusão dependem, fundamentalmente, do controle de três variáveis do processo: temperatura, tempo e composição da mistura gasosa, além da composição química do substrato (57,60,67). Dentre esses diferentes fatores, a composição da mistura gasosa é o parâmetro mais utilizado no controle microestrutural da superfície nitretada, de modo a adequar as fases presentes às diferentes solicitações dos componentes como: desgaste, corrosão e fadiga.

O controle da composição da mistura gasosa reside na possibilidade de gerar plasmas a partir de misturas definidas de nitrogênio, hidrogênio, argônio e metano, sendo o potencial de nitretação definido como a quantidade de íons de nitrogênio gerados a partir do volume de nitrogênio presente na atmosfera. Desta forma, é possível gerar microestruturas de superfície nitretada diferentes em função do teor de nitrogênio presente na mistura gasosa, da introdução ou não de metano, e da nitrocarburação, sempre em balanço com um gás inerte ao processo. A Figura 7.34 mostra as principais modificações da superfície nitretada por plasma a partir do controle desses elementos. Observa-se que uma elevação da quantidade de nitrogênio na mistura gasosa leva à formação da camada de compostos e controla qual o tipo de nitreto que a compõe. A utilização de baixo potencial de nitretação leva à formação de uma superfície constituída apenas pela zona de difusão. O aumento no potencial de nitrogênio conduz à formação da camada de compostos, inicialmente constituída de nitreto γ'-Fe_4N, e posteriormente à estabilização do nitreto ε-$Fe_{2-3}N$. A adição de metano ao gás estabiliza o nitreto tipo ε (53,63,68).

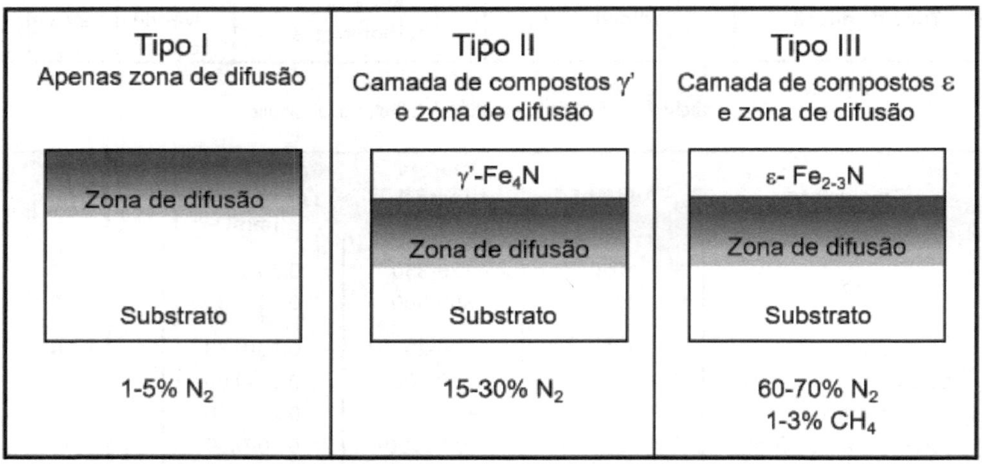

Figura 7.34 – Diferentes microestruturas de superfícies nitretadas formadas em função do potencial de nitretação, teor de nitrogênio na mistura gasosa. Fonte: adaptada de (63,68).

Como mostrado na Figura 7.29, em geral os reatores de plasma possuem um visor, "janela de vidro", que possibilita observar a bainha de plasma e acompanhar a carga em tratamento. Esse acompanhamento é importante para permitir a visualização de qualquer instabilidade da bainha de plasma e a abertura de arcos em posições desfavoráveis. Uma vez observada a presença de arco, é possível corrigir os parâmetros de processo de forma a eliminar ou minimizar esse fenômeno. A Figura 7.35(a) mostra a fotografia de uma carga em nitretação a partir do visor do forno. Observa-se nitidamente a presença da bainha de plasma no entorno da peça e no interior dos furos de uma forma estável e homogênea. Uma das peças nitretadas durante o processo de nitretação da Figura 7.35(a) é mostrada na Figura 7.35(b) e se apresenta caracteristicamente com a coloração cinza opaca, correspondente à presença da camada branca, homogênea por toda a superfície e na região dos furos.

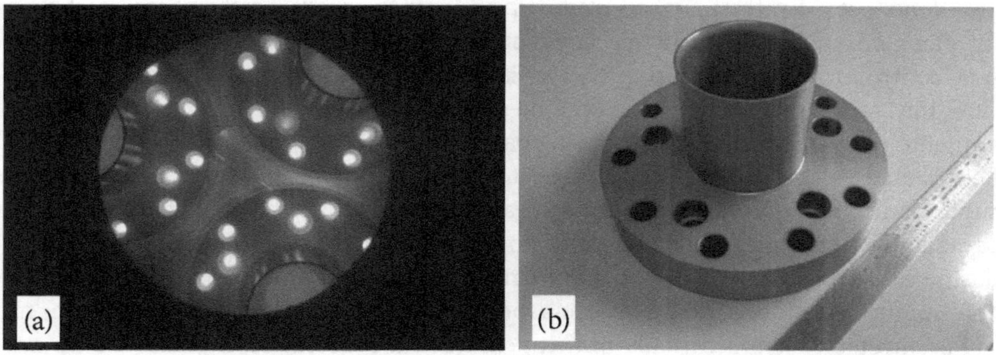

Figura 7.35 – Observação de peças em uma carga de nitretação sob plasma a partir do visor do forno (a) e uma das peças após a nitretação (b). Fonte: o autor.

Considerando que a nitretação ocorre na região da bainha de plasma, da descarga brilhante, e que esta fica restrita à superfície de cada peça individualmente, a interferência mútua entre diferentes peças na mesma carga de nitretação é insignificante, desde que uma distância mínima entre elas seja respeitada. Desta forma, em uma carga com peças de diferentes tamanhos e geometrias a nitretação ocorrerá de maneira uniforme em toda a carga. A Figura 7.36 mostra a homogeneidade qualidade em de diferentes peças nitretadas sob plasma na mesma carga.

Figura 7.36 – Homogeneidade de qualidade em diferentes peças nitretadas sob plasma na mesma carga. Fonte: o autor.

Como visto, a nitretação sob plasma pode controlar a microestrutura da camada nitretada por meio da correta seleção do potencial de nitrogênio na mistura gasosa, ou seja, controlando a proporção de N_2:H_2. Esse controle não altera apenas a microestrutura, mas também o acabamento final da superfície nitretada. A Figura 7.37 mostra o aumento relativo da rugosidade Ra e Rz para os aços ferramenta tipos AISI H13 e AISI D2 nitretados sob plasma em diferentes condições de misturas gasosas. A diferença de rugosidade em processos com camada branca, elevado potencial de nitrogênio, e sem camada branca, baixo potencial de nitrogênio, se reflete no acabamento superficial das peças nitretadas. A Figura 7.38 mostra que peças nitretadas com camada branca, com maior rugosidade, possuem um aspecto acinzentado fosco. Por outro lado, nas peças nitretadas sem a camada branca, com baixa rugosidade, a qualidade do acabamento superficial praticamente não é alterada pela nitretação, de forma que peças inicialmente "espelhadas" por polimento antes da nitretação mantêm o espelhamento após o processo.

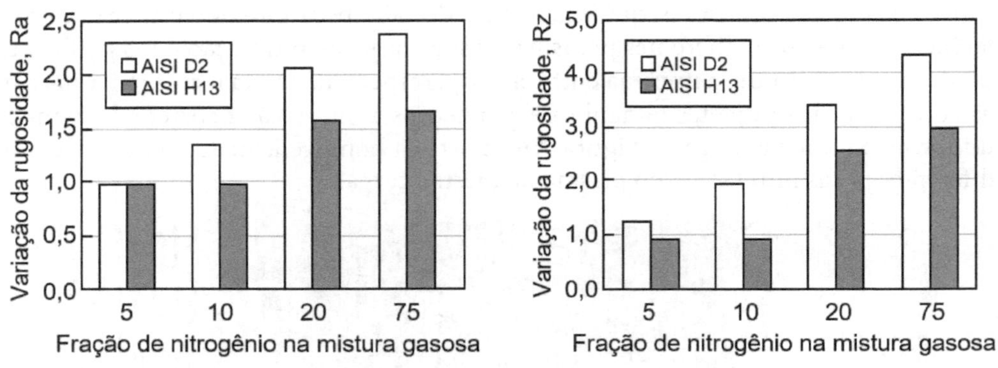

Figura 7.37 – Influência da composição da mistura gasosa na rugosidade de aços nitretados sob plasma. Fonte: adaptada de (69).

Figura 7.38 – Peças após a nitretação sob plasma pelos processos com camada branca (a) e sem camada branca (b). Fonte: o autor.

Com relação ao sistema de aquecimento, os equipamentos de nitretação sob plasma podem ser de dois tipos: reatores de parece fria e fornos de parede quente. A característica de aquecimento da parede tem influência importante tanto na qualidade e homogeneidade das peças nitretadas quanto no custo do processo. Com relação à homogeneidade de temperatura das peças no interior do reator, os fornos de parede fria utilizam para seu aquecimento apenas o calor gerado pelo plasma e para isso necessitam de plasmas de maior intensidade, elevando o custo do processo com relação ao custo da energia elétrica consumida por carga. Já os reatores de parede quente possuem duas fontes de aquecimento, o forno da parede e o plasma, podendo assim trabalhar com plasma de menor intensidade. Outra vantagem dos reatores de parede quente é o fato de eles possuírem parede com diferentes zonas de aquecimento que trabalham de maneira independente de forma a manter uma maior homogeneidade de temperatura ao longo do comprimento da parede. É importante salientar que em fornos de parede fria, que utilizam plasma de alta intensidade, a possibilidade de ocorrência do efeito de catodo oco é maior.

A Figura 7.39 mostra a diferença no perfil de temperatura entre os processos de nitretação sob plasma em reatores sem e com parede quente. A manutenção de uma temperatura homogênea em cargas com peças de grandes dimensões ou com cargas de múltiplas peças é crítica nos fornos de parede fria, mas plenamente controlável em fornos de parede quente. Fornos de parede fria tendem a perder calor (Q) nas peças periféricas e a concentrar calor (Q) nas peças na região central do reator. Em fornos de parede quente, geralmente com mais de uma zona de aquecimento, o perfil de temperatura é mais homogêneo pela perda insignificante de calor para a parede e pelo uso de plasmas de menor intensidade com menor influência entre as peças da carga. A Figura 7.40 mostra uma carga de peças iguais nitretadas sob plasma em um forno de parede quente, em que se observa a homogeneidade de qualidade da camada nitretada entre as diversas peças.

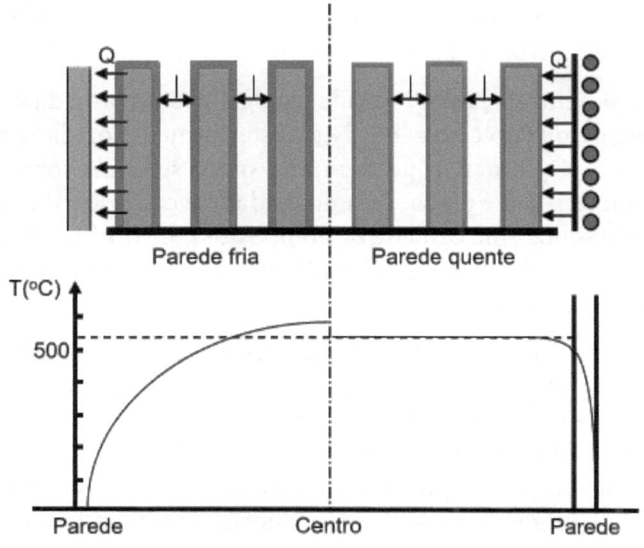

Figura 7.39 – Comparação entre o perfil de temperatura em reatores de parede fria e de parede quente. Fonte: adaptada de (67).

Figura 7.40 – Homogeneidade de qualidade de peças nitretadas sob plasma na mesma carga. Fonte: o autor.

7.5 NITRETAÇÃO E PÓS-OXIDAÇÃO

A nitretação pode ser realizada em combinação com outros tratamentos superficiais, como a oxidação negra. A nitretação com pós-oxidação é realizada para elevar a resistência à corrosão de peças críticas. A oxidação após a nitretação pode ser realizada em um processo à parte, por exemplo utilizando o processo de oxidação a vapor, ou pode ser realizada em combinação com a nitretação em um único ciclo, utilizando o processo sob plasma (70,71,72,73).

Nesse processo, a nitretação é projetada para gerar uma camada de compostos predominantemente de nitreto tipo ε-$Fe_{2-3}N$ e posteriormente oxidada para a formação do óxido de ferro Fe_3O_4. Isso porque, quando o óxido se forma sobre uma camada de ε-$Fe_{2-3}N$, sua característica é plana, sem porosidade e com elevada aderência, mas se o óxido é formado sobre uma camada de compostos constituída predominantemente de nitreto γ'-Fe_4N, o óxido apresenta elevada rugosidade e porosidade, o que diminui a resistência à corrosão (74).

A Figura 7.41 mostra a resistência a corrosão de um aço com 0,40% de carbono na condição apenas nitretada sob plasma, com camada de compostos constituída de nitreto ε-$Fe_{2-3}N$ e na condição nitretada e pós-oxidada sob plasma em um único ciclo, com uma camada de óxido de ferro do tipo Fe_3O_4 com 2 μm de espessura que cresce sobre a camada de compostos de nitreto ε-$Fe_{2-3}N$. Os ensaios realizados sob névoa salina – "*salt-spray*" – mostram a melhoria do tratamento combinado de nitretação e pós-oxidação, atingindo um tempo próximo de 250 horas para o início da corrosão (75).

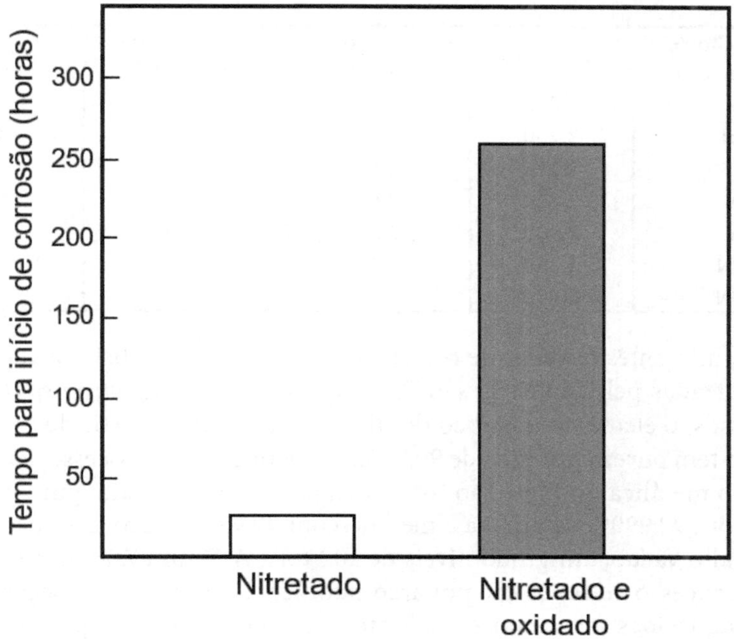

Figura 7.41 – Resistência a corrosão de um aço com 0,40% de carbono na condição apenas nitretado e nitretado e pós-oxidado. Fonte: adaptada de (75).

7.6 REVESTIMENTO PVD

Diferentemente dos processos de cementação e nitretação que envolvem a difusão de um elemento intersticial, carbono e/ou nitrogênio, no reticulado cristalino do aço, promovendo o enriquecimento superficial e a possibilidade de geração de microestruturas com elevada dureza e resistência ao desgaste, o processo de revestimento PVD, sigla de "*Physical Vapor Deposition*", ou "deposição física a vapor", promove a deposição de uma camada cerâmica fina com propriedades tribológicas otimizadas com o objetivo de melhorar o desempenho diante do desgaste. Essa camada, denominada "filme" ou "revestimento", é formada por uma fração metálica composta de Ti, Cr, Al, Si etc. ou misturas, TiAl, TiSi etc., e outra fração não metálica de nitrogênio e/ou carbono. Esses filmes são então denominados "nitretos", "carbonitretos" ou "carbonetos". Cada tipo de filme possui propriedades específicas, principalmente de dureza, coeficiente de atrito e estabilidade térmica, de acordo com a sua composição, estequiometria. A Tabela 7.8 apresenta os filmes PVD mais utilizados.

Tabela 7.8 – Principais características dos filmes de revestimento PVD

Composição do revestimento	Dureza (HV)	Coeficiente de atrito	Temperatura máxima (°C)	Cor
TiN	2.200	0,40	600	Amarelo
TiCN	3.200	0,40	400	Cinza
TiC	2200	0.40	600	Cobre
CrN	1.800	0,40	700	Prateado
ZrN	2.500	0,35	600	Amarelo
TiAlN	3.300	0,35	900	Bronze escuro
CrAlN	3.000	0,40	1000	Cinza escuro

Existem diferentes técnicas de revestimento via deposição física a vapor (PVD), e as mais utilizadas pela indústria são: "arco catódico" e "*magnetron sputtering*". Nos dois processos, o elemento metálico do filme é evaporado a partir de um "alvo" cuja composição tem pureza próxima de 99,99%. Os elementos de processo que constituem a fração não metálica do filme são introduzidos por gases de alta pureza: nitrogênio e argônio com 99,999% de pureza e metano com 99,95%. O processo ocorre em uma câmara de alto vácuo, atingindo níveis de 10^{-5} torr. A Figura 7.42 mostra esquematicamente o processo de deposição por arco catódico. Uma vez que as peças estejam devidamente aquecidas sob vácuo, o conjunto "anodo/catodo" na região do alvo (*target*) recebe uma descarga elétrica que evapora os átomos do metal. Simultaneamente, na câmara é injetado o gás reativo (N_2 ou CH_4) na presença de uma atmosfera de plasma, que fornecerá o elemento não metálico. Os átomos evaporados e os gases da atmosfera são ionizados, assumindo carga positiva (+), acelerados, e colidem com a superfície da peça a ser revestida, a qual se encontra sob tensão negativa, denominada "Bias", que atrai os íons (+) presentes na atmosfera e promove a condensação e a formação do revestimento (76, 77, 78, 79, 80).

Essas camadas têm, geralmente, espessura entre 1,0 μm e 6,0 μm, especificadas em função do tipo de camada e da aplicação. Podem ser aplicadas como uma camada única, "monocamada", ou em diversas camadas, de diferentes compostos, "multicamadas". O uso de multicamadas objetiva a melhoria nas propriedades tribológicas, principalmente no desgaste e na corrosão, e a adesão da camada ao substrato. A Figura 7.43 mostra em (a) a seção transversal de uma monocamada de nitreto de titânio (TiN) e em (b) uma multicamada constituída de Ti-TiN depositadas alternadamente. Observa-se claramente, nas duas condições, o crescimento da camada de TiN com estrutura típica colunar. Neste caso, o uso desse sistema de multicamadas promoveu um aumento de 22% na adesão (81).

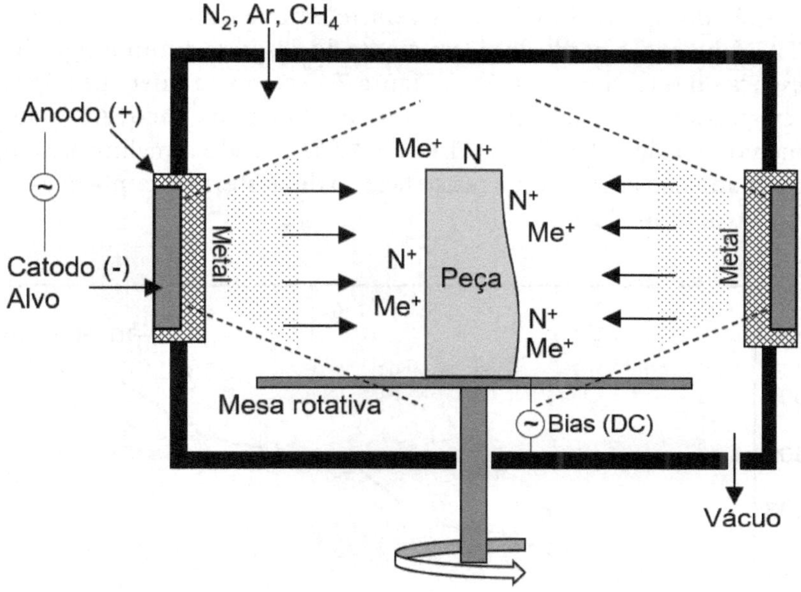

Figura 7.42 – Representação esquemática do processo PVD por arco catódico. Fonte: o autor.

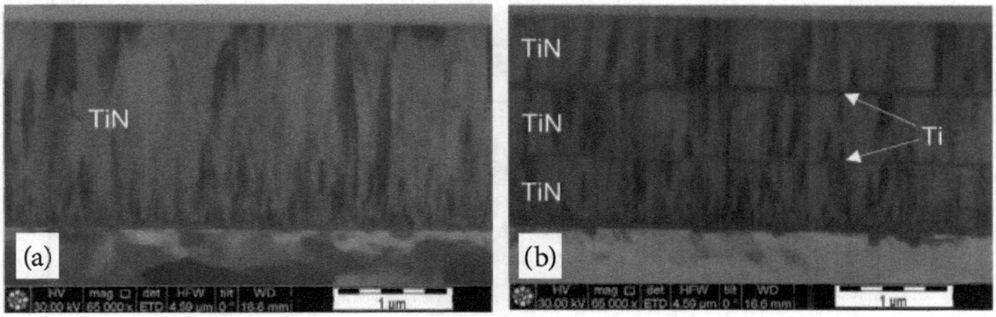

Figura 7.43 – Monocamada de TiN (a) e multicamada Ti/TiN (b) depositadas alternadamente. Fonte: adaptada de (81).

A tecnologia de revestimento PVD é utilizada amplamente em aços ferramenta para a melhoria de desempenho em serviço. As camadas PVD possuem elevada dureza e baixo coeficiente de atrito, propriedades fundamentais para a melhoria da capacidade de corte por remoção de cavaco e na capacidade de deformação a frio em operações de corte a frio por cisalhamento. Ainda, em certas condições, atuam como barreira química e melhoram a resistência a corrosão. O baixo coeficiente de atrito também melhora o desempenho de moldes e periféricos utilizados na injeção de polímeros, seja no deslizamento dos periféricos, buchas e pinos, na extração de peças ou na resistência ao desgaste de plásticos de engenharia e termofixos. Por exemplo, os revestimentos de titânio, AlTiN e TiN, mostram bom desempenho na injeção de plásticos e borrachas (82).

A Figura 7.44 apresenta resultados de ensaio de desgaste, pino contra disco, para o aço rápido tipo AISI M2 com e sem revestimento PVD, em carbonitreto de titânio-TiCN, no qual a perda de massa diante do desgaste diminui significativamente na presença do revestimento (83). A Figura 7.45 compara diferentes tipos de revestimento em pastilha de metal duro durante o torneamento de aço SAE 1045, mostrando o aumento de vida entre TiCN, TiAlN e AlCrN, sendo o melhor desempenho do AlCrN creditado não apenas à sua resistência ao desgaste, mas também à sua superior resistência à oxidação (84).

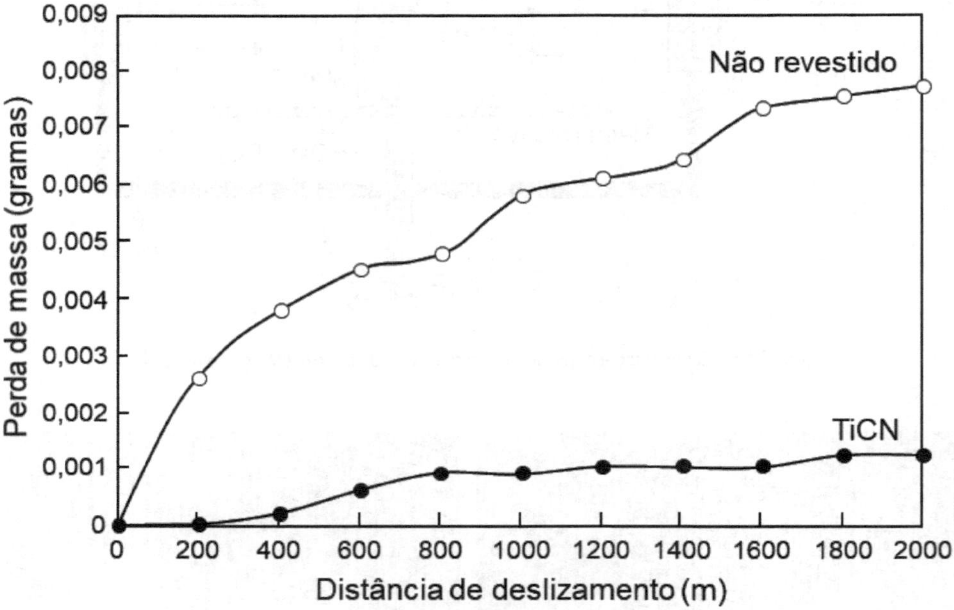

Figura 7.44 – Perda de massa em ensaio pino contra disco, sob força normal de 38,6 N, de aço rápido AISI M2 revestido com TiCN. Fonte: adaptada de (83).

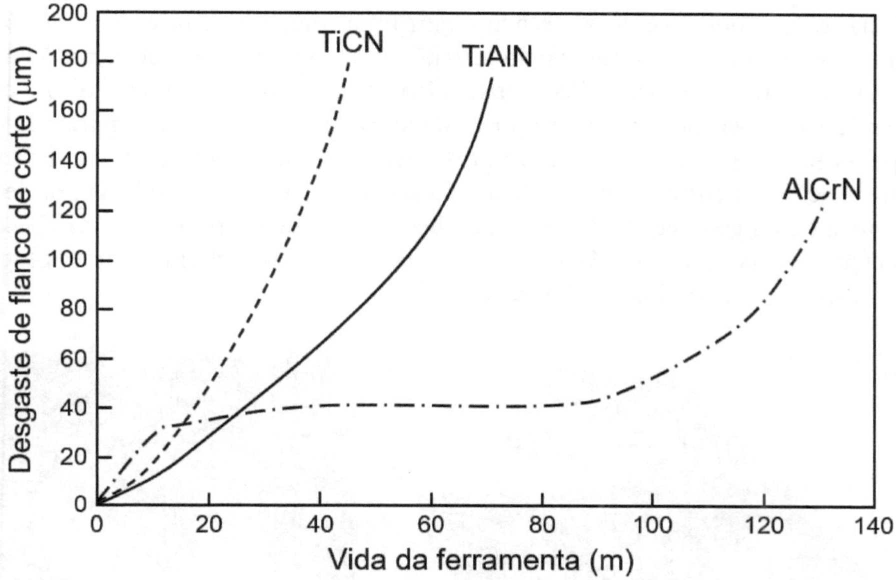

Figura 7.45 – Desgaste de aresta de corte de pastilha de metal duro com diferentes revestimentos em ensaio de torneamento. Fonte: adaptada de (84)

7.7 TÊMPERA SUPERFICIAL

Diversos componentes necessitam de endurecimento por têmpera, mas devem manter um núcleo tenaz, com elevada resistência a fratura. Nesses casos, a têmpera total não pode ser aplicada, sendo necessária a realização da têmpera localizada ou superficial. Diferentemente dos tratamentos de difusão de nitrogênio e/ou carbono, na têmpera superficial não existe mudança de composição química superficial e as profundidades de endurecimento são maiores, atingindo, dependendo da peça, dezenas de milímetros. Nesse tratamento, apenas a camada externa da peça é aquecida na temperatura de austenitização, superior a Ac_3, e posteriormente resfriada rapidamente para a têmpera. Desta forma, a transformação martensítica ocorre localizadamente, elevando a dureza superficial, mas mantendo um núcleo de baixa dureza e elevadas ductilidade e tenacidade. Os mais diversos componentes são endurecidos por têmpera superficial, por exemplo: eixos, engrenagens, virabrequins, cilindros de laminação, entre outros.

Os processos de têmpera superficial mais empregados na indústria são:

- têmpera por chama;
- têmpera por indução; e
- têmpera a laser.

7.7.1 TÊMPERA POR CHAMA

Consiste no aquecimento superficial com uma tocha de oxiacetileno ou oxi-hidrogênio seguida imediatamente pelo resfriamento com água ou polímeros à base de água. O resultado é uma superfície constituída de martensita e um núcleo com estrutura de ferrita e perlita. A taxa de aquecimento e a condução do calor para o interior das peças são os parâmetros mais importantes para estabelecer a profundidade de endurecimento do que a temperabilidade do aço. O equipamento pode dispor de uma única tocha com geometria adaptada à da peça ou de tochas múltiplas para peças de geometria mais complexas (85). O esquema da têmpera por chama e uma fotografia do processo são mostrados na Figura 7.46.

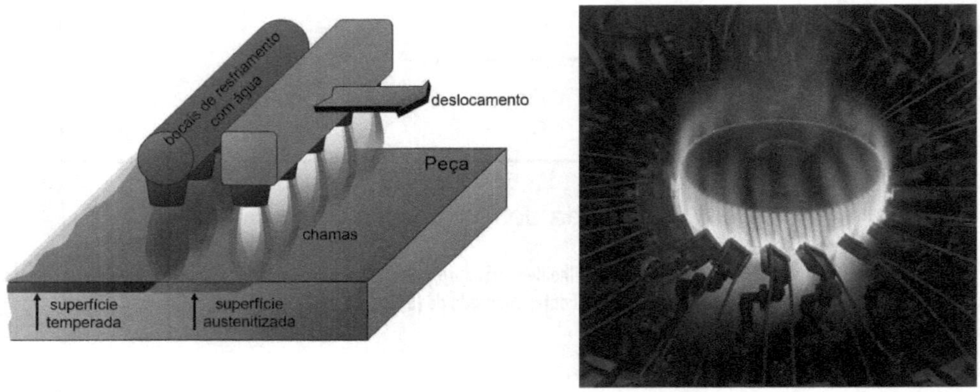

Figura 7.46 – Processo de têmpera superficial por chama. Fonte: (86,89).

A Figura 7.47 mostra a variação da profundidade de endurecimento superficial em função da velocidade de deslocamento da chama para a têmpera superficial de um aço SAE 1050, e a Tabela 7.9 apresenta as durezas obtidas para diferentes aços em diferentes meios de resfriamento na têmpera.

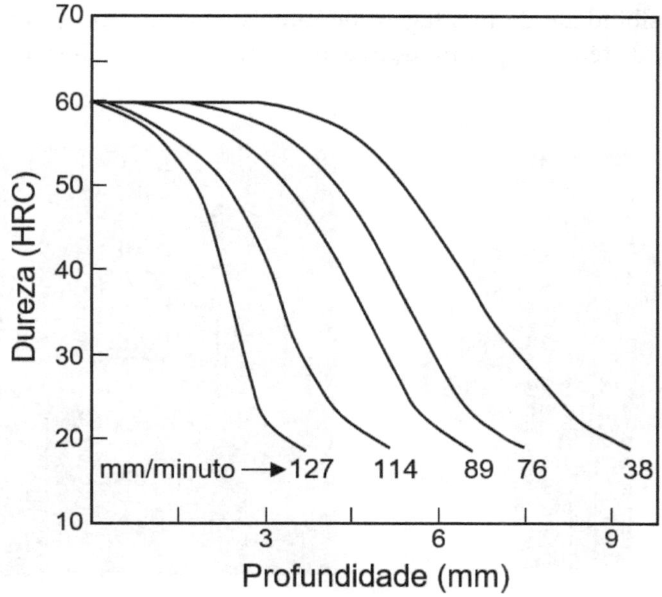

Figura 7.47 – Efeito da velocidade de deslocamento da chama na profundidade de endurecimento do aço SAE 1050 (87).

Tabela 7.9 – Resposta à têmpera por chama de diferentes aços em função do meio de têmpera (88).

	Dureza típica em função do meio de têmpera (HRC)		
Tipo de aço (SAE)	**Ar**	**Óleo**	**Água**
1025-1035			33-50
1080-1095	55-62	58-62	62-65
4337-4340	53-57	53-57	60-63
8630-8640	48-53	52-57	58-62
52100	55-60	55-60	62-64

7.7.2 TÊMPERA POR INDUÇÃO

Nesse processo o calor é fornecido por uma bobina de cobre refrigerada a água que gera um campo eletromagnético de alta frequência em corrente alternada. O campo magnético induz corrente elétrica (I) no interior do aço, que por sua vez gera calor (Q) pela relação $Q = I^2R$, em que (R) é a resistência elétrica. Esse processo é bastante versátil, permitindo um endurecimento uniforme. A profundidade de endurecimento é proporcional à frequência da corrente alternada, à potência, ao tempo, ao acoplamento geométrico e à taxa de resfriamento. A profundidade de penetração do calor está relacionada com a frequência da corrente alternada, de forma que quanto maior a frequência, mais fina e mais rasa é a penetração do calor (87).

Os principais benefícios desse processo são: rapidez, eficiência energética, menor distorção e possibilidade de montagem de um sistema de processamento contínuo (85). O esquema da têmpera por indução e uma fotografia do processo são mostrados na Figura 7.48.

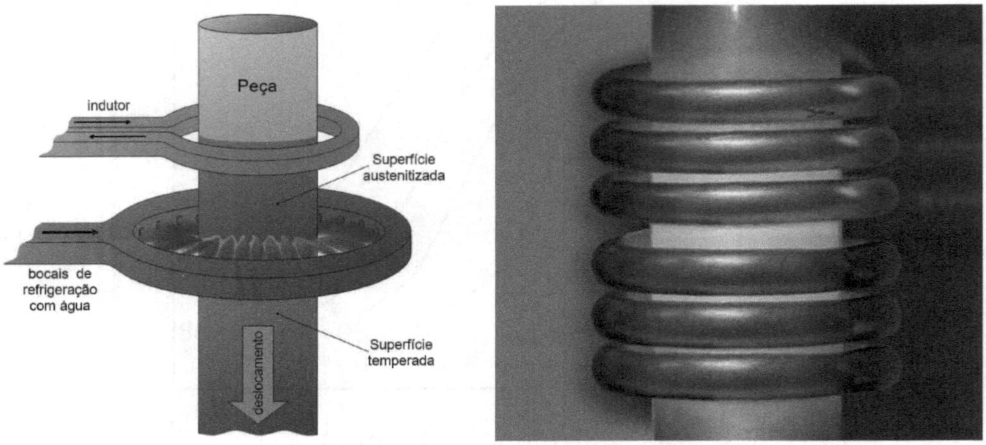

Figura 7.48 – Processo de têmpera superficial por chama. Fonte: (87, 89).

7.7.3 TÊMPERA A LASER

O processo de têmpera superficial por laser é utilizado amplamente para o endurecimento localizado de peças de grande porte em aço e ferro fundido. O processo produz um aquecimento e um resfriamento rápidos, gerando uma microestrutura martensítica muito fina, mesmo em aços de baixa temperabilidade e com baixa variação dimensional e de forma. A etapa de têmpera ocorre pelo resfriamento imediatamente após a passagem do feixe de laser pelo processo de condução promovido pelo grande volume de peça na temperatura ambiente, não necessitando de um meio de têmpera para o resfriamento. As profundidades típicas de endurecimento nos aços variam entre 0,25 mm e 0,75 mm; para ferros fundidos, atinge aproximadamente 1,0 mm (85).

Os equipamentos atuais utilizam uma fonte de laser de diodo de alta potência que gera um feixe de laser de alta energia (10^5 W/cm^2) com elevada precisão e taxa de aquecimento da ordem de 1000 °C/s. As condições de processo oferecem um risco mínimo de trincas e eliminam a necessidade de alívio de tensões pós-têmpera (87,90). A Figura 7.49 mostra o processo.

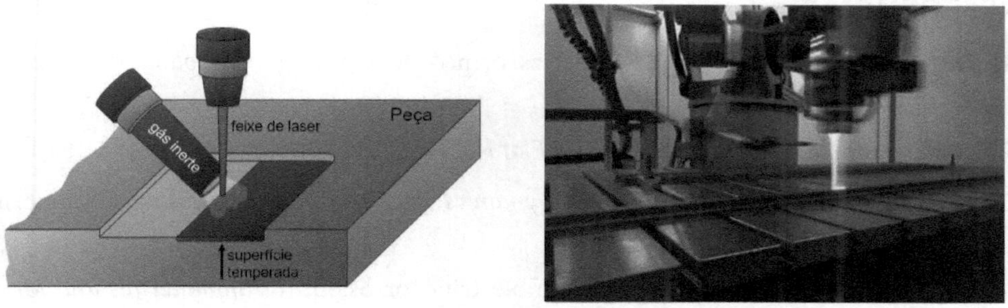

Figura 7.49 – Processo de têmpera superficial por laser. Fonte: (87,89).

As principais vantagens da têmpera superficial por laser são (91):

- a transformação martensítica ocorre por um processo de autotêmpera na região austenitizada por meio do processo de condução de calor através do corpo da peça fria;
- o tratamento térmico é realizado sem qualquer agente de têmpera, por exemplo; água, óleo ou polímero, tornando o processo limpo;
- as variações dimensionais e de forma após o tratamento são mínimas;
- a movimentação do cabeçote de laser sobre a peça é realizada por um processo computacional;
- é um processo que pode ser completamente automatizado;
- a qualidade microestrutural e de propriedades na camada temperada é altamente reprodutiva;
- pode ser utilizada em peças individuais ou seriadas de grande produção.

A comparação entre as vantagens e desvantagens desses processos é apresentada na Tabela 7.10.

Tabela 7.10 – Comparação entre os processos de têmpera superficial (90)

Processo	Vantagens	Desvantagens
Chama	Barato, flexível e móvel.	Oferece baixa reprodutibilidade, necessidade de meio de têmpera, distorção e problemas ambientais.
Indução	Rapidez, camada profundas, menor custo de investimento comparado ao laser, elevada área de cobertura.	Tempo de troca de bobina, necessidade de meio de têmpera, distorção, interação de forças magnéticas.
Laser	Mínima distorção, possibilidade de endurecimento em área selecionada, livre de meios de têmpera, profundidade de endurecimento controlada.	Elevado custo de investimento, necessidade de múltiplos passes.

REFERÊNCIAS

(1) H. Peter. Tribology: How a word was coined 40 years ago. *Tribology & Lubrication Technology*, v. 62, p. 24-28, 2006.

(2) J. G. Lenard. Tribology. In: *Primer on Flat Rolling*. 2. ed. Elsevier, 2014. p. 193-266.

(3) H. Rahnejat (ed.). *Tribology and Dynamics of Engine and Powertrain*. Cambridge: Woodhead Publishing Limited, 2010.

(4) S. Affatato, L. Grillini. Topography in bio-tribocorrosion. In: *Biomaterials and Medical Implants*. 2013. p. 1-21. Vol. 21a-22a.

(5) Metalúrgica Gerdau S.A. *Manual de Aços Especiais* – Aços para Construção Mecânica. Disponível em: https://www2.gerdau.com.br/catalogos-e-manuais. Acesso em: 23 dez. 2020.

(6) C. E. F. Kwietniewski, E. K. Tentardini, G. E. Totten. Carburizing and carbonitridin. In: *Encyclopedia of Tribology*. Boston: Springer, 2013.

(7) A. J. Fuller Jr. Introduction to Carburizing and Carbonitriding. In: *ASM Handbook*, Volume 4A, Steel Heat Treating Fundamentals and Processes. Ohio: ASM International, 2013, p. 505-521.

(8) O. Karabelchtchikova. *Fundamentals of Mass Transfer in Gas Carburizing*. Tese (Doutorado), Worcester Polytechnic Institute. 2007.

(9) P. Cavaliere, G. Zavarise, M. Perillo. Modeling of the carburizing and nitriding processes. *Computational Materials Science*, v. 46, p. 26-35, 2009.

(10) P. G. Shewmon. *Transformation in Metals*. Nova York: McGraw-Hill, 1969.

(11) J. I. Goldstein, A. E. Moren. Diffusion modeling of the carburization process. *Metallurgical Transactions A*, v. 9, p. 1515-1525, 1978.

(12) K. Genel, M. Demirkol. Effect of case depth on fatigue performance of AISI 8620 carburized steel. *International Journal of Fatigue*, v. 21, p. 207-212, 1999.

(13) *ISO 18203:2016*. Steel – Determination of the thickness of surface hardened layers. Online Browsing Platform (OBP). 2019.

(14) *ASM Handbook*, Volume 5, Surface Engineering. Ohio: ASM International, 1994.

(15) B. Prenosil. Properties of the carbonitriding layers forming as a result of carbon diffusion into austenite. *Haerterei-Technische Mitteilungen*, v. 21, p. 24-33, 1966.

(16) D. Pye. An Introduction to Nitriding. In: *Practical Nitriding and Ferritic Nitrocarburizing*. Ohio: ASM International, 2003. p. 1-12.

(17) H. W. McQuaid, W. J. Ketcham. Some practical aspects of the nitriding process. In: *Source Book on Nitriding*. Ohio: ASM International, 1977. p. 1-25.

(18) A. Fry. The nitriding proccess. In: *Source Book on Nitriding*. Ohio: ASM International, 1977. p. 99-106.

(19) *Metals Handbook*. Binary Alloy Phase Diagrams. 2. ed. Ohio: ASM International, 1996.

(20) D. H. Jack, K. H. Jack. Carbides and nitrides. *Steel, Material Science and Engineering*, v. 11, p. 1-27, 1973.

(21) L. S. Darken, R. W. Gurry. *Physical chemistry of metals*. Nova York: McGraw-Hill, 1953.

(22) E. Lehrer. Über das Eisen-Wasserstoff-Ammoniak-Gleichgewicht. *Z. Elektrochem*, v. 6, n. 36, p. 383-392, 1930.

(23) E. Mittemeijer, J. T. Slycke. Chemical potentials and activities of nitrogen and carbon imposed by gaseous nitriding and carburising atmospheres. *Surface Engineering*, v. 12, p. 152-162, 1996.

(24) H.-J. Spies, H. Le Thien, H. B. Biermann. Controlled nitriding. *Metal Science and Heat Treatment*, v. 46, p. 272-276, 2004.

(25) T. Bell, B. J. Birch, V. Korothenko, S. P. Evans. Controlled nitriding in ammonia-hydrogen mixture. In: International Conference Heat Treatment' 73, *Proceedings*... London, 1973.

(26) C. E. Pinedo. *Estudo morfológico e cinético da nitretação por plasma pulsado do aço inoxidável martensítico AISI 410*. Tese (Doutorado), Instituto de Pesquisas Energéticas e Nucleares, Universidade de São Paulo. 2000.

(27) C. E. Pinedo, W. A. Monteiro. On the kinetics of plasma nitriding a martensitic stainless steel type AISI 420. *Surface and Coatings Technology*, v. 179, p. 119-123, 2004.

(28) L. Torchane, P. Bilger, J. Dulcy, M. Gantois. Control of iron nitride layers growth kinetics in the binary Fe-N system. *Metallurgical and Materials Transactions A*, v. 27, p. 1823-1835, 1996.

(29) M. A. J. Somers, E. J. Mittemeijer. Layer-growth kinetics on gaseous nitriding of pure iron: Evaluation of diffusion coefficients for nitrogen in iron nitrides. *Metallurgical and Materials Transactions A*, v. 26, p. 57-74, 1995.

(30) E. J. Mittemeijer. Fundamentals of nitriding and nitrocarburizing. *ASM Handbook*, Vol. 4A, Steel Heat Treating Fundamentals and Processes. Ohio: ASM International, 2013. p. 619-646.

(31) S. D. Oliveira, C. E. Pinedo, A. P. Tschiptschin. On the α'' to γ' nitride transformation after plasma nitriding and aging a low carbon steel. *Journal of Materials Science Letters*, v. 21, p. 689-691, 2002.

(32) M. Yang, R. D. Sisson Jr. Modeling the nitriding process of steels. *Advanced Materials & Processes*, v. 170, p. 33-36, 2012.

(33) J. Michalski, J. Tacikowski, A. Nakonieczny, P. Wach. Nitriding without the compound layer and with continuous in-process variation of the nitriding potential. *Int. J. Microstructure and Materials Properties*, v. 2, p. 45-53, 2007.

(34) C. E. Pinedo, F. D. Pannoni. Comportamento à corrosão do aço AISI 4140 nitretado sob plasma em diferentes misturas gasosas. In: 61º Congresso Anual da ABM. *Anais*... Rio de Janeiro, 2006. p. 3580-3587.

(35) D. Pye. Microstructures of nitrided iron and steel. In: *Practical Nitriding and Ferritic Nitrocarburizing*. Ohio: ASM International, 2003. p. 32.

(36) K. S. Cho, C. O. Lee. The effect of carbon on ion nitriding. *Journal of Engineering Materials and Technology*, v. 102, p. 229-233, 1980.

(37) R. Barker, P. K. Smith. *Response to gas nitriding of 1%Cr-Mo Steel*. Heat Treating Committee of Iron and Steel Institute of London, dez. 1973.

(38) H. J. Goldschmidt. *Interstitial Alloys*. London: Botterworth, 1967.

(39) *Nitralloy 135*. Latrobe Specialty Steel Company, Technical Data Sheet, 2007.

(40) C. V. Robino, O. T. Inal. Ion nitriding behavior of several low alloy steels. *Materials Science and Engineering*, v. 59, p. 79-90, 1983.

(41) T. Holm, L. Sproge. Nitriding and Nitrocarburizing, Furnace atmospheres 3, AGA AB, Report: *REIM–91083*, AGA AB, S-181 81, Sweden.

(42) K. Naumann, G. Langenscheid. An investigation of the Fe-C-N system. *Archiv für das Eisenhüttenwesen*, v. 9, p. 677-682, 1965.

(43) D. H. Jack. Nitriding. In: International Conference Heat Treatment' 73, *Proceedings...* London, 1973. p. 39-50.

(44) R. Chatterjee-Fischer. *Wärmebehandlung von Eisenwerkstoffen: Nitrieren und Nitrocarburieren*. Expert Verlag, 1986.

(45) K. S. Cho, C. O. Lee. The effect of carbon on ion nitriding. *Journal of Engineering Materials and Technology*, v. 102, p. 229-233, 1980.

(46) T. H. Lampe, S. T. Eisenberg, G. Laudien. Verbindungsschichtbildung Während der Plasmanitrierung und-Nitrocarburierung. *Haerterei-Technische Mitteilungen*, v. 46, p. 308-316, 1991.

(47) T. Babul. Gas nitriding. In: *Encyclopedia of Tribology*. Boston: Springer, 2013. p. 1455-1460.

(48) K.-E. Thelning. *Steel and Its Heat Treatment*. 2. ed. London: Butterworth, 1984.

(49) L. Maldzinski, W. Liliental, G. Tymowski, J. Tacikowski. New possibilities for controlling gas nitriding process by simulation of growth kinetics of nitride layers. *Surface Engineering*, v. 15, p. 377-384, 1999.

(50) H.-J. Spies, H. Le Thien, H. B. Biermann. Controlled nitriding. *Metal Science and Heat Treatment*, v. 46, p. 272-276, 2004.

(51) J. Michalski, J. Tacikowski, A. Nakonieczny, P. Wach. Nitriding without the compound layer and with continuous in-process variation of the nitriding potential. *Int. J. Microstructure and Materials Properties*, v. 2, p. 45-53, 2007.

(52) E. J. Mittemeijer. Fundamentals of nitriding and nitrocarburizing. In: *ASM Handbook*, Volume 4A, Steel Heat Treating Fundamentals and Processes. Ohio: ASM Internetional, 2013. p. 619-646.

(53) D. Hong, J. Ågren. Theoretical treatment of nitriding and nitrocarburizing of iron. *Metallurgical and Materials Transactions*, v. 27, p. 1073-1080, 1996.

(54) A. J. Fuller Jr. Nitriding. In: *ASM Handbook*, Vol. 4A, Steel Heat Treating Fundamentals and Processes, 2013. p. 168.

(55) K.-E. Thelning. *Steel and Its Heat Treatment*. 2. ed. London: Butterworth, 1984.

(56) B. Edenhofer. Physical and metallurgical aspects of ion nitriding. *Heat Treatment of Metals*, v. 1, part 1, p. 23-28, 1974.

(57) B. Edenhofer. Physical and metallurgical aspects of ion nitriding. *Heat Treatment of Metals*, v. 1, part 2, p. 59-67, 1974.

(58) K. E. Thelning. Case hardening. In: *Steel and Its Heat Treatment*. London: Butterworth, 1975.

(59) U. Hüchel, S. Dressler. Pulsed Plasma Nitriding for The Automotive Industry Production Experience. In: Heat Treatment Conference, Chicago/Illinois. *Proceedings*... Ohio: ASM International, 1994.

(60) C. E. Pinedo. Nitretação por plasma. In: I Seminário Internacional de Engenharia de Superfície. *Anais*... 1995. p. 13-26.

(61) R. Verma, M. Podob. Plasma nitriding: state-of-the-art. *Industrial Heating*, p. 14-17, set. 1985.

(62) C. K. Jones et al. Ion nitriding. In: *Heat Treatment 73*, London. *Proceedings*... 1973. p. 71-77.

(63) J. Elwart, R. Hunger. Plasma (ion) nitriding and nitrocarburizing of steels. In: *ASM Handbook*, Vol. 4A, Steel Heat Treating Fundamentals and Processes, 2013. p. 690-703.

(64) T. Lampe, S. Eisenberg, G. Laudien. Verbindungsschichtbildung Während der Plasmanitrierung und-Nitrocarburierung. *Haerterei-Technische Mitteilungen*, v. 46, n. 5, p. 308-316, 1991.

(65) J. Kölbel. *Die Nitridschichtbildung bei der Glimmnitrierung, Forschung-sbericht des Landes NRW* – Nr. 115. Köln, Opladen: Westdeutcher Verlag, 1965.

(66) C. Alves Jr. *Nitretação a plasma, fundamentos e aplicações*. Natal: EDUFRN, 2001.

(67) T. Sun, T. Bell. Plasma surface engineering of low alloy steel. *Materials Science and Engineering A*, v. 140, p. 419-434, 1991.

(68) T. Spalvins. Advantages and directions of ion nitriding/nitrocarburizing. In: ASM 2nd International Conference on Ion Nitriding/Carburizing. *Proceedings*... 1989. p. 1-4.

(69) C. E, Pinedo, A. P. Tschiptschin, A. R. Franco Jr. Influência da composição gasosa na rugosidade de aços ferramenta nitretados por plasma. In: 57º Congresso Anual da ABM. *Anais*... 22-25 jul. 2002.

(70) F. G. Mittelstädt, C. V. Franco, J. Muzart, A. R. de Souza, L. P. Cardoso. Plasma surface treatment of AISI 4140 steel for improved corrosion resistance. *Journal of Materials Science*, v. 31, p. 431-435, 1995.

(71) A. Alsaran, H. Altun, M. Karakan, A. Çelik. Effect of post-oxidizing on tribological and corrosion behaviour of plasma nitrided AISI 5140 steel. *Surface and Coatings Technology*, v. 176, p. 344-348, 2004.

(72) Y. Li, L. Wang, D. Zhang, L. Shen. Improvement of corrosion resistance of nitrided low alloy steel by plasma post-oxidation. *Applied Surface Science*, v. 256, p. 4149-4152, 2010.

(73) N. Yasavol, F. Mahboubi. The effect of duplex plasma nitriding-oxidizing treatment on the corrosion resistance of AISI 4130 steel. *Materials and Design*, v. 38, p. 59-63, 2012.

(74) R. Sola, G. Poli, P. Veronesi, R. Giovanardi. Effects of surface morphology on the wear and corrosion resistance of post-treated nitrided and nitrocarburized 42CrMo4 steel. *Metallurgical and Materials Transactions A*, v. 45, p. 2827-2833, 2014.

(75) U. Huchel, S. Bramers, J. Crummenauer, S. Dressler, S. Kinkel. Single cycle, combination layers with plasma assistance. *Surface and Coatings Technology*, v. 76-77, p. 211-217, 1995.

(76) A. A. C. Recco. Comunicação pessoal. jan. 2020.

(77) D. M. Sanders, D. B. Boercker, S. Falabella. Coating technology based on the vacuum arc-a review. *IEEE Transactions on Plasma Science*, v. 18, p. 883-894, 1990.

(78) A. Baptista, F. Silva, J. Porteiro, J. Míguez, G. Pinto. Sputtering physical vapour deposition (PVD) coatings: a critical review on process improvement and market trend demands. *Coatings*, v. 8, p. 402-424, 2018.

(79) D. M. Mattox. Arc vapor deposition. In: *Handbook of Physical Vapor Deposition (PVD) Processing*. 2. ed. Amsterdam: Elsevier, 2010. p. 287-300.

(80) J. Koskinen. Cathodic-arc and thermal-evaporation deposition. *Comprehensive Materials Processing*, v. 4, p. 3-55, 2014.

(81) R. Ali, M. Sebastiani, E. Bemporad. Influence of Ti–TiN multilayer PVD-coatings design on residual stresses and adhesion. *Materials and Design*, v. 75, p. 47-56, 2015.

(82) L. D'Avico, R. Beltrami, N. Lecis, S.P. Trasatti. Corrosion behavior and surface properties of PVD coatings for mold technology applications. *Coatings*, v. 9, p. 2-12, 2019.

(83) J. D. Bressan, R. Hesse, E. M. Silva Jr. Abrasive wear behavior of high speed steel and hard metal coated with TiAlN and TiCN. *Wear*, v. 250, p. 561-568, 2001.

(84) W. Kalss, A. Reiter, V. Derflinger, C. Gey, J. L. Endrino. Modern coatings in high performance cutting applications. *International Journal of Refractory Metals & Hard Materials*, v. 24, p. 399-404, 2006.

(85) M. J. Schneider. Introduction to surface hardening of steels. In: *ASM Handbook*, Volume 4A, Steel Heat Treating Fundamentals and Processes. Ohio: ASM International, 2013. p. 389-398.

(86) Disponível em: https://www.gerster.ch. Acesso em: 18 dez. 2020.

(87) G. Krauss. *Steels* – Processing, Structure, and Performance. 2. ed. Ohio: ASM International, 2015.

(88) B. Rivolta. Flame hardening of steels. In: *ASM Handbook*, Volume 4A, Steel Heat Treating Fundamentals and Processes. Ohio: ASM International, 2013. p. 419-437.

(89) Disponível em: https://www.tec-science.com/material-science/heat-treatment-steel/surface-hardening-case-hardening/. Acesso em: 18 dez. 2020.

(90) S. Santhanakrishnan. Laser surface hardening. In: *ASM Handbook*, Volume 4A, Steel Heat Treating Fundamentals and Processes. Ohio: ASM International, 2013. p. 476-501.

(91) J. Grum. Laser surface hardening. In: *Steel Heat Treatment Handbook*. Florida: CRC Press, 2007. p. 436-559.

CAPÍTULO 8
TRATAMENTO TÉRMICO E SUPERFICIAL DOS AÇOS INOXIDÁVEIS

8.1 INTRODUÇÃO

Os aços inoxidáveis constituem uma das famílias mais importantes de aços de alta liga, utilizadas pelos mais variados segmentos industriais em decorrência de sua elevada resistência à corrosão. O principal elemento de liga desses aços é o Cromo, responsável pela formação de uma camada de óxido de cromo na superfície, Cr_2O_3, que atua como um filme passivo e impede a corrosão progressiva dos componentes em uma grande variedade de ambientes. Para que o cromo atue de forma eficiente, é necessário um teor mínimo próximo de 11%. Como mostra a Figura 8.1, a taxa de corrosão no ferro diminui com o aumento do teor de cromo até 11% e a partir desse teor é praticamente nula.

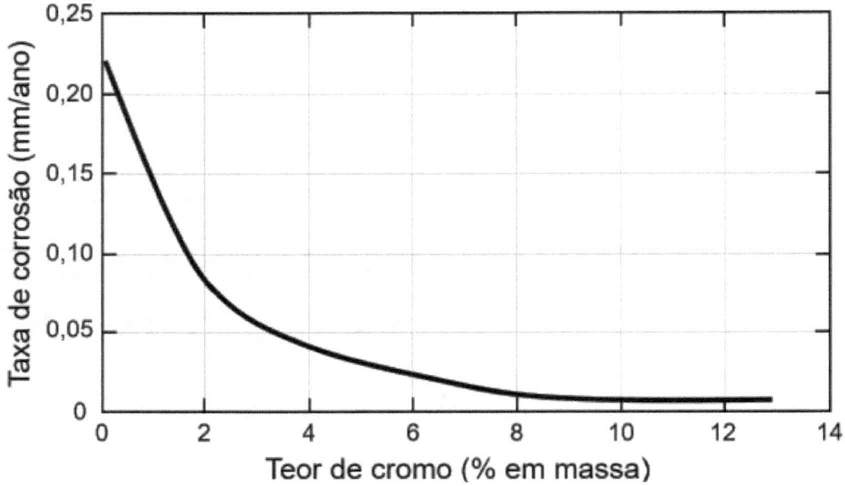

Figura 8.1 – Efeito do teor de cromo na passividade. Fonte: adaptada de (1).

Para suprir as mais diferentes solicitações de componentes industriais que exijam resistência a corrosão em diferentes meios e resistência mecânica, os aços inoxidáveis possuem diversos balanceamentos de composição química, adição de elementos de liga, e por isso são divididos em famílias específicas (2,3). As famílias dos aços inoxidáveis e suas principais características são:

- **Aços inoxidáveis austeníticos:** sua composição possui uma combinação de cromo e níquel em teor elevado. O teor de cromo pode variar de 16% a 26% e o de níquel em até 35%, podendo ter adição de molibdênio. A adição de níquel faz com que estes aços possuam uma matriz constituída de austenita (CFC) na temperatura ambiente. Na condição solubilizada esses aços não são magnéticos e endurecem apenas por trabalho a frio, encruamento, ou seja, não são passíveis de endurecimento por tratamentos térmicos. Constituem uma família de ampla utilização, por sua elevada resistência à corrosão. Essa família é denominada Série 3XX, e os aços mais amplamente utilizados são o AISI 304 e o AISI 316. Quando o teor de carbono é abaixo de 0,04%, essa denominação recebe a adição da letra "L" (*low carbon*), por exemplo: AISI 304L e AISI 316L. Quando a composição é balanceada com teores elevados de manganês, de 4% a 15,5%, a família é designada por 2XX.
- **Aços inoxidáveis ferríticos:** constituem uma família com composição química mais simples, ligada basicamente ao cromo, com teores entre 10,5% e 30%. Possuem uma matriz constituída de ferrita (CCC). Estes aços são ferromagnéticos, possuem boas ductilidade e plasticidade, mas não são passíveis de tratamentos térmicos de endurecimento. Sua resistência a corrosão é menor que a dos aços inoxidáveis austeníticos, mas possuem ampla aplicação industrial por sua excelente combinação de

propriedade e custo. Essa família é denominada "Série 4XX", e os aços mais amplamente utilizados são AISI 430, AISI 405 e AISI 409.

- **Aços inoxidáveis martensíticos:** esta família é ligada basicamente ao cromo, em teores que variam de 10,5% a 18,0%. O balanceamento de composição química com a adição do carbono, de 0,1% a 1,2%, permite que esses aços tenham transformação da austenita em ferrita, ou seja, sejam passíveis de endurecimento pelo tratamento térmico de têmpera para a obtenção da martensita, que denomina esta família. A adição de elementos como molibdênio e vanádio otimiza as propriedades obtidas durante o tratamento de revenimento. Essa família também é denominada "Série 4XX", e os aços mais amplamente utilizados são AISI 410, AISI 420 e AISI 440.
- **Aços inoxidáveis duplex:** são aços ligados ao cromo e níquel, basicamente. O teor de cromo varia entre 21% e 23% e o de níquel, entre 4,5% e 6,5%, com adição de molibdênio entre 2,5 e 3,5%. Esse balanceamento de composição química permite obter uma microestrutura constituída de duas fases, austenita e ferrita, em fração de aproximadamente 50%, originando o nome duplex. Possuem elevada resistência a corrosão combinada com propriedades mecânicas superiores às dos aços inoxidáveis austeníticos.
- **Aços inoxidáveis endurecíveis por precipitação:** esta família de aços possui elevada resistência mecânica, comparada à dos aços inoxidáveis martensíticos, mas não endurecem por têmpera e revenimento, e sim por solubilização e envelhecimento. As ligas mais utilizadas possuem 13-17% de cromo e 4-8% de níquel, com adições de Mo, Al, Cu e Ti.

8.2 AÇOS INOXIDÁVEIS AUSTENÍTICOS

Os aços inoxidáveis austeníticos representam a família mais utilizada industrialmente por sua versatilidade de aplicações em segmentos que necessitam de elevada resistência a corrosão. Estes aços, como o nome designa, possuem reticulado cristalino cúbico de face centrada, CFC, característico da austenita. A austenita é estável na temperatura ambiente pelo balanceamento da composição química, que alia o teor de cromo suficiente para promover a resistência a corrosão e o teor de níquel para estabilizar o reticulado CFC da austenita. A Tabela 8.1 apresenta a composição química dos aços mais utilizados industrialmente. A versão "L" dos aços tipo 304 e 316 designa "baixo carbono" (*low carbon*).

Tabela 8.1 – Composição química nominal dos principais aços inoxidáveis austeníticos (% em massa) (2)

	C	Cr	Ni	Mo
310	< 0,25	25,0	20,5	-------
304L	< 0,03	19,0	10,0	-------
316L	< 0,03	17,0	12,0	2,50

Em consequência de sua microestrutura austenítica na temperatura ambiente, esses aços inoxidáveis não são apropriados para tratamentos térmicos de endurecimento, visto que dependem da decomposição da austenita ou da transformação martensítica. Entretanto, dois tratamentos térmicos são empregados para os aços inoxidáveis austeníticos: a "solubilização" e o "recozimento de recristalização".

8.2.1 SOLUBILIZAÇÃO

Nos aços inoxidáveis austeníticos o resfriamento lento a partir de temperaturas elevadas é responsável por uma modificação microestrutural importante associada à precipitação de fases complexas, carbonetos e intermetálicos. A fabricação destes aços nas usinas siderúrgicas exige operações com exposição a alta temperatura, principalmente relacionada aos processos de conformação para a obtenção dos mais variados perfis de produtos siderúrgicos; planos, não planos, tubos etc. Não obstante, a produção de produtos fundidos também é um processo que envolve a exposição desses aços a temperaturas elevadas de fundição, vazamento e solidificação, assim como peças submetidas ao processo de união por soldagem, na região do cordão de adição e na zona termicamente afetada.

A Figura 8.2 mostra a curva TTT para as precipitações que ocorrem no resfriamento do aço tipo AISI 316, na qual se observa o amplo campo referente à precipitação do carboneto de cromo do tipo $M_{23}C_6$, $(Cr,Fe)_{23}C_6$, com início para tempos tão curtos quanto poucos minutos, até a precipitação de outros intermetálicos para tempos mais longos de exposição: fases sigma (σ), chi (χ) e laves (η) (4,5).

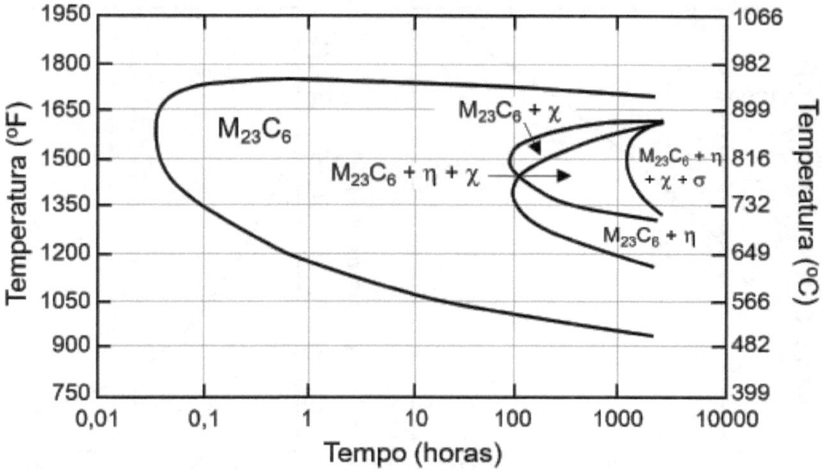

Figura 8.2 – Diagrama temperatura-tempo para a formação de precipitados no aço AISI 316. Fonte: adaptada de (4).

Esta precipitação, principalmente de carbonetos de cromo do tipo $M_{23}C_6$, $(Cr,Fe)_{23}C_6$, deve ser controlada para evitar o fenômeno de "sensitização", que afeta de forma adversa a resistência a corrosão pelo empobrecimento localizado de cromo na região de precipitação dos carbonetos em contornos de grão da austenita (6,7). O tratamento térmico de solubilização é realizado em faixa de temperatura próxima de 1020-1100 °C, na qual qualquer partícula de precipitado presente na microestrutura é dissolvida na matriz, restaurando com isso a microcomposição química. Após o patamar de solubilização, segue-se um resfriamento rápido, preferencialmente em água, que deve impedir uma nova precipitação de carbonetos em contornos de grão e elimina o fenômeno de sensitização. Com isso, a resistência a corrosão fica preservada.

8.2.2 RECRISTALIZAÇÃO

Os aços inoxidáveis austeníticos não podem ser tratados termicamente para se obter endurecimento por transformação de fase (têmpera) ou precipitação (envelhecimento). Como a estrutura cristalina é CFC, por todo o intervalo de temperatura o único mecanismo de endurecimento é o de encruamento na deformação a frio. Com isso, o aumento do grau de deformação a frio aumenta a resistência mecânica e diminui a ductilidade desses aços, como mostrado na Figura 8.3.

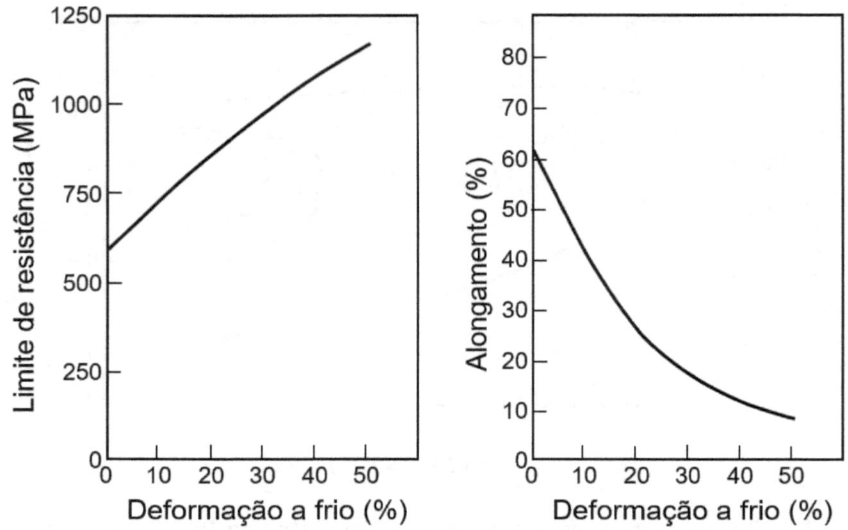

Figura 8.3 – Variação média do limite de resistência e alongamento para os aços tipo AISI 304 e 316 após deformação a frio. Fonte: adaptada de (8).

O tratamento de recristalização, como definido anteriormente, busca eliminar os efeitos do encruamento atingido nas operações de trabalho a frio. A Figura 8.4 mostra a recuperação das propriedades mecânicas, em curvas tensão-deformação sob tração, para diferentes temperaturas de recristalização.

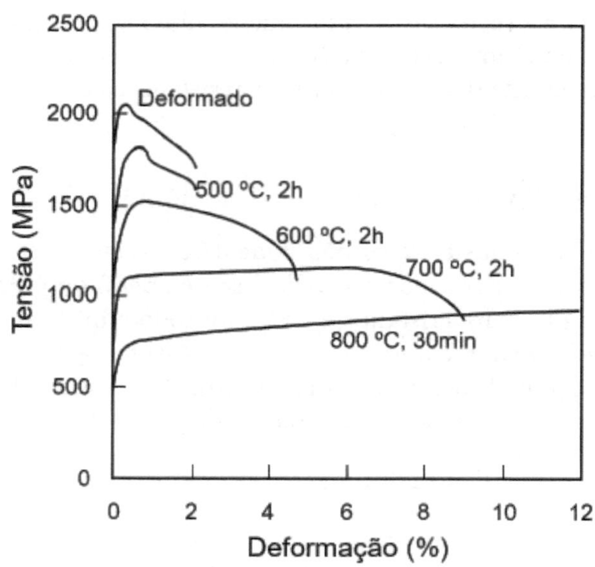

Figura 8.4 – Influência das condições de recristalização na curva tensão-deformação sob tração para o AIA tipo AISI 304 após deformação a frio. Fonte: adaptadade (9).

No tratamento de recristalização dos aços inoxidáveis austeníticos é importante considerar que os principais parâmetros de processo (temperatura, tempo e velocidade de resfriamento) devem ser selecionados de modo a evitar a precipitação de carbonetos em contornos de grão. Por isso, apesar de a recristalização iniciar de forma eficiente em temperaturas próximas de 700 °C (10), a prática industrial realiza a recristalização em temperaturas entre 1010 °C e 1120 °C (11), combinando assim esse tratamento com a solubilização e garantindo uma microestrutura recristalizada e isenta de precipitação de carbonetos de cromo.

8.3 AÇOS INOXIDÁVEIS FERRÍTICOS

Os aços inoxidáveis ferríticos são classificados como os aços da Série 400 e correspondem a uma importante família por possuírem uma composição química isenta de níquel, ou com pequenas adições, o que os torna economicamente mais viáveis que os aços inoxidáveis austeníticos para algumas aplicações selecionadas. Os aços inoxidáveis ferríticos possuem teor de cromo entre 16% e 30%, baixos teores de carbono e adições de pequenas quantidades de níquel e de elementos estabilizadores de ferrita como alumínio e titânio. Por possuírem muito boa resistência a corrosão e a oxidação a alta temperatura, são utilizados na indústria de utensílios domésticos como em pias e cubas, geladeiras, lavadoras e secadoras, sistemas de exaustão de veículos automotivos, revestimentos de elevadores etc. A Tabela 8.2 apresenta a composição química dos aços inoxidáveis ferríticos mais amplamente utilizados.

Tabela 8.2 – Composição química nominal dos principais aços inoxidáveis ferríticos (% em massa) (2)

	C	Cr	Ni	Outros
405	< 0,08	13,0	------	0,1-0,3 Al
409	< 0,08	11,2	0,5	6×%C mín.-0,75 máx. Ti
430	< 0,12	17,0	------	

Os aços inoxidáveis ferríticos também não podem ser tratados termicamente para se obter endurecimento da matriz. Isso porque, em virtude do elevado teor de cromo, elemento estabilizador da fase α-CCC, são ferríticos em toda a faixa de temperatura de estado sólido e o endurecimento é obtido apenas por encruamento. Como nos aços inoxidáveis austeníticos, o tratamento térmico aplicado é o recozimento de recristalização, com o objetivo de restaurar a microestrutura encruada e diminuir a dureza da matriz.

A Figura 8.5 mostra a variação da dureza na deformação a frio de um aço inoxidável ferrítico, atingindo um valor máximo de 400 HV, aproximadamente 1250 MPa de limite de resistência sob tração. O tratamento de recozimento de recristalização é eficiente em diminuir a dureza à medida que a temperatura de tratamento aumenta de 200 °C até 700 °C. A modificação microestrutural é apresentada na Figura 8.6 com os grãos deformados a frio, alongados na direção de deformação (a) que são completamente recristalizados a 600 °C e assumem uma forma equiaxial (b) (12).

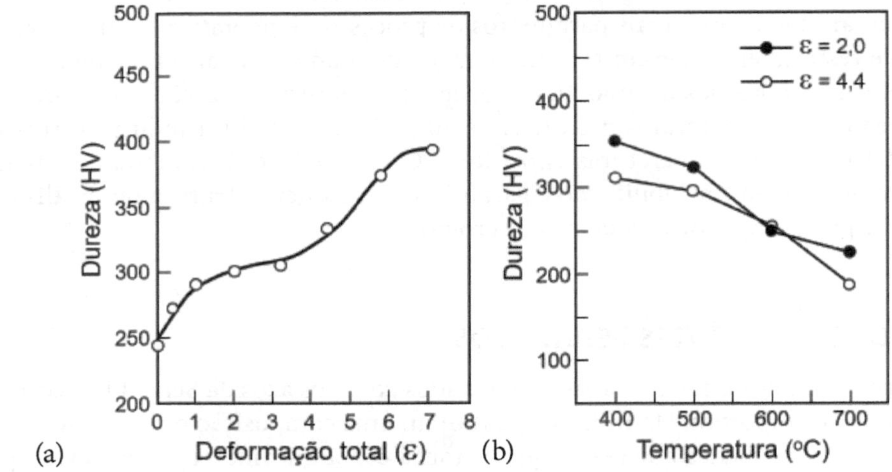

Figura 8.5 – (a) Curva de endurecimento de um inoxidável ferrítico para diferentes níveis de deformação e (b) curva de variação de dureza em função da temperatura de recozimento de recristalização por 30 minutos. Fonte: adaptada de (12).

Figura 8.6 – Aços inoxidáveis ferríticos no estado (a) com deformação a frio de $\varepsilon = 4{,}4$ e (b) recristalizado a 600 °C por 30 minutos. Fonte: adaptada de (12).

8.4 AÇOS INOXIDÁVEIS MARTENSÍTICOS

Os aços inoxidáveis martensíticos são amplamente utilizados em componentes que necessitam de elevada resistência mecânica e a corrosão, tendo em vista que podem ser tratados termicamente para durezas entre 22 HRC e 62 HRC, dependendo do tipo selecionado. Suas diferentes aplicações incluem: energia, óleo & gás, válvulas, química, cutelaria, farmacêutica, biomateriais, entre outras.

A característica fundamental dos aços inoxidáveis martensíticos é a possibilidade de endurecimento pelo tratamento térmico de têmpera e revenimento, diferentemente dos aços austeníticos, ferríticos e duplex. O fator que possibilita essa resposta ao tratamento térmico é o balanceamento de composição química com relação aos elementos cromo e carbono. A Tabela 8.3 apresenta a composição química dos aços inoxidáveis martensíticos mais utilizados na indústria. Observa-se que estes aços são ligados ao cromo com um teor mais elevado de carbono, sendo o tipo AISI 410 o aço base desta família. À medida que se eleva o teor de carbono, para obtenção de durezas maiores, o teor de cromo é elevado progressivamente para manter o equilíbrio de fases e a resistência a corrosão. Elementos de liga como vanádio e molibdênio são adicionados, de acordo com a especificação de cada fabricante, em teores menores para intensificar o endurecimento secundário.

Tabela 8.3 – Composição química nominal dos principais aços inoxidáveis martensíticos, % em massa (13)

AISI	C	Cr	Mo
410	0,15 mínimo	11,50-13,50	------------
420	0,20 mínimo	12,00-14,00	------------
440A	0,60-0,75	16,00-18,00	0,75 mínimo
440B	0,75-0,95	16,00-18,00	0,75 mínimo
440C	0,95-1,20	16,00-18,00	0,75 mínimo

A combinação entre os teores de cromo e carbono permite obter um campo amplo monofásico de estabilidade da austenita, bifásico de austenita/carboneto $M_{23}C_6$ e trifásico de austenita/$M_{23}C_6$/M_7C_3 (14,15,16). Esta condição de equilíbrio de fases em alta temperatura é indispensável para o tratamento térmico de têmpera. A Figura 8.7 apresenta o diagrama pseudobinário do sistema Fe-C-Cr para a composição fixa de 13,0% de cromo (14). As principais transformações de fase que ocorrem na composição base Fe-0,35%C-13%Cr podem ser observadas pela linha tracejada marcada no diagrama. A característica mais importante é a presença do campo monofásico de estabilidade da austenita, bifásico de austenita/carboneto $M_{23}C_6$ e trifásico de austenita/$M_{23}C_6$/M_7C_3, em uma ampla faixa de temperatura, que permite a têmpera do aço. Na temperatura ambiente, a microestrutura é composta de uma matriz ferrítica com carbonetos tipo $M_{23}C_6$. A microestrutura característica dessa composição na temperatura ambiente, correspondente à do aço inoxidável martensítico AISI 420 no estado recozido, é mostrada na Figura 8.8, sendo constituída de matriz ferrítica com uma dispersão de carbonetos esferoidizados tipo $M_{23}C_6$, $(Cr,Fe)_{23}C_6$ (17). A dureza média no estado recozido varia de 200 HB a 220 HB.

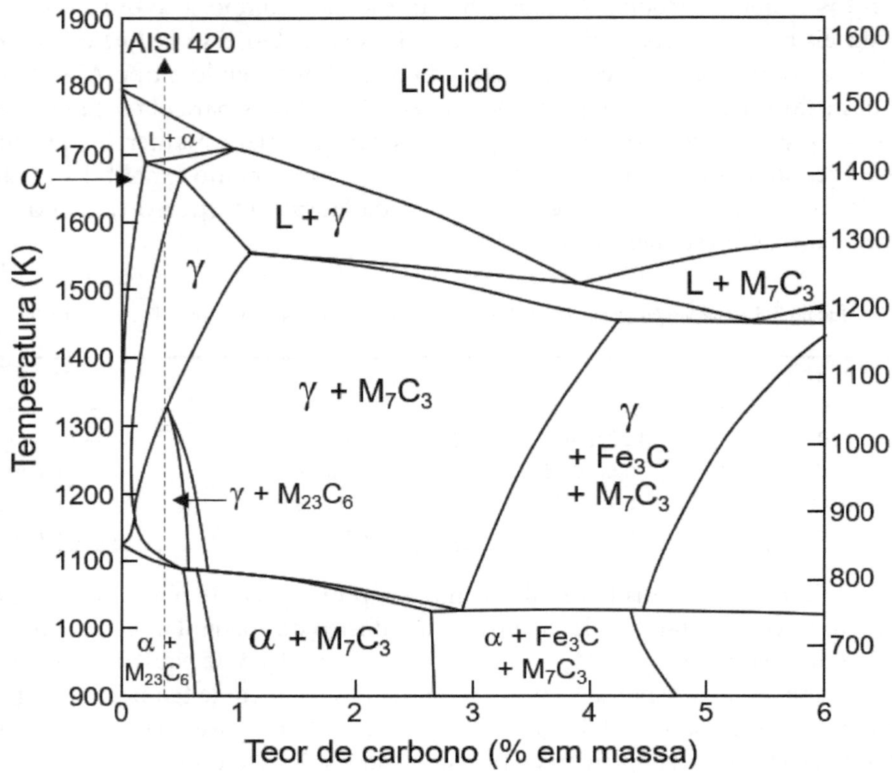

Figura 8.7 – Diagrama pseudobinário do sistema Fe-C-Cr para um teor fixo de 13%Cr. Fonte: adaptada de (14).

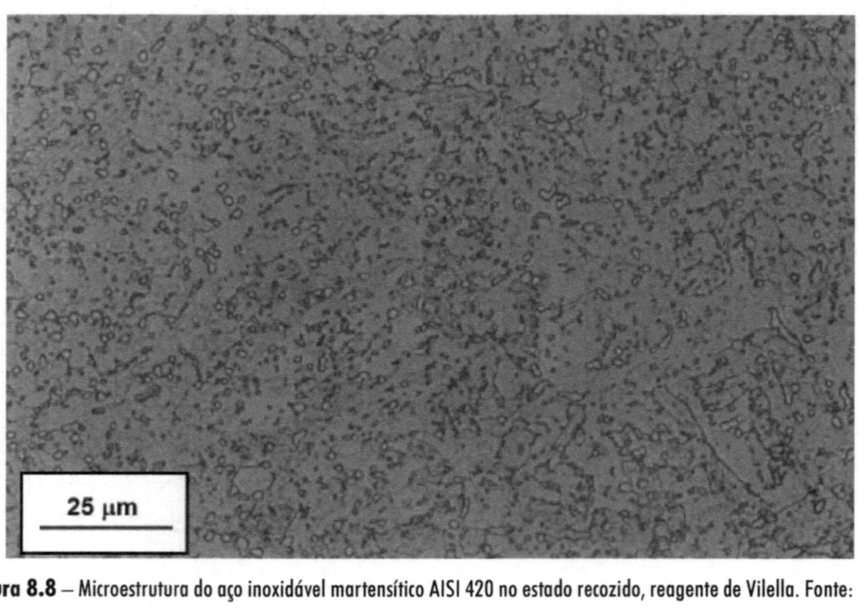

Figura 8.8 – Microestrutura do aço inoxidável martensítico AISI 420 no estado recozido, reagente de Vilella. Fonte: (17).

8.4.1 TÊMPERA DOS AÇOS INOXIDÁVEIS MARTENSÍTICOS

Para os diferentes tipos de aços inoxidáveis martensíticos a temperatura de austenitização para a têmpera se situa entre 980 °C e 1070 °C e o tempo mínimo em patamar deve ser de 1 hora, ou de 1 hora para cada 25 mm de seção transversal. Por sua excelente temperabilidade, esses aços podem ser resfriados na têmpera em óleo e sob pressão de nitrogênio em forno a vácuo. A seleção correta da temperatura para a austenitização deve levar em consideração não apenas a dureza máxima a ser obtida, mas seu efeito nas propriedades de endurecimento e resistência a corrosão. Isso porque na austenitização os carbonetos $M_{23}C_6$ e/ou M_7C_3 presentes no estado recozido, são dissolvidos e enriquecem a matriz em cromo e carbono. A dissolução dos carbonetos promove: (i) o enriquecimento da matriz em cromo, favorecendo a resistência a corrosão, e (ii) o enriquecimento da matriz em carbono, favorecendo a obtenção de dureza elevada.

A Figura 8.9 mostra a seção isotérmica do sistema Fe-C-Cr para a temperatura de 1000 °C na qual são posicionadas, como exemplo, as composições referentes aos aços AISI 410, 420 e 440C (18). Nessa temperatura, o aço tipo AISI 410 encontra-se completamente austenítico, ou seja, todos os carbonetos presentes no estado recozido são dissolvidos na austenitização, de forma que após a têmpera a microestrutura será constituída apenas de martensita, como mostrado na micrografia da Figura 8.10 (19). O aço Tipo AISI 420 encontra-se em um campo de estabilidade de "austenita + $M_{23}C_6$" e o aço Tipo AISI 440C, em um campo de estabilidade de "austenita + M_7C_3", de forma que, após a têmpera, a microestrutura será constituída de martensita com uma fração de carbonetos não dissolvidos completamente na austenitização.

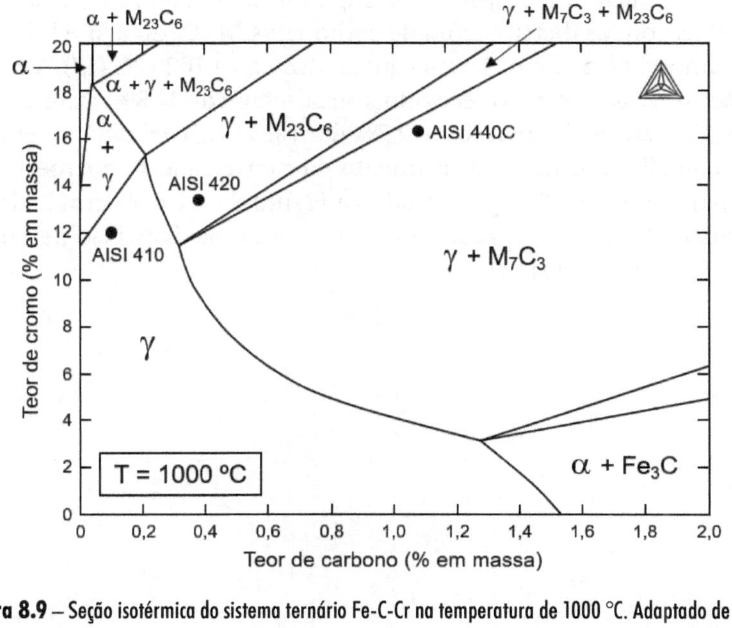

Figura 8.9 – Seção isotérmica do sistema ternário Fe-C-Cr na temperatura de 1000 °C. Adaptado de (18).

Figura 8.10 – Microestrutura do aço inoxidável martensítico tipo AISI 410 após a têmpera. Fonte: (19).

A Figura 8.11 mostra a taxa de dissolução de carbonetos $M_{23}C_6$ durante a austenitização, em diferentes temperaturas, para uma composição correspondente à do tipo AISI 420 (20). A dissolução é mais lenta até temperaturas próximas de 1050 °C e aumenta sensivelmente para temperaturas superiores. Na Figura 8.12 são apresentadas as micrografias com as distribuições de carbonetos $M_{23}C_6$ do aço AISI 420 no estado recozido e temperado a partir de uma austenitização a 1025 °C (17). Verifica-se que a fração de carbonetos no estado recozido, inicialmente de 17,8%, diminuiu para 10,1% após austenitização. A dissolução de 7,7% da fração de carbonetos será responsável pela maior contribuição no endurecimento da martensita. A microestrutura após a têmpera, a partir de 1025 °C, apresentada na Figura 8.13, é constituída de uma matriz de martensita do tipo escorregada, tipo "*lath*", com uma dispersão de carbonetos não dissolvidos na austenitização (17).

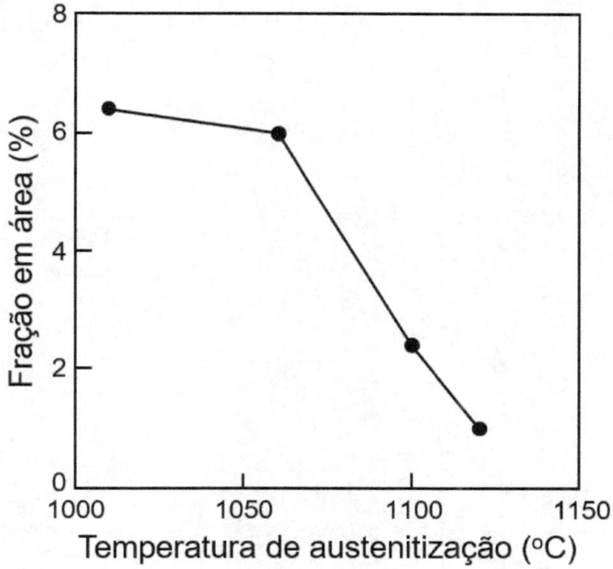

Figura 8.11 – Dissolução de carbonetos tipo $M_{23}C_6$ durante a austenitização do aço inoxidável martensítico tipo AISI 420. Fonte: adaptada de (20).

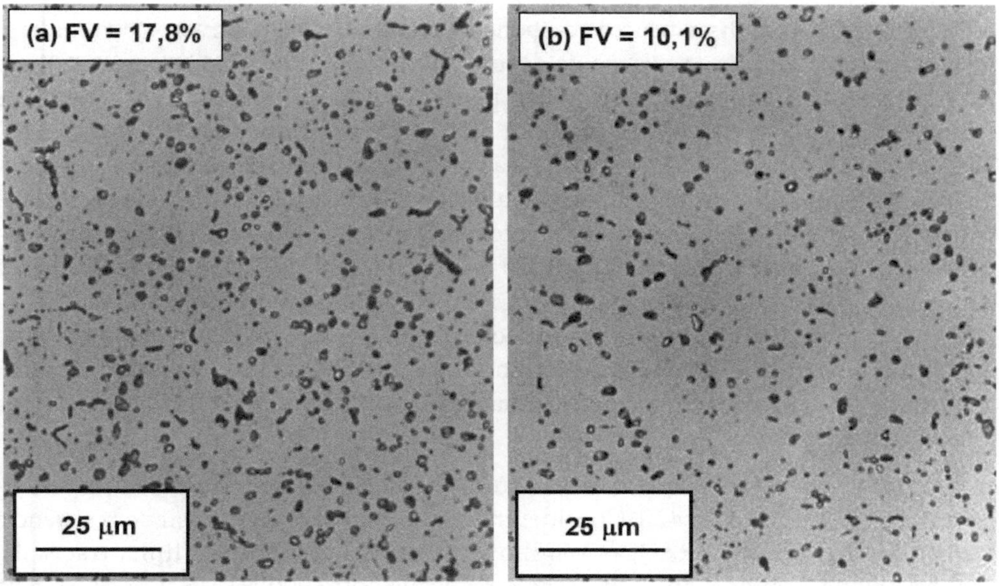

Figura 8.12 – Distribuição de carbonetos (a) no estado recozido e (b) no estado temperado de 1025 °C. Ataque seletivo com ácido crômico 4%, eletrolítico, transversal. Fonte: (17).

Figura 8.13 – Microestrutura do aço AISI 420 após têmpera a partir de 1025 °C, reagente de Vilella. Fonte: (17).

O resultado dessa dissolução de carbonetos crescente com o aumento da temperatura de austenitização é a variação da dureza da martensita após a têmpera mostrada na Figura 8.14. O endurecimento na têmpera é função da fração de carbonetos de cromo tipo $M_{23}C_6$ que são dissolvidos na matriz. Como mostrado na Figura 8.11, à medida que a temperatura de austenitização aumenta a fração de carbonetos dissolvidos também aumenta, de forma que acima da temperatura de 1050 °C esse aumento é mais acentuado. A curva de endurecimento na têmpera do aço AISI 420 em função da temperatura de austenitização é resultado desse fenômeno (17,21). A dureza aumenta de forma constante até a temperatura de 1050 °C pela dissolução gradual de carbonetos. Acima de 1050 °C, com uma dissolução mais acentuada, o teor de carbono dissolvido na matriz é suficiente para diminuir a temperatura Ms de modo a causar a presença de austenita retida em uma quantidade suficiente para diminuir a dureza final após a têmpera.

A Figura 8.15 mostra como a temperatura de austenitização influencia na resistência a corrosão do aço AISI 420. Considerando que condição padrão para a resistência a corrosão é a recozida (Rec.), o mínimo aceitável delimitado pela linha tracejada, observa-se que quando a austenitização é realizada entre 900 e 1025 °C a resistência a corrosão após a têmpera aumenta, ou seja, a perda de massa é inferior à condição recozida. Esse aumento é decorrente da progressiva dissolução de carbonetos tipo $Cr_{23}C_6$, que enriquecem a matriz em cromo. Quando a temperatura de austenitização é de 1050 °C ou superior, a perda de massa aumenta, ou seja, a resistência a corrosão diminui. Em temperaturas elevadas de austenitização, apesar de o teor de cromo continuar a enriquecer a matriz, o aumento conjunto no teor de carbono dissolvido resulta em um excesso de tensões na matriz martensítica que atua de forma adversa na resistência a corrosão.

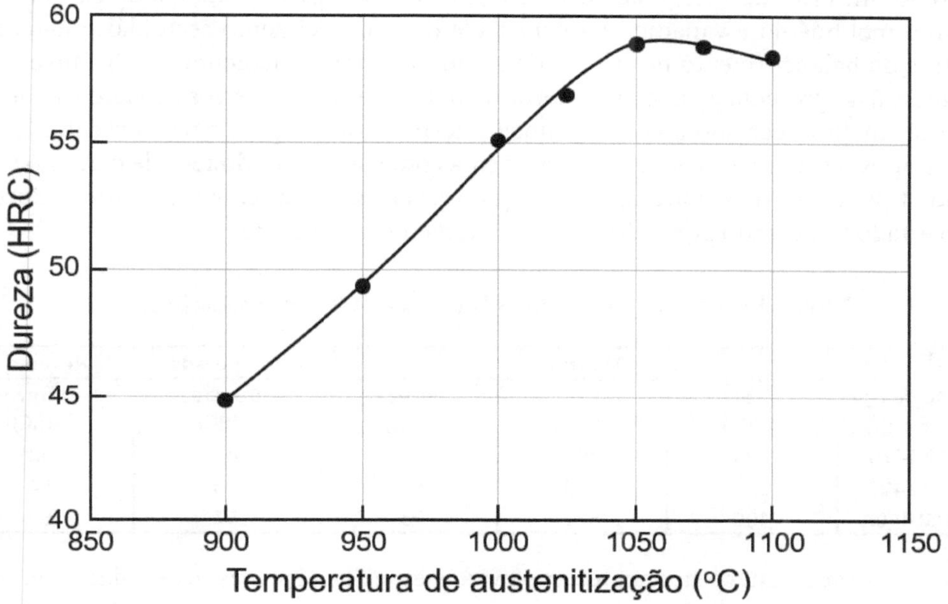

Figura 8.14 - Curva de têmpera para diferentes temperaturas de austenitização. Fonte: adaptada de (17,21).

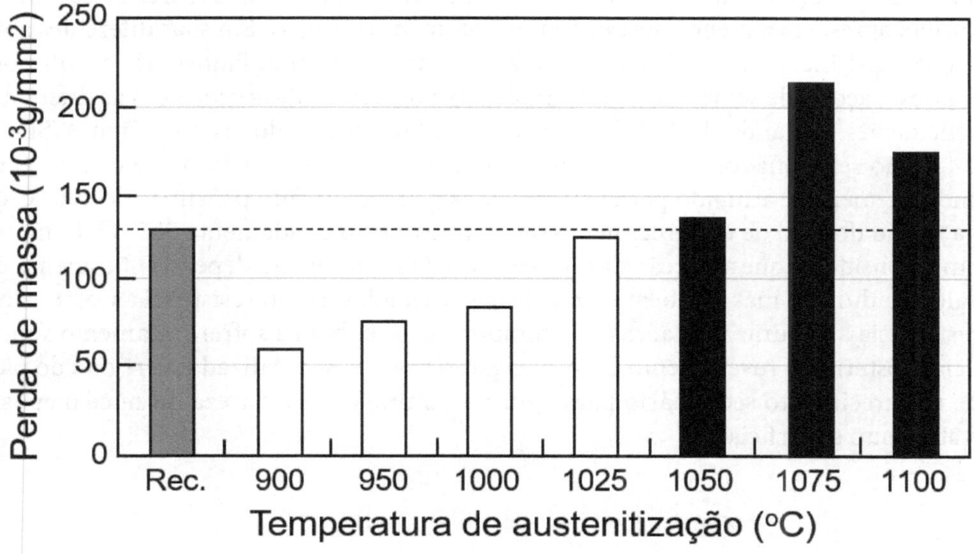

Figura 8.15 – Variação da perda de massa com a temperatura de austenitização para a têmpera. Fonte: adaptada de (17,21).

8.4.2 REVENIMENTO DOS AÇOS INOXIDÁVEIS MARTENSÍTICOS

Os aços inoxidáveis martensíticos possuem caracteristicamente a presença do pico de endurecimento secundário no revenimento. Isso porque possuem elevado teor de cromo, mínimo de 12%, e adições de elementos de liga formadores de carbonetos, como molibdênio e vanádio. A intensidade do endurecimento secundário é dependente do balanceamento nos teores de carbono, cromo e elementos de liga no aço. A Tabela 8.4 apresenta as principais propriedades mecânicas desses aços no estado de fornecimento, recozido e após tratamento térmico de têmpera e revenimento. A dureza após o tratamento de têmpera aumenta com o aumento do teor de carbono para cada tipo, e a dureza típica máxima após o revenimento é sempre próxima à dureza no estado temperado por efeito do endurecimento secundário.

Tabela 8.4 – Propriedades mecânicas típicas dos principais inoxidáveis martensíticos (13,22,23,24)

Tipo de aço	Recozido			Temperado	Revenido
	L.E. (MPa)	L.R. (MPa)	Dureza (HRB)	Dureza (HRC)	Dureza (HRC)
AISI 410	290	390	77	42	42
AISI 420	320	540	83	56	54
AISI 440A	400	670	93	57	58

A dureza de um componente em serviço é especificada pelas necessidades de projeto e determina a seleção da temperatura do tratamento térmico a partir das curvas de revenimento para cada aço. A Figura 8.16 mostra as curvas de revenimento para os principais aços inoxidáveis martensíticos, Tipo AISI 410 (25), AISI 420 (26) e AISI 440C (27). O aço inoxidável martensítico AISI 410, com menores teores de carbono e cromo, apresenta a menor dureza após o tratamento térmico. Em suas diferentes aplicações, que incluem óleo & gás, válvulas, química, cutelaria, biomateriais, entre outras, este aço pode ser revenido em ampla faixa de dureza de acordo com as diferentes solicitações, variando de 22 HRC até 40 HRC. Por outro lado, os aços Tipo AISI 420 e 440 são selecionados para trabalho em dureza próxima da máxima, e este nível de endurecimento é atingido para temperaturas de revenimento próximas de 200 °C ou na região do pico de endurecimento secundário, aproximadamente 500 °C. É importante considerar que a seleção da temperatura de revenimento depende não apenas do valor da dureza, mas também de outras propriedades, como resistência a corrosão e resistência a fratura. Ainda, caso os componentes venham a sofrer tratamento superficial posterior, o revenimento deve, obrigatoriamente, ser realizado na região do pico de endurecimento secundário para evitar a diminuição de dureza do núcleo após o tratamento superficial.

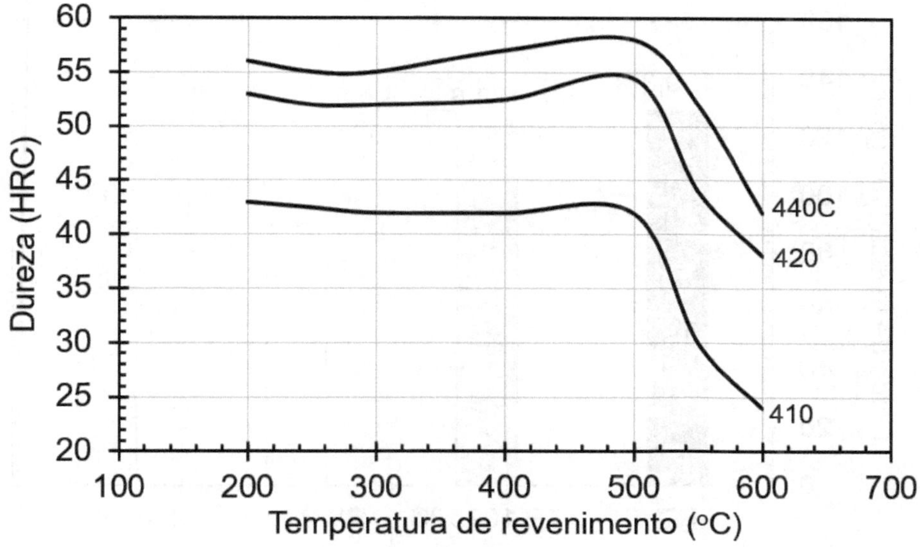

Figura 8.16 – Curvas de revenimento para os principais aços inoxidáveis martensíticos. Fonte: adaptada de (25,26,27).

Além do endurecimento, a temperatura de revenimento tem influência na resistência a corrosão desses aços. A Figura 8.17 mostra a resistência a corrosão do aço AISI 420 em diferentes condições de tratamento térmico após ensaio por imersão em solução aquosa a 0,5 m de H_2SO_4 (17,21). Considerando o estado recozido como a condição de controle, após a têmpera, com a dissolução dos carbonetos de cromo, a resistência a corrosão tem uma melhora e atinge seu menor valor de perda de massa após o revenimento a 200 °C. No revenimento a 200 °C ocorre um alívio de tensões da martensita, que, associado a uma menor fração volumétrica de carbonetos, aumenta a resistência a corrosão. O aumento da temperatura de revenimento para 540 °C promove uma maior precipitação de carbonetos no endurecimento secundário que é compensada por um maior alívio nas tensões associadas à martensita, e com isso o aumento da perda de massa mantém a resistência a corrosão superior ao estado sem tratamento térmico, recozido. É de consenso que o revenimento em temperatura baixa, próxima de 200 °C, conduz a uma melhor resistência a corrosão, mas o revenimento na região do pico de endurecimento secundário, indispensável para posteriores tratamentos de superfície, não compromete a resistência a corrosão se comparado com a condição de fornecimento, recozida.

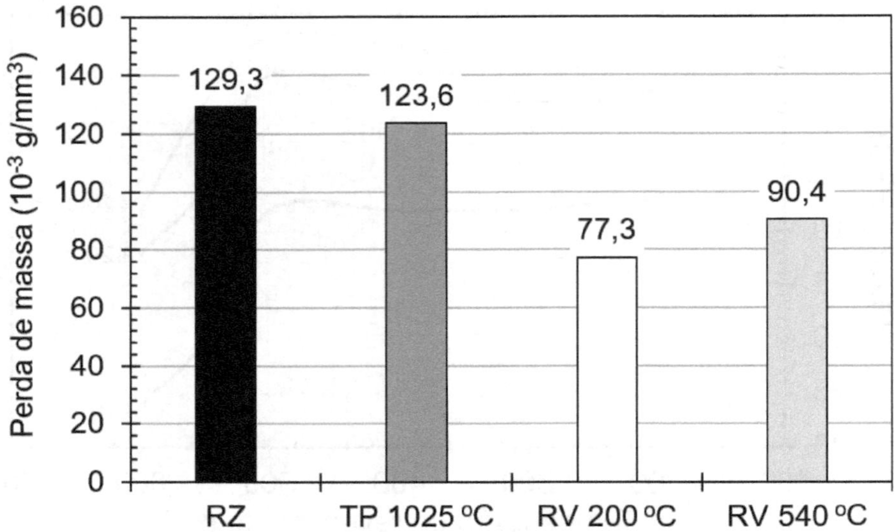

Figura 8.17 – Curva de revenimento do aço inoxidável AISI 420 temperado a partir de 1020 °C. Fonte: adaptada de (17,21).

Para componentes estruturais a dureza não deve ser a única propriedade a ser avaliada. As propriedades mecânicas sob tração como limite de resistência e limite de escoamento são parâmetros importantes de avaliação. A Figura 8.18 apresenta a variação destas propriedades e da dureza Brinell durante o revenimento do aço AISI 410 (28).

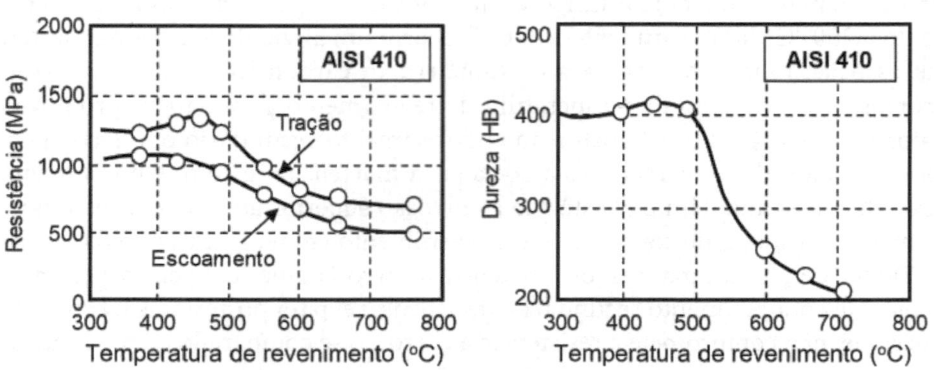

Figura 8.18 – Propriedades mecânicas do aço inoxidável martensítico AISI 410 nos estados temperado e revenido. Fonte: adaptada de (28).

A Figura 8.19 mostra a microestrutura de uma barra de aço AISI 410 com diâmetro de 250 mm temperado e revenido em forno a vácuo, sob condições industriais, para uma dureza média de 26 HRC. Essa microestrutura é composta por pacotes de martensita revenida, típica de aços com baixo teor de carbono. Como exemplo de aplicação, a Tabela 8.5 apresenta as propriedades mecânicas em tração obtidas para o aço AISI 410, referente à microestrutura da Figura 8.19, temperado e revenido para atender às especificações da norma ASTM A276-08 (29), para a aplicação no setor de óleo & gás. Observa-se que o valor médio das propriedades, em posições correspondentes a superfície, meio-raio e centro de barras com 250 mm de diâmetro, atende perfeitamente aos requisitos.

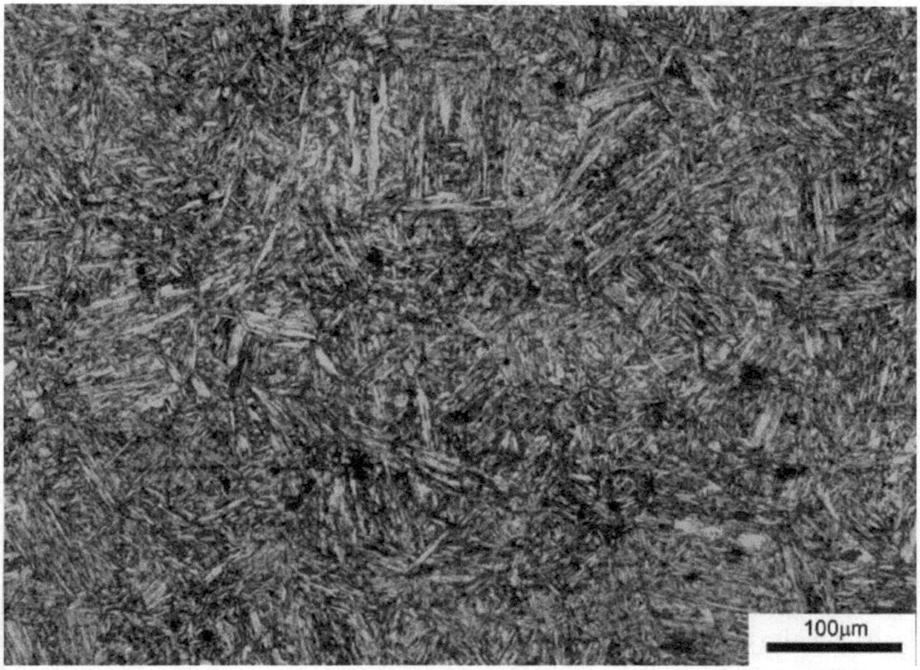

Figura 8.19 – Microestrutura do aço inoxidável martensítico AISI 410 no estado temperado e revenido. Barra com 250 mm de diâmetro. Posição do centro, longitudinal, reagente de Vilella. Fonte: o autor.

Tabela 8.5 – Propriedades em tração após têmpera e revenimento

	Limite de escoamento (MPa)	Limite de resistência (MPa)	Alongamento (%)	Redução em área (%)
ASTM A276-08 (mínimo)	620	830	12	40
Temperado e revenido	679,7	840,7	18,1	57,5

Na seleção da temperatura de revenimento também é importante considerar a resistência a fratura do componente. A Figura 8.20 mostra que a resistência a fratura, avaliada em ensaio de impacto de corpos de prova sem entalhe (7 × 10 × 55 mm), é mínima na região que corresponde ao pico de endurecimento secundário e aumenta quando a temperatura de revenimento é superior (30). Componentes que necessitem de maior resistência a fratura devem ser revenidos em temperaturas superiores ao pico secundário.

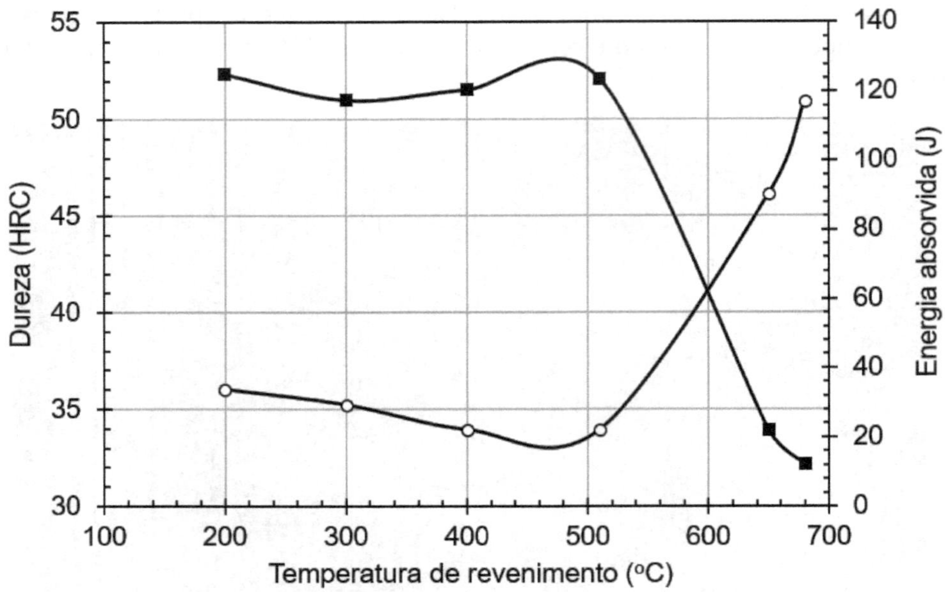

Figura 8.20 – Variação da resistência a fratura do aço inoxidável martensítico AISI 420 em função da temperatura de revenimento. Fonte: adaptada de (30).

Se um tratamento superficial for realizado após o revenimento, ou se uma peça for utilizada em alta temperatura, pode ocorrer uma modificação considerável na dureza após o tratamento térmico. Isso porque as reações de precipitação que ocorrem no revenimento continuam se a peça for novamente aquecida e mantida na temperatura por um determinado tempo. A continuidade das reações de revenimento vai depender da temperatura em que a peça foi anteriormente revenida e da temperatura e tempo de exposição posteriores.

A Figura 8.21 mostra o comportamento da dureza quando uma peça revenida a 520 °C é posteriormente exposta a temperaturas próximas por tempos prolongados. Se a temperatura de exposição é inferior à do último revenimento, 500 °C, a dureza não se modifica, pois as reações de revenimento que ocorreram a 520 °C não mais ocorrem em temperaturas inferiores. Por outro lado, se a temperatura de exposição for igual, 520 °C, ou superior, 540 °C, a dureza sofre uma diminuição com o tempo de exposição. A queda de dureza é consequência da continuidade das reações de precipitação e coalescimento do revenimento original a 520 °C e se intensifica quando a temperatura aumenta para 540 °C. A Figura 8.22 mostra o comportamento de peças revenidas a 580 °C, 620 °C e 680 °C e posteriormente expostas à temperatura de 520 °C por tempos prolongados. Nessas condições, como a temperatura de exposição é inferior à temperatura original do revenimento, a dureza não sofre qualquer modificação, ou seja, todas as reações de precipitação já ocorreram durante o revenimento original.

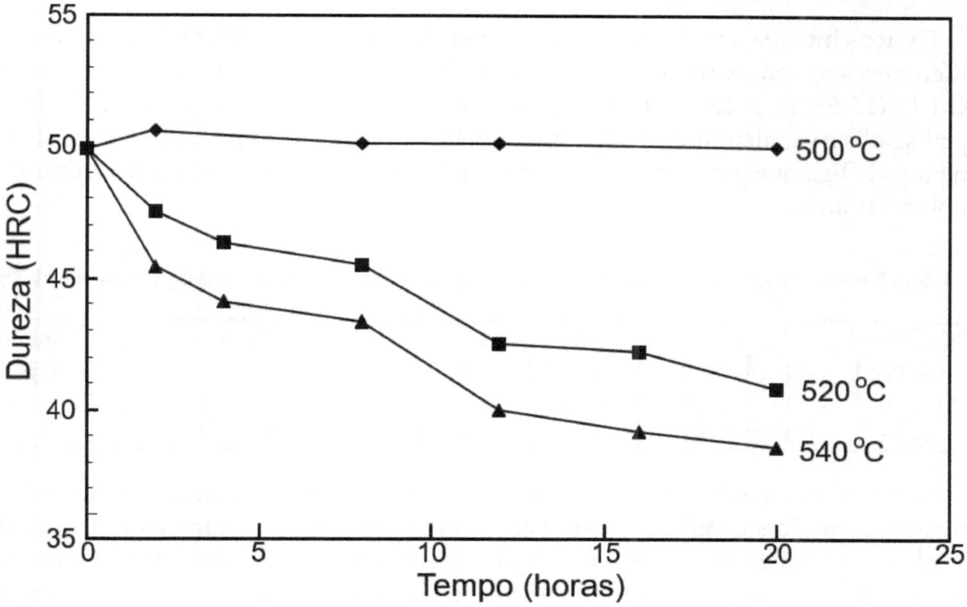

Figura 8.21 – Exposição de peças revenidas originalmente na temperatura de 520 °C em temperaturas e tempos crescentes. Fonte: adaptada de (31).

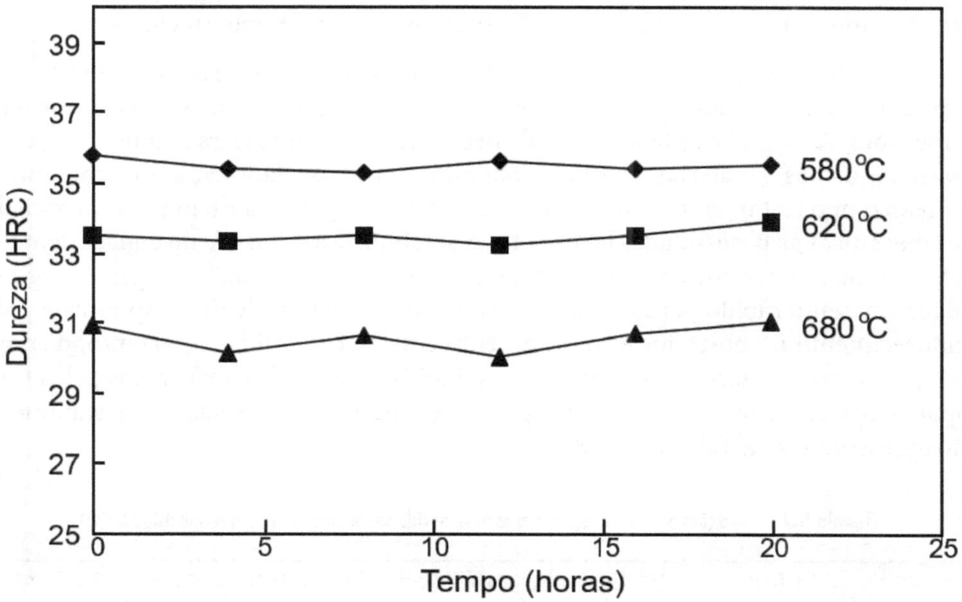

Figura 8.22 – Exposição de peças revenidas originalmente a 580 °C, 620 °C e 680 °C a temperatura fixa de 520 °C por tempos crescentes. Fonte: adaptada de (31).

8.5 AÇOS INOXIDÁVEIS ENDURECÍVEIS POR PRECIPITAÇÃO

Os aços inoxidáveis endurecíveis por precipitação, Classe PH, mais utilizados nos diferentes segmentos industriais são: AISI 631 (17-7PH), AISI 630 (17-4PH) e AISI XM-12 (15-5PH). A composição química destes aços é apresentada na Tabela 8.6, na qual se observa, além dos elementos tradicionais cromo e níquel, a presença de elementos de liga que participam da formação de intermetálicos como cobre, alumínio, nióbio e titânio.

Tabela 8.6 – Composição química nominal dos principais aços inoxidáveis endurecíveis por precipitação (% em massa) (32)

	C	Cr	Ni	Cu	Al	Nb	Ti	Nb+Ta
17-4PH	< 0,07	16,25	4,00	3,50	------	4,00	------	0,30
17-7PH	< 0,09	17,00	7,00	------	1,12	------	------	------
15-5PH	< 0,07	14,50	4,50	3,50	------	3,50	0,30	------

O maior diferencial dessa classe de aços inoxidáveis é sua condição de fornecimento no estado solubilizado, com baixa dureza, que permite uma elevada usinabilidade e conformabilidade. Após a confecção da peça, o endurecimento ocorre pela precipitação de compostos intermetálicos no tratamento térmico de envelhecimento. No envelhecimento, a baixa temperatura de processo e o mecanismo de precipitação levam a uma variação dimensional de contração muito baixa, da ordem de 0,002% da dimensão, conduzindo a uma elevada estabilidade dimensional e de forma que permite, praticamente, eliminar a necessidade de sobremetal. Esses aços aliam excelentes propriedades mecânicas e de resistência a corrosão em diferentes meios.

Na rotina industrial, o tratamento térmico de solubilização é realizado diretamente pela usina siderúrgica responsável pela fabricação do aço, em suas diversas formas e dimensões. As indústrias fabricantes de peças, para as mais diversas aplicações, compram das usinas o material no estado solubilizado e após a fabricação dos componentes realizam o tratamento térmico de envelhecimento para condicionar as propriedades mecânicas às necessidades de projeto. A solubilização consiste no aquecimento do aço até uma temperatura na qual se obtenha uma solução sólida homogênea, seguido de resfriamento rápido para manter os principais elementos de liga responsáveis pelo endurecimento no posterior envelhecimento em solução sólida e, portanto, disponíveis para a precipitação. As condições de solubilização padrão, fornecidas pelos principais fabricantes mundiais, e as propriedades mecânicas obtidas nesse tratamento são apresentadas na Tabela 8.7 (33-39).

Tabela 8.7 – Condições de solubilização para os aços inoxidáveis endurecíveis por precipitação (33-39).

Aço	T (°C)	Estrutura	L.R. (MPa)	L.E. (MPa)	A (%)	Dureza
17-4PH	1040	Martensita	1030	760	8	33 HRC
17-7PH	1065	Semiaustenítico	896	276	35	85 HRB
15-5PH	1040	Martensita	1120	897	13	32 HRC

Após a solubilização, a microestrutura do aço 17-4PH e 15-5PH, por exemplo, é constituída de martensite do tipo escorregada (*lath martensite*) com morfologia de ripas e subestrutura com alta densidade de discordâncias, característica de aços com baixo teor de carbono. A Figura 8.23 apresenta a microestrutura do aço 17-4PH obtida a partir de uma barra laminada com 25,4 mm de diâmetro fornecida no estado solubilizado.

Figura 8.23 – Microestrutura do aço 17-4PH após a solubilização. Martensita do tipo escorregada, reagente de Vilella, 200x. Fonte: o autor.

Os aços PH possuem diferentes temperaturas de envelhecimento em função da resistência mecânica (dureza) final objetivada. Estas condições são selecionadas para cada componente em função das necessidades de projeto no que se refere não apenas às propriedades mecânicas ligadas à resistência, mas também com relação às propriedades relacionadas a: tenacidade, resistência a fadiga e resistência a corrosão. A Tabela 8.8 apresenta as propriedades mecânicas obtidas para o aço 17-4PH nas condições exigidas para aplicação aeronáutica e que também são utilizadas para as mais diferentes aplicações (40).

Tabela 8.8 – Condições de envelhecimento do aço 17-4PH e suas principais propriedades. AMS 5643Q (40)

Condição de envelhecimento	T/t °F(°C)/hora	LR (MPa)	LE (MPa)	RA (%)	Dureza (HB)	Dureza (HRC)
H900	900(482)/1	1310	1172	40	388-444	40-47
H950	925(496)/4	1172	1069	44	375-429	38-45
H1025	1025(552)/4	1069	1000	45	331-401	34-42
H1075	1075(579)/4	1000	862	45	311-375	31-38
H1100	1100(593)/4	965	793	45	302-363	30-37
H1150	1150(621)/4	931	724	40	277-352	28-37

O endurecimento no envelhecimento é resultante das reações de precipitação. É sabido que estas reações ocorrem por decorrência do critério de solubilidade. No estado solubilizado esses aços estão com a matriz supersaturada em elementos de liga, na condição fora do equilíbrio termodinâmico. Desta forma, uma vez que seja fornecida energia térmica por meio da temperatura de envelhecimento o sistema tenderá a estabelecer a condição de solubilidade de equilíbrio na temperatura selecionada e ocorrerá a precipitação. Além da temperatura, o tempo também desempenha um papel importante, já que a intensidade de precipitação é um fenômeno que também é dependente da difusão e, portanto, a cinética de precipitação é controlada pela temperatura e pelo tempo. Assim, para temperaturas elevadas, o tempo para a precipitação é inferior àquele necessário em temperaturas inferiores, o que modifica as condições de obtenção do endurecimento máximo dos aços.

A Figura 8.24 mostra as curvas de endurecimento do aço 17-4PH em duas temperaturas de envelhecimento (41). Para a temperatura de 552 °C, condição H1025, o tempo de precipitação é extremamente curto e a dureza diminui para tempos superiores a 1 hora de envelhecimento. Essa diminuição de dureza é consequência do coalescimento das partículas precipitadas que aumentam de tamanho, diminuem em fração e modificam sua condição de coerência com a matriz metálica, resultando em "superenvelhecimento". Para a temperatura de 400 °C, o endurecimento máximo ocorre apenas para tempos próximos de 16 horas; nesta condição a difusão é dificultada e a cinética de precipitação é menor do que a 552 °C, fazendo com que o superenvelhecimento também seja mínimo mesmo após 32 horas de tratamento. Os fenômenos envolvidos na cinética de precipitação durante o envelhecimento dos aços inoxidáveis da classe PH podem ser encontrados em maior profundidade na literatura (42).

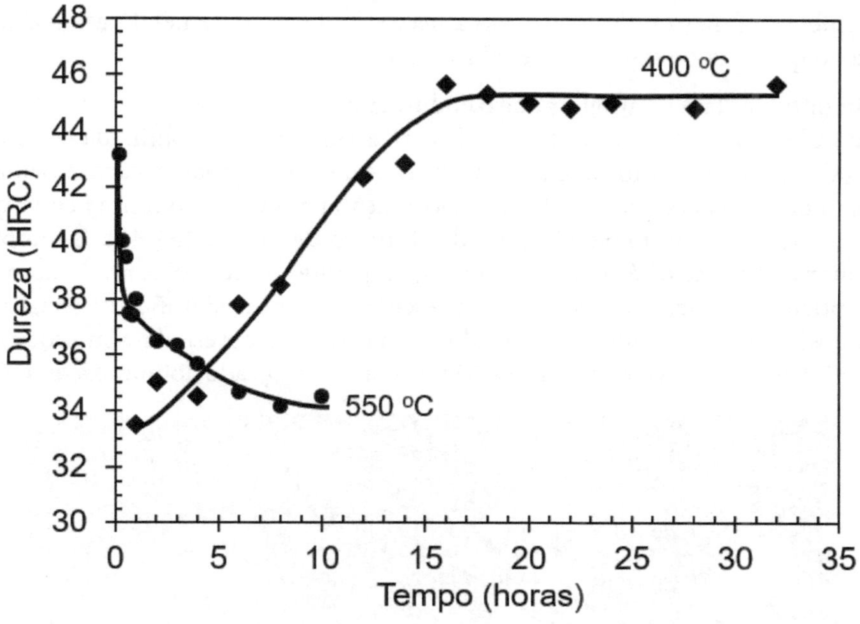

Figura 8.24 – Curvas de envelhecimento para o aço 17-4PH. Fonte: adaptada de (41).

Na prática industrial o tratamento térmico de envelhecimento é um processo simples. As temperaturas de tratamento não são elevadas, sempre menores do que 700 °C. Desta forma, o tratamento pode ser feito em fornos com atmosfera controlada de nitrogênio sem que ocorram oxidação ou quaisquer outros danos superficiais. Em casos excepcionais o tratamento pode ser feito até mesmo em muflas sem controle atmosférico. Ainda, um ciclo tão simples não necessita de fornos que possuam controladores de processo de alta tecnologia, mas um controle rígido de temperatura é importante. Após a etapa de aquecimento e manutenção na temperatura de patamar pelo tempo determinado para cada grau "H", o resfriamento é realizado com as peças ao ar, tendo em vista que nesta etapa não ocorrem reações importantes para as propriedades desses aços.

O envelhecimento é uma vantagem importante também para a rota produtiva dos componentes fabricados em aços PH. Como já visto anteriormente, quando componentes são fabricados em aços que são submetidos ao processo de têmpera e revenimento, deve ser considerada a variação dimensional e/ou de forma que acompanha esses tratamentos térmicos e os componentes devem ser fabricados inicialmente com um sobremetal, a ser retirado por retífica ou eletroerosão após o tratamento térmico. No caso do envelhecimento a variação dimensional é extremamente baixa, já que as temperaturas não são elevadas e não existe a forte expansão da têmpera. Como no envelhecimento ocorre apenas a contração do aço, em valores máximos da ordem de 0,002% da dimensão (37-39), a variação dimensional após o envelhecimento é sempre inferior às tolerâncias dimensionais do projeto. Também, a contração é um processo que independe da geometria e não ocorre variação de forma. Estas características permitem que os componentes fabricados em aços PH possam sem fabricados na forma e dimensão finais do desenho, sem a necessidade de sobremetal para tratamento térmico, o que reduz o seu custo de fabricação.

A literatura é clara ao apontar que o endurecimento dos aços PH no envelhecimento é causado pela precipitação de uma fase rica em cobre, denominada α'. Esta fase precipita inicialmente com reticulado CCC coerente com a matriz e, com o aumento do tempo de envelhecimento, sofre transformação para CFC, com uma consequente perda de coerência, promovendo uma diminuição de dureza (43-46). É importante mencionar que a fase α' é submicroscópica, e, quando o aço é observado ao microscópio óptico, sua microestrutura não apresenta diferenças significativas em relação àquela observada no estado solubilizado. A Figura 8.25 apresenta a microestrutura do aço 17-4PH após envelhecimento a 552 °C como observado ao microscópio óptico.

Figura 8.25 – Microestrutura do aço 17-4PH após o envelhecimento na condição H1025, 552 °C – 4 horas. Martensita do tipo escorregada, reagente de Vilella, 50x. Fonte: o autor.

De acordo com Viswanathan (44), após o envelhecimento do aço 17-4PH a 510 °C por 2 horas ocorre uma precipitação fina e homogênea de partículas com tamanho médio de 150 Å e estrutura cristalina fase cúbica de face centrada com parâmetro de reticulado de 0,36 nm. Estas partículas são identificadas como a fase rica em cobre. Na Figura 8.26 observam-se as partículas de precipitados de Cu, α', de coloração branca, dispersas nas ripas de martensita que compõem a matriz metálica. No aço tipo 15-5PH o endurecimento no envelhecimento também ocorre pela precipitação de partículas de cobre, como mostrado na Figura 8.27 (46). É importante salientar que este aço é sensível à reversão de austenita em temperaturas de envelhecimento superiores a 550 °C, o que diminui a dureza de forma crescente com o aumento da temperatura. A intensidade de endurecimento no envelhecimento do aço 15-5PH depende de um balanço entre a intensidade de precipitação das partículas de cobre e a fração de austenita revertida.

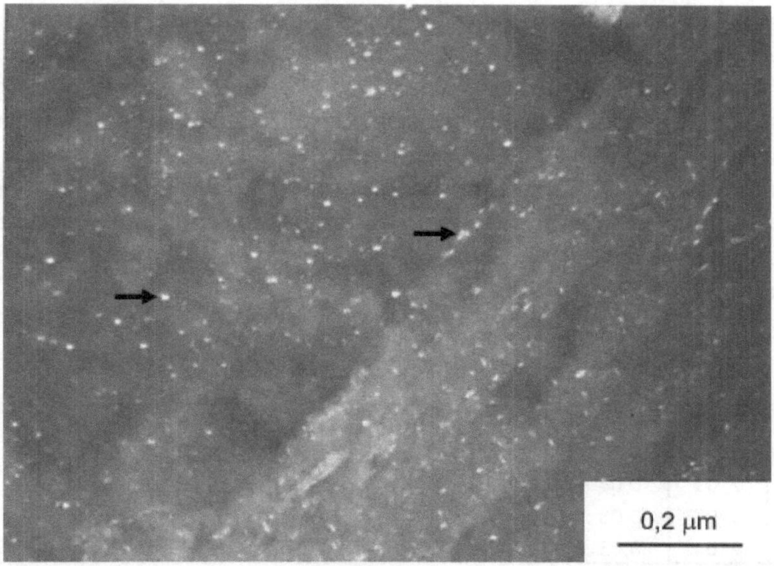

Figura 8.26 – Micrografia, obtida em microscópio eletrônico de transmissão por técnica de campo escuro em reflexão (002) CFC, revelando a precipitação homogênea de partículas de cobre (setas) na matriz martensítica do aço 17-4PH após envelhecimento por 2 horas a 510 °C. Fonte: (44).

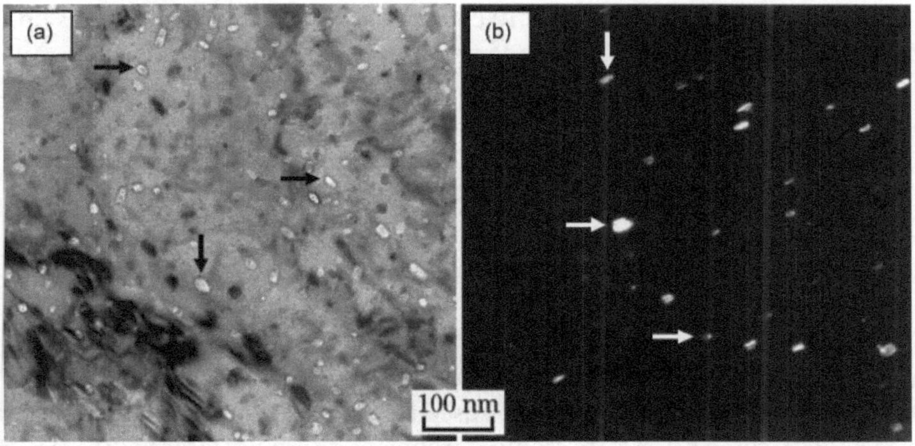

Figura 8.27 – Micrografias de precipitados de Cu (setas) na matriz martensítica de um aço 15-5PH após envelhecimento a 580 °C por 4 horas. Microscopia eletrônica de transmissão (a) campo claro e (b) campo escuro (46).

8.6 AÇOS INOXIDÁVEIS DUPLEX

A família dos aços inoxidáveis duplex é a mais nova dentre os aços inoxidáveis e possui um balanceamento específico de composição química, relacionado principalmente aos teores de cromo e níquel, de forma a obter, na temperatura ambiente, uma microestrutura composta de duas fases: ferrita e austenita, na fração aproximada de 50% de cada fase. Estes aços possuem excelente resistência mecânica, tenacidade e resistência a corrosão (47). A Tabela 8.9 apresenta a composição química dos principais aços inoxidáveis duplex. Assim como o austenítico e o ferrítico, os aços inoxidáveis duplex não podem ser endurecidos por tratamento térmico. Esses aços endurecem apenas por deformação a frio. Assim, os tratamentos térmicos realizados nesses aços são a solubilização e a recristalização.

Tabela 8.9 – Composição química dos principais aços inoxidáveis duplex (% em massa) (47)

UNS	Nome	C	Si	Mn	Cr	Ni	Mo	Cu	N
S32003	2003	0,03	1,0	2,0	20,0	3,5	1,75	------	0,17
S32101	2101	0,04	1,0	5,0	21,0	1,5	0,45	0,45	0,22
S32205	2205	0,03	2,0	1,0	22,0	5,5	3,25	------	0,17
S32304	2304	0,03	1,0	2,5	23,0	4,0	------	0,30	0,12

O elevado teor de cromo, aliado à presença de elementos de liga como molibdênio e nitrogênio, confere a esses aços uma resistência a corrosão superior à dos aços inoxidáveis austeníticos. Além disso, os aços inoxidáveis duplex possuem propriedades mecânicas superiores, o que lhes confere uma vantagem adicional sobre os aços austeníticos e ferríticos (48). A Tabela 8.10 compara as propriedades mecânicas dos aços duplex 2202 e austenítico 316 no estado recozido para solubilização (48).

Tabela 8.10 – Comparação entre as propriedades mecânicas dos aços inoxidáveis duplex 2202 e austenítico 316 (48)

Tipo de aço	Propriedades mecânicas		
	L.R. (MPa)	L.E. (MPa)	A (%)
Duplex 2202	620	450	25
Austenítico 316	515	250	40

As propriedades dos aços duplex são excelentes na temperatura ambiente, mas quando estes aços inoxidáveis são expostos a temperaturas elevadas, entre 600 °C e 1000 °C, tornam-se, no resfriamento, suscetíveis à precipitação de diferentes fases, intermetálicos, como nitretos de cromo, carbonetos de cromo, fase chi (χ) e fase sigma (σ), como mostrado na Figura 8.28. A exposição a temperaturas elevadas pode ocorrer durante o processo de fabricação e processamento do aço como: fundição, forjamento e laminação a quente e soldagem. A formação destas fases leva a uma perda na resistência a corrosão e na resistência a fratura (49,50).

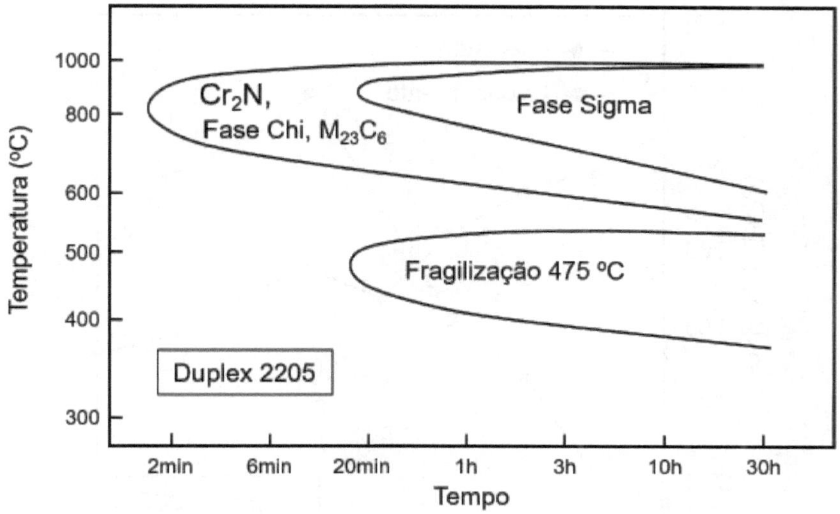

Figura 8.28 – Precipitação de fases no aço inoxidável duplex tipo 2205. Fonte: adaptada de (50).

O tratamento térmico de solubilização objetiva minimizar a presença dos compostos intermetálicos precipitados em operações de alta temperatura e promover a partição de soluto entre a austenita e a ferrita, por difusão, de forma a restaurar a fração dessas fases para uma proporção próxima de 50%. A dissolução de intermetálicos, principalmente de fase sigma, aumenta com a temperatura de solubilização. Da mesma forma, o aumento da temperatura de solubilização aumenta a fração de ferrita. Em temperaturas próximas de 1050-1060 °C a fase sigma é completamente dissolvida e a fração de austenita e ferrita torna-se aproximadamente 50%, obtendo-se a melhor combinação entre as propriedades de resistência, tenacidade e corrosão (51,52).

A Figura 8.29 mostra a variação das propriedades sob tração em temperaturas de solubilização crescentes, em que se observa a diminuição na resistência a tração com o aumento da temperatura de solubilização e uma melhoria na ductilidade com um máximo de alongamento para a temperatura de 1050 °C (52). A temperatura de solubilização também altera a resistência a fratura - tenacidade. A Figura 8.30 mostra a variação da resistência a fratura, determinada por ensaio de impacto, para o aço 2205 nas condições metal base (como fabricado) e após o processo de soldagem para as regiões da zona termicamente afetada (ZAT) e para a zona de fusão. Nas três condições o aumento da temperatura de solubilização até próximo de 1050 °C aumenta a energia absorvida no impacto, ou seja, aumenta a tenacidade (52). Em ambos os casos a melhoria das propriedades mecânicas de ductilidade e tenacidade está associada à completa eliminação da fase Sigma para temperaturas próximas de 1050 °C. A diminuição dessas propriedades para temperaturas mais elevadas é resultado de um aumento na fração de ferrita na microestrutura.

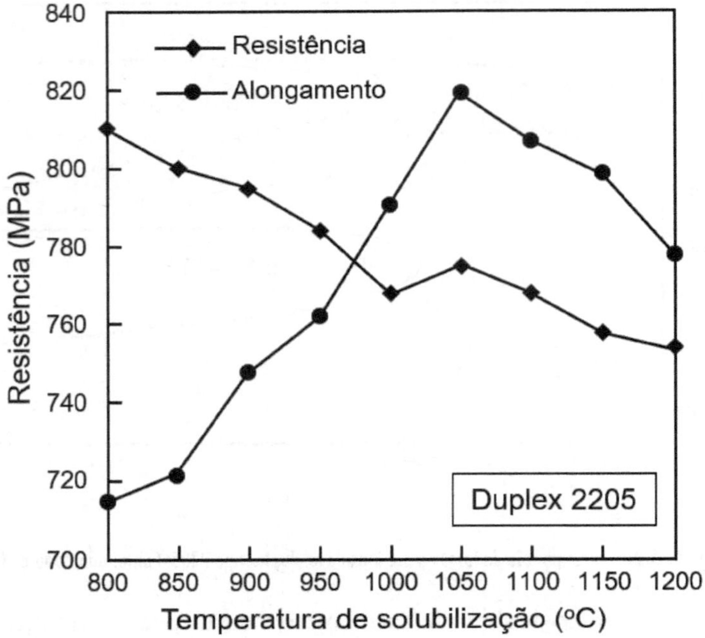

Figura 8.29 – Propriedades mecânicas sob tração no tratamento de solubilização do aço Tipo 2205. Tempo de 1 hora. Fonte: adaptada de (52).

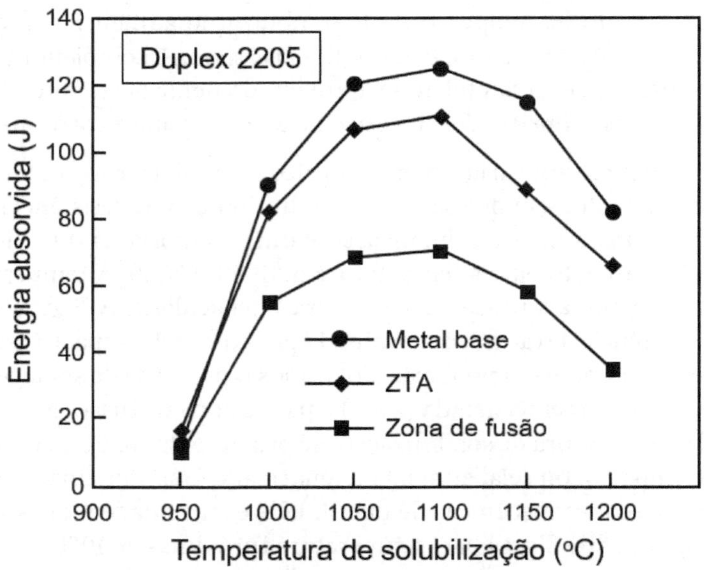

Figura 8.30 – Variação da resistência à fratura do aço Tipo 2205 no tratamento de solubilização. Tempo de 1 hora. Fonte: adaptada de (52).

O aço inoxidável duplex só pode ser endurecido por deformação a frio, por encruamento na ferrita e austenita e pela formação de martensita induzida por deformação da austenita (53,54). A Figura 8.31 mostra o endurecimento do aço Tipo 2205 deformado a frio por laminação em reduções de espessura de 3%, 5%, 15%, 35%, 50%, 65% e 85%, o que corresponde a uma deformação efetiva de Von Mises entre 0 e 2,0 (53). A eliminação dos efeitos da deformação a frio, com a restauração das propriedades mecânicas e de corrosão, é conseguida pela recristalização. A Figura 8.32 mostra a diminuição da dureza com o aumento da temperatura de recristalização em um aço Tipo 2304, 23%Cr-4%Ni. À medida que a temperatura de recristalização aumenta a dureza diminui constantemente até 1050 °C (55).

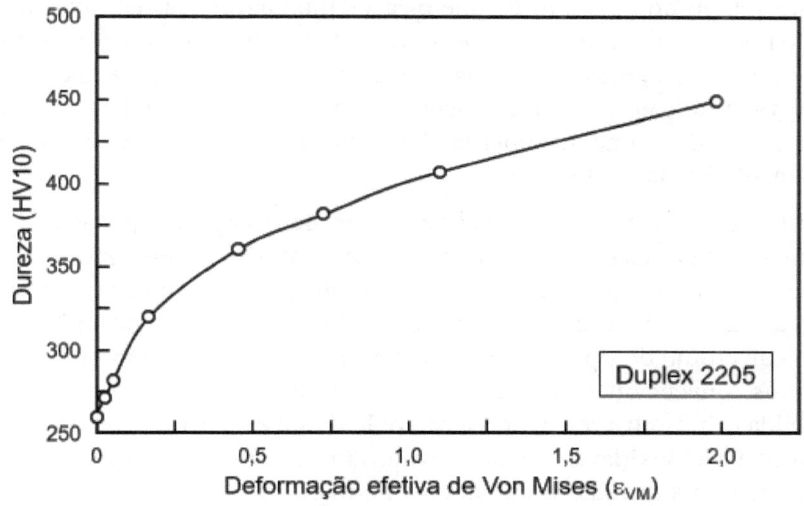

Figura 8.31 – Encruamento do aço Tipo 2205 por laminação a frio. Fonte: adaptada de (53).

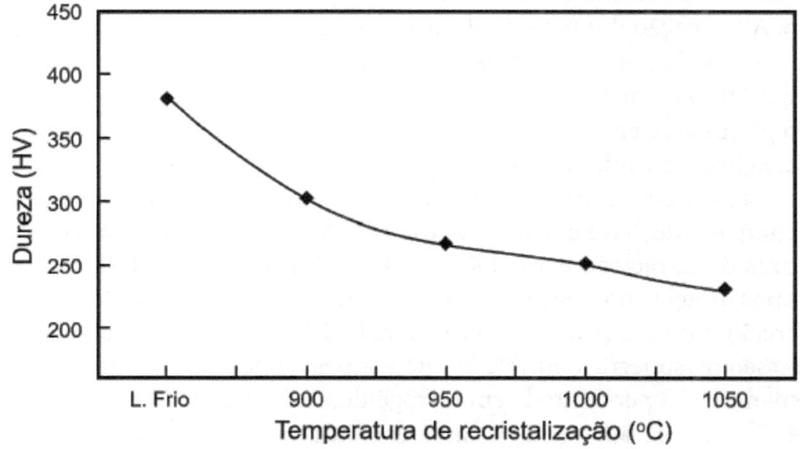

Figura 8.32 – Recristalização do aço Tipo 2304 após laminação a frio. Fonte: adaptada de (55).

É importante considerar que os tratamentos de solubilização e recristalização são realizados em temperaturas próximas de 1050 °C e que o resfriamento é uma etapa crítica desses tratamentos. A Figura 8.26 mostra que as fases que causam fragilização e comprometimento na resistência à corrosão precipitam no resfriamento a partir de 1000 °C, o que torna mandatório um resfriamento de alta velocidade, preferencialmente em água, para evitar qualquer tipo de precipitação.

8.7 NITRETAÇÃO DOS AÇOS INOXIDÁVEIS

O interesse de elevar a dureza superficial dos aços inoxidáveis é tecnologicamente importante sobretudo pelo fato de que os aços inoxidáveis austeníticos, ferríticos e duplex não podem ser endurecidos por tratamento térmico, apenas por encruamento, e uma diversidade de peças fabricadas nesses tipos de aços é utilizada em meios que causam elevado desgaste. Mesmo os aços inoxidáveis martensíticos possuem aplicações em que o endurecimento superficial por nitretação melhora a resistência a desgaste e aumenta a vida em serviço.

A nitretação dos aços inoxidáveis leva em consideração não apenas o objetivo do endurecimento superficial, mas, principalmente, a influência desse endurecimento na resistência a corrosão após a nitretação. Isso porque os aços inoxidáveis são essencialmente ligados ao cromo, elemento que possui alta afinidade pelo nitrogênio, formando nitretos de cromo do tipo CrN e Cr_2N. Neste caso, a formação desses nitretos nas temperaturas convencionais de nitretação, entre 520 °C e 570 °C, retira o cromo de solução sólida e diminui a resistência a corrosão da superfície nitretada (56-61). Como a seleção dos aços inoxidáveis é feita prioritariamente por sua resistência a corrosão, o endurecimento na nitretação não deve ser atingido à custa da perda de resistência a corrosão.

Dessa forma, o principal parâmetro de controle utilizado para evitar a precipitação de nitretos de cromo é a temperatura do processo selecionada para a etapa de nitretação. A formação dos nitretos de cromo exige a difusão deste elemento substitucional e é favorecida por temperaturas elevadas de nitretação, de modo que à medida que a temperatura de nitretação diminui esta precipitação é suprimida e o nitrogênio difundido permanece em solução sólida. O aumento crescente de nitrogênio em solução sólida, acima do limite de solubilidade, causa uma supersaturação do reticulado cristalino, com sua consequente expansão, formando uma fase denominada "fase S" e também chamada de "fase expandida" (62-65). As fases expandidas são obtidas para temperaturas de nitretação entre 350 °C e 430 °C. A fase expandida é observada em todos os tipos de aços inoxidáveis e é responsável pelo mecanismo de endurecimento. Este endurecimento superficial é consequência de elevados níveis de tensão residual de compressão na superfície nitretada, gerada pela expansão do reticulado cristalino da fase expandida, supersaturada em nitrogênio, com relação ao núcleo não nitretado (66-71). A Tabela 8.11 apresenta as fases expandidas por nitrogênio na nitretação a baixa temperatura e sua característica de endurecimento para as diferentes famílias de aços inoxidáveis.

Tabela 8.11 – Fases expandidas formadas na nitretação de aços inoxidáveis a baixa temperatura (66-71)

Tipo de aço	Tipo	Fase expandida	Símbolo	Dureza (HV)
Austenítico	AISI 316	Austenita expandida	γ_N	1400
Martensítico	AISI 420	Martensita expandida	α'_N	1000
Endurecível por precipitação	17-4PH	Martensita expandida	α'_N	1000
Ferrítico	AISI 410S	Ferrita expandida	α_N	1200
Duplex	AISI F51	Ferrita expandida Austenita expandida	α_N γ_N	1000 1000

Um fator importante relacionado ao processo de nitretação é a presença da camada passiva de Cr_2O_3 na superfície de peças em aço inoxidável. Esta camada atua como uma barreira contra a difusão de nitrogênio e deve ser retirada antes da etapa de nitretação. Nos processos convencionais a gás ou líquido a remoção dessa camada deve ser realizada de maneira mecânica ou química, com ácidos clorados, o que pode comprometer o acabamento superficial das peças ou constituir em etapas com potencial dano à saúde dos operadores ou aos equipamentos, no caso de uso de decapagem ácida. Atualmente existem processos industriais de nitretação gasosa com uso de decapagem ácida (72), mas o processo de nitretação sob plasma é capaz de remover o filme de Cr_2O_3 por bombardeamento iônico com hidrogênio, utilizando não apenas a energia cinética dos íons, mas também o caráter redutor do hidrogênio (65).

8.7.1 NITRETAÇÃO DOS AÇOS INOXIDÁVEIS AUSTENÍTICOS

O comportamento na nitretação em alta temperatura, acima de 500 °C, e a baixa temperatura, inferior a 420 °C, afeta principalmente a resistência a corrosão da superfície nitretada (73). Os aços inoxidáveis austeníticos não podem ser nitretados convencionalmente em temperaturas próximas de 500-550 °C em virtude da intensa precipitação de nitretos de cromo CrN e Cr_2N na zona de difusão (74-76). A precipitação desses nitretos aumenta a dureza superficial, mas diminui sobremaneira a resistência a corrosão pela retirada de cromo de solução sólida na matriz. A nitretação deve ser realizada em temperaturas inferiores a 430 °C de forma a evitar a precipitação de nitretos. Nesse processo de nitretação a baixa temperatura, em geral entre 380-420 °C, a cinética de difusão do elemento substitucional cromo é muito reduzida, o que inibe a formação dos nitretos de cromo. A difusão crescente de nitrogênio na austenita gera uma solução sólida supersaturada que expande o reticulado cristalino CFC e forma a fase metaestável chamada de "austenita expandida" – γ_N (77-79). A expansão no reticulado cristalino é responsável pela geração de tensões residuais de compressão na superfície nitretada que aumentam a dureza sem comprometer a resistência a corrosão (80-82).

A Figura 8.33 mostra as microestruturas para o aço AISI 316L após a nitretação nas temperaturas de 550 °C e 380 °C. Quando este aço é nitretado a alta temperatura, a superfície nitretada se apresenta escura, severamente atacada, o que denota a perda de resistência a corrosão dessa região, mesmo sob ataque com reagente de Villela. Quando a nitretação é realizada a 380 °C a superfície nitretada se apresenta como uma camada branca e a matriz não nitretada mostra o aspecto típico do aço austenítico. Nesta condição de nitretação a baixa temperatura o reagente metalográfico Marble não ataca a camada nitretada, apenas a matriz, e isso mostra a resistência a corrosão da superfície nitretada.

Esse comportamento de resistência a corrosão diante dos reagentes metalográficos é resultado do mecanismo de formação da superfície nitretada. Os difratogramas de raios X da Figura 8.34 mostram a condição não nitretada e após a nitretação a 380 °C e 550 °C. Na condição não nitretada apenas os picos da austenita CFC estão presentes. Na nitretação a 380 °C os picos da austenita CFC se apresentam deslocados para a esquerda e mais largos, o que é resultado da distorção do reticulado cristalino provocada pela supersaturação em nitrogênio. Por outro lado, para a nitretação a 550 °C a difração indica a presença de diversos picos de nitretos de cromo, CrN e Cr_2N, como resultado da precipitação nessa temperatura.

Assim, a formação da austenita expandida sem precipitação de nitretos é responsável pela manutenção ou aumento na resistência a corrosão da superfície nitretada, e a precipitação de nitretos de cromo que retiram cromo de solução sólida na matriz é responsável pela perda de resistência a corrosão da superfície nitretada.

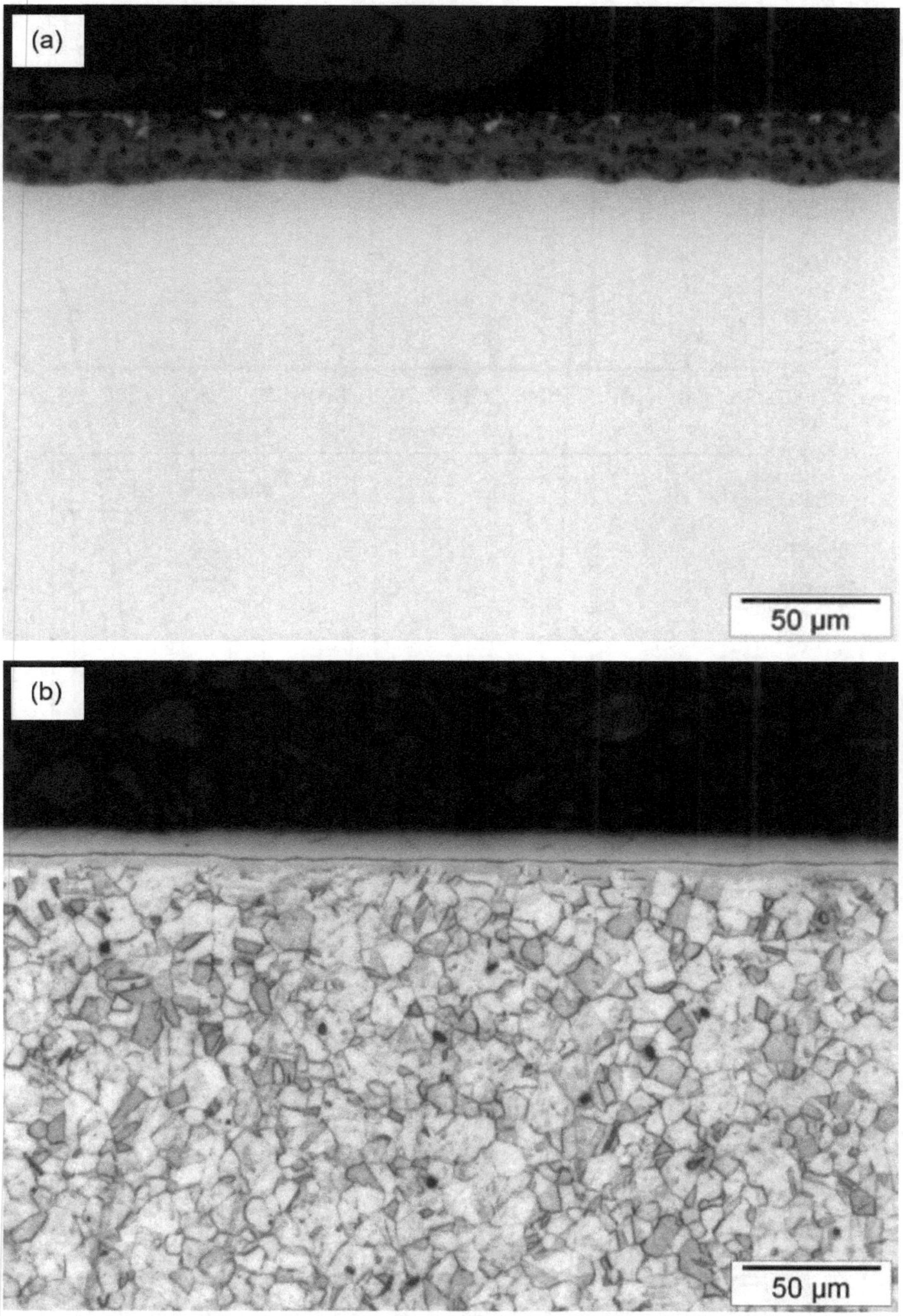

Figura 8.33 – Microestruturas das superfícies nitretadas nas temperaturas de (a) 380 °C, reagente de Marble; e (b) 550 °C, reagente de Villela. Fonte: (82).

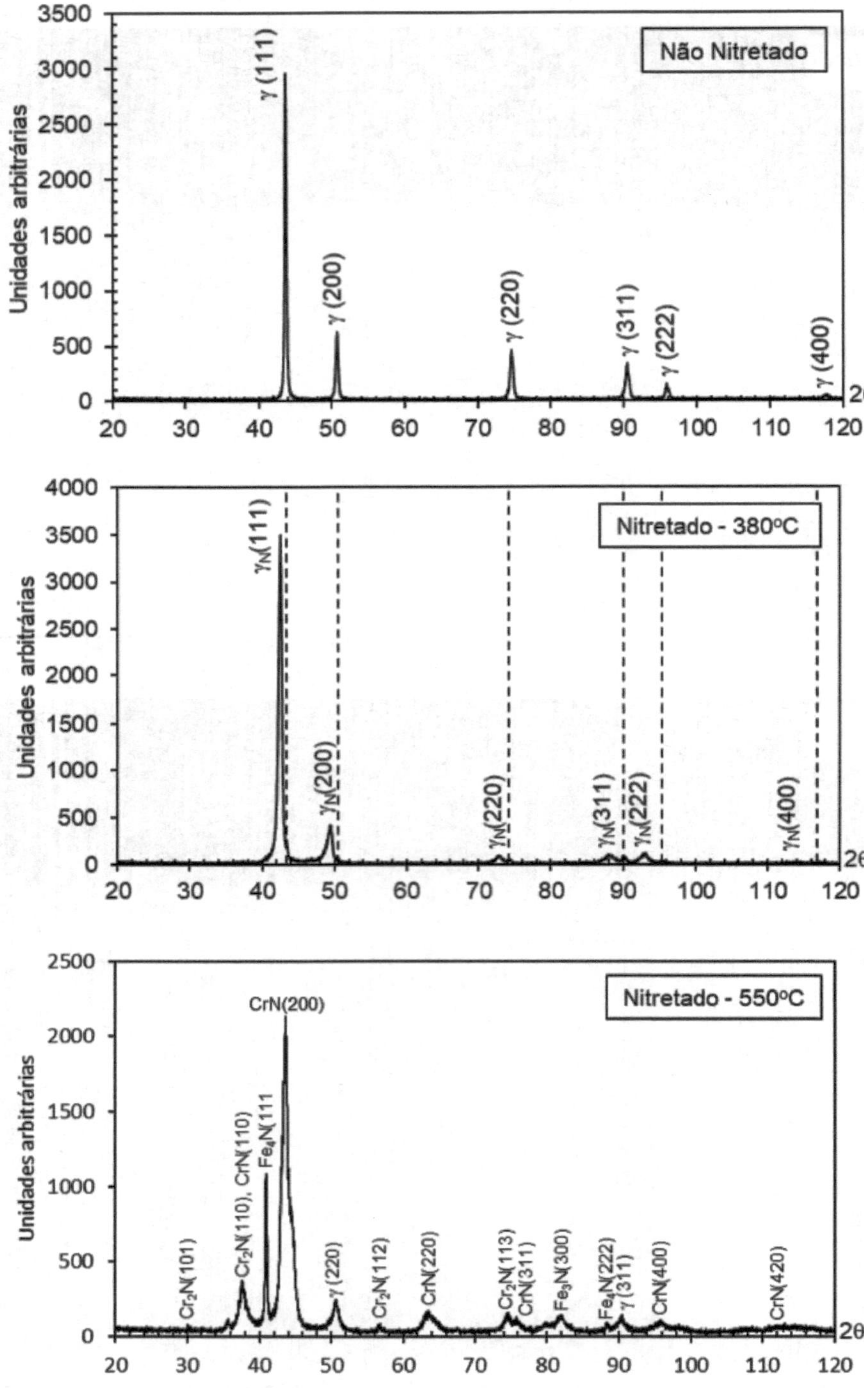

Figura 8.34 – Espectros de DRX para o aço AISI 316L antes e após a nitretação. Fonte: adaptada de (82).

A expansão da rede cristalina CFC na austenita expandida, mostrada pelo alargamento dos picos da austenita na Figura 8.34, causa uma variação de volume próxima de 10% (80), que promove um aumento no parâmetro do reticulado. A austenita CFC isenta de deformação possui um parâmetro de reticulado igual a 0,359 nm (83). Após a nitretação sob plasma, o parâmetro do reticulado, na austenita expandida, aumenta para 0,375 nm, o que corresponde a um teor de nitrogênio em supersaturação igual a 34,6% atômico ou aproximadamente 8,5% em massa (84). Esta expansão no reticulado cristalino CFC sobre o substrato isento de deformação gera tensão residual de compressão que é responsável por um aumento na dureza superficial de até 7 vezes superior à dureza original, como mostrado pela Figura 8.35 (80).

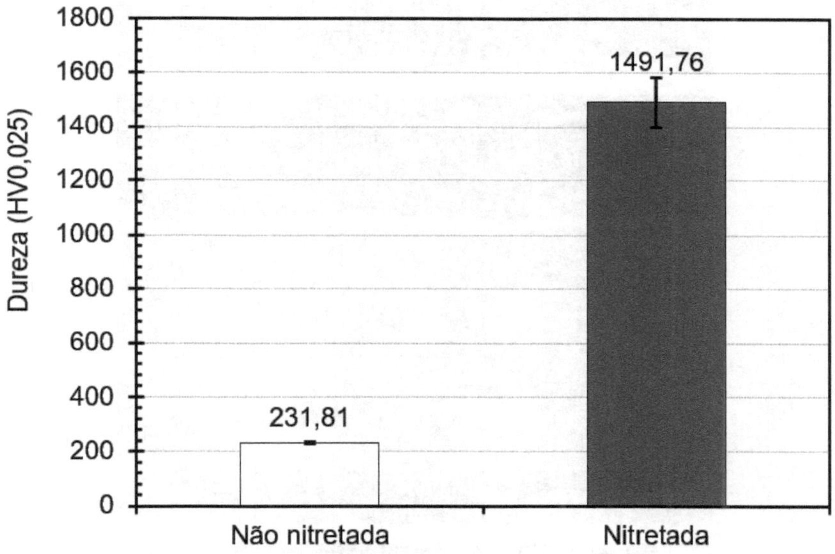

Figura 8.35 – Endurecimento pela formação de austenita expandida após a nitretação sob plasma a 400 °C no aço AISI 316L. Fonte: adaptada de (80).

Essa supersaturação da matriz em elemento intersticial pode ser decorrente não apenas da difusão do nitrogênio, na nitretação, mas também da difusão do carbono (85-87). O tratamento superficial pode envolver a difusão de nitrogênio e carbono, denominado "nitrocarburação", ou apenas de carbono, "carburação". Esses tratamentos são realizados apenas em baixa temperatura, inferior a 430 °C para a nitrocarburação e inferior a 500 °C para a carburação. Nos dois processos a difusão do intersticial a baixa temperatura gera a fase expandida. A Figura 8.36 mostra as microestruturas após: (a) a nitretação, constituída de uma monocamada de austenita expandida pelo nitrogênio-γ_N; após (b) a nitrocarburação constituída de uma camada dupla composta de austenita expandida pelo nitrogênio-γ_N na região externa e de austenita expandida pelo carbono-γ_C entre a primeira camada e a matriz; e após (c) a carburação constituída de uma monocamada de austenita expandida pelo carbono-γ_C.

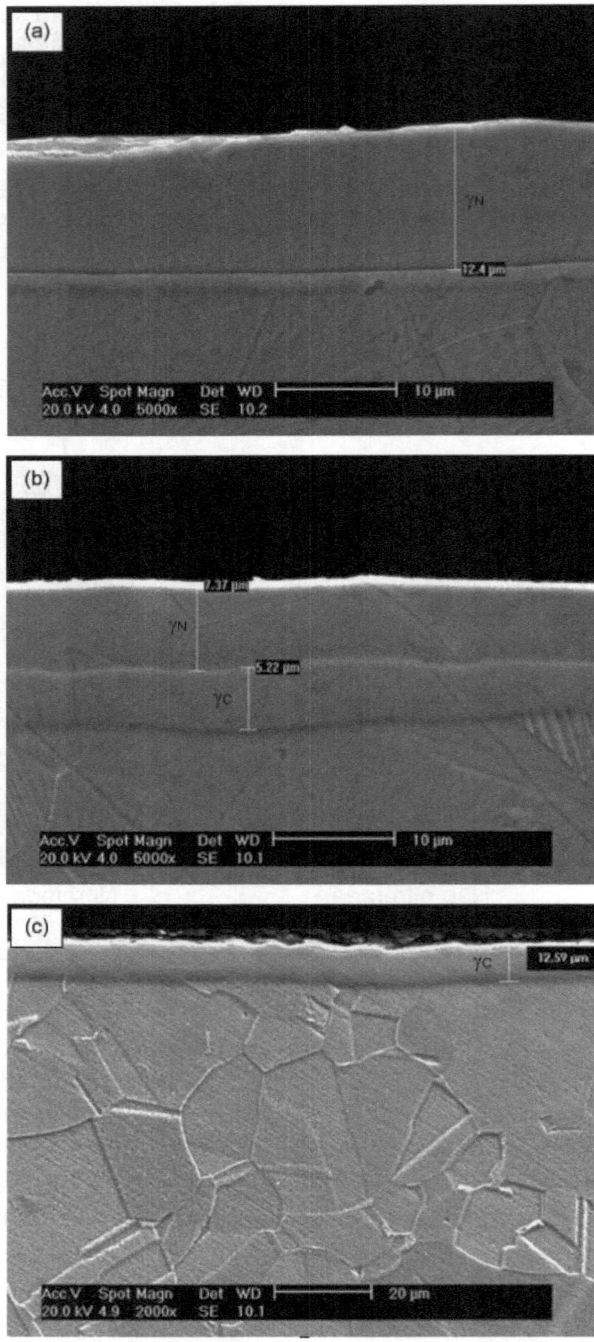

Figura 8.36 – Microestruturas do aço inoxidável austenítico após (a) nitretação, (b) nitrocarburação e (c) carburação a 400 °C. Microscopia eletrônica de varredura, reagente de Marble. Fonte: (86).

Na nitrocarburação e na carburação a geração dessas fases expandidas γ_N e γ_C expande o reticulado cristalino pelo mesmo mecanismo da nitretação, supersaturação em elemento intersticial. A Tabela 8.12 mostra as características de expansão do reticulado cristalino CFC da austenita em cada condição e o teor de nitrogênio dissolvido em condição supersaturada. A expansão volumétrica do reticulado CFC, indicado pela relação Δa/a, é responsável pela geração de tensões residuais de compressão das camadas com relação ao substrato isento de deformação e por consequência é responsável pelo aumento na dureza superficial.

Tabela 8.12 – Parâmetros do reticulado, expansão do reticulado e teor de intersticial em supersaturação para as camadas de austenita expandida (86)

	Fase	a (nm)	Δa/a (%)	Concentração de N-C (calculada)
Não nitretado	γ	0,3589	------	------
Nitretado (400 °C)	γ_N	0,3924	9,32	37,2 at% N
Nitrocarburado	γ_N	0,3916	9,11	36,3 at% N
(400 °C)	γ_C	N.D.	N.D.	N.D.
Carburado (400 °C)	γ_C	0,3627	1,05	6,2 at% C
Carburado (480 °C)	γ_C	0,3684	2,64	13,9 at % C

A Figura 8.37 mostra a relação entre a supersaturação de carbono no reticulado cristalino CFC e a tensão residual na superfície carburada do inoxidável austenítico AISI 316L. A máxima incorporação de carbono na superfície promove a maior distorção do reticulado cristalino e com isso o máximo da tensão residual de compressão. Ambos os parâmetros diminuem gradativamente em direção ao núcleo (85). Como resultado da supersaturação e da geração das tensões residuais de compressão nas superfícies tratadas, a Figura 8.38 mostra o elevado potencial de endurecimento superficial para os três tipos de tratamento (86).

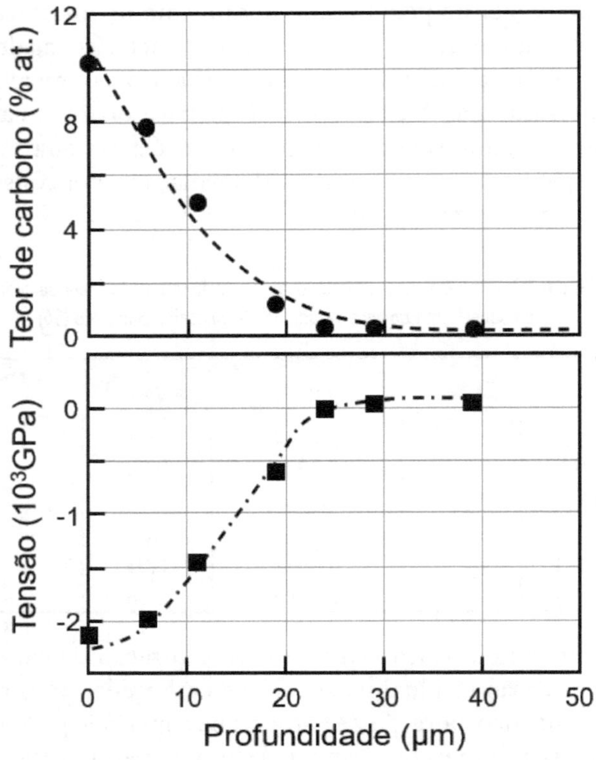

Figura 8.37 – Incorporação de carbono e a tensão residual de compressão na superfície do aço inoxidável AISI 316L após carburação a baixa temperatura ao enriquecimento colossal em carbono. Fonte: adaptada de (85).

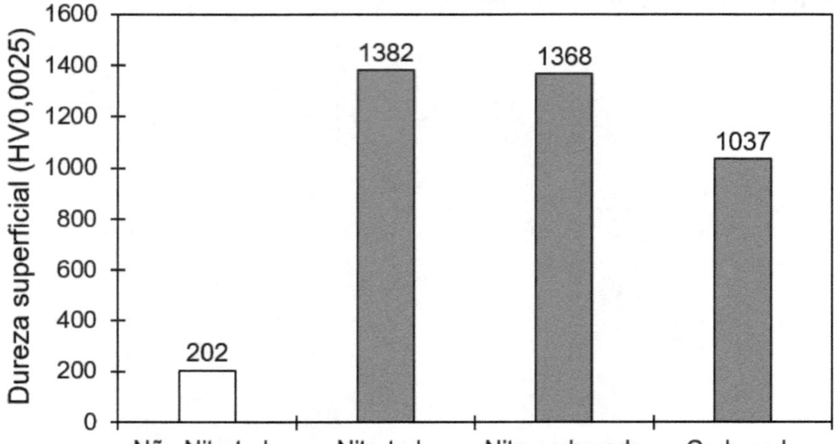

Figura 8.38 – Endurecimento máximo na superfície do aço inoxidável austenítico AISI 316L após a nitretação, nitrocarburação e carburação a 400 °C. Fonte: adaptada de (86).

8.7.2 NITRETAÇÃO DOS AÇOS INOXIDÁVEIS MARTENSÍTICOS

Os aços inoxidáveis martensíticos se comportam de maneira semelhante aos aços inoxidáveis austeníticos com relação aos mecanismos de formação da superfície nitretada em diferentes temperaturas de processo. A Figura 8.39 mostra as microestruturas do aço AISI 420 após a nitretação a 380 °C e 550 °C. A 550 °C a zona de difusão é vista fortemente escurecida devido ao severo ataque com reagente de Villela; já quando a nitretação é realizada a 380 °C a zona de difusão apresenta-se com uma coloração praticamente inalterada com relação à matriz de martensita revenida. Isso denota a perda de resistência a corrosão na nitretação a alta temperatura e a manutenção desta propriedade na nitretação a baixa temperatura (88).

Na Figura 8.40 os difratogramas de raios X mostram o aço AISI 420 antes e após a nitretação sob plasma (88). Após têmpera e revenimento, apresentam apenas os picos referentes à martensita revenida (α'). Quando a nitretação é realizada na temperatura de 380 °C os picos de martensita revenida dão lugar ao pico de martensita revenida expandida (α'_N) e observa-se a presença de picos referentes apenas aos nitretos de ferro, Fe_3N e Fe_4N, mostrando que essa temperatura é suficientemente baixa para inibir a difusão do cromo e com isso a precipitação de nitretos CrN e Cr_2N. A não precipitação de nitretos de cromo a baixa temperatura é responsável pela manutenção da resistência a corrosão. Os picos de difração após a nitretação a 550 °C mostram uma intensa precipitação de nitretos de cromo CrN e Cr_2N, responsável pela diminuição na resistência a corrosão da superfície nitretada.

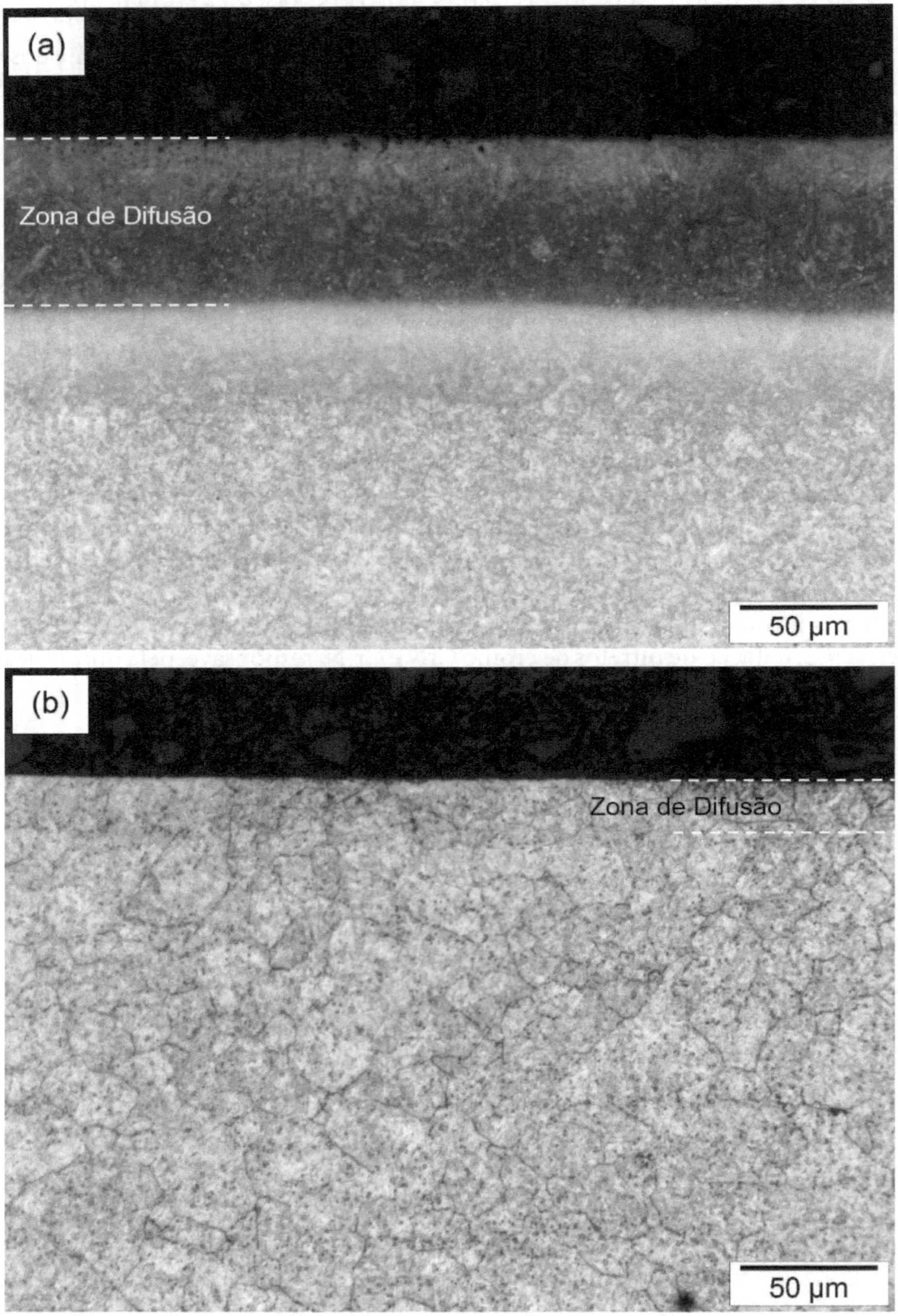

Figura 8.39 – Microestruturas das superfícies nitretadas nas temperaturas de (a) 550 °C e (b) 380 °C, reagente de Villela. Fonte: (88).

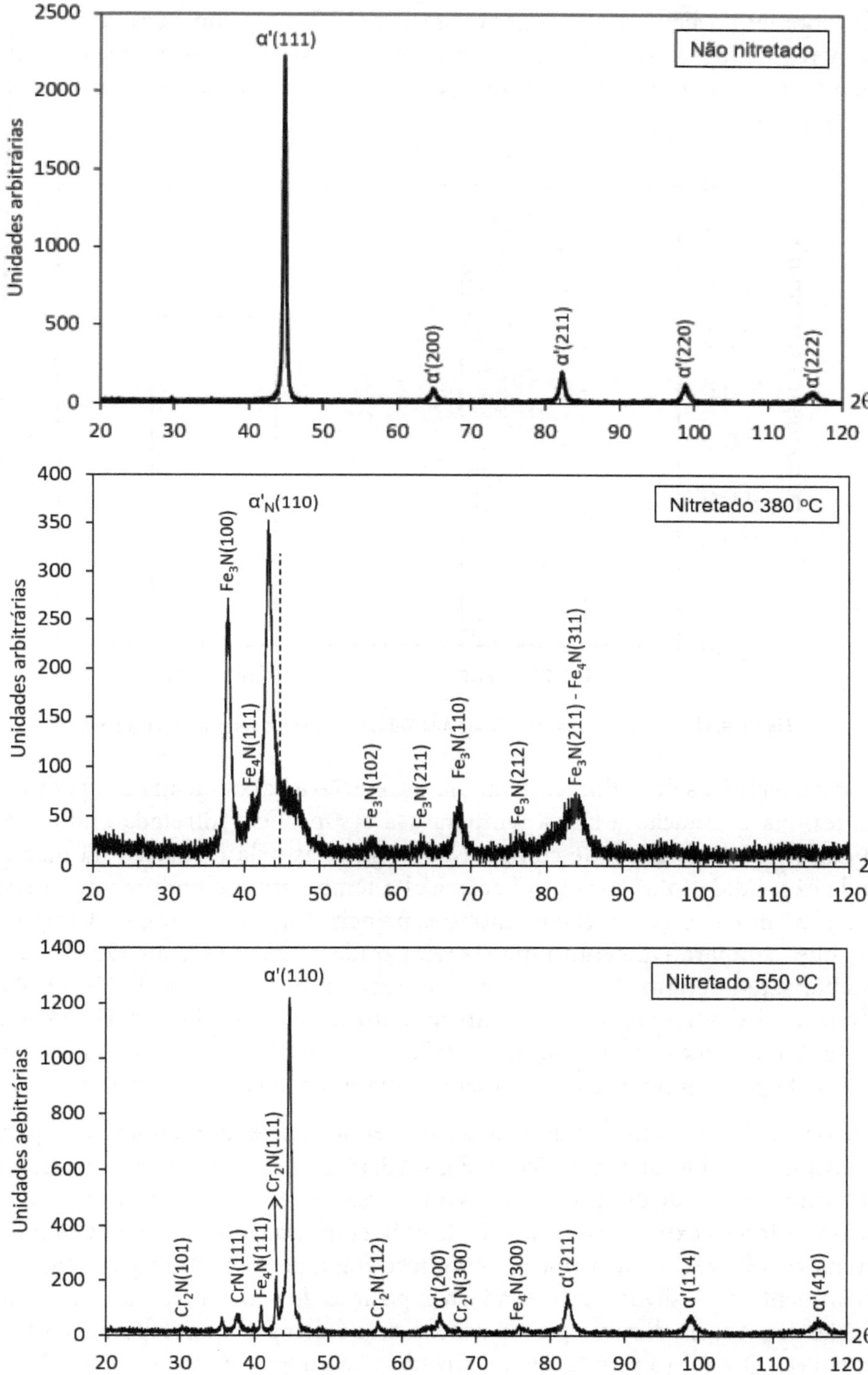

Figura 8.40 – Espectros de DRX para o aço AISI 420 antes e após a nitretação. Fonte: adaptada de (88).

A Figura 8.41 mostra a resistência a corrosão do aço AISI 420 nitretado a 380 °C quando submetido a ensaio por imersão em solução aquosa com 10% de HCl por 120 horas. A resistência a corrosão após a nitretação é inferior à do material no estado temperado e revenido, provavelmente pela maior concentração de nitrogênio na superfície nitretada.

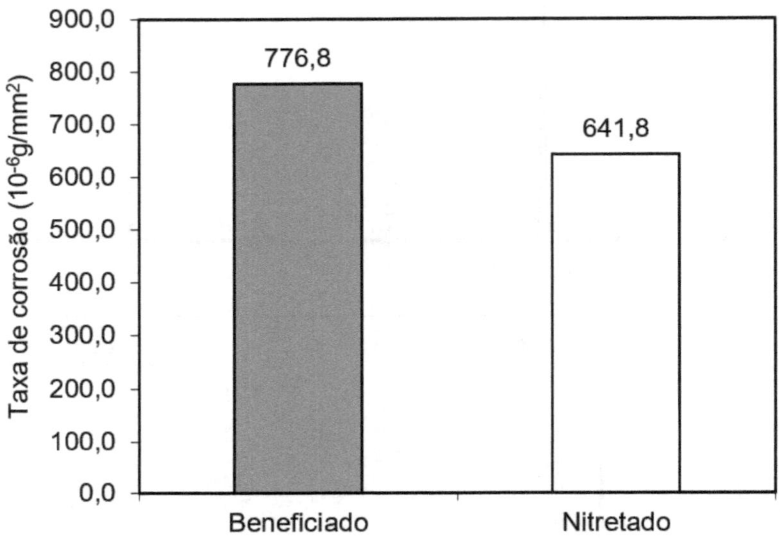

Figura 8.41 – Resistência a corrosão do aço AISI 420 antes e após a nitretação. Fonte: o autor.

As características de endurecimento na nitretação a baixa e a alta temperatura são diferentes. Na nitretação a baixa temperatura a superfície nitretada endurece pelo efeito das tensões residuais de compressão originadas pela formação da martensita revenida expandida (α'_N), e na nitretação a alta temperatura o endurecimento ocorre pelo mecanismo de precipitação de nitretos, principalmente de cromo. A Figura 8.42 mostra que, comparativamente à matriz temperada e revenida, com 590 HV, a nitretação a baixa temperatura promove um endurecimento para perto de 1000 HV e que na nitretação a alta temperatura o endurecimento atinge cerca de 1300 HV. Apesar do menor endurecimento na nitretação a 380 °C, esta condição deve ser utilizada preferencialmente por combinar endurecimento e manutenção de resistência a corrosão.

Outro fator importante relacionado à característica de endurecimento é o perfil de dureza transversal nas duas condições, Figura 8.43. Notadamente, na nitretação a alta temperatura o perfil de endurecimento transversal apresenta um patamar de dureza máxima por toda a extensão da zona de difusão com uma queda abrupta na interface com a matriz (89-92), o que torna esta condição frágil para resistir a ações mecânicas, principalmente de deslizamento. Ainda, a exposição do aço a temperatura elevada de nitretação causa uma diminuição na dureza do núcleo por um efeito de super-revenimento (92). Quando a nitretação é realizada a baixa temperatura, apesar da menor dureza máxima o perfil de endurecimento transversal é difuso, sem diminuição de dureza do núcleo, e apropriado para as mais diferentes aplicações.

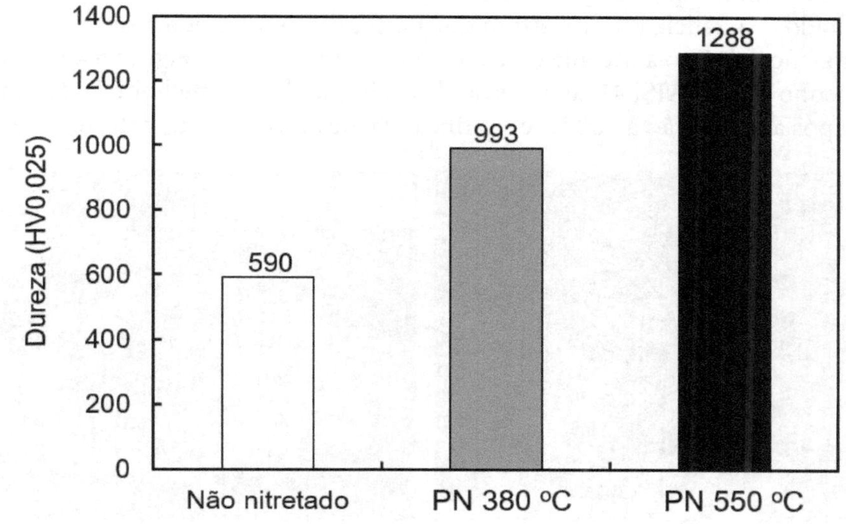

Figura 8.42 – Endurecimento após a nitretação do aço AISI 420. Fonte: adaptada de (88).

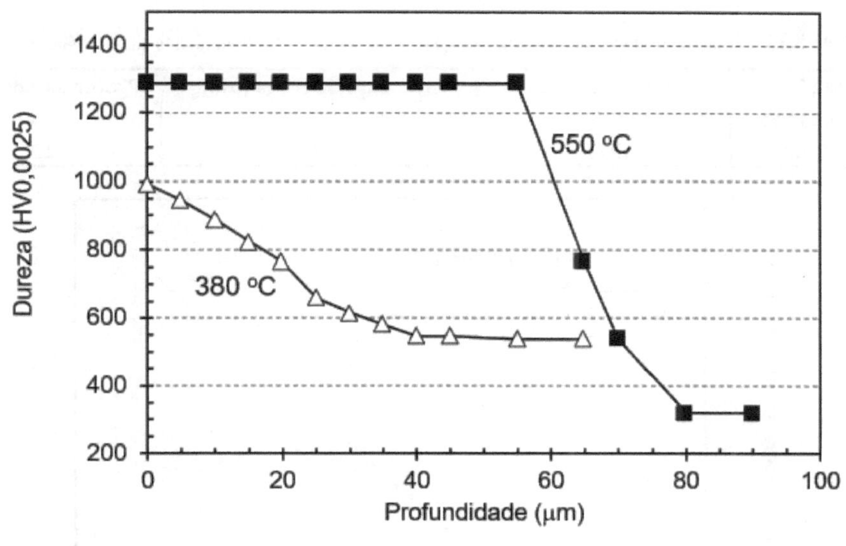

Figura 8.43 – Perfis de endurecimento transversal após a nitretação sob plasma do aço AISI 420 a 380 °C e 550 °C. Fonte: adaptada de (88).

O endurecimento superficial promovido na nitretação a baixa temperatura é responsável por um aumento nas propriedades tribológicas (93). A Figura 8.44 mostra a resistência a riscamento por esclerometria linear do aço inoxidável martensítico AISI 410 (a) sem nitretação, temperado e revenido para uma dureza próxima de 40 HRC e (b) após a nitretação sob plasma a 400 °C. A trilha do risco na condição não nitretada é claramente mais espessa e profunda do que na condição nitretada. Analiticamente, os resultados da Tabela 8.13 mostram que na condição nitretada a severidade do riscamento é no mínimo a metade da condição não nitretada. A Figura 8.45 compara o desempenho do aço AISI 410 em ensaio de cavitação (39). A melhora de desempenho obtida após a nitretação a 400 °C é significativa, de aproximadamente 40 vezes.

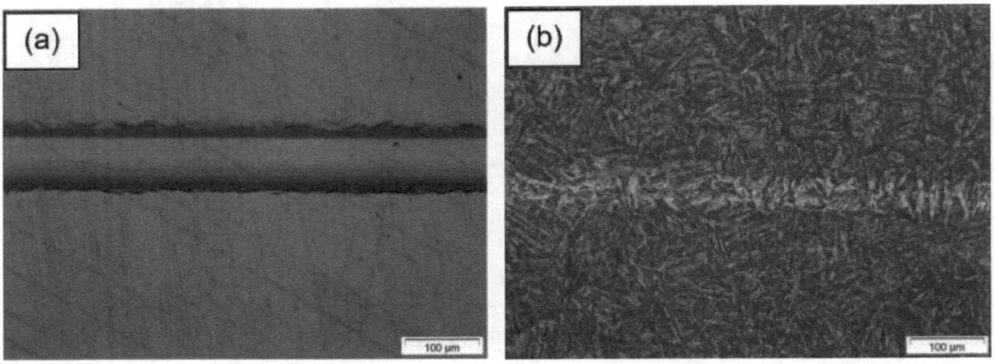

Figura 8.44 – Riscos produzidos por esclerometria linear, sob carga constante, no aço AISI 410 na condição (a) temperada e revenido e (b) após a nitretação sob plasma a 400 °C. Fonte: (93)

Tabela 8.13 – Resposta ao ensaio de riscamento do aço AISI 410 antes e após nitretação sob plasma a 400 °C (93).

Condição	Dureza (HV0,01)	Espessura da trilha (µm)	Profundidade (µm)
Não nitretado	388	90	26
Nitretado	1275	43	12

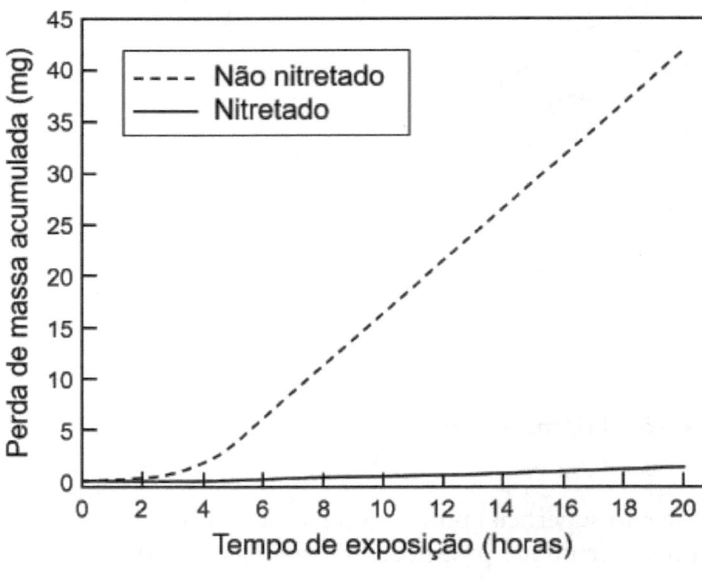

Figura 8.45 – Desempenho em ensaio de cavitação no aço AISI 410 nas condições da Figura 8.44. Fonte: adaptada de (94).

8.7.3 NITRETAÇÃO DOS AÇOS INOXIDÁVEIS ENDURECÍVEIS POR PRECIPITAÇÃO

Na nitretação dos aços inoxidáveis endurecíveis por precipitação, aços classe PH, a temperatura na etapa de nitretação deve ser sempre abaixo ou igual à temperatura de envelhecimento do componente. Como abordado anteriormente, os aços PH são envelhecidos em diferentes temperaturas, especificadas em função das propriedades mecânicas finais. A seleção adequada da temperatura de nitretação permite atingir o endurecimento superficial desejado sem comprometer as propriedades atingidas no envelhecimento. Componentes em aço PH são especificados para nitretação a alta e a baixa temperatura, dependendo de sua aplicação.

A Figura 8.46 mostra a camada nitretada e a característica de endurecimento do aço 17-4PH, inicialmente no estado envelhecido, após a nitretação em processo de plasma-DC na temperatura de 550 °C por tempo de 4 horas. Nesta condição a camada nitretada é composta por uma zona de difusão formada pela precipitação de nitretos de ferro e de cromo. A precipitação desses nitretos promove um intenso endurecimento superficial, capaz de elevar a dureza superficial para valores próximos de 1300 HV (95). Nos aços PH é indispensável que a temperatura de nitretação não comprometa a dureza do núcleo atingida no envelhecimento anterior. No caso dos resultados mostrados na Figura 8.46, a dureza na condição inicial do substrato, previamente envelhecido a 552 °C durante 4 horas, condição H1025 (96) de 35,3 HRC, praticamente se manteve inalterada após a nitretação a 550 °C/4 horas com valor medido de 34,4 HRC (95). A Figura 8.47 mostra o perfil de endurecimento transversal com uma profundidade de nitretação próxima de 0,65 mm.

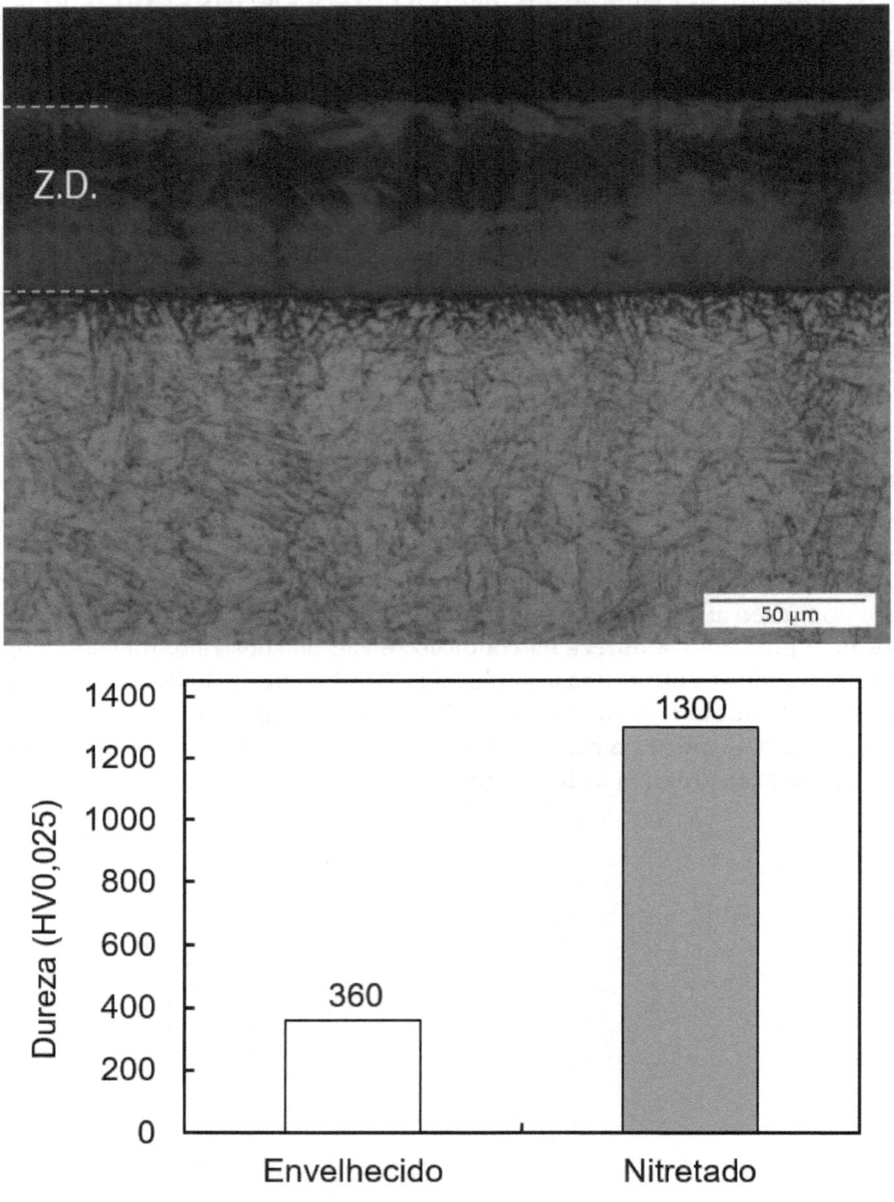

Figura 8.46 – Camada nitretada e característica de endurecimento do aço 17-4PH após a nitretação sob plasma em plasma-DC na temperatura de 550 °C. Fonte: adaptada de (95).

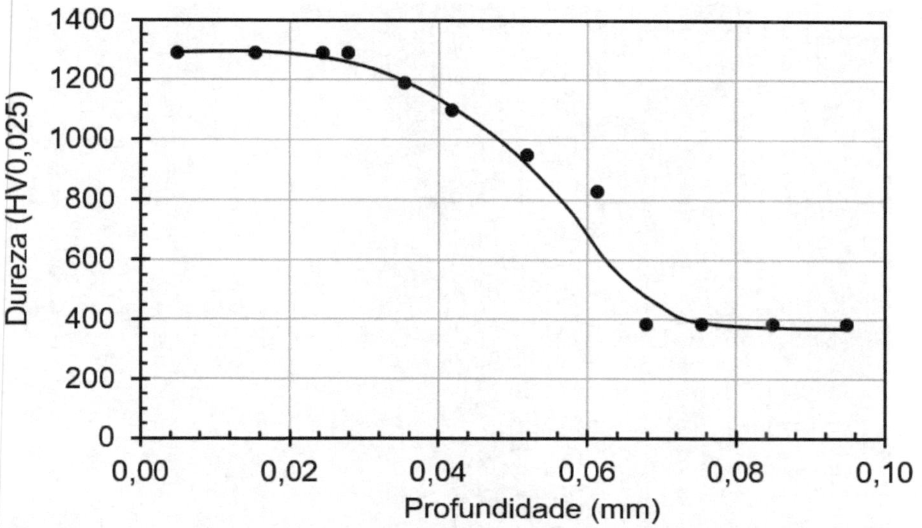

Figura 8.47 – Perfil de endurecimento transversal do aço 17-4PH após a nitretação sob plasma em plasma-DC na temperatura de 550 °C. Fonte: adaptada de (95).

A nitretação dos aços PH também pode ser realizada em baixa temperatura com o objetivo de não afetar a resistência à corrosão (97). A Figura 8.48 mostra a camada nitretada do aço 17-4PH após a nitretação sob plasma na temperatura de 400 °C. Observa-se que a camada nitretada se apresenta branca e não atacada pelo reagente de Villela, ao contrário da camada nitretada a 550 °C, que se apresenta escura e severamente atacada pelo reagente de Villela. Essa diferença de comportamento está relacionada ao mecanismo de endurecimento. Como o endurecimento na nitretação a 550 °C ocorre com a precipitação de nitretos de cromo, a resistência a corrosão diminui, pois a matriz é empobrecida em cromo. Já na nitretação a 400 °C, o endurecimento ocorre pela formação de uma camada supersaturada em nitrogênio denominada "martensita expandida – α'_N", sem precipitação de nitretos. A martensita expandida possui elevada dureza, atingindo 1100 HV, com a vantagem de não diminuir a resistência a corrosão.

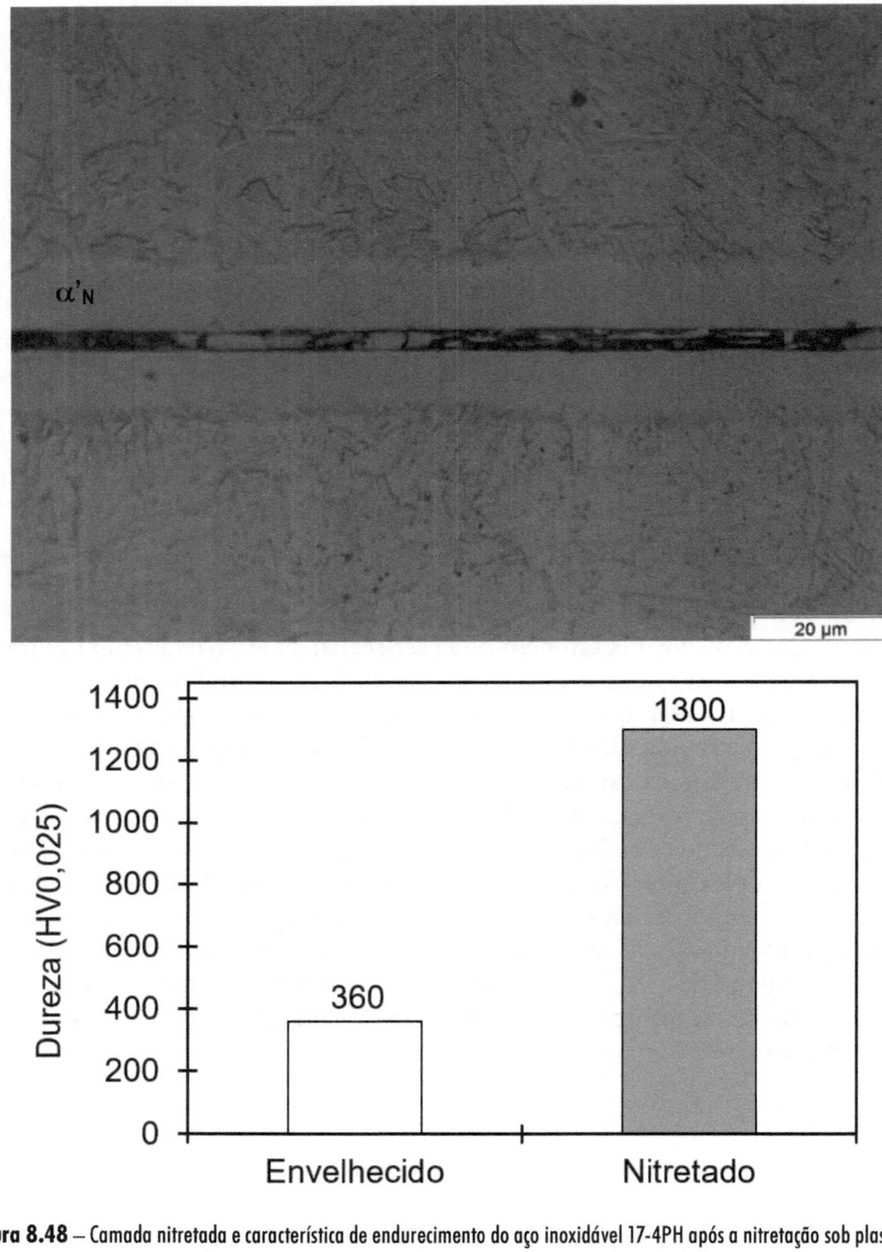

Figura 8.48 – Camada nitretada e característica de endurecimento do aço inoxidável 17-4PH após a nitretação sob plasma em tela ativa na temperatura de 400 °C. Fonte: adaptada de (97).

8.7.4 NITRETAÇÃO DOS AÇOS INOXIDÁVEIS FERRÍTICO E DUPLEX

O uso da nitretação em aços inoxidáveis ferríticos e duplex é uma tecnologia em implementação. Entretanto, estes aços são nitretados a baixa temperatura com resultados promissores para o uso nos mais diferentes componentes. Quando os aços inoxidáveis ferríticos são nitretados a baixa temperatura se evita a precipitação de nitretos de cromo (98,99). A Figura 8.49 mostra a microestrutura da superfície nitretada sob plasma do aço tipo AISI 410S com a formação de ferrita expandida (α_N) e a precipitação apenas do nitreto de ferro Fe_3N. O espectro de difração de raios X ilustrado na Figura 8.50 mostra em linhas tracejadas a posição original dos picos de ferrita com a formação de ferrita expandida (α_N) e apenas a presença dos picos de nitreto de ferro. A não precipitação de nitretos de cromo preserva a resistência a corrosão da superfície nitretada. A Figura 8.51 mostra o endurecimento obtido na nitretação com a comparação entre a dureza máxima obtida e o perfil de endurecimento transversal da superfície nitretada.

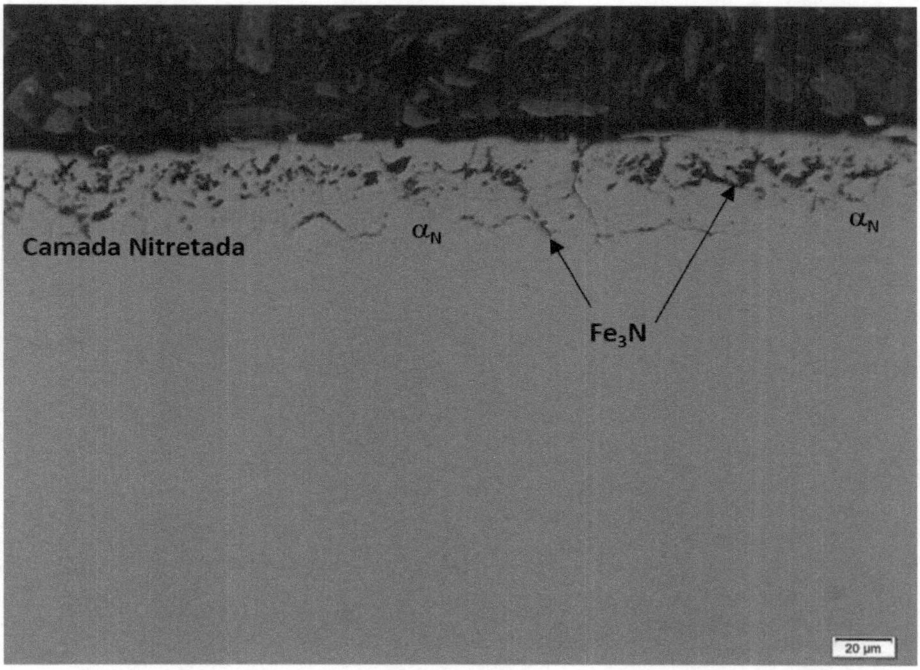

Figura 8.49 – Microestrutura transversal da superfície nitretada após nitretação sob plasma do aço inoxidável AISI 410S a 400 °C, reagente de Villela. Fonte: adaptadab de (98).

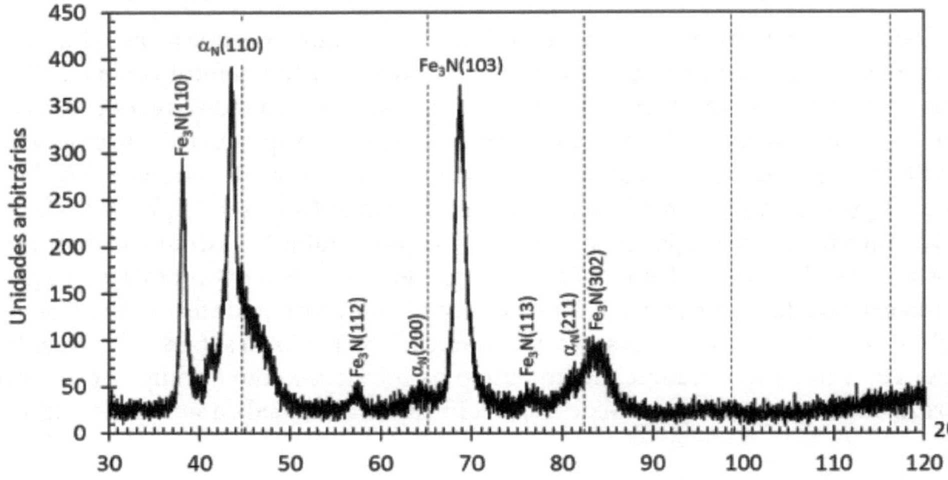

Figura 8.50 – Espectros de DRX após nitretação sob plasma do aço inoxidável AISI 410S a 400 °C. Fonte: adaptada de (98).

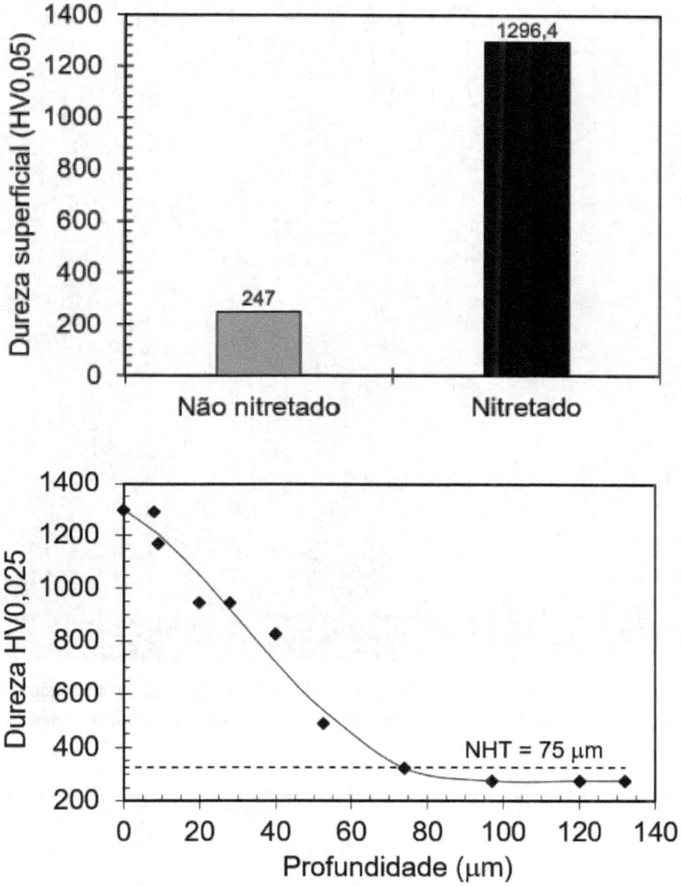

Figura 8.51 – Dureza superficial e perfil de endurecimento transversal no aço AISI 410S após nitretação sob plasma a 400 °C. Fonte: adaptada de (98).

Os aços inoxidáveis duplex possuem microestrutura composta de duas fases, austenita e ferrita, em proporções aproximadamente iguais. Nesta condição a nitretação a baixa temperatura conduz à formação de austenita expandida (γ_N) e de ferrita expandida (α_N) no topo de cada banda, respectivamente (100,101). A Figura 8.52 mostra a microestrutura na superfície do aço inoxidável duplex tipo 2205 após a nitretação sob plasma a 400 °C. Observam-se na fotomicrografia as bandas de austenita e de ferrita e a formação das respectivas fases expandidas na superfície nitretada (100). O espectro de difração de raios X na Figura 8.53 mostra os picos das fases originais, à esquerda os respectivos picos das fases expandidas pelo nitrogênio e picos referentes à precipitação de nitreto de ferro do tipo Fe_3N (100). O resultado da formação da austenita e ferrita expandidas é um intenso endurecimento na superfície nitretada, mostrado na Figura 8.54.

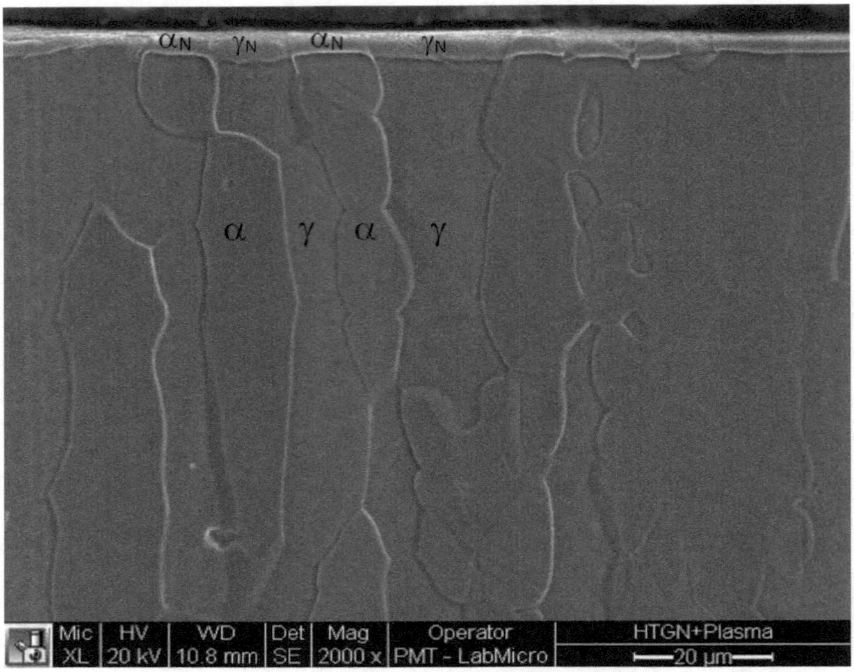

Figura 8.52 – Microestrutura do aço inoxidável duplex UNS S31803, tipo 2205, após a nitretação sob plasma a baixa temperatura. Presença de austenita expandida e de ferrita expandida na superfície nitretada. Fonte: (100).

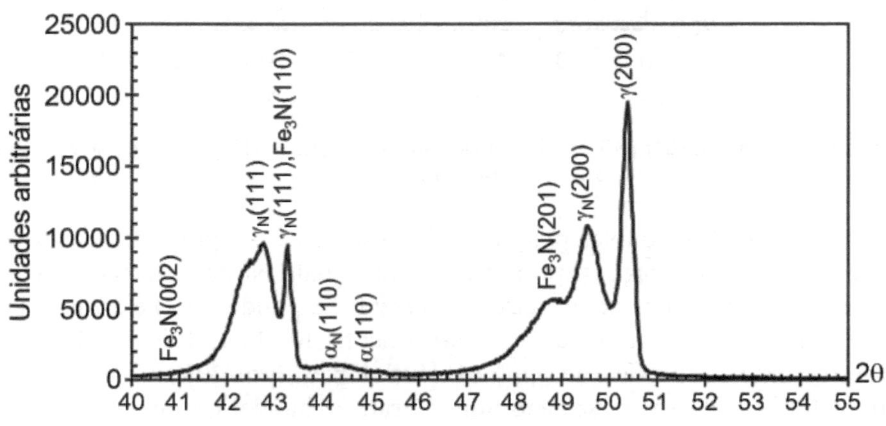

Figura 8.53 – Espectro de difração de raios X da superfície do aço inoxidável duplex UNS S31803, tipo 2205, após a nitretação sob plasma a baixa temperatura. Presença de picos de austenita expandida e de ferrita expandida. Fonte: (100).

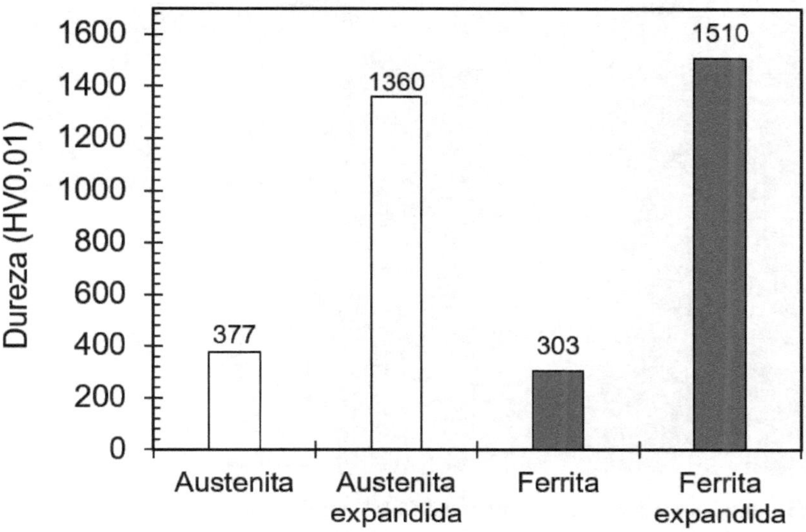

Figura 8.54 – Endurecimento após a formação de austenita e ferrita expandidas no aço inoxidável duplex UNS S31803, tipo 2205, após a nitretação sob plasma a baixa temperatura. Fonte: adaptada de (101).

Os aços inoxidáveis duplex são suscetíveis a um tratamento conjunto de nitretação a alta temperatura, próximo de 1200 °C, seguido da nitretação a baixa temperatura para otimizar suas propriedades superficiais. No tratamento de nitretação a alta temperatura a introdução do nitrogênio desloca o equilíbrio de fases de modo que as estrias de ferrita se transformam em austenita e com isso formam uma camada espessa, próxima de 100 μm, elevando a dureza de 280 HV para 330 HV em direção da superfície. A posterior nitretação sob plasma a baixa temperatura forma então uma camada homogênea de austenita expandida com dureza superior a 1200 HV sobre a monocamada de austenita (102). Esta combinação de estruturas superficiais é mostrada na Figura 8.55.

Como resultado dessa combinação de tratamentos superficiais de nitretação a alta e a baixa temperaturas as propriedades tribológicas da superfície são elevadas consideravelmente. A Figura 8.56 mostra os resultados do aço inoxidável duplex tipo 2205 em ensaio de cavitação em diferentes condições, mostrando que a perda de massa diminui com o uso da nitretação gasosa a alta temperatura (condição NGAT) pela formação da monocamada de austenita e é praticamente nula, para tempo de ensaio de até 64 horas com a combinação da NGAT com formação do filme de austenita expandida após a nitretação sob plasma a baixa temperatura (condição NPBT) (102).

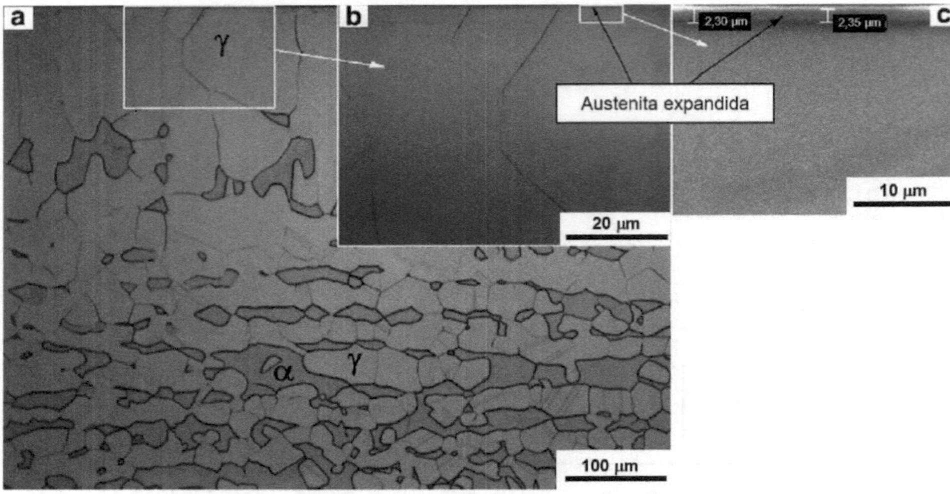

Figura 8.55 – Microestrutura do aço inoxidável duplex UNS S31803, tipo 2205, após a nitretação gasosa a alta temperatura (NGAT) e nitretação sob plasma a baixa temperatura (NPBT). Fonte: adaptada de (102).

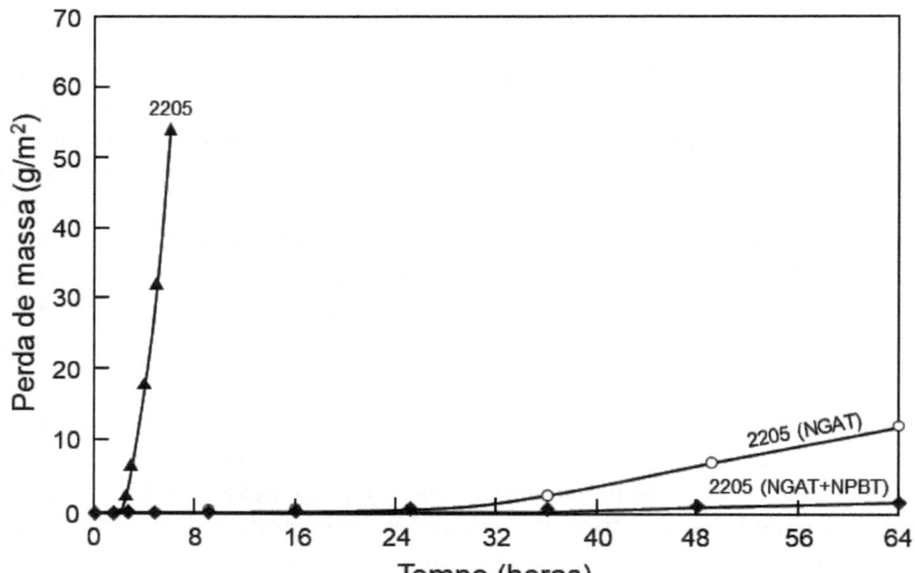

Figura 8.56 – Comportamento do aço inoxidável duplex UNS S31803, tipo 2205, em ensaio de cavitação após a nitretação gasosa a alta temperatura (NGAT) e nitretação sob plasma a baixa temperatura (NPBT). Fonte: adaptada de (102).

REFERÊNCIAS

(1) American Iron and Steel Institute. *Design Guidelines for the Selection and Use of Stainless Steel.* A Designer's Handbook Series n. 9014, Nickel Institute, 2020.

(2) S. D. Washko, G. Aggen. Wrought Stainless Steels. In: *ASM Handbook*, Vol. 1, Properties and Selection: Irons, Steels, and High-Performance Alloys. Ohio: ASM International, 1990. p. 2006-2012.

(3) M. McGuire. *Stainless Steels for Design Engineers.* Ohio: ASM International, 2008.

(4) J. K. L. Lai. A review of precipitation behaviour in AISI Type 316 stainless steel. *Materials Science and Engineering*, v. 61, p. 101-109, 1983.

(5) B. Weiss, R. Stickler. Phase instabilities during high temperature exposure of 316 austenitic stainless steel. *Metallurgical and Materials Transactions B*, v. 3, p. 851-866, 1972.

(6) S. M. Bruemmer, L. A. Charlot. Development of grain boundary chromium depletion in type 304 and 316 stainless steels. *Scripta Metallurgica*, v. 20, p. 1019-1024, 1986.

(7) M. Matula, L. Hyspecka, M. Svoboda, V. Vodarek, C. Dagbert, J. Galland, Z. Stonawska, L. Tuma. Intergranular corrosion of AISI 316L steel. *Materials Characterization*, v. 46, p. 203-210, 2001.

(8) R. A. Moen, D. R. Duncan. *Cold work effects*: a compilation data for 304 and 316 stainless steels. Hanford Engineering Development Laboratory, Report: HEDL-TI-76005, 1976.

(9) I. Shakhova, V. Dudko, A. Belyakov, K. Tsuzaki, R. Kaibyshev. Effect of large strain cold rolling and subsequent annealing on microstructure and mechanical properties of an austenitic stainless steel. *Materials Science and Engineering A*, v. 545, p. 176-186, 2012.

(10) R. A. Lula. *Stainless Steel.* Ohio: ASM International, 1989.

(11) Carpenter Technology. Technical Datasheet – *CarTech 316/316L Stainless.* Disponível em: https://f.hubspotusercontent20.net/hubfs/7407324/Material%20Saftey%20Data%20Sheets/316.pdf. Acesso em: 26 abr. 2021.

(12) A. Belyakov, Y. Kimura, K. Tsuzaki. Recovery and recrystallization in ferritic stainless steel after large strain deformation. *Materials Science and Engineering: A*, v. 403, p. 249-259, 2005.

(13) AK Steel Corporation. Catálogo Técnico. *Martensitic stainless steel comparator.* 2018.

(14) A. V. Khvan, B. Hallstedt, C. Broeckmann. A thermodynamic evaluation of the Fe-Cr-C system. *Calphad*, v. 46, p. 24-33, 2014.

(15) R. Benz, J. F. Elliott. Thermodynamics of the carbides in the system Fe-Cr-C. *Metallurgical Transactions*, v. 5, p. 2235-2240, 1974.

(16) V. K Bungardt. Untersuchungen über den Aufbau des Systems Eisen-Chrom-Kohlenstoff. *Arch. Eisenhüttenwesen*, v. 29, n. 3, p. 193-203, 1958.

(17) C. E. Pinedo. Tratamento térmico e superficial do aço inoxidável martensítico AISI 420 destinado a moldes para injeção de polímeros. Parte I – Tratamento térmico. In: 2° Encontro da Cadeia de Ferramentas, Moldes e Matrizes – ABM, 21 a 23 de setembro. *Anais*... 2004. p. 281-292.

(18)A. V. Khvana, B. Hallstedt, C. Broeckmann. A thermodynamic evaluation of the Fe-Cr-C system. *CALPHAD*, v. 46, p. 24-33, 2014.

(19) C. E. Pinedo. *Decomposição Isotérmica da austenita em um aço inoxidável martensítico Tipo AISI 410*. Dissertação (Mestrado), Escola Politécnica da Universidade de São Paulo, 1990.

(20) C. G. Andrés, G. Caruana, L. F. Alvarez. Control of $M_{23}C_6$ carbides in 0.45C-13Cr martensitic stainless steel by means of three representative heat treatment parameters. *Materials Science and Engineering A*, v. 241, p. 211-215, 1998.

(21) A. F. Candelária, C. E. Pinedo. Influence of the heat treatment on the corrosion resistance of the martensitic stainless steel type AISI 420. *Journal of Materials Science Letters*, v. 22, p. 1151-1153, 2003.

(22) Timken Company Subsidiary. Catálogo Técnico. *TLS™ 410 SS, ASTM A276, Type 410*, Timken Latrobe Steel. 2002.

(23) Timken Company Subsidiary. Catálogo Técnico. *LSS™ 420 MQ Plastic Mould Steel, AISI Type 420*, Timken Latrobe Steel. 2002.

(24) Crucible Industries. Catálogo Técnico. *Crucible 440A Stainless Steel.*

(25) Carpenter Technology Corporation. Technical Datasheet. *Carpenter Stainless Type 410*. 2012.

(26) Uddeholm AB. Technical Datasheet. *STAVAX ESR Stainless mold steel.*

(27) Uddeholm AB. Technical Datasheet. *Uddeholm Elmax® Superclean.*

(28) *ASM Handbook*, Volume 1. Properties and Selection: Irons, Steels and High Performance Alloys. 10. ed. Ed. Rudolf Steiner. Ohio: ASM International. 1990.

(29) *ASTM A217A/217M – 08*. Standard Specification for Steel Castings, Martensitic Stainless and Alloy, for Pressure-Containing Parts, Suitable for High-Temperature Service. ASTM International, 2009.

(30) C. E. Pinedo, C. S. Gonçalves, B. C. M. Terra, A. Mendanha. Influência dos parâmetros de tratamento térmico na resistência ao impacto e à corrosão do aço inoxidável martensítico AISI 420. In: 75° Congresso Anual da ABM. *Anais*... 2021 [no prelo].

(31) C.E. Pinedo, W. A. Monteiro. Tratamento térmico e de nitretação sob plasma do aço inoxidável martensítico AISI 420. *Tecnologia em Metalurgia, Materiais e Mineração*, v. 8, p. 1-5. 2011.

(32) Villares Metals S.A. Catálogo Técnico. *Aços Inoxidáveis*, out. 2014.

(33) Carpenter Technology Corporation. *Project 70+® Custom 630 Stainless*. Technical Datasheet, 2011.

(34) Carpenter Technology Corporation. *CarTech® 15Cr-5Ni Stainless*. Technical Datasheet, 2011.

(35) Allegheny Ludlum. *Stainless Steel AL 17-4™ Precipitation Hardening Alloy* (UNS Designation S17400), 2008.

(36) Allegheny Ludlum. *Stainless Steel AL 17-7™ Precipitation Hardening Alloy* (UNS Designation S17700), 2008.

(37) AK Steel Corporation.*17-4PH Stainless Steel*. Product Data Bulletin, 2007.

(38) AK Steel Corporation.*17-7PH Stainless Steel*. Product Data Bulletin, 2007.

(39) AK Steel Corporation.*15-5PH Stainless Steel*. Product Data Bulletin, 2007.

(40) *AMS 5643Q*, Steel, Corrosion-Resistant, Bars, Wire, Forgings, Tubing, and Rings 16Cr-4.0Ni-0.30Cb-4.0Cu Solution Heat Treated, Precipitation Hardenable, SAE International, 2003.

(41) C. E. Pinedo, S. I. V. Larrotta, A. S. Nishikawa, H. Dong, X-Y. Li, A. P. Tschiptschin. Low temperature active screen plasma nitriding of 17-4PH stainless steel. *Surface and Coatings Technology*, 2016.

(42) H. Mirzadeh, A. Najafizadeh. Aging kinetics of 17-4 PH stainless steel. *Materials Chemistry and Physics*, v. 116, p. 119-124, 2009.

(43) C. N. Hsiao, C. S. Chiou, J. R. Yang. Aging reactions in a 17-4 PH stainless steel. *Materials Chemistry and Physics*, v. 74, p. 134-142, 2002.

(44) U. K. Viswanathan, S. Banerjee, R. Krishnan. Effects of aging on the microstructure of 17-4 PH stainless steel. *Materials Science and Engineering A*, v. 104, p. 181-189, 1988.

(45) M. Murayama, Y. Katayama, K. Hono. Microstructural evolution in a 17-4 PH stainless steel after aging at 400°C. *Metallurgical and Materials Transactions A*, v. 30, p. 345-353, 1999.

(46) X. Peng, X. Zhou, X. Hua, Z. Wei, H. Liu. Effect of aging on hardening behavior of 15-5PH stainless steel. *International Journal of Iron and Steel Research*, v. 22, p. 607-614, 2015.

(47) M. McGuire. *Stainless Steels for Design Engin*eers. Ohio: ASM International, 2008.

(48) I. Alvarez-Armas. Duplex stainless steels: brief history and some recent alloys. *Recent Patents on Mechanical Engineering*, v. 1, p. 51-57, 2008.

(49) I. Zucato, M. C. Moreira, I. F. Machado, S. M. G. Lebrão. Microstructural characterization and the effect of phase transformations on toughness of the UNS S31803 duplex stainless steel aged treated at 850°C. *Materials Research*, v. 5, p. 385-389, 2002.

(50) A. J. Sedriks. *Corrosion of Stainless Steels*. 2. ed. New Jersey: John Wiley & Sons, 1996.

(51) M. Martins, L. C. Casteletti. Heat treatment temperature influence on ASTM A890 GR 6A super duplex stainless steel microstructure. *Materials Characterization*, v. 55, p. 225-233, 2005.

(52) R. Badji, M. Bouabdallah, B. Bacroix, C. Kahloun, B. Belkessa, H. Maza. Phase transformation and mechanical behavior in annealed 2205 duplex stainless steel welds. *Materials Characterization*, v. 59, p. 447-453, 2008.

(53) S. Pramanik, S. Bera, S. K. Ghosh. Influence of cold rolling on microstructural evolution in 2205 duplex stainless steel. *Steel Research International*, v. 85, p. 776-783, 2014.

(54) M. Breda, K. Brunelli, F. Grazzi, A. Scherillo, I. Calliari. Effects of cold rolling and strain-induced martensite formation in a SAF 2205 duplex stainless steel. *Metallurgical and Materials Transactions A*, v. 46, p. 577-586, 2015.

(55) A. N. Moura, L. N. O. Favarato, A. Itman Filho, C. M. Alcântara, M. A. Cunha, T. R. Oliveira, M. L. P. Machado. Study of the recrystallization and crystallographic texture evolution during final annealing of UNS S32304 Lean Duplex stainless steel. *Materials Characterization*, v. 130, p. 39-49, 2017.

(56) E. Stagno, M. R. Pinasco, G. Palombarini, M. G. Ienco, G. F. Bocchini. Behaviour of sintered 410 low carbon steels towards ion nitriding. *Journal of Alloys and Compounds*, v. 247, p. 172-179, 1997.

(57) K. Marchev, C. V. Cooper, B. C. Giessen. Observation of a compound layer with very low friction coefficient in lon-nitriding martensitic 410 stainless steel. *Surface and Coatings Technology*, v. 99, p. 229-233, 1998.

(58) C. E. Pinedo. *Estudo morfológico e cinético da nitretação por plasma do aço inoxidável martensítico AISI 420*. Tese (Doutorado), Instituto de Pesquisas Energéticas e Nucleares da Universidade de São Paulo. 2000.

(59) C. E. Pinedo, W. A. Monteiro. Surface hardening by plasma nitriding on high chromium alloy steel. *Journal of Materials Science Letters*, v. 20, p. 147-149, 2001.

(60) R. R. Caetano, A. R. Franco Jr., C. E. Pinedo. Características de formação da austenita expandida na nitretação por plasma do aço inoxidável austenítico AISI 316 Grau ASTM F138. In: XV CBECIMAT. *Anais...* Natal: CBecimat – UFRN, 2002.

(61) R. R. Caetano, A. R. Franco Jr., C. E. Pinedo. Low temperature plasma nitrided austenitic stainless steel Type 316L In: 58th ABM Annual Congress. *Anais...* 2003. p. 3307-3313.

(62) Y. Sun, X. Li, T. Bell. Low temperature plasma carburising of austenitic stainless steels for improved wear and corrosion resistance. *Surface Engineering*, v. 15, p. 49-54, 1999.

(63) C. E. Pinedo. Nitretação por plasma de aços inoxidáveis. *Metalurgia e Materiais*, v. 60, p. 162-164, 2004.

(64) H. Dong. S-phase surface engineering of Fe-Cr, Co-Cr and Ni-Cr alloys. *International Materials Reviews*, v. 55, p. 65-98, 2010.

(65) C. E. Pinedo. Nitretação sob plasma – fundamentos e aplicações. Parte II – Aplicação em aços inoxidáveis. *Industrial Heating*, v. 4, p. 28-31, 2012.

(66) N. Mingolo, A. P. Tschiptschin, C. E. Pinedo. On the formation of expanded austenite during plasma nitriding of an AISI 316L austenitic stainless steel. *Surface & Coatings Technology*, v. 201, p. 4215-4218, 2006.

(67) C. E. Pinedo, W. A. Monteiro. Tratamento térmico e de nitretação sob plasma do aço inoxidável martensítico AISI 420. *Tecnologia em Metalurgia, Materiais e Mineração*, v. 8, p. 86-90, 2011.

(68) C. E. Pinedo, R. Magnabosco. Mecanismos de nitretação sob plasma do aço inoxidável martensítico AISI 420 nitretado a alta e baixa temperatura. *Tecnologia em Metalurgia, Materiais e Mineração*, v. 12, p. 257-264, 2015.

(69) A. A. Vitoi, R. Magnabosco, C. E. Pinedo, A. P. Tschiptschin. Nitretação sob plasma por tela ativa e plasma direto/DC do aço inoxidável endurecível por precipitação tipo 17-4 PH. In: 70° Congresso Anual da ABM, 17 a 21 de agosto. *Anais*... 2015.

(70) M. T. Umemura, C. E. Pinedo, L. B. Varela, R. C. Cozza, A. P. Tschiptschin. Assessment of tribological properties of plasma nitrided 410S ferritic-martensitic stainless steels. *Wear*, v. 426-427, p. 49-58, 2019.

(71) C. E. Pinedo, L. B. Varela, A. P. Tschiptschin. Low-temperature plasma nitriding of AISI F51 duplex stainless steel. *Surface & Coatings Technology*, v. 232, p. 839-843, 2013.

(72) Expanite. *Expanite® surface hardening process*. Disponível em: https://www.expanite.com/implementation-of-expanite-surface-hardening/. Acesso em: 4 fev. 2020.

(73) Z. L. Zhang, T. Bell. Structure and corrosion resistance of plasma nitrided stainless steel. *Surface Engineering*, v. 1, p. 131-136, 1985.

(74) T. Czerwiec, N. Renevier, H. Michel. Low-temperature plasma-assisted nitriding. *Surface and Coatings Technology*, v. 131, p. 267-277, 2000.

(75) K. Venkatesan, C. Subramanian, L. K. Green, K. N. Strafford. Influence of chromium content on corrosion of plasma-nitrided steels. *Corrosion*, v. 53, p. 507-515, 1997.

(76) W. Liang, X. Bin, Y. Zhiwei, S. Yaqin. The wear and corrosion properties of stainless steel nitrided by low-pressure plasma-arc source ion nitriding at low temperatures. *Surface and Coatings Technology*, v. 130, p. 304-308, 2000.

(77) E. Menthe, K.-T. Rie. Further investigation of the structure and properties of austenitic stainless steel after plasma nitriding. *Surface and Coatings Technology*, v. 199, p. 116-119, 1999.

(78) L. Pranevicius, C. Templier, J. P. Rivière, P. Méheust, G. Abrasonis. On the mechanism of ion nitriding of an austenitic stainless steel. *Surface and Coatings Technology*, v. 135, p. 250-257, 2001.

(79) S. Picard, J. B. Memet, R. Sabot, J. L. Grosseau-Poussard, J. P. Rivière, R. Meilland. Corrosion behaviour, microhardness and surface characterization of low energy, high current ion implanted austenitic stainless steel. *Materials Science and Engineering A*, v. 303, p. 163-172, 2001.

(80) N. Mingolo, A. P. Tschiptschin, C. E. Pinedo. On the formation of expanded austenite during plasma nitriding of an AISI 316L austenitic stainless steel. *Surface & Coatings Technology*, v. 201, p. 4215-4218, 2006.

(81) A. P. Tschiptschin, C. E. Pinedo. Estrutura e propriedades do aço inoxidável austenítico AISI 316L Grau ASTM F138 nitretado sob plasma à baixa temperatura. *Rev. Esc. Minas*, v. 63, p. 137-141, 2010.

(82) G. T. Bruno, M. Boccalini Jr., C. E. Pinedo. Tratamento combinado de nitretação sob plasma e revestimento PVD em aço inoxidável austenítico AISI 316L. In: 67° Congresso da ABM Internacional. *Anais*... 2012. p. 2505-2516.

(83) The International Centre for Diffraction Data® (ICDD®). *Card 00-033-0397 – Austenite*, 304 Stainless Steel.

(84) F. L. Sato, L. A. Espitia, C. E. Pinedo, A. P. Tschiptschin. Uso de ensaios de microesclerometria instrumentada no estudo das propriedades da austenita expandida. *Tecnol. Metal. Mater. Miner.*, v. 12, p. 115-122, 2015.

(85) G. M. Michal, F. Ernst, H. Kahn, Y. Cao, F. Oba, N. Agarwal, A. H. Heuer. Carbon supersaturation due to paraequilibrium carburization: Stainless steels with greatly improved mechanical properties. *Acta Materialia*, v. 54, p. 1597-1606, 2006.

(86) C. E. Pinedo, A. P. Tschiptschin. Low temperature nitriding, nitrocarburising and carburising of AISI 316L austenitic stainless steel. *International Heat Treatment and Surface Engineering*, v. 5, p. 73-77, 2011.

(87) S. R. Collins, P. C. Williams, S. V. Marx, A. Heuer, F. Ernst, H. Kahn. Low-Temperature Carburization of Austenitic Stainless Steels. *ASM Handbook*, Volume 4D, Heat Treating of Irons and Steels. Ohio: ASM International, 2014. p. 451-460.

(88) C. E. Pinedo, R. Magnabosco. Mecanismos de nitretação sob plasma do aço inoxidável martensítico AISI 420 nitretado a alta e baixa temperatura. *Tecnologia em Metalurgia, Materiais e Mineração*, v. 12, p. 257-264, 2015.

(89) C. E. Pinedo, W. A. Monteiro. Characterization of plasma nitrided case on martensitic stainless steel by scanning electron microscopy. *Acta Microscopica*, v. 1, p. 315-316, 2001.

(90) C. E. Pinedo, W. A. Monteiro. Surface hardening by plasma nitriding on high chromium alloy steel. *Journal of Materials Science Letters*, v. 20, p. 147-149, 2001.

(91) C. E. Pinedo, W. A. Monteiro. On the kinetics of plasma nitriding a martensitic stainless steel Type AISI 420. *Surface & Coatings Technology*, v. 179, p. 119-123, 2004.

(92) C. E. Pinedo, W. A. Monteiro. Tratamento térmico e de nitretação sob plasma do aço inoxidável martensítico AISI 420. *Tecnologia em Metalurgia, Materiais e Mineração*, v. 8, p. 86-90, 2011.

(93) L. A. Espitia, H. Dong, X.-Y. Li, C. E. Pinedo, A. P. Tschiptschin. Scratch test of active screen low temperature plasma nitrided AISI 410 martensitic stainless steel. *Wear*, v. 376-377, p. 30-36, 2017.

(94) L. A. Espitia, H. Dong, X.-Y. Li, C. E. Pinedo, A. P. Tschiptschin. Cavitation erosion resistance and wear mechanisms of active screen low temperature plasma nitrided AISI 410 martensitic stainless steel. *Wear*, v. 332-333, p. 1070-1079, 2015.

(95) A. A. Vitoi, R. Magnabosco, C. E. Pinedo. Nitretação sob plasma por tela ativa e plasma direto/DC do aço inoxidável endurecível por precipitação tipo 17-4PH. In: 70° Congresso Anual da ABM, 17 a 21 de agosto. *Anais...* 2015.

(96) *AMS 5643*. Corrosion-Resistant, Bars, Wire, Forgings, Tubing, and Rings, 16Cr-4.0Ni-0.30Cb-4.0Cu. Solution Heat Treated, Precipitation Hardenable, 2013.

(97) C. E. Pinedo, S. I. V. Larrotta, A. S. Nishikawa, H. Dong, X-Y. Li, A. P. Tschiptschin. Low temperature active screen plasma nitriding of 17-4PH stainless steel. *Surface and Coatings Technology*, 2016.

(98) C. E. Pinedo, R. Magnabosco, W. R. Silva. Formação de ferrita expandida na nitretação de um aço inoxidável ferrítico. In: 72° Congresso Anual da ABM - ABM Week, 2 a 6 de outubro. *Anais...* 2017.

(99) M. T. Umemura, L. B. Varela, C. E. Pinedo, R. C. Cozza, A. P. Tschiptschin. Assessment of tribological properties of plasma nitrided 410S ferritic-martensitic stainless steels. *Wear*, v. 426-427, p. 49-58, 2019.

(100) A. P. Tschiptschin, L. B. Varela, C. E. Pinedo, X.-Y. Li, H. Dong. Development and microstructure characterization of single and duplex nitriding of UNS S31803 duplex stainless steel. *Surface & Coatings Technology*, v. 327, p. 83-92, 2017.

(101) C. E. Pinedo, L. B. Varela, A. P. Tschiptschin. Low-temperature plasma nitriding of AISI F51 duplex stainless steel. *Surface & Coatings Technology*, v. 232, p. 839-843, 2013.

(102) D. H. Mesa, C. E. Pinedo, A. P. Tschiptschin. Improvement of the cavitation erosion resistance of UNS S31803 stainless steel by duplex treatment. *Surface & Coatings Technology*, v. 205, p. 1552-1556, 2010.

CAPÍTULO 9
TRATAMENTOS TÉRMICOS E SUPERFICIAIS DOS AÇOS FERRAMENTA

9.1 INTRODUÇÃO

Os aços ferramenta constituem uma das famílias mais importantes e de maior aplicação dentre os aços especiais de alta liga. Isso se deve ao fato de sua vasta aplicação em operações destinadas a dar forma aos materiais dos mais diferentes tipos: metálicos, cerâmicos, poliméricos, biológicos etc. Essas operações podem ser realizadas em temperaturas inferiores a 200 °C, denominadas "operações a frio", ou em temperaturas elevadas, superiores a 600 °C, denominadas "operações a quente". As aplicações típicas dos aços ferramenta e rápido são:

- forjamento a quente e a frio;
- estampagem a quente e a frio;
- corte a frio por cisalhamento;
- extrusão a quente de ligas não ferrosas;
- fundição de ligas ferrosas e não ferrosas;
- injeção e moldagem de polímeros, borrachas e vidros;
- usinagem de metais.

Para suprir essa gama de aplicações, temperaturas e ambientes de trabalho, os aços ferramenta são projetados em composições químicas específicas para atingir as propriedades necessárias a cada tipo de situação em serviço no que se refere principalmente a: resistência mecânica (dureza), resistência a desgaste (tribologia) e resistência a corrosão. A composição química, as condições de fornecimento, os parâmetros de tratamento térmico dos aços ferramenta e de aços rápido são especificados de acordo com as normas ASTM A681 e A600 (1,2), comumente conhecidas pela classificação anterior do AISI (American Iron and Steel Institute). Assim, existe uma variedade de tipos de aços ferramenta que são classificados em função de sua aplicação, composição química e característica de tratamento térmico na forma apresentada pela Tabela 9.1 (3). A Tabela 9.2 mostra os principais tipos de aços ferramenta e de aços rápido utilizados pela indústria nas mais diferentes aplicações de conformação e corte.

Tabela 9.1 – Classificação das principais famílias de aços ferramenta e de aços rápido (3)

Nome	Símbolo
Aços ferramenta temperáveis em água	W
Aços ferramenta resistentes ao choque	S
Aços ferramenta para trabalho a frio temperáveis em óleo	O
Aços ferramenta para trabalho a frio de média liga temperáveis ao ar	A
Aços ferramenta para trabalho a frio de alto carbono e cromo	D
Aços para moldes de injeção de polímeros	P
Aços ferramenta para trabalho a quente, ligados ao cromo, molibdênio e vanádio	H
Aços rápido ao tungstênio	T
Aços rápido ao molibdênio	M

Tabela 9.2 – Principais tipos de aço ferramenta e de aços rápido

Símbolo	Principais tipos de aço
W	W1
S	S2, S7
O	O1
A	A2, A7
D	D2, D3, D6
P	P20, P420
H	H10, H11, H13, H19
T	T1, T5, T15
M	M2, M3:2, M7, M42

Os aços ferramenta são aços de médio e elevado teor de carbono, combinado com uma variedade de elementos de liga. Isso permite uma flexibilidade nos processos de tratamento térmico para a obtenção de elevada dureza por têmpera e revenimento. Ferramentas, em serviço, utilizam processos que removem material por ação de corte com formação de cavaco, ou conformam principalmente por: fundição, deformação, corte por cisalhamento, injeção. Em termos gerais, as principais características desses aços são (4):

- **Aços ferramenta temperáveis em água (W)**: são ligados essencialmente ao carbono e possuem o menor teor de elementos de liga, de forma que possuem baixa temperabilidade e necessitam utilizar um meio de resfriamento brusco para transformar a maior fração possível de austenita em martensita na têmpera. Devido ao baixo teor de elementos de liga, o revenimento se procede apenas com a precipitação do carboneto de ferro e, portanto, sem a presença do endurecimento secundário.

- **Aços ferramenta resistentes ao choque (S):** foram desenvolvidos para combinar elevada resistência mecânica (dureza) e resistência a desgaste com uma elevada resistência a fratura - tenacidade -, em condições de carregamento sob impacto. O teor médio de carbono na martensita e os elementos de liga que promovem uma dispersão fina de carbonetos são benéficos para as características de resistência a fratura.
- **Aços ferramenta temperáveis em óleo (O):** foram desenvolvidos para atingir elevada resistência a desgaste em operações de trabalho a frio. Possuem teor de carbono elevado que garante uma temperabilidade moderada, permitindo um resfriamento mais brando na têmpera, para a obtenção de uma martensita de alta dureza.
- **Aços ferramenta temperáveis ao ar (A):** possuem uma elevada resistência a desgaste em operações a frio. Possuem em sua linha diferentes combinações entre os teores de carbono e elementos de liga que combinam dureza e tenacidade. Além do elevado teor de carbono, também possuem elevado teor de elementos de liga, o que lhes confere uma elevada temperabilidade e a possibilidade de sofrer a transformação martensítica com resfriamento ao ar. A menor taxa de resfriamento é responsável por uma boa estabilidade dimensional e de forma.
- **Aços ferramenta para trabalho a frio com alto carbono e cromo (D):** correspondem a uma família com uma resistência a desgaste, abrasivo e adesivo, muito elevada. O teor de carbono elevado confere a obtenção de uma martensita de alta dureza na têmpera. A combinação do carbono com o cromo, superior a 11% em massa, conduz à formação de carbonetos eutéticos tipo Cr_7C_3, que são responsáveis por sua elevada resistência a desgaste. Além do cromo, podem ser ligados ao molibdênio e ao vanádio, o que lhes confere a possibilidade de endurecimento secundário no revenimento. Estes aços também possuem uma boa estabilidade dimensional e de forma, conferida pela possibilidade de resfriamento brando na têmpera, incluindo o resfriamento ao ar para seções mais finas e o resfriamento sob nitrogênio em fornos a vácuo.
- **Aços ferramenta para moldes de injeção de polímeros (P):** possuem um menor teor de carbono comparados com os outros aços ferramenta, de forma a facilitar a confecção das cavidades. A propriedade mais importante desses aços é sua boa polibilidade e excelente acabamento superficial, necessários para garantir a qualidade da peça injetada. Em situações em que a corrosão é uma variável importante, são utilizados aços inoxidáveis martensíticos, principalmente o AISI 420.
- **Aços ferramenta para trabalho a quente (H):** são ligados ao cromo, em torno de 5%, e médio teor de carbono, em torno de 0,4%, além de outros

elementos de liga como molibdênio e vanádio. Possuem boa temperabilidade e excelente resposta ao endurecimento secundário. Suas principais características são resistência a exposição a temperaturas elevadas, alta tenacidade e resistência a fadiga térmica.

- **Aços rápido (T e M)**: são ligas ferrosas de elevado teor de carbono, superior a 0,8%, e elevado teor de elementos de liga: cromo, molibdênio, tungstênio, vanádio e cobalto. Os aços rápido ligados ao tungstênio correspondem à série "T", e os ligados ao molibdênio correspondem à série "M". A combinação entre carbono e elementos de liga confere excelente temperabilidade e resposta ao endurecimento secundário no revenimento. São os aços que atingem maior dureza após tratamento térmico, acima de 60 HRC, atingindo até 67 HRC. Também formam carbonetos eutéticos na solidificação. A combinação entre a dispersão de carbonetos eutéticos, sua elevada dureza e a resistência a quente são responsáveis por seu desempenho em operações de corte por remoção de cavaco.

A seguir será apresentada apenas a metalurgia envolvida no tratamento térmico dos principais aços ferramenta utilizados no Brasil.

9.2 AÇOS FERRAMENTA PARA TRABALHO A FRIO

O setor metal-mecânico é um grande consumidor de aços ferramenta utilizados em operações de corte e conformação a frio de metais, injeção polímeros e moldes cerâmicos. Os principais aços utilizados nestas aplicações são os tipos AISI O1, AISI D2 e AISI D6, por possuírem elevada resistência mecânica e a desgaste. A composição química do aço AISI O1 e a dos aços AISI D2 e AISI D6 são substancialmente diferentes no que se refere aos teores de carbono e cromo, o que acarreta diferenças importantes nos ciclos de tratamento térmico destes aços e nas possibilidades de tratamentos superficiais posteriores à têmpera e ao revenimento.

9.2.1 AÇO FERRAMENTA AISI O1

O aço ferramenta para trabalho a frio tipo AISI O1 é um aço com aproximadamente 1,0%C e com baixa adição de elementos de liga, conforme a Tabela 9.3 (5). Este aço é utilizado em ferramentas que trabalham com dureza entre 58 HRC e 61 HRC. Para atingir essa dureza elevada, o aço deve ser temperado e revenido seguindo parâmetros corretos a fim de se obter a melhor resposta de propriedades após tratamento térmico. Por seu elevado teor de carbono, o aço AISI O1 possui boa temperabilidade comparado com aços de menor carbono, conforme mostrado anteriormente na curva de penetração de dureza após ensaio de temperabilidade Grossmann, na Figura 2.21. A curva TTT deste aço, Figura 9.1, mostra que, apesar do teor de carbono, as curvas de início de formação da perlita e da bainita ainda se apresentam posicionadas para tempos relativamente curtos, o que obriga o resfriamento para a têmpera em óleo e restringe o endurecimento completo para seções menos espessas.

Tabela 9.3 – Composição química nominal do aço AISI O1, % em massa (5)

C	Cr	V	W
0,95	0,50	0,12	0,50

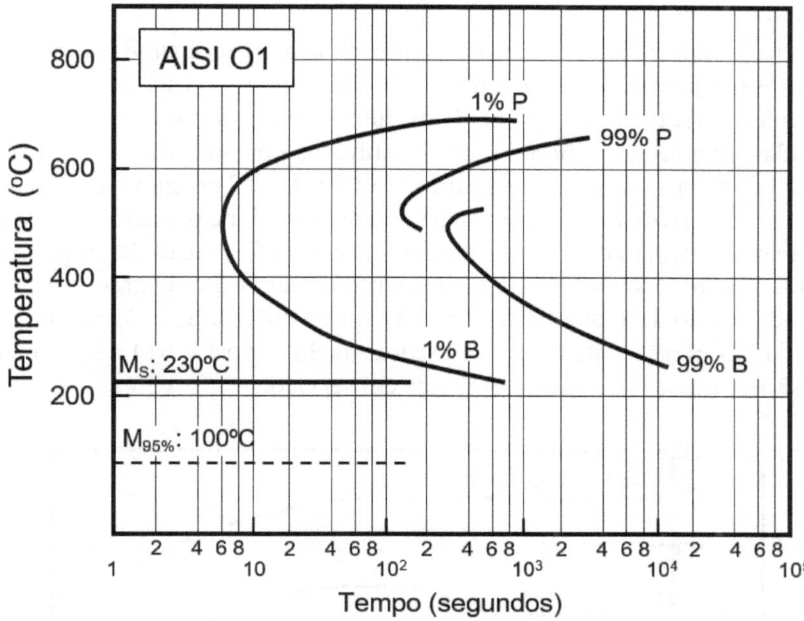

Figura 9.1 – Curva TTT para o aço ferramenta tipo AISI O1. Fonte: adaptado de (4).

Conceitos importantes de equilíbrio e transformação de fases controlam características microestruturais importantes, que refletem diretamente nas propriedades finais da ferramenta e estão relacionados ao teor de carbono do aço. Estes conceitos estão apresentados no Capítulo 2 e relacionados principalmente às Figuras 2.10 a 2.16. O elevado teor de carbono deste aço caracteriza sua transformação martensítica com elevada expansão do reticulado cristalino e, portanto, com forte geração de tensões internas. A morfologia da martensita é do tipo acicular, maclada, com elevado teor de austenita retida. Em vista disso, é indispensável controlar os parâmetros de aquecimento na têmpera, principalmente com relação à temperatura de austenitização, para atingir a melhor condição microestrutural após o resfriamento.

A Figura 9.2 mostra a variação da dureza, tamanho de grão e teor de austenita retida para diferentes temperaturas de austenitização na têmpera. O aço AISI O1 possui no estado recozido uma microestrutura composta de ferrita e carbonetos de ferro esferoidizados. Na austenitização esses carbonetos são dissolvidos gradativamente na matriz à medida que a temperatura aumenta. Essa dissolução de carbonetos e enriquecimento da matriz em carbono são responsáveis pelo aumento da dureza na martensita para temperaturas de austenitização crescentes até 820 °C. Temperaturas de austenitização superiores a 820 °C comprometem o tamanho de grão. Isso porque acima desta temperatura ocorre, principalmente, uma dissolução completa dos carbonetos, que atuam como barreiras para o crescimento de grão. O aumento da temperatura de austenitização aumenta constantemente o teor de austenita retida, que atinge um máximo de 30%. Essas características microestruturais fazem com que a temperatura de austenitização recomendada para o aço AISI O1 seja entre 800 °C e 840 °C.

A Figura 9.3 apresenta as microestruturas do aço O1 temperadas em óleo a partir de diferentes temperaturas de austenitização. Para a temperatura de austenitização de 820 °C a microestrutura é composta de martensita maclada, acicular, com a presença de partículas isoladas de carbonetos não dissolvidos e baixa fração de austenita retida. O aumento da temperatura de austenitização para 950 °C promove a dissolução completa dos carbonetos de ferro, e com isso conduz às mudanças microestruturais discutidas anteriormente, relacionadas à Figura 9.2, com a formação de longas agulhas de martensita maclada, consequência do aumento do tamanho de grão, e a presença de uma elevada fração de austenita retida (AR), que corresponde às áreas claras da fotomicrografia. As características microestruturais da Figura 9.3(b) não são adequadas ao uso e são causa de falha de ferramentas em serviço.

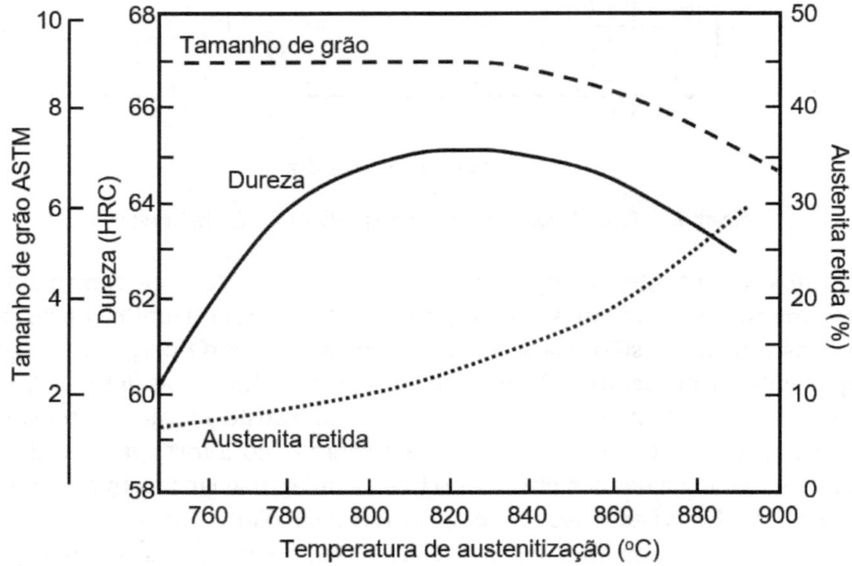

Figura 9.2 – Características microestruturais e de endurecimento do aço ferramenta tipo AISI O1 em diferentes temperaturas de austenitização. Fonte: adaptada de (6).

Figura 9.3 – Microestrutura do aço AISI 01 temperado em óleo (a) a partir de 820 °C e (b) a partir de 950 °C. Fonte: o autor.

As ferramentas confeccionadas em aço AISI 01 necessitam de elevada dureza, pois trabalham em elevado esforço em prensas de conformação e corte ou em solicitações de deslizamento relativo que exigem elevada resistência a desgaste. Por esse motivo, a dureza especificada para este aço em serviço é de 59-61 HRC. Após atingir o endurecimento máximo na têmpera, em torno de 65 HRC, a dureza de trabalho é obtida no revenimento. Este aço possui uma quantidade de elementos de liga, V e W, que não é suficiente para promover o endurecimento secundário, apesar de melhorar a sua temperabilidade. A resposta ao revenimento do aço AISI O1 se assemelha à dos aços para construção mecânica, ou seja, a dureza diminui constantemente com o aumento da temperatura de revenimento, Figura 9.4. Nas condições de serviço, a temperatura de revenimento selecionada é obrigatoriamente próxima de 200 °C, visto que não ocorre endurecimento secundário em temperaturas de revenimento mais elevadas. O revenimento deve ser realizado imediatamente após as ferramentas atingirem 50-80 °C após a têmpera, e o resfriamento após o revenimento pode ser realizado em ar calmo. Na prática industrial, pelas suas características metalúrgicas, o aço ferramenta tipo AISI O1 é preferencialmente tratado em processo de banho de sal, com resfriamento em têmpera interrompida a aproximadamente 180 °C seguida de resfriamento ao ar, ou diretamente em óleo. Isso porque este aço não possui temperabilidade suficiente para ser temperado em fornos a vácuo. As pressões de resfriamento disponíveis nos fornos a vácuo podem ser suficientes para temperar ferramentas de seções finas, mas ferramentas de seções maiores não sofrem têmpera total no processo de vácuo.

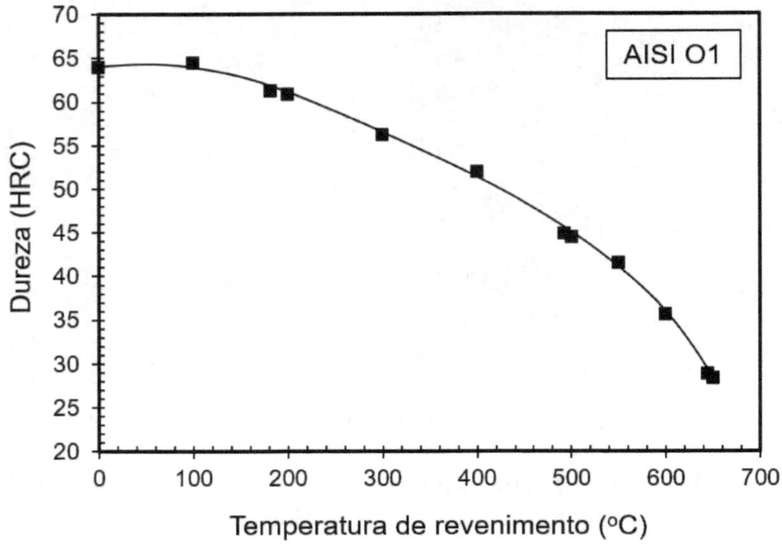

Figura 9.4 – Curva de revenimento do aço AISI O1 temperado a partir de 820 °C. Fonte: o autor.

É importante considerar as variações dimensionais causadas pelas transformações na têmpera e após o revenimento. Na têmpera as ferramentas sofrem variação dimensional de expansão em decorrência da transformação martensítica. Esta expansão é mostrada na Tabela 9.4, para resfriamento em têmpera interrompida e em óleo, podendo atingir 0,12% das maiores dimensões. A tabela mostra ainda que a variação dimensional não é a mesma nas três direções, podendo conduzir a uma variação final de forma, o que se agrava quanto mais complexa for a geometria da ferramenta. Esta variação de forma é comumente chamada de "empenamento".

Tabela 9.4 – Variações dimensionais na têmpera do aço AISI O1. Corpo de prova com 100 × 100 × 25 mm (6)

	(%)	Largura	Comprimento	Espessura
Temperado em óleo (830 °C)	mínimo	+ 0,03	+ 0,04	--------
	máximo	+ 0,10	+ 0,10	+ 0,02
Tempera Interrompida (830 °C)	mínimo	+ 0,04	+ 0,06	--------
	máximo	+ 0,12	+ 0,12	+ 0,02

No revenimento, Figura 9.5, o relaxamento das tensões da martensita causa uma contração inicial até aproximadamente 150 °C, seguida de uma expansão, com o início da decomposição da austenita retida até 300 °C. Acima de 300 °C o aumento da temperatura causa precipitação de carbonetos e uma contração crescente. Na temperatura usual de revenimento, próxima de 200 °C, a variação dimensional com relação à têmpera é de contração. Essa combinação de expansão e contração na têmpera e no revenimento exige que as ferramentas sejam confeccionadas de forma a prever um sobremetal para a usinagem final após o tratamento térmico. Ou seja, a ferramenta é fabricada a partir da matéria-prima recozida com dimensões superiores às dimensões finais de desenho, e após o tratamento térmico a ferramenta é novamente usinada, por retífica e/ou eletroerosão, para atingir as dimensões finais especificadas. O valor do sobremetal é especificado para cada tipo de aço e é de responsabilidade do fabricante do aço e do prestador de serviço de tratamento térmico.

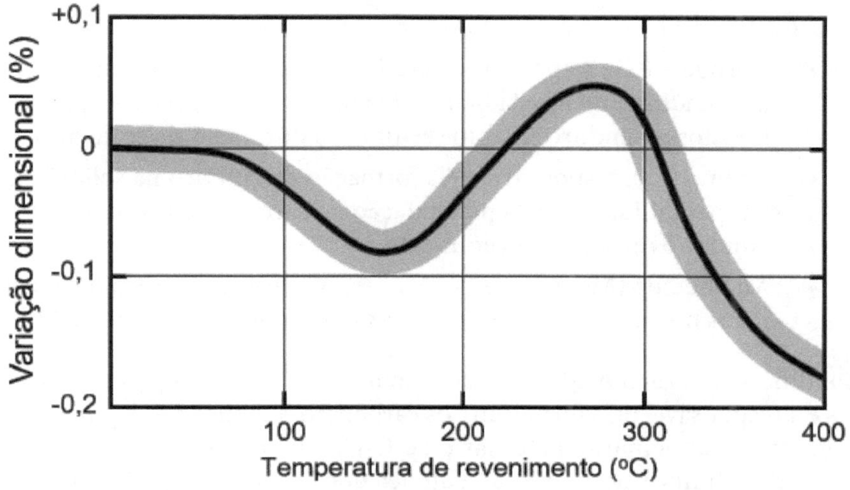

Figura 9.5 – Variação dimensional média no revenimento do aço AISI O1. Fonte: adaptada de (6).

A estabilidade dimensional no tratamento térmico está relacionada à possibilidade de reversão da austenita retida em etapas posteriores. Para garantir a máxima estabilidade dimensional, as ferramentas podem ser submetidas ao tratamento subzero. Este tratamento é realizado em temperaturas próximas de –80 °C por tempos que variam de 2 a 4 horas, dependendo da dimensão e do peso das ferramentas. A diminuição da temperatura promove a transformação martensítica da austenita retida. O tratamento subzero pode ser feito após a têmpera ou entre o primeiro e o segundo revenimento.

9.2.2 AÇO FERRAMENTA AISI D2

O aço ferramenta para trabalho a frio tipo AISI D2 é amplamente utilizado em ferramentais para corte e conformação de metais por possuir uma excelente combinação entre resistência mecânica (dureza elevada) e resistência a desgaste. Fornecido no estado recozido, com dureza máxima de 255 HB, o aço AISI D2 tem composição química básica apresentada na Tabela 9.5.

Tabela 9.5 – Composição química nominal do aço AISI D2, % em massa

C	Cr	V	Mo
1,50	11,5	0,90	0,95

Sua composição básica se baseia em um aço de alto carbono e cromo, 1,5%C-12,0%Cr, com adições dos elementos de liga Mo e V da ordem de 1,0%. Estes elementos desempenham papéis importantes na solidificação no tratamento térmico, endurecimento na têmpera e reações no revenimento, e, por consequência, no desempenho dos ferramentais. As principais ações dos elementos presentes na composição do aço AISI D2 são:

- Carbono (C): responsável pela formação do eutético na solidificação, pelo endurecimento da martensita na têmpera e pela precipitação de carbonetos no endurecimento secundário durante o revenimento.
- Cromo (Cr): responsável pela formação do eutético na solidificação, pela temperabilidade e pela precipitação de carbonetos no endurecimento secundário durante o revenimento.
- Molibdênio (Mo) e Vanádio (V): responsáveis pela precipitação de carbonetos no endurecimento secundário durante o revenimento.

A solidificação do aço AISI D2 é determinante para o desempenho das ferramentas, pois é a responsável pela formação dos carbonetos eutéticos. A Figura 9.6 apresenta o diagrama pseudobinário do ternário Fe-C-Cr para o teor fixo de 13% (7). A principal etapa da solidificação é a reação eutética que ocorre no líquido interdendrítico, promovendo a formação do carboneto de cromo tipo Cr_7C_3 pela reação $L \Rightarrow \gamma + Cr_7C_3$, que caracteriza este aço como "ledeburítico". Os carbonetos eutéticos são grosseiros em tamanho, altamente anisotrópicos, e formam uma rede interconectada após a solidificação. Estas características morfológicas são determinantes no posterior processamento do aço e no desempenho do ferramental, influenciando ainda a resposta ao tratamento térmico, principalmente com relação a distorção. Continuando o resfriamento, o aço já sólido passa por um campo de austenita e carboneto Cr_7C_3, campo este que é utilizado na austenitização para a têmpera, e termina a solidificação como ferrita e carboneto Cr_7C_3. É importante salientar que durante o resfriamento novos carbonetos são precipitados na austenita e na ferrita, decorrentes da diminuição do limite de solubilidade de carbono, sendo estes os carbonetos secundários.

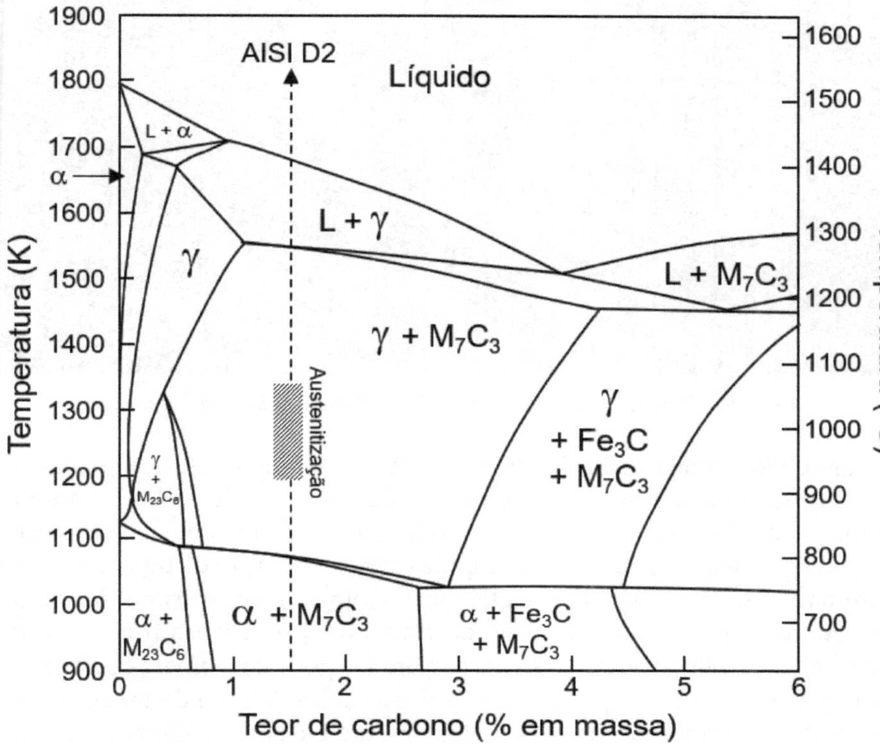

Figura 9.6 – Diagrama pseudobinário do sistema Fe-C-Cr para um teor fixo de 13%Cr. Fonte: adaptada de (7).

A Figura 9.7 mostra a estrutura bruta de solidificação do aço AISI D2. Com menor aumento é possível observar a rede de carbonetos eutéticos M_7C_3 formando células interconectadas, indicados pelas setas brancas. Os carbonetos dos eutéticos são de grande dimensão e com elevada estabilidade com relação à temperatura, ou seja, nas temperaturas usuais de austenitização esses carbonetos não são dissolvidos. A região da matriz, delimitada por exemplo pelo quadrado tracejado na foto com maior aumento, é constituída de ferrita e carbonetos M_7C_3 secundários esféricos formados no final do resfriamento da solidificação e durante o recozimento. Esses carbonetos secundários são menos estáveis e podem ser dissolvidos na austenitização em frações essenciais para o enriquecimento da matriz em carbono e elementos de liga.

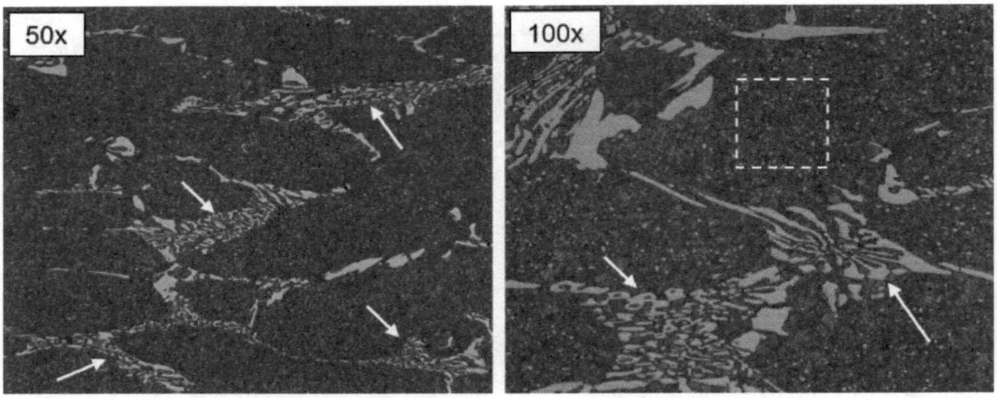

Figura 9.7 – Estrutura de solidificação do aço AISI D2. Reagente de Nital 4%. Fonte: o autor.

A curva TRC do aço AISI D2 da Figura 9.8 mostra que este aço possui uma excelente temperabilidade. As curvas de início de formação de perlita e bainita se encontram deslocadas para a direita, tempos longos, de forma que não são necessárias taxas de resfriamento extremamente rápidas para a obtenção de uma microestrutura predominantemente martensítica na têmpera. Com isso, ferramentas de menor porte podem até mesmo ser temperadas ao ar. Entretanto, na prática industrial as ferramentas fabricadas em aço AISI D2 são temperadas por martêmpera ou resfriadas por fluxo de nitrogênio em alta pressão em fornos a vácuo. A linha designada como "Kp" corresponde à precipitação de carbonetos proeutetoides em contornos de grão austenítico, e em taxas de resfriamentos mais brandas é comum a presença de uma leve marcação dos contornos de grão por carbonetos.

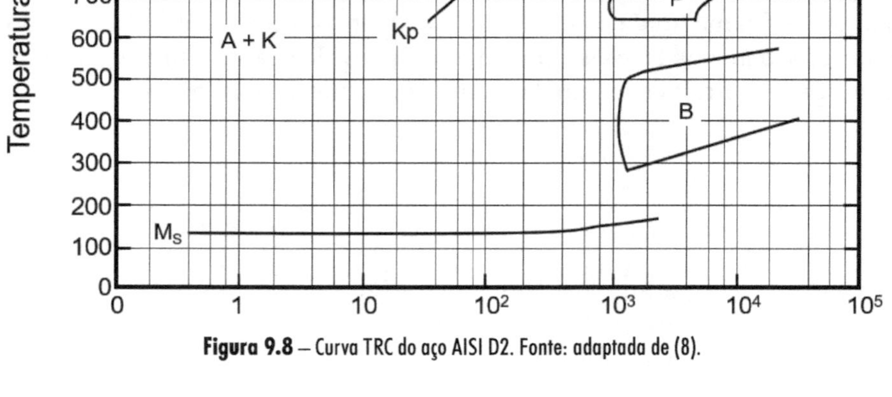

Figura 9.8 – Curva TRC do aço AISI D2. Fonte: adaptada de (8).

A Figura 9.6 mostra que existe uma ampla liberdade para a austenitização do aço AISI D2 entre 900-1100 °C, e a seção isopleta do diagrama Fe-C-Cr para a temperatura de 1000 °C, Figura 9.9, apresenta o aço AISI D2 em um amplo campo construído de austenita e carboneto M_7C_3. A variação da temperatura de austenitização em um intervalo amplo é responsável por modificações importantes na resposta ao tratamento térmico em consequência da dissolução de carbono e elementos de liga na matriz austenítica.

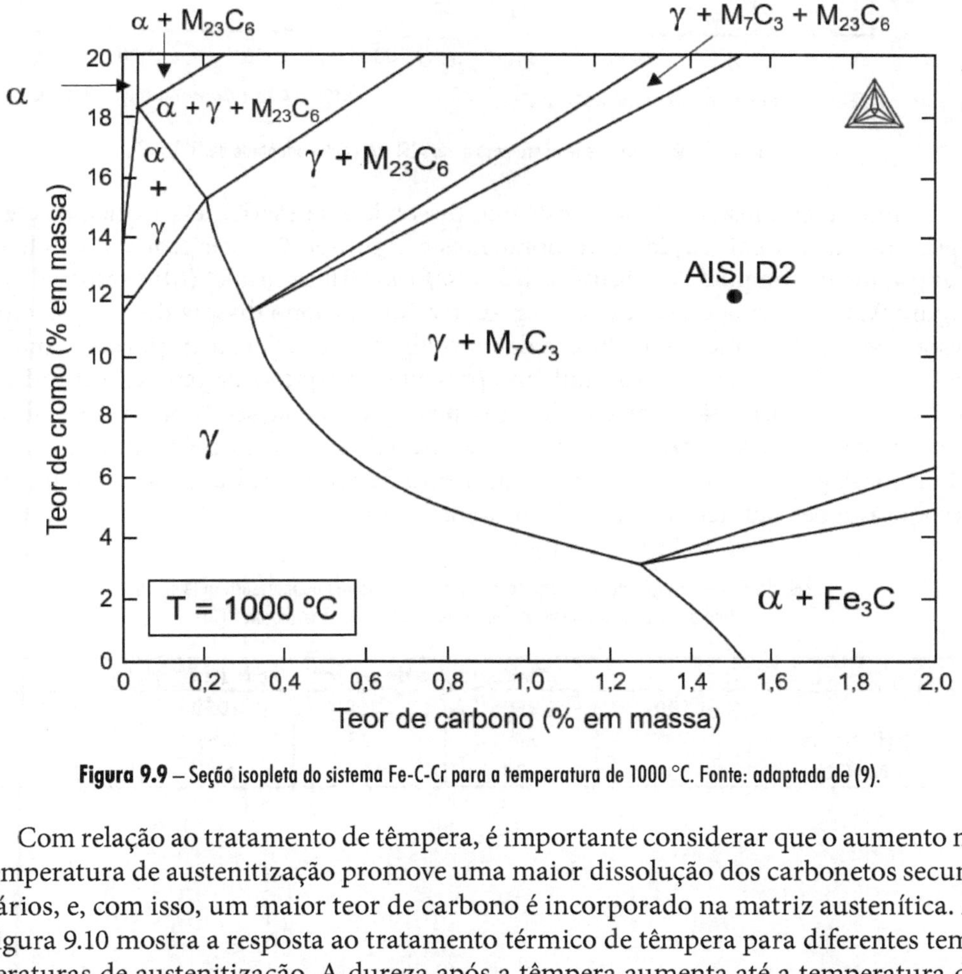

Figura 9.9 – Seção isopleta do sistema Fe-C-Cr para a temperatura de 1000 °C. Fonte: adaptada de (9).

Com relação ao tratamento de têmpera, é importante considerar que o aumento na temperatura de austenitização promove uma maior dissolução dos carbonetos secundários, e, com isso, um maior teor de carbono é incorporado na matriz austenítica. A Figura 9.10 mostra a resposta ao tratamento térmico de têmpera para diferentes temperaturas de austenitização. A dureza após a têmpera aumenta até a temperatura de 1000 °C, atingindo valores próximos de 64 HRC, com um pequeno aumento na fração de austenita retida; para temperaturas superiores, com a maior taxa de dissolução de carbonetos secundários, a fração de austenita retida aumenta significativamente e promove uma leve diminuição da dureza no aço temperado (10-13).

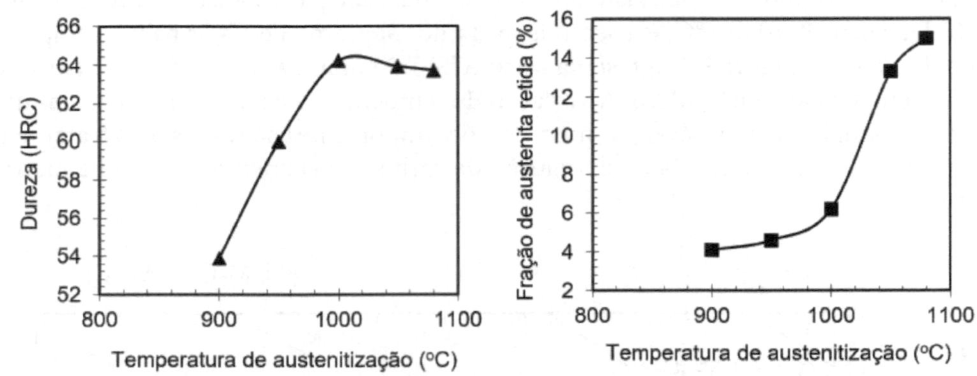

Figura 9.10 – Curva de têmpera para o aço AISI D2. Fonte: adaptada de (10).

A Tabela 9.6 mostra o teor de carbono dissolvido na matriz austenítica nas temperaturas de austenitização correspondentes à Figura 9.10. Estes teores são calculados por meios computacionais utilizando o *software* Thermocalc® (10) e mostrados na Figura 9.11, de forma que o aumento gradativo do carbono dissolvido na austenita é responsável pelo aumento da dureza da martensita pela supersaturação constante do reticulado TCC. A Tabela 9.6 também apresenta a variação da temperatura M_S, de início da transformação martensítica, calculada pela equação de Andrews (14), em função do teor de carbono para cada temperatura de austenitização. A diminuição de $M_{S,}$ e consequentemente de M_F com o aumento da temperatura de austenitização, é responsável pelo aumento do teor de austenita retida.

Tabela 9.6 – Variação da temperatura de início de transformação martensítica (Ms) com o teor de carbono dissolvido na matriz do aço AISI D2. Thermocalc® (10)

	Temperatura de austenitização (°C)				
	900	**950**	**1000**	**1050**	**1080**
C (% massa)	0,35	0,44	0,53	0,65	0,72
Ms (°C)	331	284	237	177	142

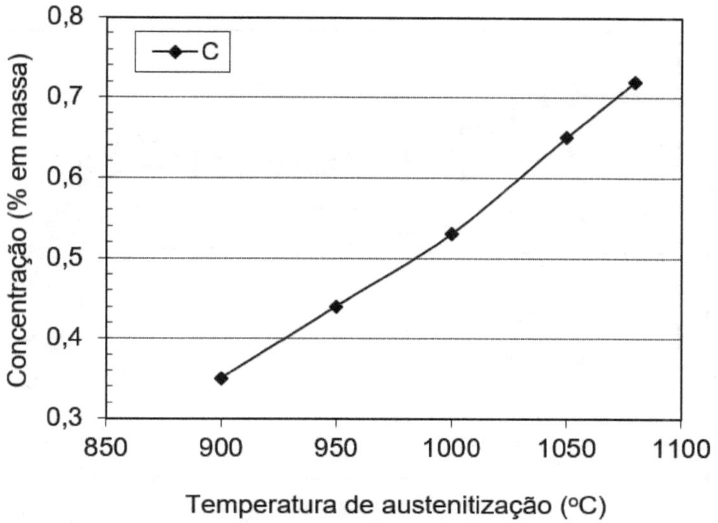

Figura 9.11 – Teor de carbono dissolvido na matriz do aço AISI D2 em função da temperatura de austenitização. Thermocalc®. Fonte: adaptada de (10).

É importante notar que, apesar de o aço AISI D2 possuir em sua composição química nominal o teor de 1,50% de carbono, apenas uma fração deste teor está em solução sólida na matriz. Isso porque um teor significativo do carbono nominal encontra-se presente nos carbonetos eutéticos M_7C_3, que são muito pouco dissolvidos na austenitização. Para a máxima temperatura de austenitização apenas a metade do teor nominal de carbono é dissolvida na austenita.

Os parâmetros ótimos de tratamento térmico de têmpera e revenimento devem levar em consideração as melhores combinações entre as temperaturas de austenitização na têmpera e no posterior revenimento para atingir a melhor combinação entre resistência mecânica, traduzida pela dureza, e resistência a fratura – tenacidade (10,13). A Figura 9.12 mostra que o comportamento no revenimento varia de acordo com a temperatura de austenitização selecionada para a têmpera. Para a temperatura de austenitização de 900 °C não ocorre o endurecimento secundário, pois a dissolução de carbonetos é insuficiente para enriquecer a matriz em cromo, molibdênio e vanádio. À medida que a temperatura de austenitização aumenta de 950 °C até 1080 °C, a taxa de dissolução de carbonetos aumenta e o endurecimento secundário se torna cada vez mais acentuado pela precipitação de carbonetos complexos de Cr, Mo e V (15). Mendanha (10) estudou a dissolução de carbonetos no aço AISI D2 utilizando simulação por Thermocalc®, obtendo os resultados mostrados na Figura 9.13. Observa-se que à medida que a temperatura de austenitização aumenta, a quantidade de cromo, molibdênio e vanádio em solução sólida na austenita também aumenta, pela crescente dissolução de carbonetos. A dissolução de carbono, Figura 9.11, e dos elementos de liga formadores de carbonetos é a razão fundamental pela qual se atinge um endurecimento secundário eficiente à medida que a temperatura de austenitização aumenta.

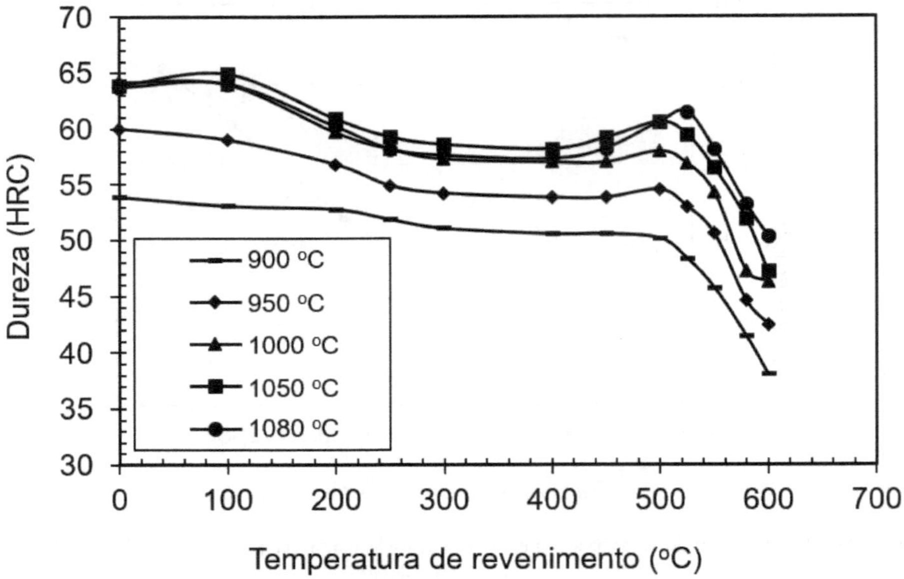

Figura 9.12 – Curvas de revenimento do aço AISI D2 em diferentes temperaturas de austenitização. Fonte: adaptada de (10).

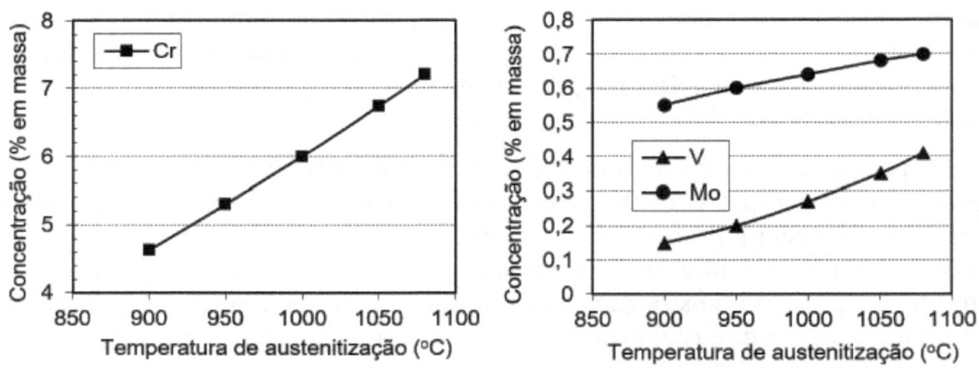

Figura 9.13 – Variação dos teores de cromo (Cr), vanádio (V) e molibdênio na austenitização do aço AISI D2. Fonte: adaptada de (10).

Os dados da Figura 9.13 podem ser visualizados de forma tridimensional na Figura 9.14. É possível observar claramente que a faixa de dureza especificada para este aço em serviço, 58-60 HRC, pode ser atingida para duas condições diferentes de revenimento: em torno de 200 °C ou de 520 °C, indicação das setas.

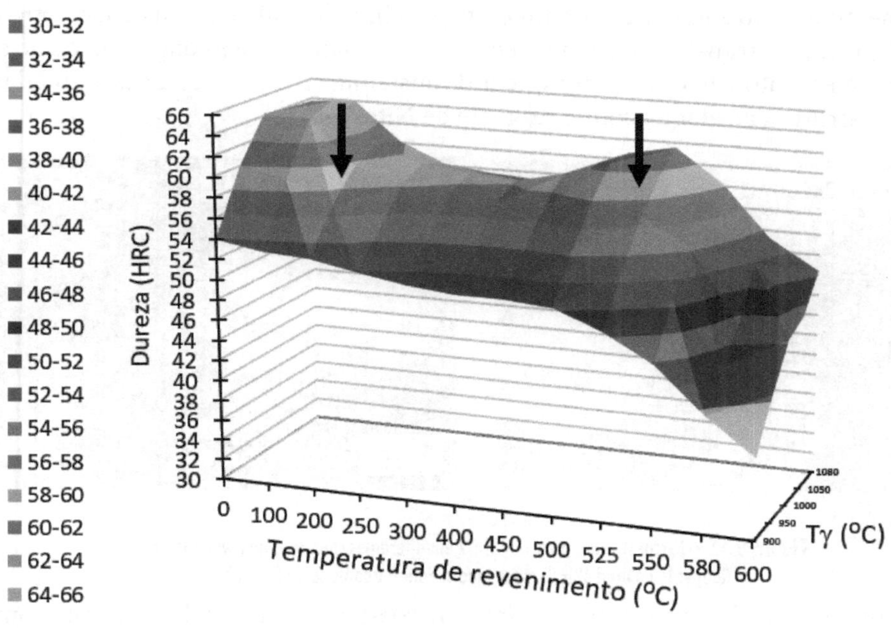

Figura 9.14 – Comportamento do aço AISI D2 em diferentes combinações de temperaturas de austenitização e de revenimento. Fonte: o autor.

Essa possibilidade de realizar revenimentos em baixa ou alta temperatura tem efeito direto na resistência à fratura do aço AISI D2. Os procedimentos mais antigos para o tratamento térmico do aço AISI D2 utilizam temperatura de austenitização entre 980 e 1010 °C com revenimentos a 200 °C. Apesar de ainda utilizado, este ciclo atinge a dureza de 58-60 HRC, mas não conduz a melhor resistência a fratura. Atualmente, os ciclos de tratamento térmico utilizam temperaturas de austenitização mais elevadas, superiores a 1020 °C, possibilitando o revenimento acima de 500 °C para atingir a dureza de 58-60 HRC através do endurecimento secundário. Neste ciclo de alta temperatura se atinge a melhor combinação entre dureza e resistência à fratura.

A microestrutura e a resistência a fratura se comportam de forma diferente quando comparados tratamentos térmicos utilizando temperatura de austenitização para a têmpera de 1030 °C, e revenimentos nas temperaturas de 200 °C e 540 °C, duplos, de 2 horas cada, conduzindo para uma dureza na faixa de 58-60 HRC. A microestrutura nas duas condições é composta basicamente de martensita revenida com carbonetos eutéticos não dissolvidos, Figura 9.15. Entretanto, existe uma nítida diferença de tonalidade entre as duas condições. Na condição de revenimento a 200 °C a tonalidade é mais clara devido ao maior teor de austenita retida quando comparada com a amostra revenida a 540 °C. Revenimentos próximos a 200 °C não promovem a desestabilização da austenita retida e sua posterior transformação. Por outro lado, quando o primeiro revenimento é realizado em uma temperatura acima de 500 °C, a austenita retida é desestabilizada, se transforma em martensita no resfriamento e é condicionada no segundo revenimento. Quanto menor o teor de austenita retida maior a suscetibilidade da microestrutura ao ataque com o reagente de Nital 4%.

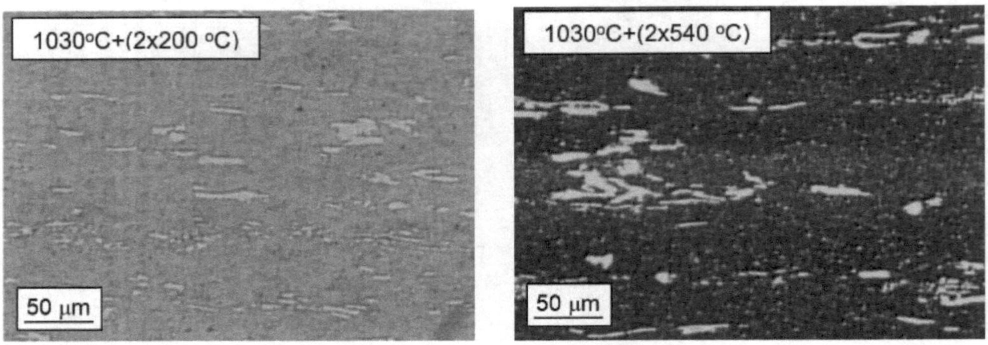

Figura 9.15 – Microestrutura do aço AISI D2 em diferentes condições de revenimento. Reagente de nital 4%. Tempos iguais. Fonte: adaptada de (10-13).

A consequência desse condicionamento microestrutural tem relação direta com a resistência a fratura. A Tabela 9.7 apresenta os resultados de tenacidade obtidos nos ensaios de flexão 4 pontos em condições de revenimento a baixa e alta temperaturas (10-13). Verifica-se que a tenacidade do aço AISI D2 é superior quando o revenimento é realizado na temperatura de 540 °C comparado com a temperatura de revenimento de 200 °C. Uma variável microestrutural importante no revenimento é a etapa de alívio de tensões da estrutura martensítica que ocorre de forma diferente de acordo com a temperatura de tratamento. Quando o revenimento é realizado a 200 °C, a dureza da matriz é resultado da dureza da martensita após a têmpera. Neste caso, a baixa temperatura de revenimento não é suficiente para eliminar os defeitos cristalinos e as tensões geradas na transformação martensítica.

Tabela 9.7 – Resistência à flexão nas diferentes condições de tratamento térmico.

	Resistência a flexão (MPa)	
	TP = 1080 °C RV: (2×2h)200 °C	TP = 1080 °C RV: (2×2h)540 °C
Média	2396,9	3760,2
Desvio-padrão	220,9	179,5

A presença de austenita retida e o efeito do endurecimento secundário são os fatores microestruturais que colaboram para explicar os resultados de tenacidade obtidos (16,17). A literatura cita a austenita retida como uma fase benéfica para a tenacidade, pela possibilidade de atenuar a propagação da trinca, mas não relaciona uma fração ótima desta fase (16,18). Por outro lado, nos aços de alta liga, a tenacidade é mínima na região do pico de endurecimento secundário, em consequência da máxima precipitação e endurecimento, aumentando para temperaturas superiores de revenimento (19,20). Portanto, o comportamento quanto à tenacidade deve ser composto pelo balanço entre o peso dessas duas variáveis simultaneamente. Quando o revenimento é realizado a 540 °C a elevada dureza atingida é decorrente do fenômeno de endurecimento secundário (15) e não é mais causada exclusivamente pela dureza da matriz martensítica. A melhoria da tenacidade é atingida pelo melhor condicionamento microestrutural. Neste caso, a diminuição de defeitos da matriz martensítica, responsável pelo elevado alívio de tensões, é o fator principal que conduz ao aumento da tenacidade. O revenimento deve ser realizado imediatamente após as ferramentas atingirem 50-80 °C após a têmpera, e o resfriamento após o revenimento pode ser realizado em ar calmo.

Não apenas a temperatura de revenimento afeta a resistência a fratura, mas a seleção da temperatura de austenitização é fundamental para definir o melhor ciclo de tratamento térmico do aço AISI D2. A correta seleção da temperatura de austenitização tem efeito direto na resistência a fratura (10-13). A Figura 9.16 mostra a microestrutura do aço AISI D2 após tratamento em temperaturas de austenitização para a têmpera entre 1020 °C e 1080 °C, com resfriamento em óleo. Observa-se que a microestrutura é composta basicamente de martensita, carbonetos eutéticos não dissolvidos na austenitização e austenita retida. A fração de austenita retida - regiões brancas na microestrutura da matriz - aumenta com o aumento da temperatura de austenitização, sendo mais visível para as temperaturas de 1060 °C e 1080 °C.

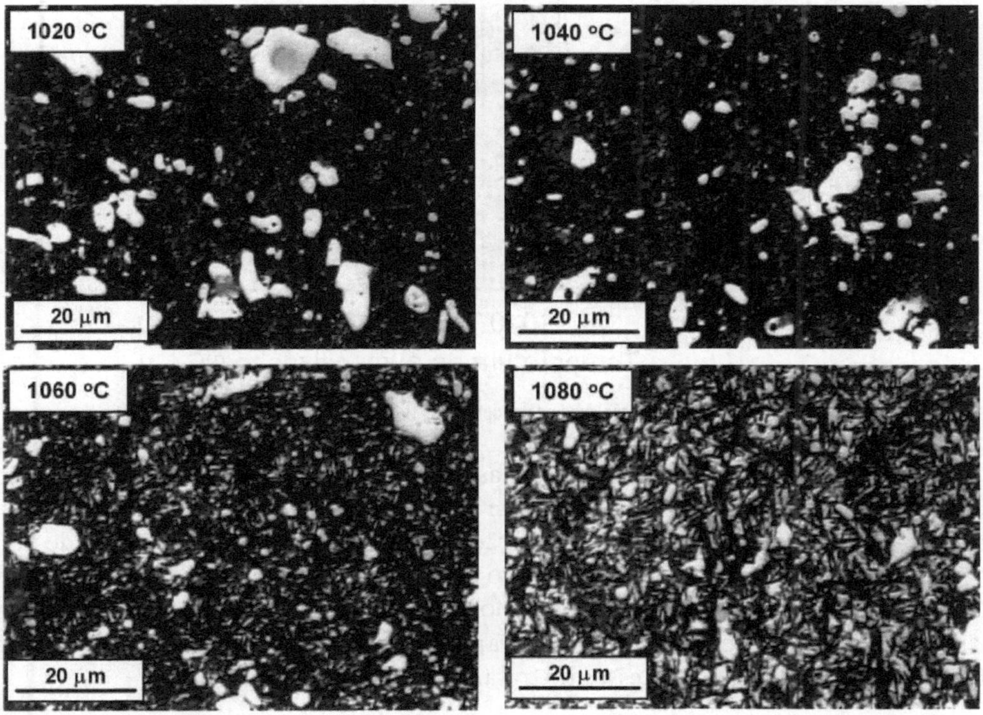

Figura 9.16 – Microestruturas após tratamento térmico de têmpera entre 1020 °C e 1080 °C. Fonte: adaptada de (10).

Essa diferença microestrutural tem efeito sobre a resistência a fratura. A Figura 9.17 mostra a resistência a flexão do aço AISI D2 após revenimentos duplos, de 2 horas cada, na temperatura de 540 °C e dureza entre 58-60 HRC. A resistência a flexão varia sensivelmente com a temperatura de austenitização, atingindo valores superiores a 4000 MPa entre 1020-1040 °C, e diminuindo à medida que a temperatura de austenitização aumenta até 1080 °C. Esse comportamento decorre de dois fatores microestruturais importantes, a presença de austenita retida e o efeito do endurecimento secundário (15-16). A literatura cita a austenita retida como benéfica para a tenacidade, pela possibilidade de atenuar a propagação da trinca, mas não relaciona uma fração ótima dessa fase (6,19). Por outro lado, nos aços de alta liga, a tenacidade é mínima na região do pico de endurecimento secundário, em consequência da máxima precipitação e endurecimento (16,17). Portanto, o comportamento quanto à tenacidade deve ser composto pelo balanço ótimo entre a fração de austenita retida e a intensidade de endurecimento secundário, ambos aumentado com a elevação da temperatura de austenitização e atuando simultaneamente. À medida que a temperatura de austenitização aumenta, a fração de austenita retida formada não é suficiente para compensar o aumento do endurecimento secundário e a tenacidade diminui..

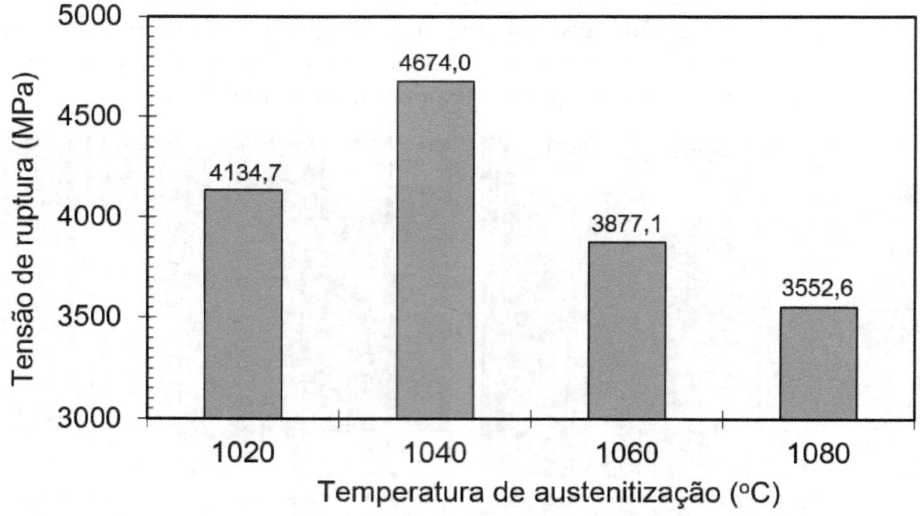

Figura 9.17 – Variação da tensão máxima de ruptura sob flexão 4 pontos. Fonte: adaptada de (10).

Considerando as solicitações complexas de ferramentas para trabalho a frio, principalmente na conformação de aços, e com a possível necessidade do uso de tratamentos superficiais posteriores como nitretação e/ou revestimento PVD, é indicado adotar o procedimento de tratamento térmico com revenimento em temperatura elevada (T > 500 °C). Desta forma, além da melhoria na resistência a fratura, não se corre o risco de queda de dureza do corpo da ferramenta quando esta for exposta às temperaturas de trabalho desses processos de tratamentos superficiais.

Os aços ledeburíticos do tipo AISI D2 e AISI D6 são chamados "erroneamente" de aços indeformáveis, dando a ideia de que não sofrem variações dimensionais e de forma importantes no tratamento térmico. Na verdade, a variação dimensional é pequena quando comparada com a de outros aços, mas sempre existe. Como mencionado anteriormente, as variações dimensionais são fenômenos que dependem da expansão e contração por efeito da variação da temperatura e das transformações de fase durante a têmpera e o revenimento, principalmente da transformação martensítica. Essas variações dimensionais podem ou não se compensar, dependendo da combinação entre a temperatura de austenitização e a de revenimento.

Berns (21) apresenta a variação dimensional e de dureza HRC para um aço ferramenta para trabalho a frio similar ao aço AISI D2 nas duas combinações de austenitização: baixa 970 °C e elevada 1050 °C, Figura 9.18. Observa-se que para a dureza de trabalho objetivada de 58-60 HRC a combinação entre a temperatura elevada de austenitização (1050 °C) e de revenimento (~540 °C) permite obter uma baixa variação dimensional, próxima de zero, o que é uma vantagem adicional ao aumento de tenacidade verificado na prática deste ciclo. Não menos importante é a maior estabilidade dimensional e de forma para ferramentas que venham a sofrer nas temperaturas de processos de tratamentos superficiais posteriores como a nitretação e/ou revestimento PVD. A variação dimensional também é baixa para o ciclo de baixas temperaturas. Entretanto, neste caso, existe a desvantagem de a tenacidade ser menor do que no ciclo de altas temperaturas. Também, não se pode realizar tratamentos superficiais posteriores, sempre em temperaturas superiores a 400 °C, pelo fato de que a camada modificada por nitretação e/ou revestimento PVD fornece um endurecimento superficial adequado, mas associado a uma diminuição de dureza do corpo da ferramenta. A perda de dureza do corpo da ferramenta não é aceitável, pois existe a forte probabilidade de trinca e fratura em serviço.

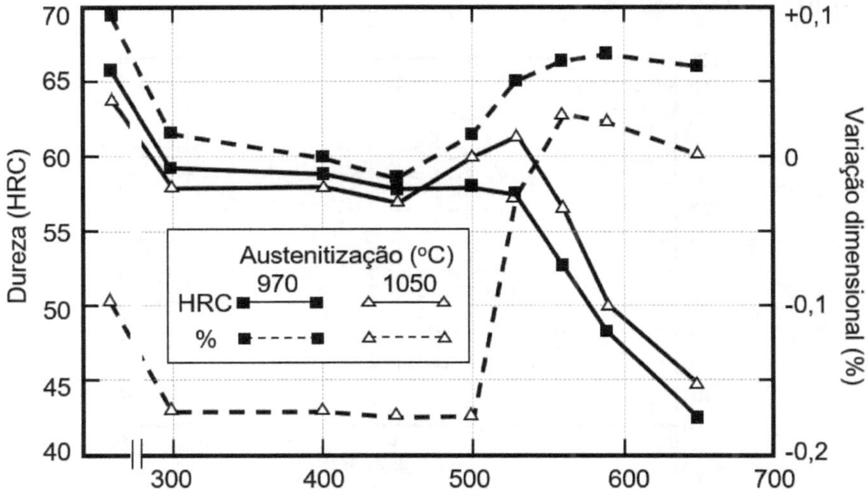

Figura 9.18 – Variação dimensional de um aço similar ao AISI D2 em diferentes condições de têmpera e revenimento. Fonte: adaptada de (21).

9.2.3 AÇO FERRAMENTA AISI D6

A Tabela 9.8 apresenta a composição química nominal do aço AISI D6. Assim como o aço AISI D2, este aço também é de alto carbono e alto cromo, com reação eutética na solidificação e por isso chamado de aço "ledeburítico". Entretanto, para um mesmo teor de cromo nominal o aço AISI D6 possui um teor de carbono mais elevado que o aço D2, 2,10% contra 1,50%, respectivamente, e sua fração de carbonetos eutéticos é superior à do aço D2. Comparativamente, o aço AISI D6 também possui menor teor de outros elementos de liga.

Tabela 9.8 – Composição química nominal do aço AISI D6, % em massa

C	Cr	V	W
2,10	11,5	0,15	0,70

Essa composição química traz diferenças importantes com relação às características de tratamento térmico para o aço AISI D6 comparado com o aço AISI D2. Isso porque uma maior quantidade de carbono e elementos de liga se encontra nos carbonetos e não dissolvidos na matriz. Sua curva TRC, Figura 9.19, mostra que as linhas de início de transformação para perlita e bainita são deslocadas para a direita, conferindo uma boa temperabilidade para o aço AISI D6, mas inferior à do aço AISI D2. Desta forma, o resfriamento após a têmpera pode ser realizado ao ar para seções muito finas, martêmpera, a 500-550 °C, e em têmpera interrompida, a 180-200 °C, seguido de resfriamento ao ar. O aço AISI D6 não responde bem à têmpera sob pressão de nitrogênio em fornos sob vácuo. Para uma têmpera eficiente é necessário o uso de elevadas pressões e velocidades de troca de gás o que pode, em certas geometrias, gerar deformação excessiva.

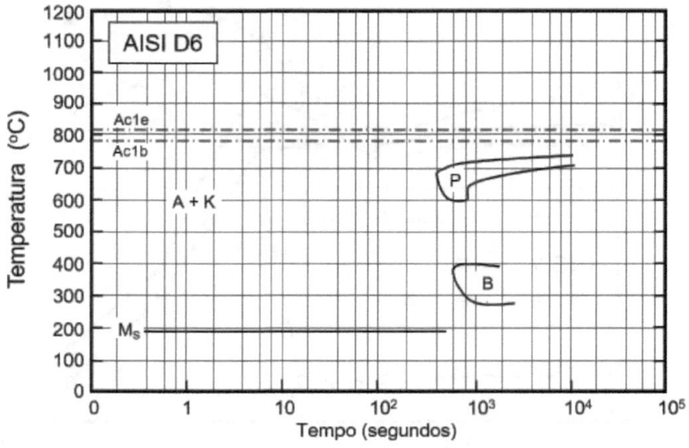

Figura 9.19 – Curva TRC para o aço ferramenta AISI D6. Fonte: adaptada de (22).

A resposta à têmpera para diferentes temperaturas de austenitização, apresentada na Figura 9.20, mostra um endurecimento máximo para a austenitização entre 980 °C e 1000 °C, atingindo valores próximos de 66 HRC, mas com um nível de austenita retida superior a 20%. Na prática, a temperatura de austenitização típica para o aço AISI D6 situa-se entre 950 °C e 980 °C.

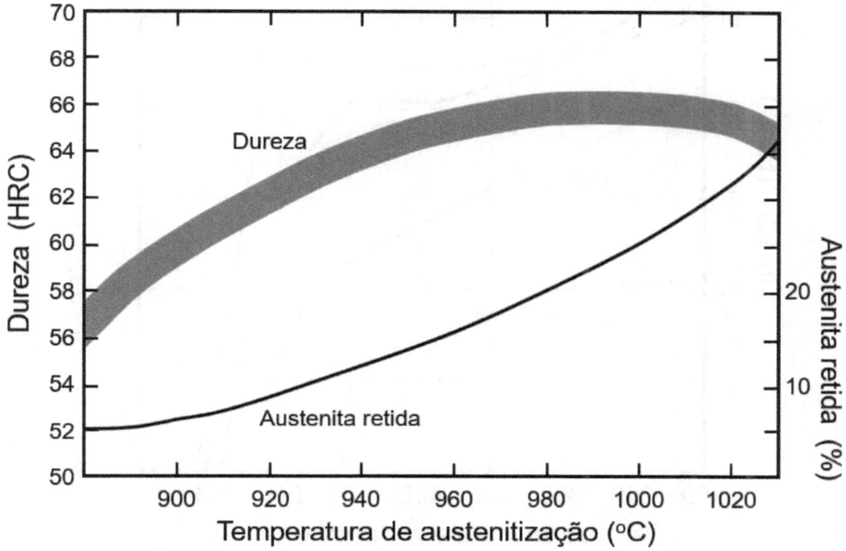

Figura 9.20 – Curva de têmpera para o aço ferramenta AISI D6. Fonte: adaptada de (22).

O excesso de carbonetos eutéticos diminui o teor de cromo e de elementos de liga livre na matriz afetando diretamente a resposta ao revenimento do aço no que se refere ao potencial de endurecimento secundário. Isso porque a precipitação de carbonetos de elementos de liga é menos intensa. A Figura 9.21 mostra que o aumento da temperatura de austenitização de 920 °C para 1000 °C apenas retarda a perda de dureza em temperaturas de revenimento próximas de 500 °C, sem, entretanto, promover um pico de endurecimento secundário efetivo que permita o revenimento nesta faixa de temperatura para durezas superiores a 60 HRC. Para satisfazer durezas em serviço, de forma ampla entre 58 HRC e 64 HRC, este aço deve ser revenido abaixo de 250 °C, estando sempre com elevada fração de austenita retida.

Para se obter a máxima vantagem do aço AISI D6 com relação a resistência a desgaste, capacidade de corte, entre outras, a prática recomenda ferramentas fabricadas em níveis de dureza entre 62 HRC e 64 HRC. A curva de revenimento para a têmpera a partir de 960 °C é mostrada na Figura 9.22. Verifica-se que no revenimento ocorrem uma queda constante de dureza em função do aumento da temperatura e a ausência do endurecimento secundário, na temperatura próxima de 500 °C, em que ocorre apenas um "atraso" na queda de dureza. Assim, para atender à especificação de dureza este aço deve ser revenido em temperaturas próximas de 180-200 °C. Pelos elevados teores de austenita retida se recomenda um mínimo de dois revenimentos por um tempo mínimo de 2 horas cada. O revenimento deve ser realizado imediatamente após as ferramentas atingirem de 50 °C a 80 °C após a têmpera, e o resfriamento após o revenimento pode ser realizado em ar calmo.

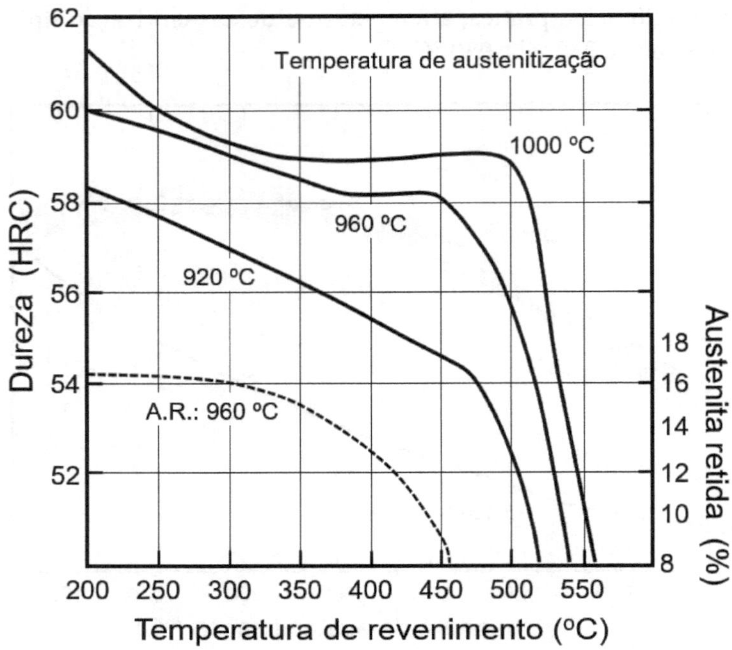

Figura 9.21 – Resposta ao revenimento do aço AISI D6 em diferentes temperaturas de austenitização. Fonte: adaptada de (23).

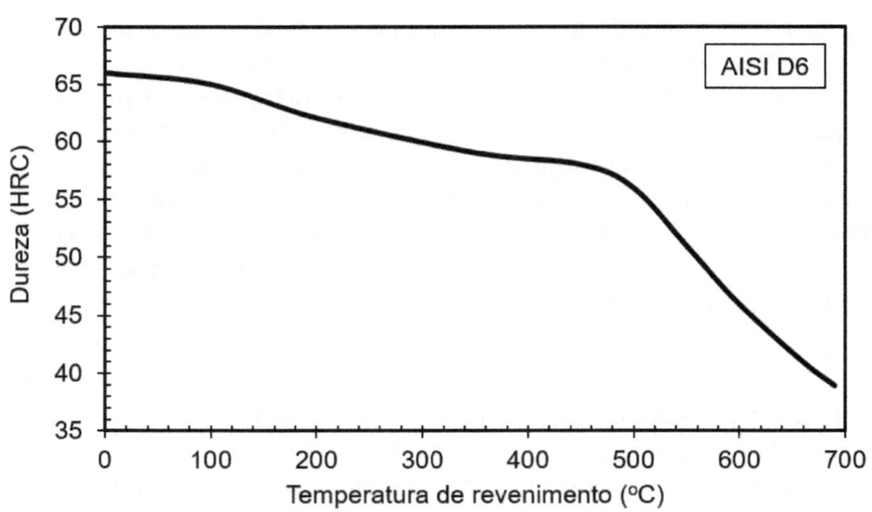

Figura 9.22 – Curva de revenimento do aço AISI D6. Têmpera a partir de 960 °C. Fonte: o autor.

9.2.4 AÇO FERRAMENTA COM 1%C-8%CR

Os aços ferramenta para trabalho a frio com teor de carbono próximo de 0,8-1,0% e de cromo próximo de 8,0-10,0% foram desenvolvidos recentemente para operações que necessitam de maior resistência a fratura em comparação com os aços tradicionais AISI D2 e D6. Esses aços possuem uma rota de solidificação com formação de uma fração muito pequena de carboneto eutético M_7C_3, o que lhes confere uma vantagem microestrutural importante com relação à tenacidade, porque os carbonetos eutéticos são responsáveis pela diminuição da resistência a fratura dos aços ferramenta ledeburíticos por causa de sua dimensão, forma e distribuição (24). A Tabela 9.9 apresenta a faixa de composição química para os elementos carbono, cromo e para os elementos de liga Mo e V. Esta faixa de composição abrange os principais fornecedores mundiais desses aços (25,31).

Tabela 9.9 – Faixa de composição química dos aços 1%C-8%Cr para os principais fabricantes mundiais. % em massa (25-31)

C	Cr	Mo	V
0,80-1,25	7,8-8,75	1,1-2,7	0,30-1,6

O balanceamento de composição química desses aços, pela relação C/Cr e a adição de elementos de liga, confere características importantes com relação ao tratamento térmico de têmpera e revenimento. Sua curva TRC, Figura 9.23, mostra uma elevada temperabilidade, que permite o resfriamento em diferentes meios como: ar, óleo, martêmpera, a 500-550 °C, e em têmpera interrompida, a 180-200 °C, seguido de resfriamento ao ar. Este aço possui temperabilidade suficiente para ser resfriado sob pressão de nitrogênio em fornos sob vácuo.

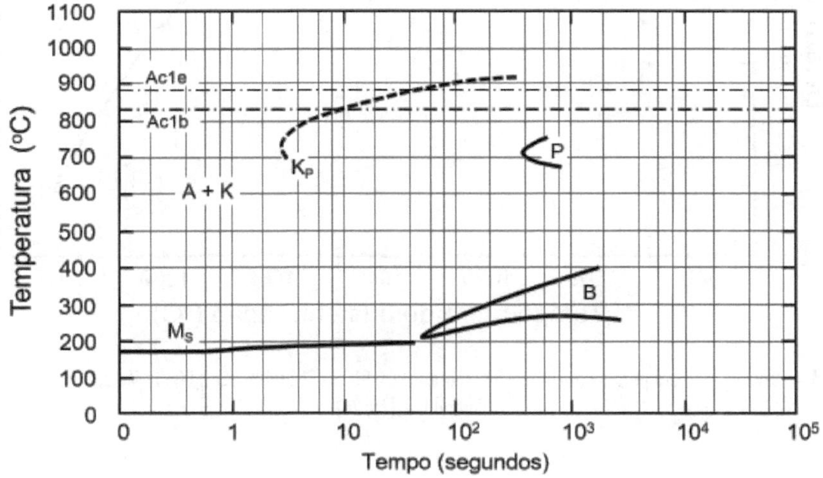

Figura 9.23 – Curva TRC do aço SLEIPNER após austenitização a 1030 °C por 30 minutos. Ac1b = 830 °C e Ac1e = 880 °C. Composição: 0,90%C-0,90%Si-7,80%Cr-2,50%Mo-0,50%V. Fonte: adaptada de (30).

Nesses aços a menor fração de carbonetos eutéticos M_7C_3 permite um maior teor de carbono, cromo e elementos de liga em solução sólida na matriz, o que se traduz em um maior potencial de endurecimento na têmpera e no posterior revenimento. A resposta à têmpera representada na Figura 9.24 mostra um potencial de endurecimento para durezas próximas de 64 HRC na faixa de austenitização entre 1000 °C e 1040 °C, o que delimita a melhor faixa de austenitização para esses aços entre 1020 °C e 1040 °C. A curva de revenimento da Figura 9.25 mostra um intenso endurecimento secundário na faixa de 500 °C que permite obter durezas de 60-62 HRC com revenimentos em temperaturas próximas de 520-540 °C. Estes revenimentos devem ser no mínimo duplos por ao menos 2 horas cada.

A Figura 9.26 compara a resposta ao revenimento dos principais aços para trabalho a frio com os aços com 1%C-8%Cr, representados pelo aço VF800AT, mostrando que a resposta ao endurecimento secundário desses aços é a mais intensa, seguida pelo aço AISI D2. Os aços AISI D6 e AISI O1 praticamente não exibem o endurecimento secundário (32). Por essa razão, os aços 1%C-8%Cr e AISI D2 devem ser revenidos acima de 500 °C para atingir a melhor combinação entre dureza e resistência a fratura - tenacidade. Os aços AISI D6 e AISI O1 só podem ser revenidos na faixa de 180-220 °C, de forma a atingir durezas superiores a 60 HRC.

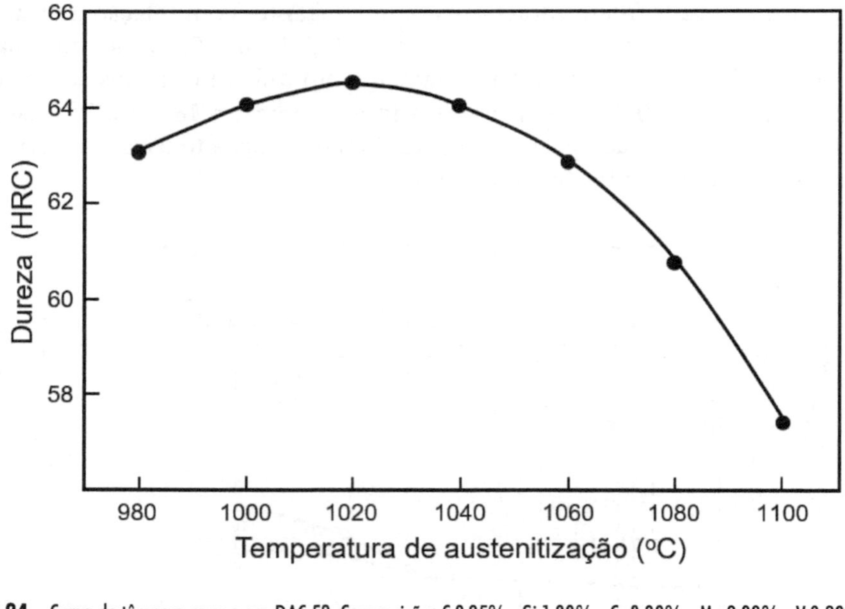

Figura 9.24 – Curva de têmpera para o aço DAC 53. Composição: C 0,95% - Si 1,00% - Cr 8,00% - Mo 2,00% - V 0,30%. Fonte: adaptada de (25, 26).

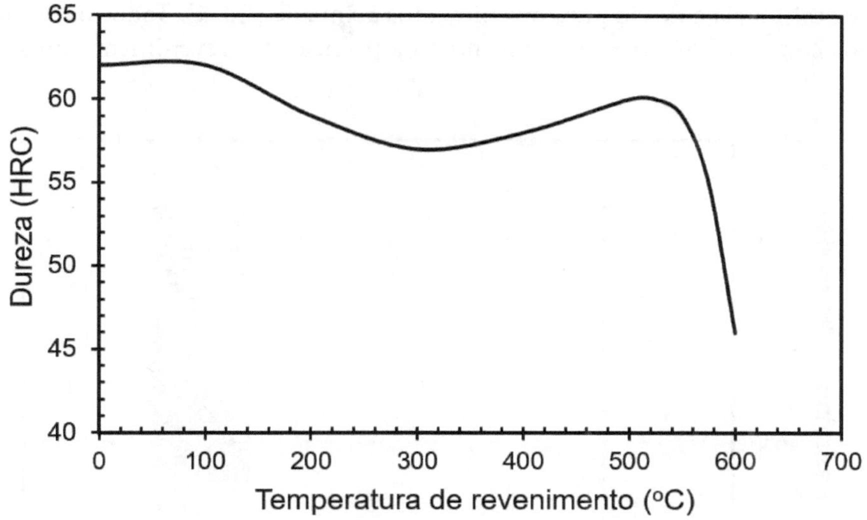

Figura 9.25 – Curva de revenimento para o aço Cryodur 2990. Temperatura de austenitização: 1030 °C. Composição: C 1,00%-Si 0,90%-Cr 8,00%-Mo 1,10%-V 1,60%. Fonte: adaptada de (31).

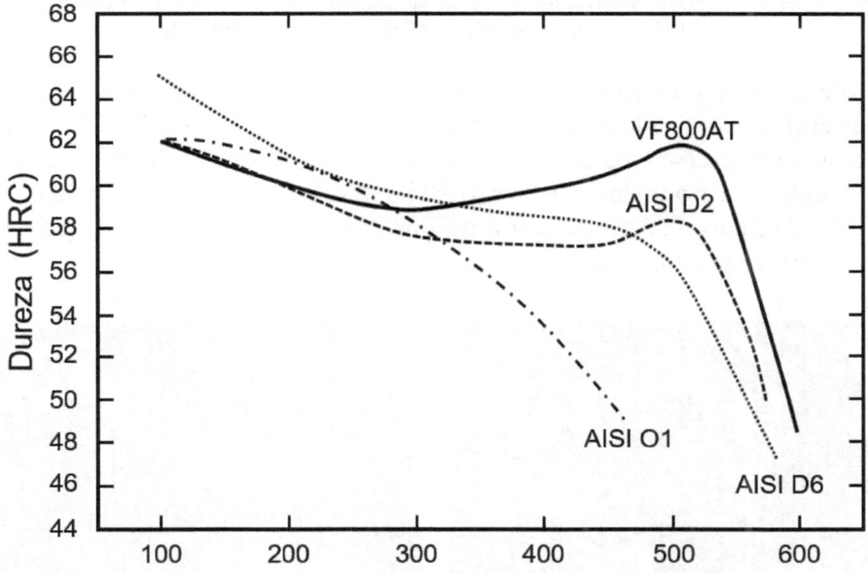

Figura 9.26 – Curvas de revenimento para os principais aços para trabalho a frio. Temperaturas de austenitização: VF800AT 1030 °C, AISI D2 1010 °C, AISI D6 940 °C e AISI O1 800 °C. Fonte: adaptada de (32).

Da mesma forma que o aço AISI D2, esses aços também possuem diferença em resistência a fratura com relação à temperatura de revenimento. A Figura 9.27 mostra a resistência a flexão 4 pontos após revenimento a alta e baixa temperaturas. É nítida a maior resistência a flexão para revenimentos acima de 520 °C. Todos os fabricantes dos aços com 1%C-8%Cr não recomendam a prática com revenimento próximo de 200 °C.

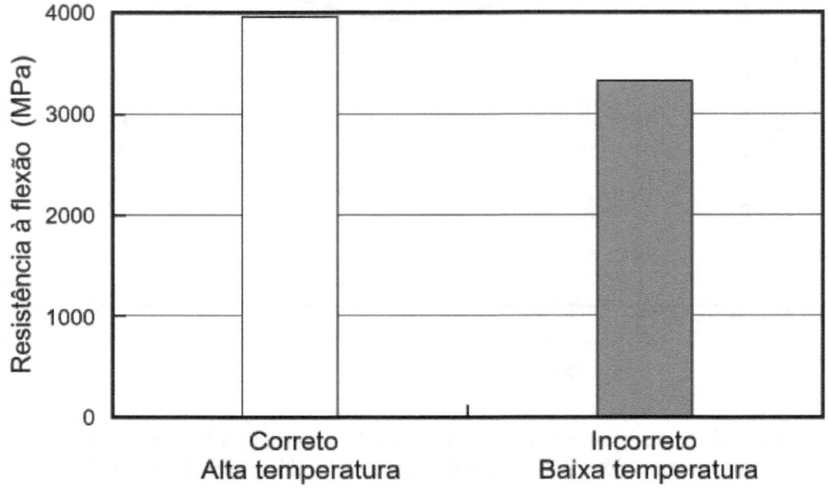

Figura 9.27 – Resistência a flexão 4 pontos para o aço VF800AT em diferentes condições de revenimento. Composição: C 0,85% - Si 0,90% - Cr 8,00% - Mo 2,00% - V 0,50%. Fonte: adaptada de (33).

O balanceamento de composição química desses aços objetiva uma fração de carbonetos eutéticos inferior na solidificação à dos aços AISI D2 e D6. A Figura 9.28 mostra as micrografias dos aços AISI D2 e VF800AT, com a nítida observação da menor fração de carbonetos para o aço VF800AT. Esse fator microestrutural é responsável pela maior resistência a fratura dos aços 1%C-8%Cr com relação aos aços ledeburíticos tradicionais, como mostrado na Figura 9.29.

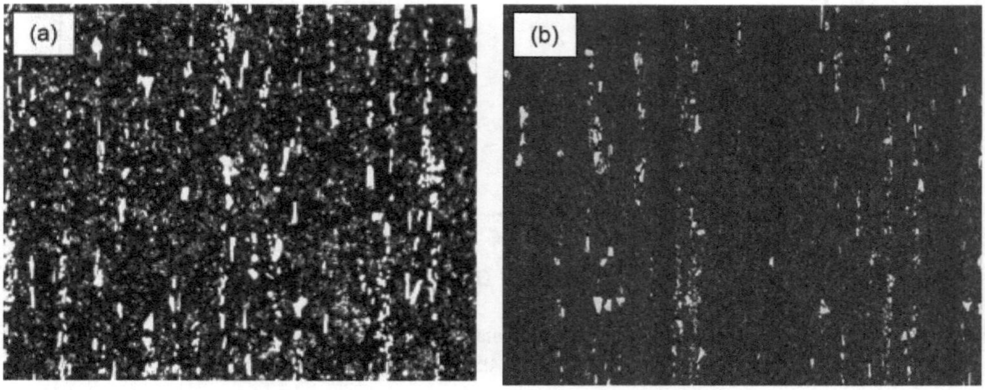

Figura 9.28 – Microestruturas dos aços para trabalho a frio AISI D2 (a) e VF800AT (b) no estado temperado e revenido. Nital 4%, 100x. Fonte: o autor.

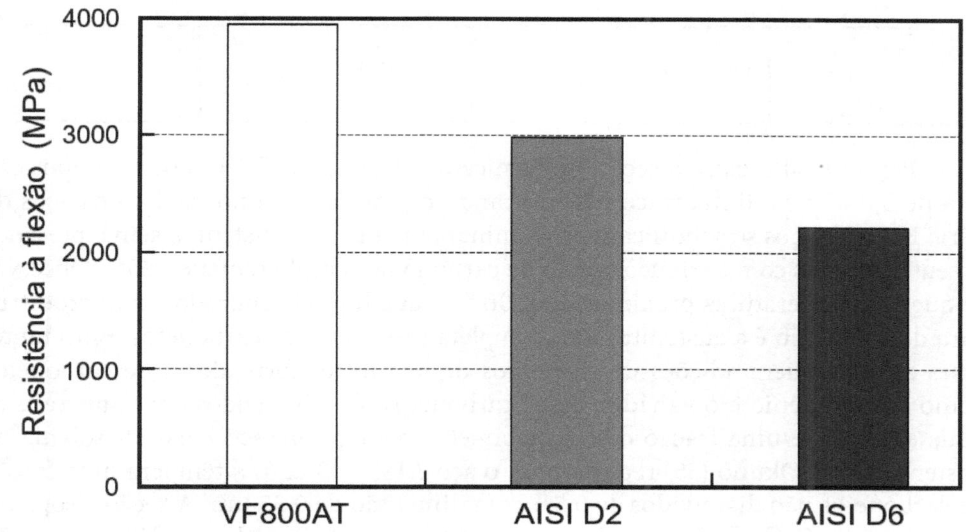

Figura 9.29 – Comparação entre a resistência à flexão 4 pontos do aço VF800AT e os aços para trabalho a frio AISI D2 e D6. Fonte: adaptada de (33, 34).

9.3 AÇOS FERRAMENTA PARA TRABALHO A QUENTE

Como referência ao próprio nome, estes aços são utilizados prioritariamente em operações de alta temperatura, entre 650 °C e 1200 °C, por exemplo: fundição em baixa e alta pressão de ligas não ferrosas, extrusão de ligas não ferrosas e forjamento a quente de aços. Também são utilizados em moldes de injeção de polímeros de engenharia, reforçados por carga, que necessitam aliar elevada dureza com capacidade de polimento. Esta família, Série H, tem como aços mais utilizados os AISI H11 e AISI H13, com algumas variações produzidas por determinados fabricantes. A composição química destes aços, Tabela 9.9, mostra um teor de carbono médio de 0,40%, o que permite obter durezas entre 55 HRC e 57 HRC na têmpera, cromo médio de 5,0%, garantindo a temperabilidade necessária ao resfriamento na têmpera, principalmente para matrizes e moldes de grandes dimensões, e a adição de molibdênio e vanádio para potencializar o endurecimento secundário e garantir uma baixa perda de dureza na exposição a alta temperatura de serviço.

Tabela 9.9 – Composição química nominal dos principais aços para trabalho a quente da Série H, % em massa

	C	Cr	Mo	V
AISI H11	0,4	5,0	1,5	0,5
AISI H13	0,4	5,0	1,5	1,0

A Figura 9.30 mostra a seção isotérmica do sistema Fe-C-Cr com a composição fixa de 5,0%Cr e a linha tracejada marcando o teor de carbono médio dos aços da Série H. Estes aços se solidificam predominantemente pela austenita, sem a presença do eutético, mas com enriquecimento de carbono no líquido remanescente. Observa-se que em temperaturas próximas de 1000 °C –quadrado hachurado – a microestrutura de equilíbrio é a austenita, com completa dissolução de carbonetos. Entretanto, esses aços possuem adições de elementos de liga fortes formadores de carbonetos como o molibdênio e o vanádio, cujos carbonetos são dissolvidos em temperaturas mais elevadas, e uma fração destes carbonetos pode permanecer não dissolvida na austenitização. Okuno (35) reporta para o aço AISI H13 após a têmpera uma fração de carbonetos não dissolvidos de 0,5% com dimensão de 0,35 μm. A seção "isopleta" do sistema Fe-C-Cr da Figura 9.31 mostra que os aços da Série H, do H10 ao H19, são completamente austenitizados na temperatura de 1000 °C.

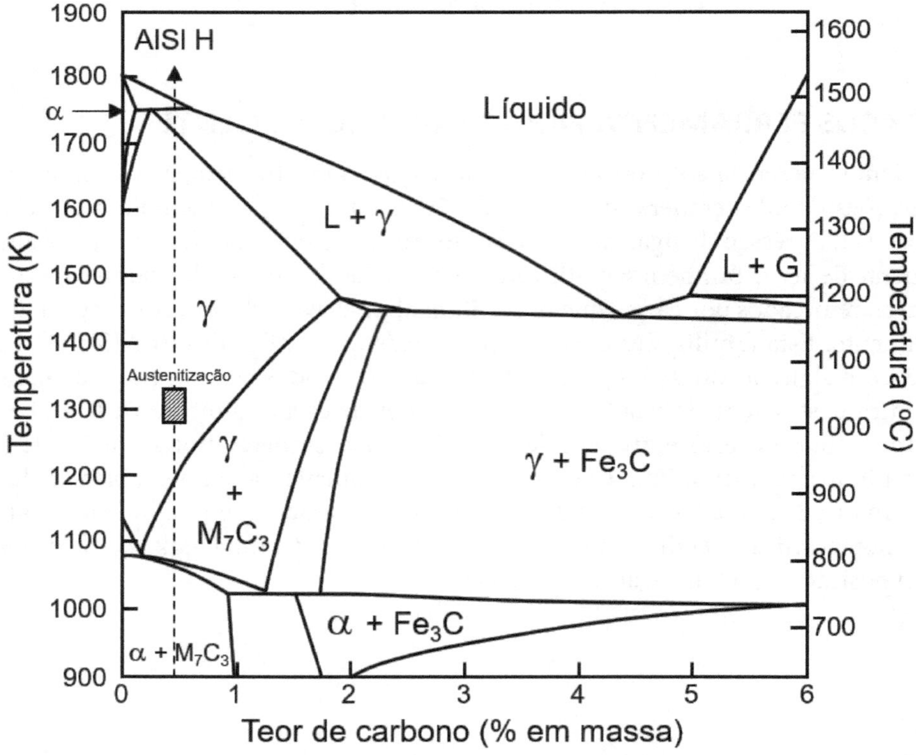

Figura 9.30 – Diagrama pseudobinário do sistema Fe-C-Cr para um teor fixo de 5%Cr. Fonte: adaptada de (7).

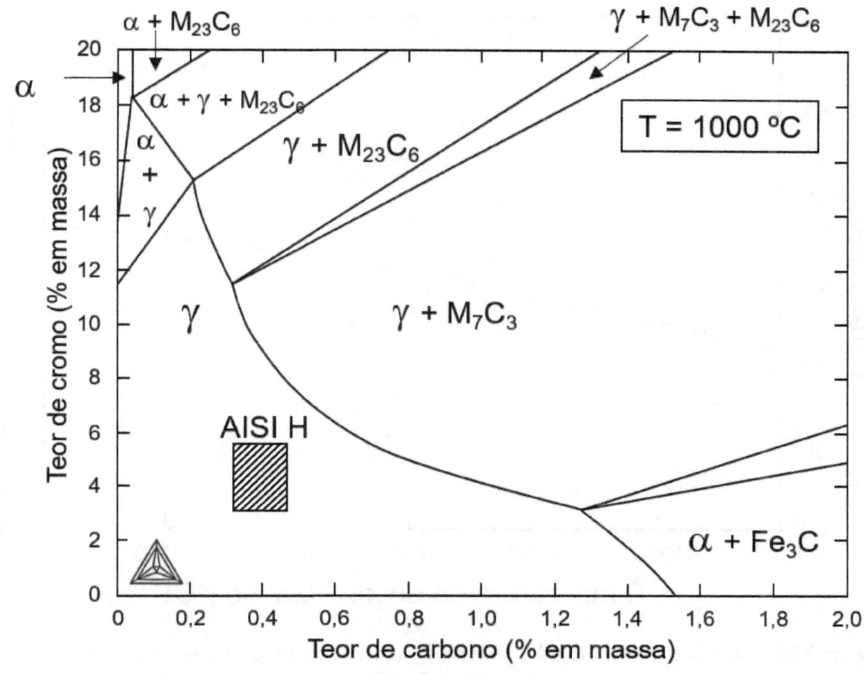

Figura 9.31 – Seção isopleta do sistema Fe-C-Cr para a temperatura de 1000 °C mostrando a região correspondente às composições dos aços da Série H10 até H19. Fonte: adaptada de (9).

Os aços para trabalho a quente da Série H, por exemplo H10, H11, H12 e H13, são austenitizados em temperaturas entre 1000 °C e 1040 °C para obtenção de uma matriz completamente austenítica e atingem durezas após a têmpera entre 52 HRC e 59 HRC (36). É consenso que a austenitização para a têmpera deve ser realizada por um tempo de 1 hora por polegada da maior seção transversal e por um mínimo de 1 hora para peças de seções transversais menores. No aquecimento até a temperatura de austenitização devem ser realizados no mínimo dois patamares de pré-aquecimentos a fim de homogeneizar a temperatura ao longo da seção transversal, o primeiro na faixa de 500 °C e o segundo na faixa de 850 °C. O resfriamento na têmpera pode ser realizado em óleo pré-aquecido, em martêmpera a 500-550 °C, por têmpera interrompida a 180-200 °C ou sob pressão positiva de nitrogênio em fornos a vácuo.

A Figura 9.32 mostra a variação da dureza em função da temperatura de austenitização para têmpera do aço AISI H13 (37). A dureza após a têmpera das temperaturas usuais de austenitização, 1010-1040 °C, situa-se em torno de 55 HRC, para os diferentes graus da Série H. A temperatura de austenitização deve ser controlada não apenas para atingir a dureza correta, mas para evitar um crescimento excessivo no tamanho de grão austenítico, o que influencia propriedades importantes, principalmente a resistência a fratura. A Figura 9.33 mostra a variação do tamanho de grão austenítico ASTM em função da temperatura de austenitização, com um crescimento apreciável a partir da austenitização a 1050 °C (38).

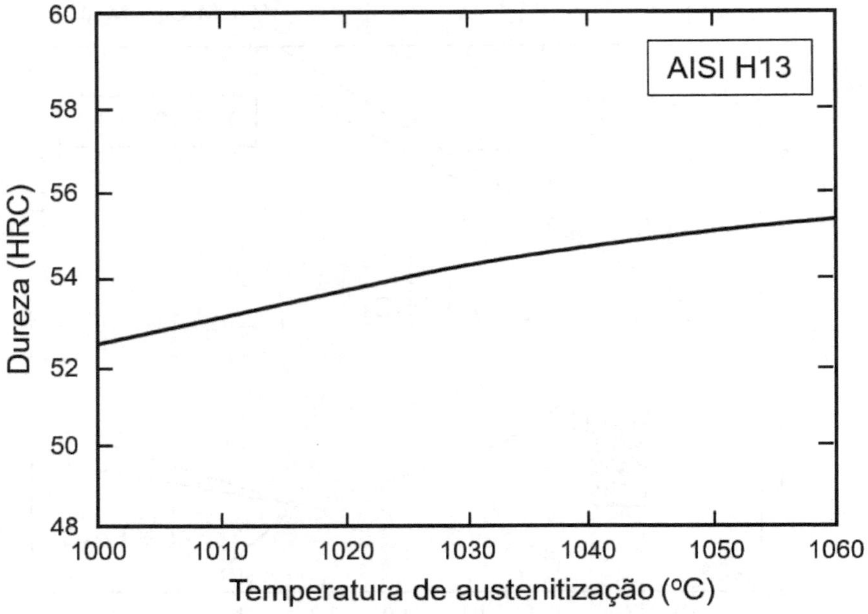

Figura 9.32 – Variação da dureza do aço AISI H13 após a têmpera em função da temperatura de austenitização. Fonte: adaptada de (37).

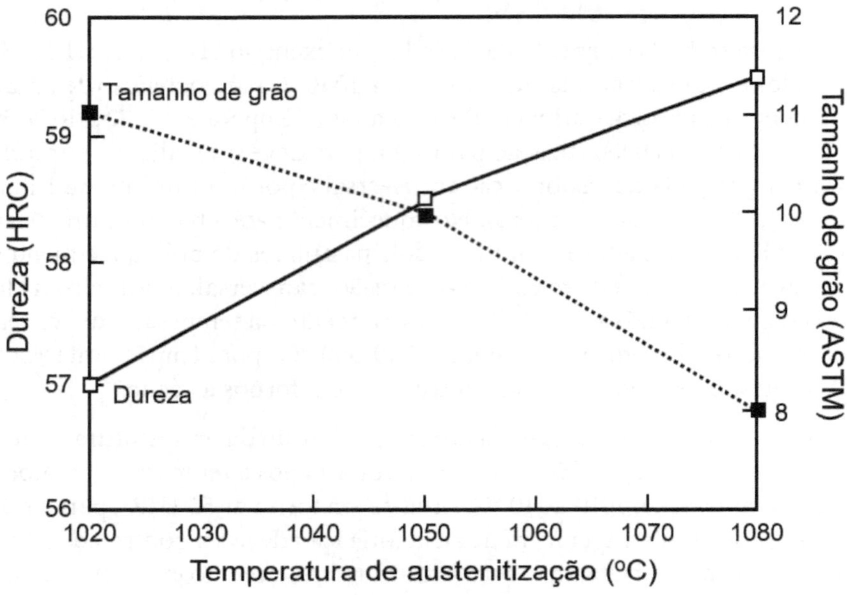

Figura 9.33 – Variação do tamanho de grão austenítico do aço AISI H13 em função da temperatura de austenitização. Fonte: adaptada de (38).

As ferramentas em aços para trabalho a quente podem ter portes muito diferentes. Em particular, matrizes aplicadas em fundição sob pressão de alumínio e suas ligas, "*die-casting*", são ferramentas que possuem dimensões elevadas com uma geometria complexa da cavidade, o que é um fator determinante no tratamento térmico de têmpera cujo objetivo é obter uma microestrutura de martensita revenida homogênea na maior profundidade de seção possível. Ainda, por suas características de serviço, essas matrizes necessitam de uma combinação ótima entre resistência mecânica – dureza – e resistência a fratura. Desta forma, conceitos como temperabilidade e resposta à têmpera e ao revenimento são imprescindíveis para determinar o melhor processo e com isso para obter as melhores propriedades.

Os aços da Série H possuem teores de carbono, cromo, molibdênio e vanádio que lhes conferem excelente temperabilidade. A curva TRC para o aço AISI H13 na Figura 9.34 mostra um forte deslocamento das curvas de formação da perlita e da bainita para a direita, com tempos prolongados de transformação. A elevada temperabilidade permite o resfriamento em diferentes meios, como óleo: martêmpera, a 500-550 °C, e em têmpera interrompida, a 180-200 °C, seguido de resfriamento ao ar. Este aço possui temperabilidade suficiente para ser resfriado sob pressão de nitrogênio em fornos sob vácuo. Uma característica importante dos aços da Série H é a presença da curva de precipitação de carbonetos proeutetoides no resfriamento contínuo, indicada pela curva tracejada "Kp" da Figura 9.34. A precipitação desses carbonetos na têmpera deve ser minimizada tendo em vista que os carbonetos proeutetoides precipitam nos contornos de grão da austenita antes da transformação martensítica e com isso afetam a resistência a fratura (39).

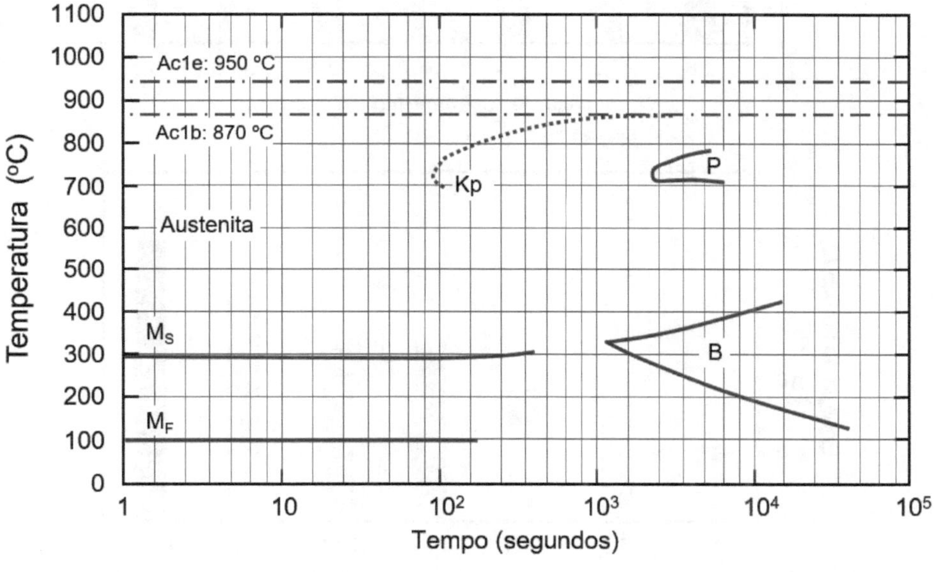

Figura 9.34 – Curva TRC para o aço AISI H13 determinada a partir da temperatura de austenitização de 1020 °C. Fonte: adaptada de (37).

A taxa de resfriamento na têmpera dos aços da Série H é fundamental para minimizar ou evitar a precipitação de carbonetos proeutetoides e a formação de segundas fases como a perlita e a bainita. Isso porque estas transformações comprometem a resistência a fratura dos ferramentais (39-43). A Figura 9.35 mostra um estudo detalhado de Nichols (39) para o comportamento de endurecimento e de resistência ao impacto, Charpy V, no resfriamento do aço AISI H13 sob diferentes taxas, tendo como referência a têmpera em óleo, cuja taxa de resfriamento é suficientemente rápida para evitar qualquer tipo de precipitação. A dureza após a têmpera aumenta de 44,4 HRC para 54,2 HRC à medida que a velocidade de resfriamento aumenta, porque quando a velocidade de resfriamento na têmpera diminui ocorre a formação de perlita em frações cada vez maiores. Esse comportamento se reflete na resistência ao impacto, de forma que, quando a velocidade de resfriamento diminui e aumentam a precipitação de carbonetos proeutetoides em contornos de grão e a formação de perlita, a energia absorvida sob impacto diminui.

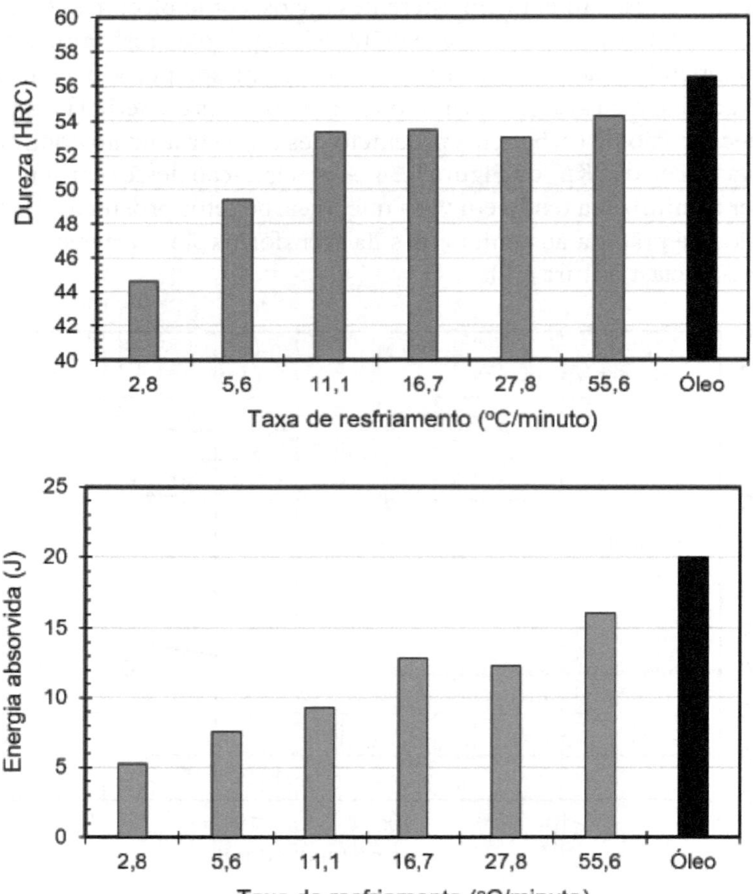

Figura 9.35 – Endurecimento e resistência a fratura sob impacto Charpy V para o aço AISI H13 temperado em diferentes taxas de resfriamento. Austenitização de 1020 °C. Fonte: adaptada de (39).

A Associação Norte-Americana de Fundição sob Pressão (North American Die Casting Association - NADCA) recomenda o uso de um termopar posicionado a 15 mm de profundidade em um bloco-padrão de controle no qual a taxa de resfriamento entre 1030 °C e 540 °C deve ser de no mínimo 28 °C/min. A classificação da qualidade microestrutural após a têmpera e o revenimento do bloco padrão deve utilizar uma carta específica fornecida pela especificação NADCA #207-2003, mostrada na Figura 9.36. Essa "carta" classifica as microestruturas em "aceitáveis" e "não aceitáveis" de acordo com a intensidade de precipitação de carbonetos proeutetoides de contornos de grão e de formação de perlita (40) e é utilizada em certos casos como critério de liberação e de aceitação de matrizes após o tratamento térmico.

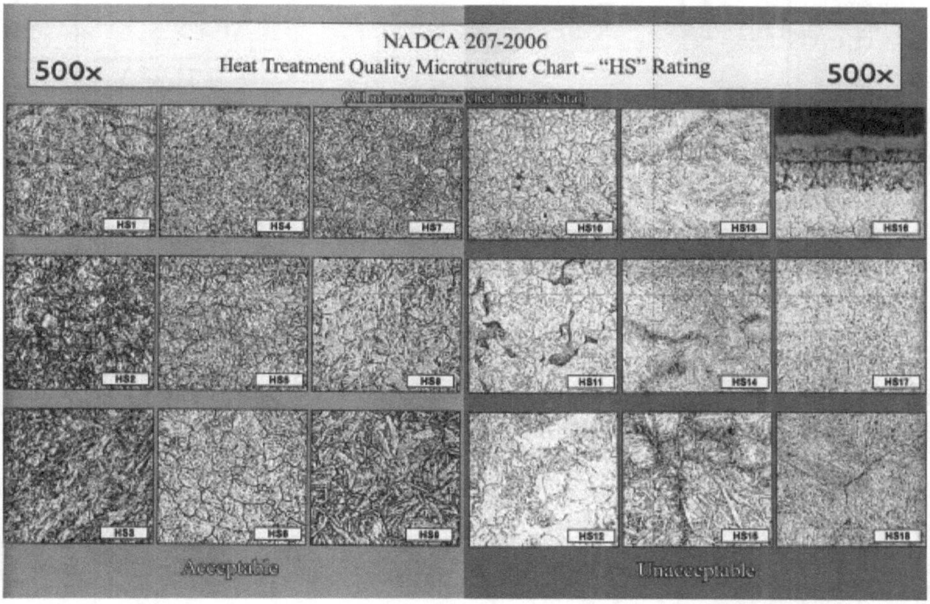

Figura 9.36 – Classificação de microestruturas após a têmpera e revenimento do aço AISI H13 de acordo com a North American Die Casting Association #207-2003. Fonte: adaptada de (39).

A Figura 9.37 mostra a variação da resistência ao impacto do aço AISI H13 para diferentes tempos de resfriamento, no intervalo de 800 °C a 500 °C. Os ensaios se referem à condição temperada a partir de austenitização a 1025 °C por 30 minutos e duplo revenimento de 2 horas cada a 610 °C para uma dureza de 45-46 HRC. É nítida a diminuição na energia absorvida, resistência a fratura, à medida que o tempo de resfriamento aumenta e as precipitações de resfriamento ocorrem (41).

Para se obter uma resistência a fratura elevada na têmpera e revenimento dos aços da Série H é necessário atingir uma taxa de resfriamento elevada na têmpera. Entretanto, essa taxa de resfriamento depende de diversos fatores, como o meio de têmpera e a dimensão da matriz em tratamento, que limitam a perda de calor. É importante considerar que o aumento na taxa de resfriamento, dependendo da dimensão, da complexidade geométrica e da massa da ferramenta, é um fator de risco para a origem de trincas, fraturas e /ou distorção excessiva. A melhor combinação das variáveis de têmpera deve ser analisada especificamente para cada ferramenta e/ou carga de tratamento térmico.

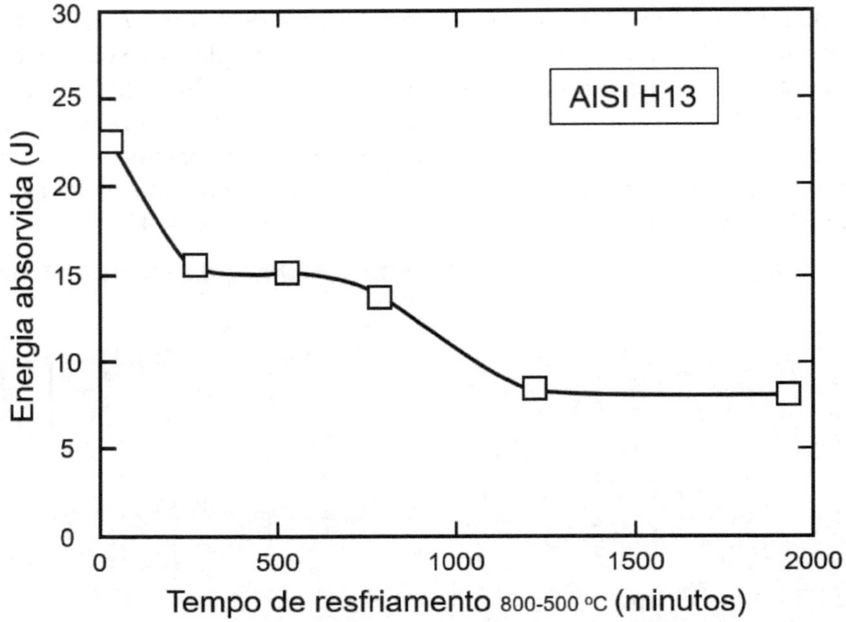

Figura 9.37 – Energia absorvida no impacto para o aço H13 em diferentes taxas de resfriamento. O tempo se refere ao necessário para resfriamento entre 800-500 °C. Austenitizado a 1025 °C e posteriormente revenido para 45-46 HRC. Fonte: adaptada de (41).

A Figura 9.38 apresenta as curvas de revenimento para os aços tipo AISI H11 e H13 para as temperaturas de austenitização próximas das mais recomendadas. A característica mais importante destas curvas é a possibilidade de um intenso endurecimento secundário em temperaturas próximas de 500 °C. Este endurecimento secundário é causado pela precipitação de nitretos complexos de cromo, molibdênio e vanádio. Tendo em vista as principais aplicações a quente, as curvas de revenimento mostram que esses aços podem ter uma dureza elevada no revenimento para valores entre 45 HRC e 50 HRC, o que é importante para as condições que necessitam manter dureza em temperaturas elevadas da cavidade em serviço.

Em suas diferentes aplicações, os aços ferramenta para trabalho a quente são requisitados por diferentes propriedades, como polibilidade em moldes de injeção de polímeros e resistência a desgaste em ferramentas de forjamento a quente. Existem aplicações críticas, como a fundição sob pressão, em que a capacidade de endurecimento, de forma a atingir um elevado limite de escoamento, e resistência a fratura – tenacidade – são propriedades que devem ser combinadas de forma ótima a fim de evitar os danos por fadiga térmica (44).

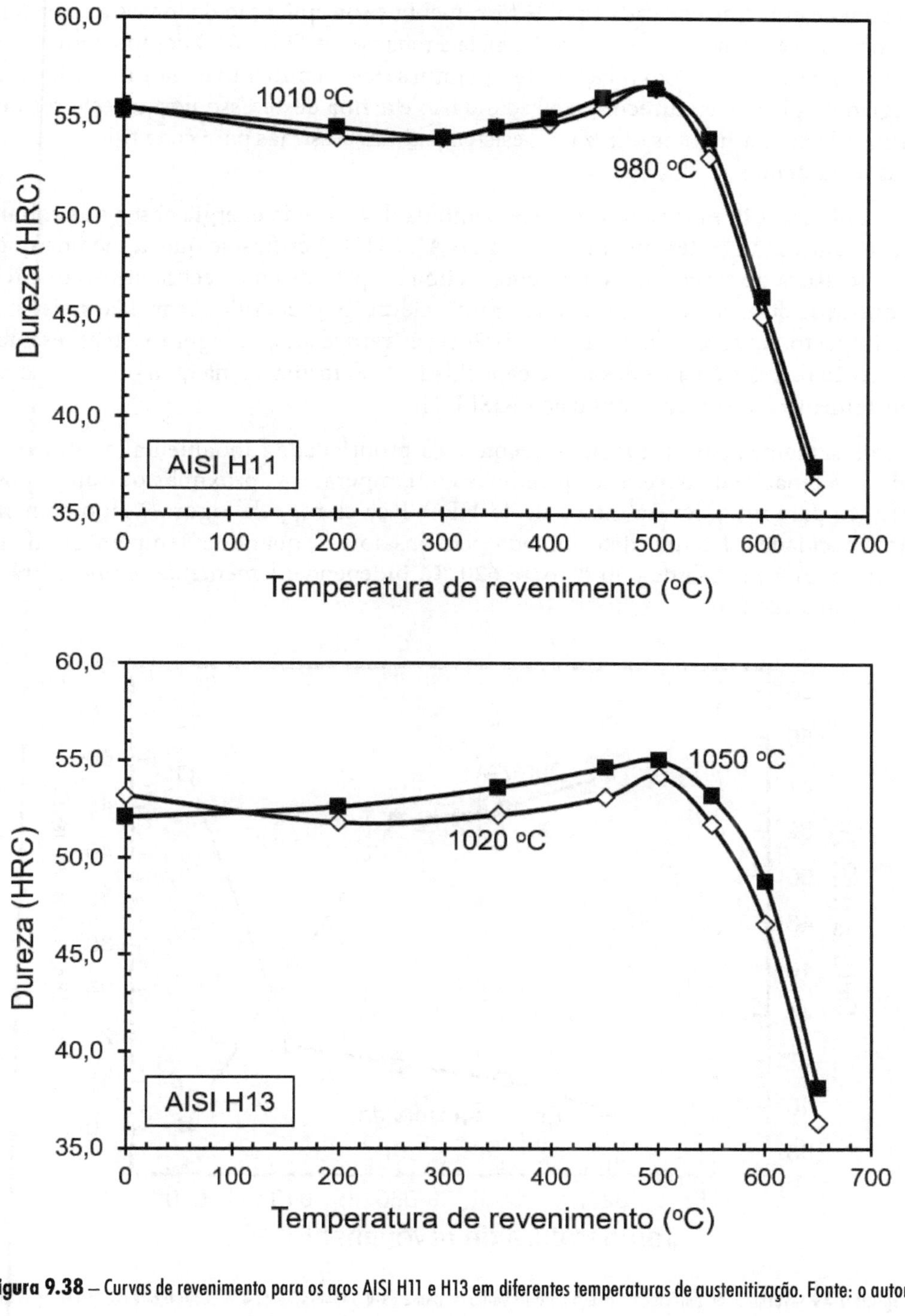

Figura 9.38 – Curvas de revenimento para os aços AISI H11 e H13 em diferentes temperaturas de austenitização. Fonte: o autor.

A seleção da temperatura de revenimento deve ser realizada de acordo com a necessidade específica de cada tipo de ferramenta e sua aplicação de forma a considerar a combinação necessária entre resistência e tenacidade (45-50). O comportamento da resistência a fratura com relação à temperatura de revenimento é mais importante na região do pico de endurecimento secundário e acima deste. Isso porque esta região é utilizada para atingir as durezas - resistências - necessárias para cada tipo de serviço das ferramentas.

A Figura 9.39 mostra o comportamento da dureza e da energia absorvida sob impacto para um aço ferramenta similar ao AISI H11. Verifica-se que, à medida que a temperatura de revenimento aumenta, acima do pico de endurecimento secundário, a queda de dureza é acompanhada por uma elevação na energia absorvida, resistência ao impacto, favorecendo assim a resistência a fratura (45). A Figura 9.40 apresenta a variação da resistência a flexão e a capacidade de deformação na qual o mesmo comportamento é verificado para o aço AISI H11.

Ferramentas para trabalho a quente cuja propriedade fundamental ao desempenho é a tenacidade devem ser revenidas em temperaturas próximas ou superiores a 610 °C, para uma dureza média de 45 HRC. Fica claro, pela Figura 9.41, o aumento na tenacidade a fratura, determinada pelo ensaio K_{IC}, quando a temperatura de revenimento é elevada de 600 °C para 620 °C, independentemente da temperatura de austenitização (47).

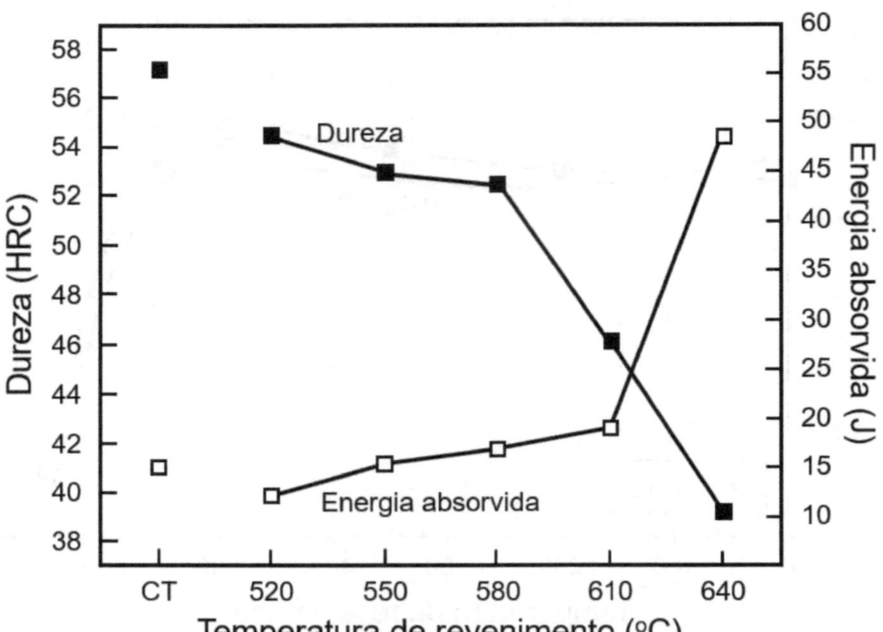

Figura 9.39 – Variação da dureza em um aço para trabalho a quente Fe-0,36%C-4,9%Cr-1,94%Mo-0,66V. Austenitização 1030 °C e revenimentos duplos de 2 horas cada. Fonte: adaptada de (45).

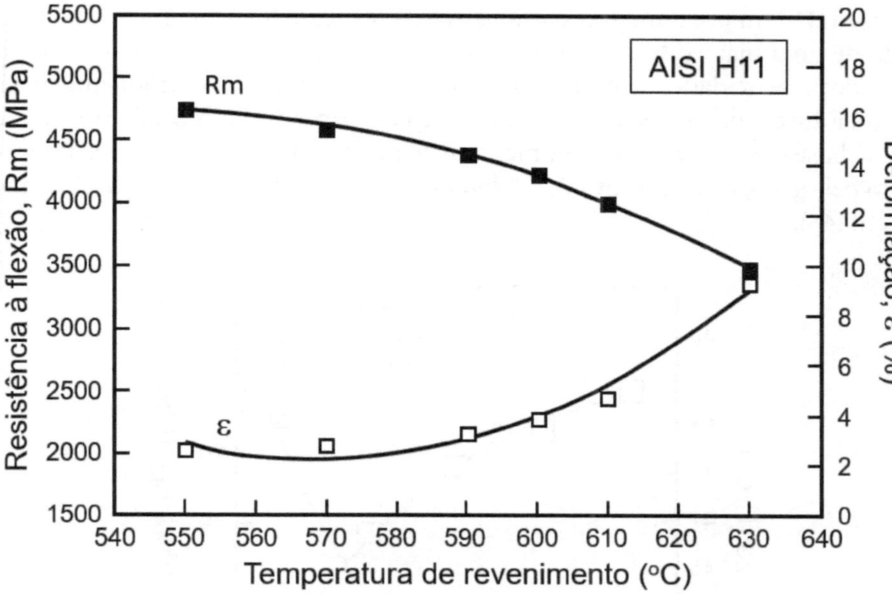

Figura 9.40 – Variação da dureza em um aço para trabalho a quente AISI H11. Austenitização 1030 °C e revenimentos duplos de 2 horas cada. Fonte: adaptada de (46).

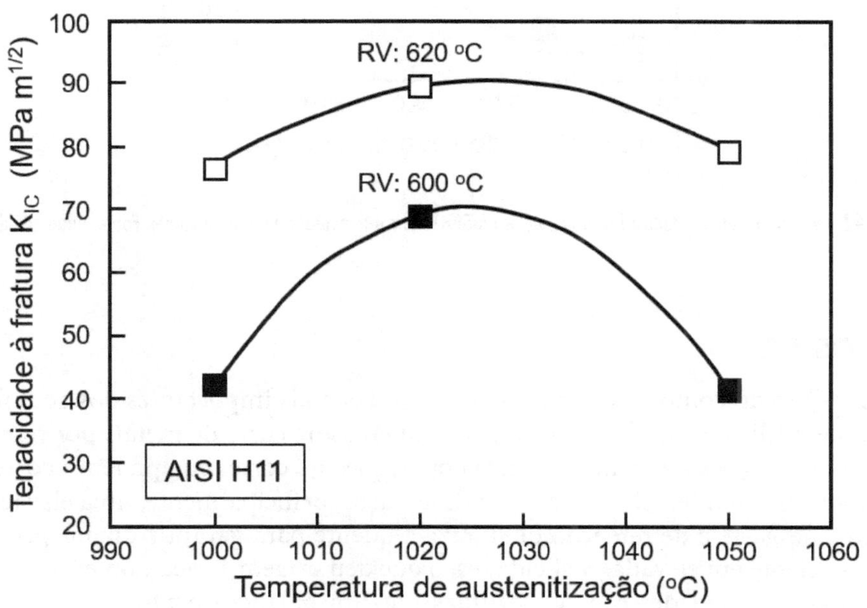

Figura 9.41 – Variação da tenacidade a fratura K_{IC} do aço AISI H11 com a temperatura de austenitização e de revenimento. Fonte: adaptada de (47).

A Figura 9.42 mostra que em temperaturas de revenimento superiores a 600 °C o aço AISI H11 tem um aumento significativo na tenacidade. A microestrutura é constituída de uma matriz de martensita revenida, com dureza próxima de 44-46 HRC, com maior plasticidade, com uma dispersão de carbonetos. Os carbonetos precipitados no endurecimento secundário sofrem coalescimento, com mudança de morfologia de bastonetes para esfera, aumentam sua distância e, com isso, permitem uma fratura pela geração de microvazios, "*dimples*", com característica predominantemente dúctil (48).

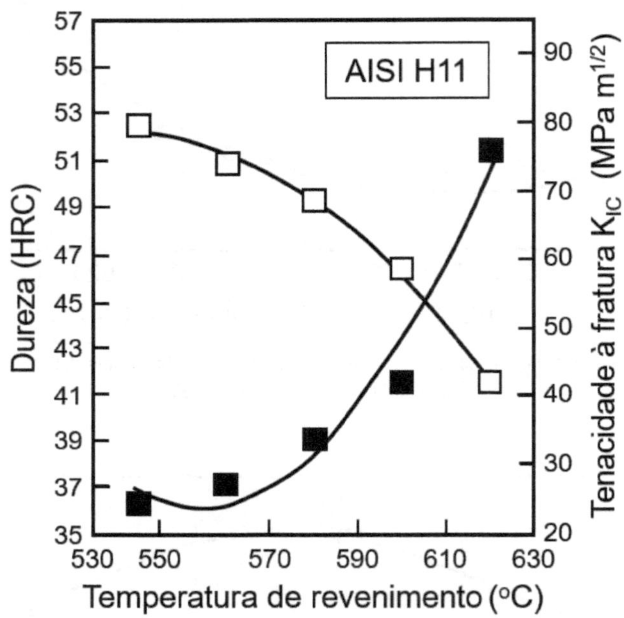

Figura 9.42 – Variação da tenacidade a fratura K_{IC} do aço AISI H11 com a temperatura de revenimento. Fonte: adaptada de (48).

9.4 AÇOS RÁPIDO

Os aços rápido compreendem uma das famílias mais importantes dos aços ferramenta e são utilizados na fabricação de ferramentas de corte de metais por remoção de cavaco, operações de usinagem. Estas operações de corte, que podem ocorrer de forma contínua ou intermitente, exigem destes aços, principalmente, uma elevada resistência a desgaste e de retenção de dureza a quente para garantir uma capacidade de corte eficiente em elevadas velocidades, o que deu origem ao seu nome "*high speed steel*". Essas propriedades são conseguidas por um balanceamento de composição química que permite obter uma estrutura de solidificação, de recozimento e uma resposta ao tratamento térmico específicas para essas solicitações. A família dos aços rápido extensivamente utilizada no Brasil é correspondente à Série M, referência ao elemento de liga molibdênio, e tem como aços mais utilizados os AISI M2, AISI M3:2,

AISI M7 e AISI M42, com composição química nominal apresentada na Tabela 9.10 (51-54).

Tabela 9.10 – Composição química nominal dos principais aços rápido da Série M, % em massa (51-54)

	C	Cr	W	Mo	V	Co
AISI M2	0,90	4,10	6,40	5,00	1,80	--------
AISI M3:2	1,21	4,10	6,20	5,00	2,90	--------
AISI M7	1,02	3,80	1,80	8,60	1,90	--------
AISI M42	1,10	3,90	1,40	9,20	1,00	7,80

O diagrama pseudobinário para o aço rápido AISI M2 é mostrado na Figura 9.43. Em virtude dos elevados teores de cromo, tungstênio, molibdênio e vanádio em sua composição química, os aços rápido possuem carbonetos complexos de alta estabilidade decorrentes de seu processo de solidificação (56-58) e de precipitação durante seu processamento a quente, o que faz com que esses aços necessitem de temperaturas elevadas para a sua dissolução. Os aços rápido se solidificam pela formação de ferrita, o que resulta, com o progresso da solidificação, na formação de espaços interdendríticos enriquecidos em carbono e elementos de liga formadores de carbonetos complexos, Mo, W e V, dando origem à reação eutética que forma uma rede de carbonetos ledeburíticos do tipo M_2C, M_6C e MC, como mostrado na Figura 9.44 (59).

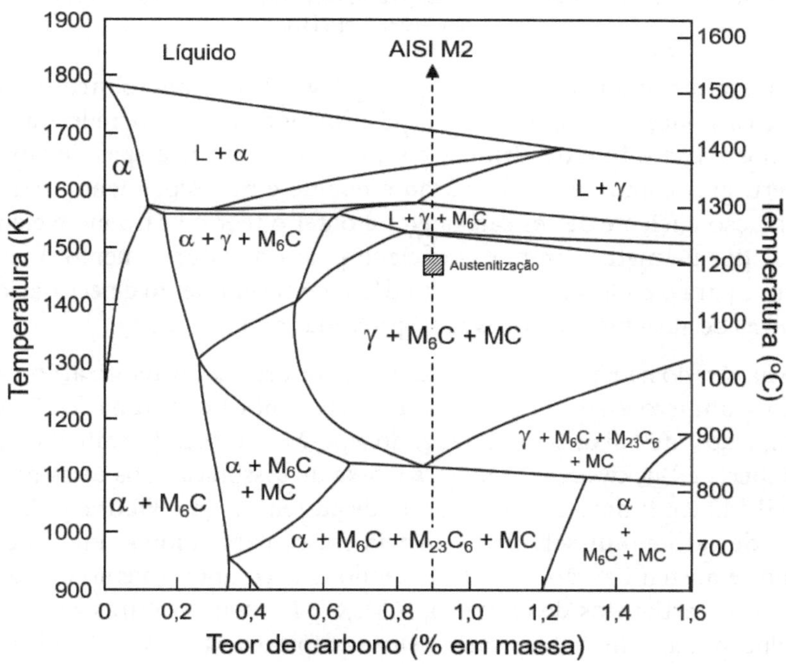

Figura 9.43 – Diagrama pseudobinário correspondente ao aço rápido AISI M2. Fonte: adaptada de (55).

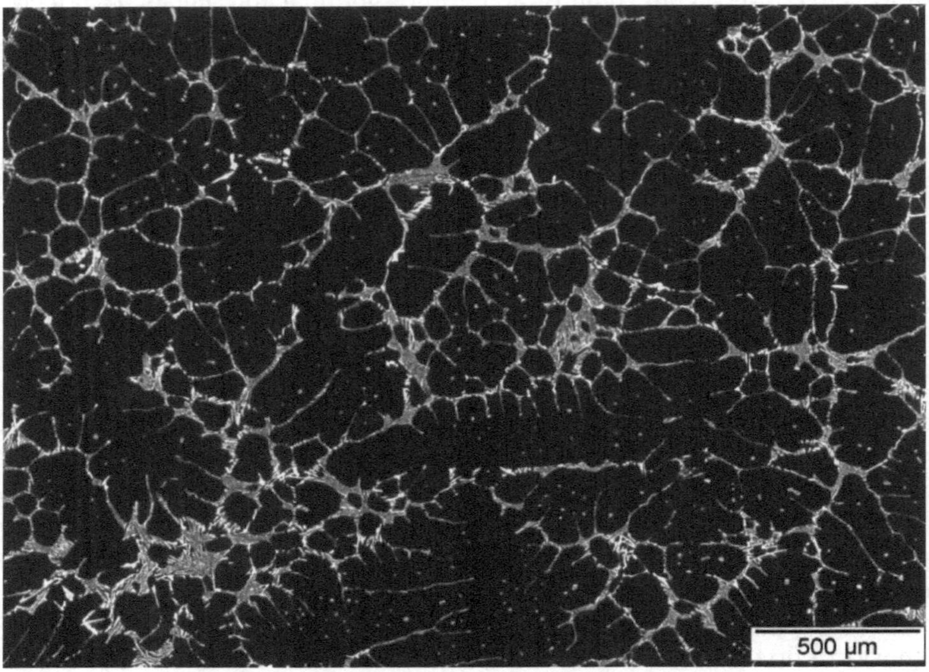

Figura 9.44 – Microestrutura do aço rápido AISI M2 no estado bruto de solidificação mostrando a rede de carbonetos eutéticos interdendríticos. Fonte: (59).

Na temperatura ambiente os aços rápido possuem uma microestrutura composta de ferrita e carbonetos do tipo $M_{23}C_6$, M_6C e MC localizados na rede eutética e precipitados nos espaços interdendríticos da matriz durante as etapas de fabricação na usina siderúrgica como na conformação a quente e no recozimento. Para garantir uma dissolução eficiente destes carbonetos e obter o teor de carbono e elementos de liga dissolvidos na matriz em teores eficientes para o endurecimento da martensita na têmpera e para o endurecimento secundário no revenimento é necessário o uso de temperaturas de austenitização elevadas, próximas de 1200 °C.

Como mostrado na Figura 9.43, nessas temperaturas de austenitização – quadrado hachurado – a microestrutura possui matriz austenítica com uma fração de carbonetos complexos, de baixa solubilidade, do tipo M_6C e MC. O trabalho clássico de Cohen, Roberts e Blickwede (60) mostra a taxa de dissolução dos carbonetos no aço rápido AISI M2 em função da temperatura de austenitização, Figura 9.45. Verifica-se que o teor de carbono dissolvido na matriz cresce para valores superiores a 0,50% apenas após a austenitização a 1150 °C, sendo esse comportamento devido **à** maior dissolução dos carbonetos de cromo tipo $M_{23}C_6$. Em temperaturas superiores ocorre a dissolução mais efetiva dos carbonetos complexos M_6C, MC, ligados ao tungstênio, molibdênio e vanádio. Nas temperaturas de austenitização próximas de 1200 °C a matriz austenítica do aço rápido AISI M2 possui como composição química: 0,55%C-4,40%Cr-2,90%W-3,00%Mo-1,50%V, ideal para a resposta ao tratamento térmico objetivada para esse aço em aplicações de corte por remoção de cavaco.

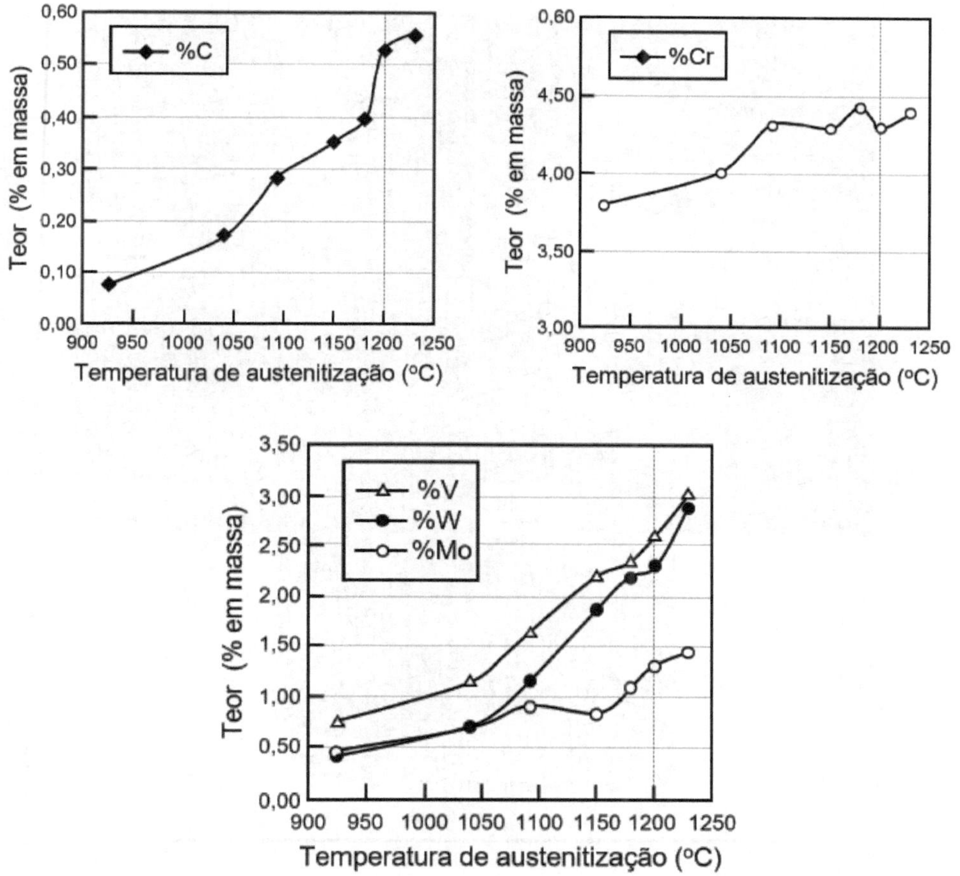

Figura 9.45 – Teor de carbono e elementos de liga dissolvidos na austenita do aço rápido AISI M2 em função da temperatura de austenitização. Fonte: adaptada de (60).

A temperatura de austenitização é limitada por seu efeito no tamanho de grão austenítico e no teor de austenita retida (61-63). Um aumento na temperatura de austenitização promove um aumento considerável no tamanho de grão que afeta de forma deletéria a tenacidade e, com isso, a vida das ferramentas em serviço. A Figura 9.46 mostra o aumento do tamanho de grão austenítico do aço AISI M2 nas diferentes temperaturas de austenitização marcadas no gráfico, de 1150 °C (a) a 1220 °C (e) (62). O reflexo do tamanho de grão na resistência a fratura determinada por ensaio de flexão e na vida de uma ferramenta de corte intermitente em aço AISI M2 é apresentado na Figura 9.47. Observa-se o aumento na resistência a flexão com a diminuição no tamanho de grão austenítico e, por consequência, o aumento da vida sob corte intermitente. O ensaio de vida utilizou uma ferramenta de aço AISI M2, temperado e revenido para 65 HRC, cortando o aço AISI H13 com dureza de 300 HB e adotando como critério de vida o desgaste da aresta de corte no valor de 0,38 mm (64).

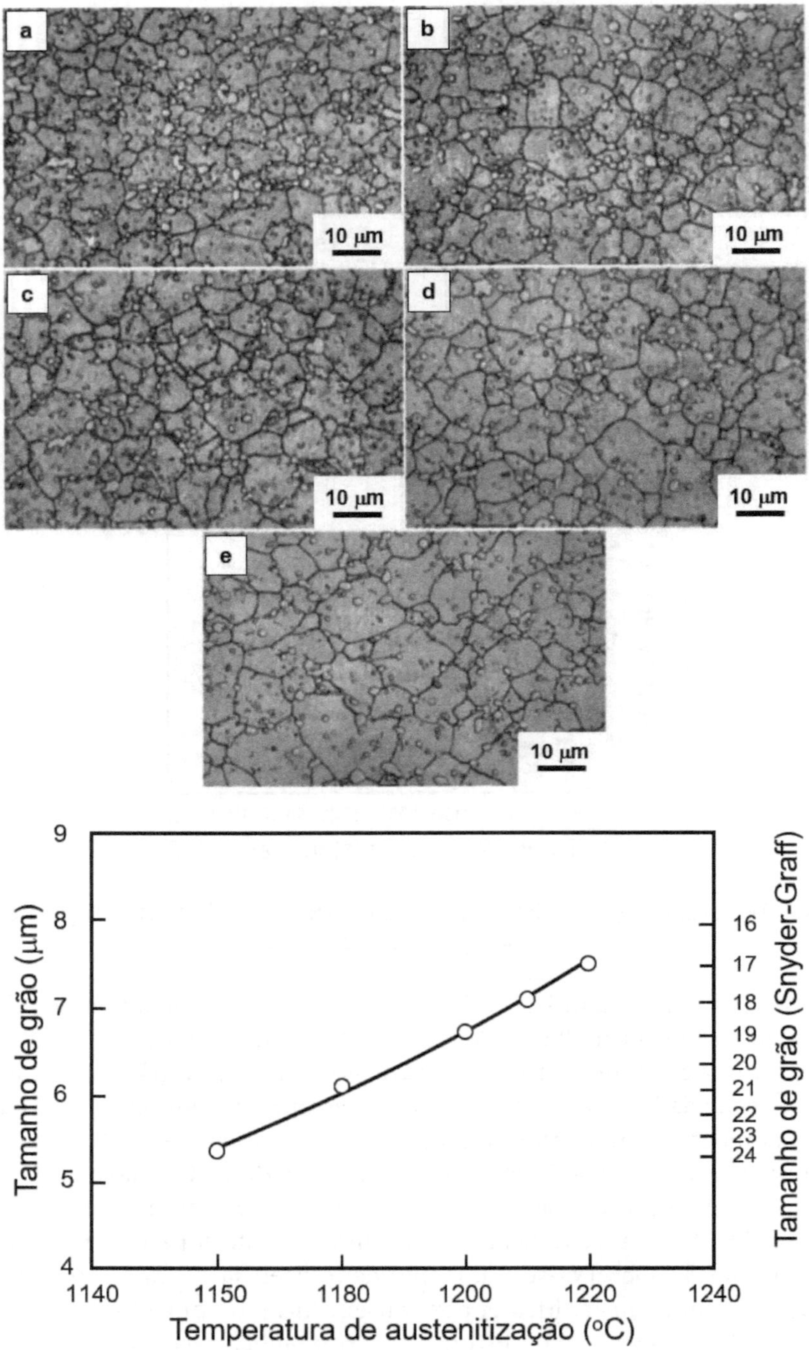

Figura 9.46 – Variação do tamanho de grão austenítico do aço rápido AISI M2 em função da temperatura de austenitização. Fonte: adaptada de (62).

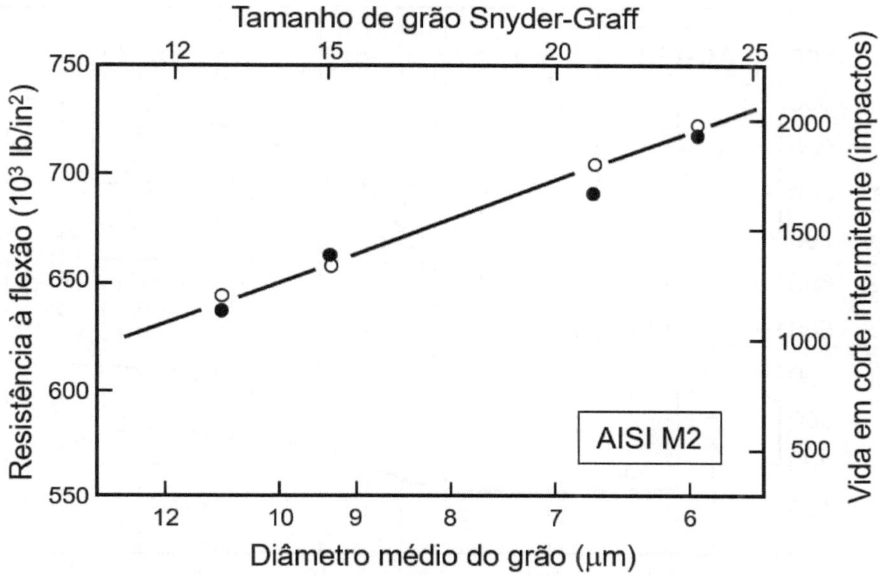

Figura 9.47 – Variação da resistência a flexão e da vida de uma ferramenta sob corte intermitente em função do tamanho de grão austenítico do aço rápido AISI M2. Fonte: adaptada de (64).

O aço rápido AISI M2 possui uma excelente temperabilidade em função do teor de carbono e elementos de liga dissolvidos na matriz, como mostrado na curva TRC da Figura 9.48. Os aços rápido são tradicionalmente tratados termicamente pelo processo de banhos de sais, e sua elevada temperabilidade permite o resfriamento em diferentes meios, como óleo: martêmpera, a 500-550 °C, e em têmpera interrompida, a 180-200 °C, seguido de resfriamento ao ar. Com o avanço da tecnologia de resfriamento em fornos a vácuo, esse processo é atualmente empregado para a têmpera sob pressão de nitrogênio.

Pelos seus requisitos de desempenho em serviço, os aços rápido devem ter elevada dureza para permitir o corte eficiente de outras ligas metálicas combinando da melhor forma possível a resistência a desgaste e a fratura para manter o poder de corte. Como mostrado na Figura 9.49, a dureza dos aços rápido após a têmpera atinge valores elevados, superiores a 63 HRC. Entretanto, essa não é a dureza máxima que será atingida apenas no revenimento.

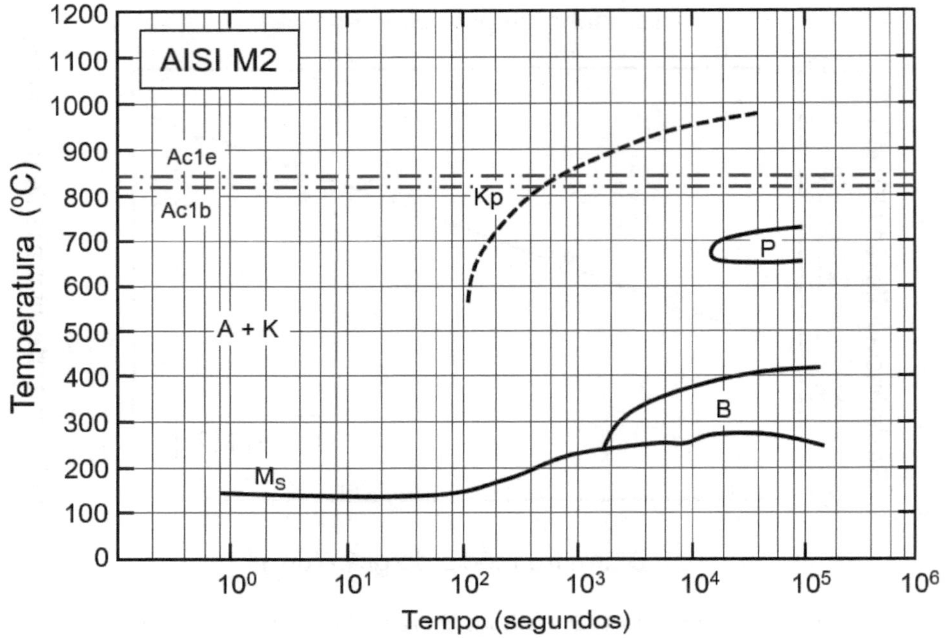

Figura 9.48 – Curva TRC do aço rápido M2 após austenitização a 1210 °C. Fonte: adaptada de (51).

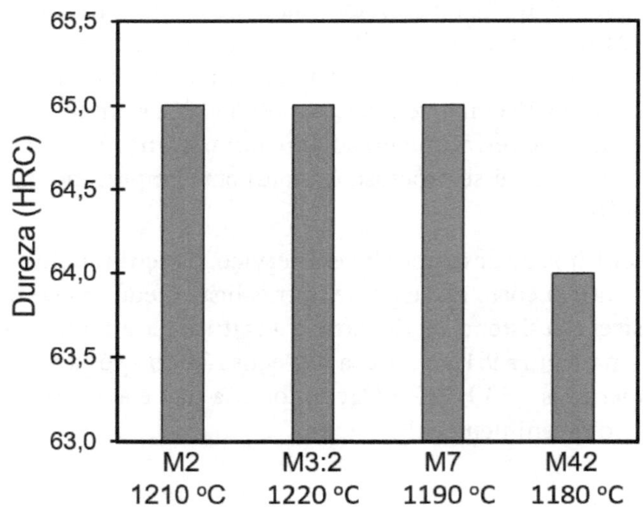

Figura 9.49 – Dureza obtida após a têmpera dos aço rápido para cada temperatura de austenitização indicada. Fonte: adaptada de (51-54).

Como visto anteriormente no revenimento de aços de alta liga, principalmente ligados a elementos fortes formadores de carbonetos, o revenimento é caracterizado pela presença do fenômeno do endurecimento secundário, próximo de 500 °C, que corresponde à precipitação de carbonetos complexos de forma fina, submicroscópica, e homogênea na matriz de martensita revenida. Essa precipitação atua como barreira eficiente na movimentação de discordâncias e promove o endurecimento da matriz (65). Nos aços rápido, a sequência de revenimento é caracterizada inicialmente pela precipitação do carboneto metaestável ε e sua posterior transformação em cementita, pela desestabilização da austenita retida no aquecimento e sua transformação em martensita/bainita no resfriamento. Acima de 400 °C a cementita se dissolve gradualmente e a difusão de curto alcance dos elementos de liga W, Mo e V permite a precipitação de carbonetos complexos de elementos de liga do tipo M_2C e MC na forma de partículas coerentes com a matriz, promovendo um intenso endurecimento (66,67). A Figura 9.50 mostra a curva de revenimento do aço rápido AISI M2 para as propriedades de dureza e para as propriedades de resistência sob tração de ductilidade. Os aços rápido exibem um elevado potencial de endurecimento em temperatura próxima de 550 °C. Após o pico de endurecimento secundário ocorre um aumento na ductilidade demonstrada pelo alongamento (68).

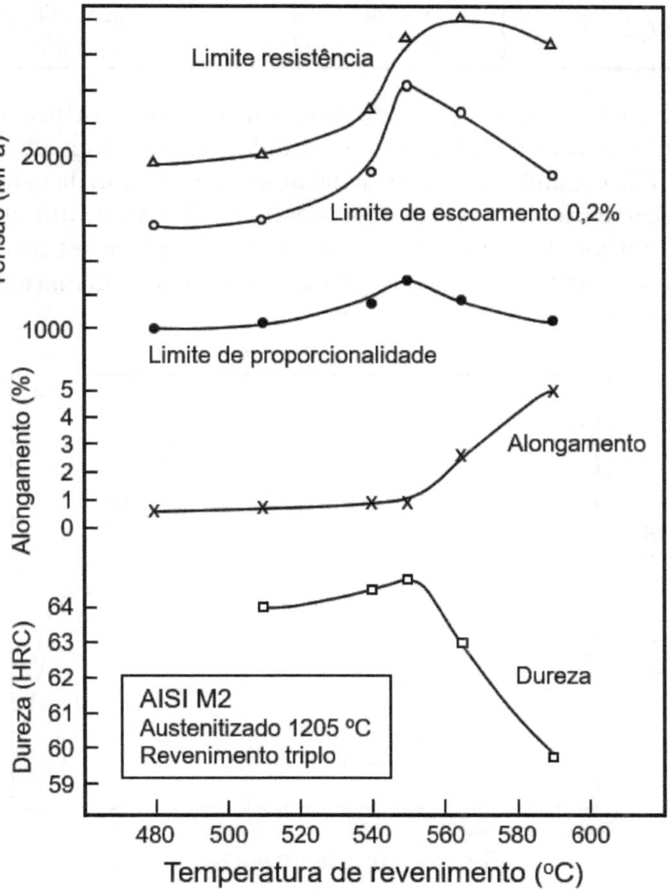

Figura 9.50 – Variação das propriedades mecânicas durante o revenimento do aço rápido AISI M2. Fonte: adaptada de (67).

Fischmeister et al. (69,70) estudaram em detalhes a precipitação de carbonetos no endurecimento secundário dos aços rápido, mostrando que estes carbonetos possuem dimensão da ordem de poucos nanômetros e são do tipo M_2C e MC, em que M designa os elementos formadores de carbonetos (W, Mo, V, Cr). Os carbonetos MC precipitam na forma de discos com diâmetro típico de 4 nm, e os carbonetos M_2C precipitam na forma de bastonetes, com comprimento típico de 8 nm. A adição de cobalto diminui o tamanho desses carbonetos. A Tabela 9.11 apresenta os carbonetos formados no endurecimento secundário dos aços AISI M2 e AISI M7 com sua respectiva estequiometria.

Tabela 9.11 – Estequiometria aproximada dos carbonetos formados no endurecimento secundário em aços rápido (69)

Tipo de carboneto	Tipo de aço	Estequiometria do carboneto
MC	AISI M2	$(W_{0,05}Mo_{0,42}V_{0,36}Cr_{0,17})\ C_{1,1}$
	AISI M7	$(W_{0,03}Mo_{0,50}V_{0,25}Cr_{0,22})\ C_{0,8}$
M_2C	AISI M2	$(W_{0,08}Mo_{0,45}V_{0,16}Cr_{0,31})_2\ C_{1,1}$
	AISI M7	$(W_{0,02}Mo_{0,47}V_{0,20}Cr_{0,31})\ C_{0,9}$

A Figura 9.51 apresenta as curvas de revenimento para os principais aços rápido, mostrando que o pico de endurecimento secundário pode conduzir a durezas entre 65 HRC e 67 HRC, dependendo do potencial de endurecimento da matriz de cada aço (51-54). Em decorrência da presença de austenita retida na estrutura temperada, são realizados no mínimo dois revenimentos, em algumas aplicações três revenimentos, para garantir uma reversão considerável da austenita retida em martensita e seu posterior revenimento.

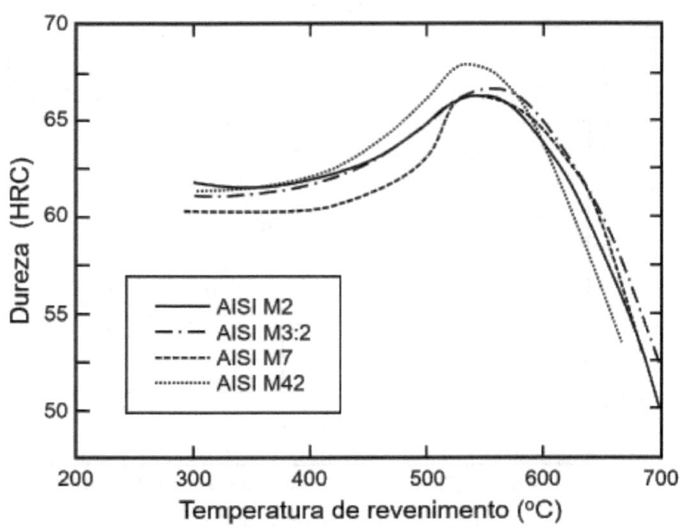

Figura 9.51 – Curvas de revenimento dos principais aços rápido. Fonte: adaptada de (51-54).

A seleção da temperatura de revenimento leva em consideração o melhor equilíbrio entre a dureza, para manter a capacidade de corte e remoção de cavaco, e a resistência a fratura, tenacidade, para evitar fenômenos de microlascamento de aresta de corte (71,72). A Figura 9.52 mostra a variação da resistência ao impacto em corpos de prova sem entalhe, representando a resistência a fratura, e a dureza durante o revenimento do aço rápido AISI M2. Verifica-se que o "pico" de dureza máxima corresponde ao "poço" de resistência ao impacto, mostrando que o revenimento não pode ser realizado na temperatura próxima de 500 °C para obter máximo endurecimento. A combinação que conduz a uma melhor vida das ferramentas de corte é aquela em que o revenimento é realizado entre 550 °C e 570 °C. A prática de tratamento térmico utiliza a temperatura de 560 °C para o revenimento dos aços rápido por tempo mínimo de 2 horas em cada etapa, seguido de resfriamento ao ar calmo.

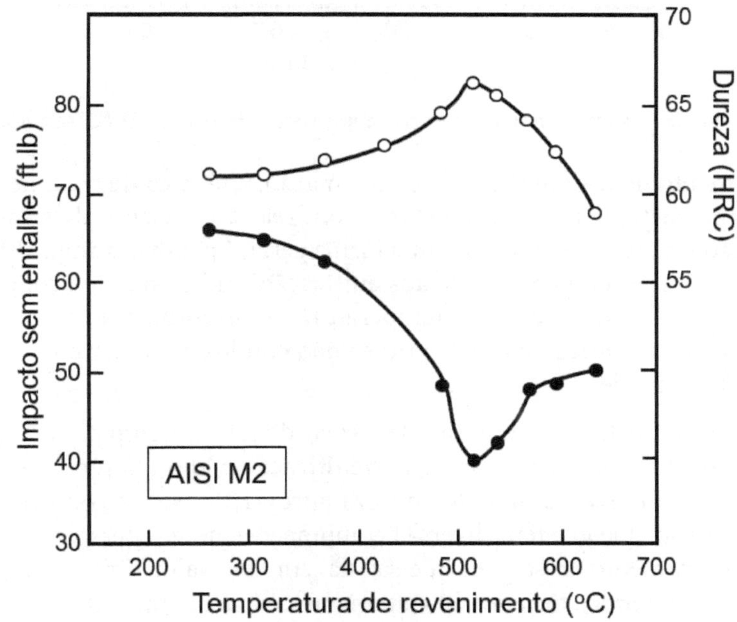

Figura 9.52 – Relação entre a resistência ao impacto em corpos de prova sem entalhe e endurecimento no revenimento do aço rápido AISI M2. Fonte: adaptada de (72).

Os aços rápido também são utilizados em operações de conformação e corte a frio para a confecção de matrizes e punções. Nestas situações, a dureza do ferramental não pode ser a mesma recomendada para operações de usinagem, entre 64 HRC e 66 HRC. Para ferramentas de conformação e corte a frio, a dureza dos aços rápido é selecionada em um intervalo de 60 HRC a 62 HRC, dependendo da aplicação. Isso porque em durezas menores a resistência a fratura é significativamente mais elevada, como apresentado na Figura 9.53 para o aço AISI M2 temperado e revenido para diferentes níveis de durezas (73).

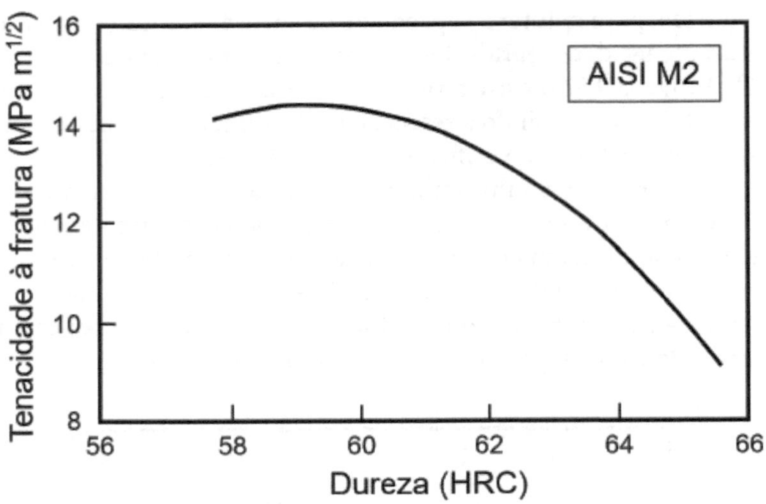

Figura 9.53 – Relação entre a resistência a fratura e a dureza após o revenimento do aço AISI M2. Fonte: adaptada de (73).

No tratamento de ferramentais de conformação, a técnica de tratamento térmico apresenta uma particularidade importante com relação à seleção da temperatura de austenitização e de revenimento. De uma forma geral, é possível atingir diferentes durezas mantendo-se a temperatura de austenitização tradicional do aço, por exemplo 1200 °C para o AISI M2, e elevar a temperatura de revenimento para obter durezas progressivamente menores, mas essa prática não conduz à melhor combinação entre a dureza e a tenacidade.

A Figura 9.54 mostra um conjunto de curvas de revenimento para o aço AISI M2 utilizando diferentes temperaturas de austenitização. Com referência à linha tracejada marcando a dureza de 61 HRC, dureza apropriada para a conformação a frio, é possível verificar que existem diversas combinações de temperaturas de austenitização e de revenimento crescentes que satisfazem esse valor. Entretanto, é comprovado que o melhor procedimento de tratamento térmico é manter a temperatura de revenimento em 560 °C, na qual as precipitações de nitretos complexos ocorrem de forma controlada, e utilizar uma temperatura de austenitização mais baixa que a convencional (62,63). Posto isso, para o aço AISI M2, em vez de se utilizar a austenitização padrão de 1200 °C e um revenimento próximo de 610 °C, é indicado o uso da austenitização a 1100 °C, com a manutenção do revenimento a 560 °C, marcado pela estrela na Figura 9.54.

A utilização de uma temperatura de têmpera de 1100 °C e um revenimento de 560 °C otimizam as propriedades de resistência a fratura e permitem um desempenho adequado em conformação e corte a frio. A Figura 9.55 compara as propriedades em ensaio de flexão do aço AISI M2 nas duas condições diferentes de tratamento térmico, sendo possível verificar o aumento considerável de propriedades quando o ciclo correto é realizado. Essa melhoria de propriedades é obtida pelo melhor condicionamento microestrutural, Figura 9.56 (62,63).

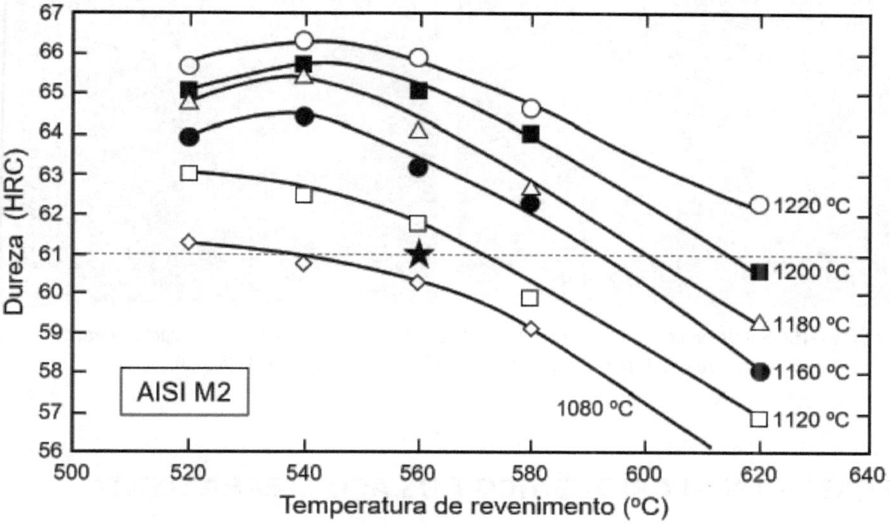

Figura 9.54 – Conjunto de curvas de revenimento do aço AISI M2 determinadas para diferentes temperaturas de austenitização. Fonte: adaptada de (62, 63).

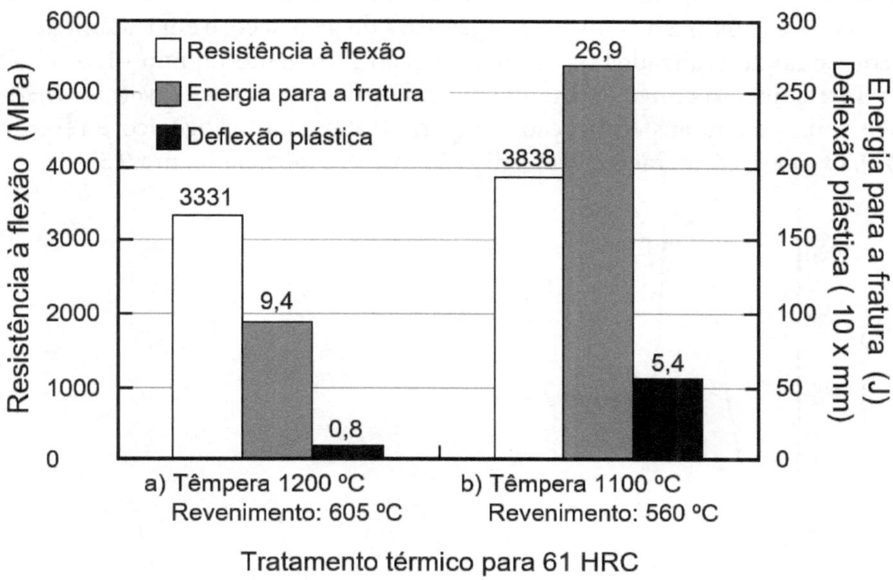

Figura 9.55 – Comparação das propriedades de resistência a flexão em diferentes ciclos de tratamento térmico do aço AISI M2 para atingir a dureza de 61 HRC. Fonte: adaptada de (62, 63).

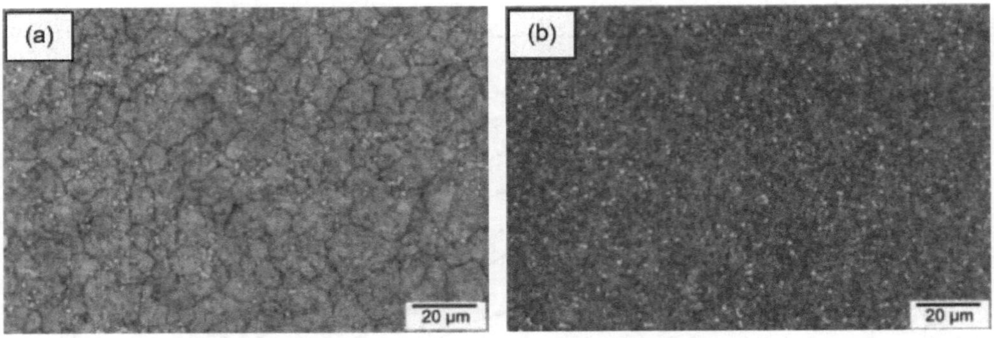

Figura 9.56 – Microestruturas do aço AISI M2 em diferentes ciclos de tratamento térmico para atingir a dureza de 61 HRC, (a) 1200 °C + 605 °C e (b) 1100 °C + 560 °C. Fonte: adaptada de (62, 63).

9.5 TRATAMENTO CRIOGÊNICO DOS AÇOS FERRAMENTA

Os tratamentos de baixa temperatura, criogênicos, são uma tecnologia emergente em tratamentos térmicos de aços ferramenta e que demonstram uma potencial melhoria de diversas propriedades essenciais para o aumento de desempenho. Os tratamentos de baixa temperatura são classificados em: tratamentos "subzero", quando a temperatura é próxima de –80 °C, temperatura do gelo-seco, e em tratamentos "criogênicos", quando realizados na temperatura do nitrogênio líquido –195 °C. O processo de tratamento criogênico, também conhecido como "*deep cryogenic treatment*" (DCT) consiste em: austenitização, têmpera, tratamento criogênico e revenimento (74-76). O ciclo de tratamento criogênico é representado pela Figura 9.57.

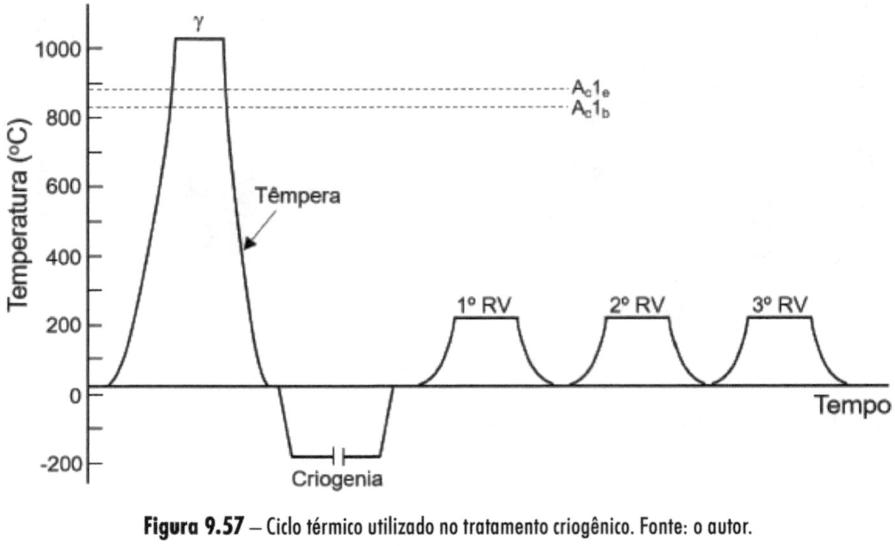

Figura 9.57 – Ciclo térmico utilizado no tratamento criogênico. Fonte: o autor.

Os mecanismos propostos para explicar os fenômenos que ocorrem na microestrutura durante a permanência em temperaturas criogênicas, no aquecimento subsequente até a temperatura ambiente e posteriormente no revenimento ainda são motivo de intensa pesquisa e não estão estabelecidos de forma clara. Os principais mecanismos propostos estão relacionados a: (i) transformação da austenita retida em martensita; (ii) decomposição e condicionamento da martensita; (iii) transformação isotérmica da martensita; e (iv) precipitação fina em elevada fração volumétrica de carbonetos-η. Estes mecanismos, no entanto, sobrepõem-se, não ocorrendo de forma isolada (77).

Embora ainda utilizado de forma restrita pelo setor industrial e de prestação de serviços, os resultados da literatura têm mostrado aspectos promissores do tratamento criogênico na melhoria de propriedades e no potencial aumento de vida de ferramentas em serviço (78-81). A principal característica das ligas ferrosas aplicadas em ferramentais é possuir elevado teor de carbono e elementos de liga para potencializar a resposta ao tratamento térmico na obtenção de elevada dureza pela transformação martensítica na têmpera e no revenimento com a precipitação de carbonetos complexos no endurecimento secundário. Entretanto, essa característica diminui a temperatura de início de transformação martensítica, M_S, e conduz a uma elevada fração de austenita retida após a têmpera, tendo em vista que a temperatura de final de transformação martensítica, M_F, se situa abaixo da temperatura ambiente. No tratamento criogênico a temperatura de resfriamento posterior à têmpera, de aproximadamente −196 °C, promove a transformação da austenita retida em martensita e com isso eleva a dureza da matriz (82-84), como apresentado na Figura 9.58 para a criogenia de um ferro fundido branco de alto cromo.

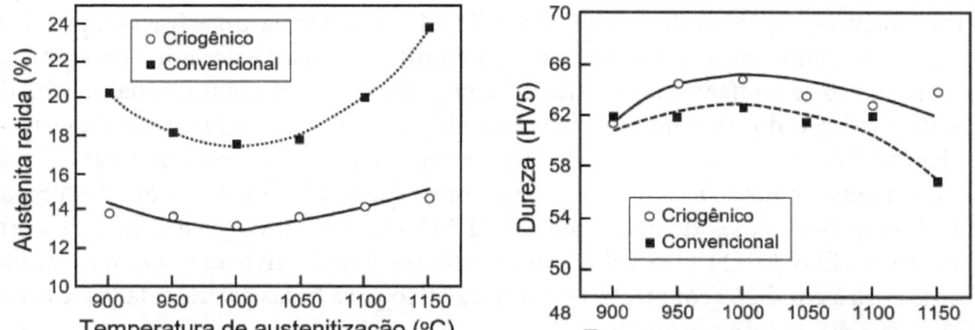

Figura 9.58 – Teor de austenita retida e endurecimento após a têmpera, com e sem o uso da criogenia, em diferentes temperaturas de austenitização. Ferro fundido de alto cromo: 2,76%C-12,62%Cr-1,89%Mn-1,60%V. Fonte: adaptada de (82).

A criogenia também altera a sequência de precipitação dos carbonetos complexos durante o revenimento. Uma mudança fundamental é a precipitação do carboneto η. O uso da criogenia causa uma elevação do potencial de endurecimento secundário e uma antecipação do pico de endurecimento secundário comparado com o ciclo convencional, de forma que o revenimento pode ser realizado em temperaturas inferiores, o que favorece o menor coalescimento de carbonetos, Figura 9.59. A precipitação mais fina, em maior fração, com melhor distribuição e menor tendência de coalescimento, colabora para um aumento da tenacidade e, com isso, melhora o desempenho (80).

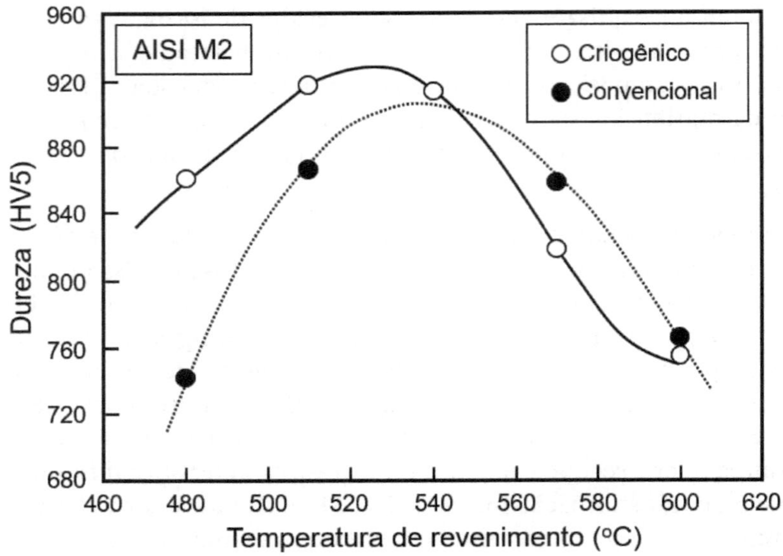

Figura 9.59 – Curvas de revenimento para o aço rápido AISI M2 utilizando ciclos convencional e criogênico. Fonte: adaptada de (80).

As mudanças microestruturais e de propriedades mecânicas apresentadas no tratamento criogênico afetam as propriedades dos aços ferramenta de forma benéfica, principalmente com relação à resistência a desgaste. Gill et al. (85) demonstraram que o tratamento criogênico do aço rápido AISI M2 transforma uma fração apreciável de austenita retida em martensita, sem sua eliminação total, e acelera a precipitação de carbonetos secundários mais finos e homogeneamente distribuídos na matriz, do que na condição do tratamento convencional, o que aumenta a resistência a desgaste, Figura 9.60. Essa melhoria na resistência ao desgaste é fundamental para a vida de ferramentas em serviço. A Figura 9.61 apresenta resultados de ensaio de furação para brocas helicoidais de aço rápido AISI M2 em diferentes velocidades de corte com avanço fixo de 0,11 mm/volta, mostrando um significativo aumento na vida das brocas para a condição com tratamento criogênico para todas as velocidades testadas (75).

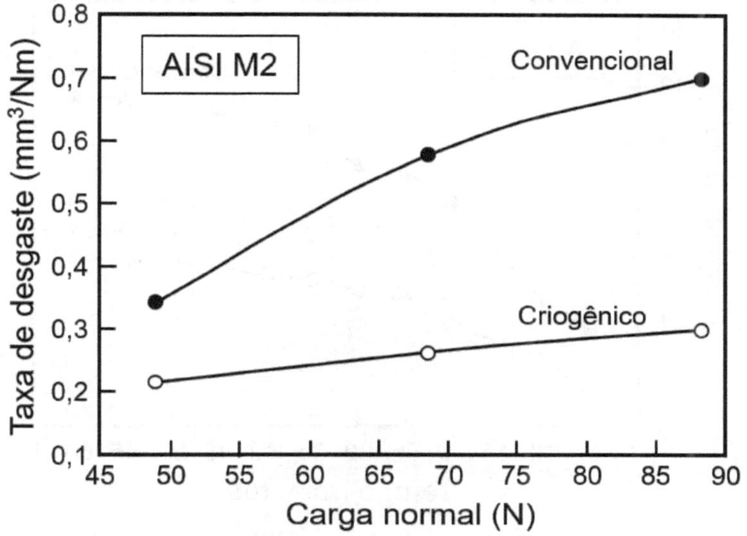

Figura 9.60 – Variação da taxa de desgaste com a força normal aplicada para o aço rápido AISI M2 com tratamento convencional e criogênico. Fonte: adaptada de (85).

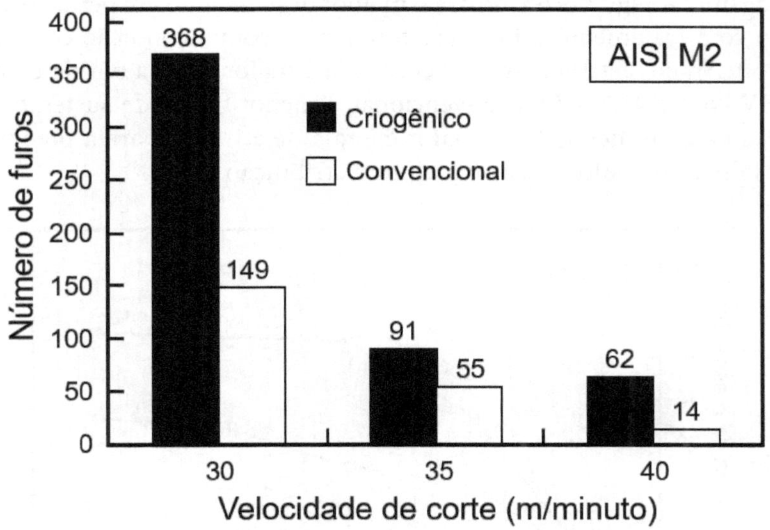

Figura 9.61 – Comparação de desempenho de brocas helicoidais de aço rápido em ensaio de furação após tratamento convencional e criogênico. Fonte: adaptada de (75).

A Figura 9.62 mostra os resultados de vida em ensaios de desgaste do tipo pino contra disco para o aço AISI D2 austenitizado a 1020 °C por 1 hora com revenimento triplo a 210 °C por 2 horas cada, na condição convencional e com criogenia a –185 °C entre a têmpera e o primeiro revenimento. A condição com criogenia apresenta clara vantagem sobre a condição de tratamento térmico convencional (86).

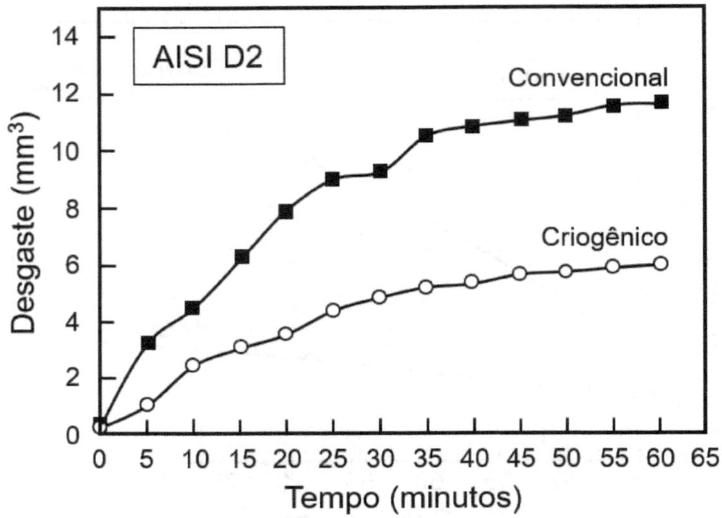

Figura 9.62 – Comparação de desempenho para o aço AISI D2 no ensaio de desgaste pino contra disco de aço após tratamento convencional e criogênico. Fonte: adaptada de (86).

Os aços para trabalho a quente também mostram resultados importantes para o uso da criogenia. A Figura 9.63 mostra o melhor desempenho em perda de massa para a condição com tratamento criogênico comparada com a condição convencional de tratamento térmico. Esta vantagem é creditada à maior dureza obtida com a criogenia, 563 HV contra 417 HV na convencional, à menor fração de austenita retida, 1% contra 6,5% na convencional, e à maior energia de ativação para a precipitação dos carbonetos finos em maior fração e melhor distribuição (87).

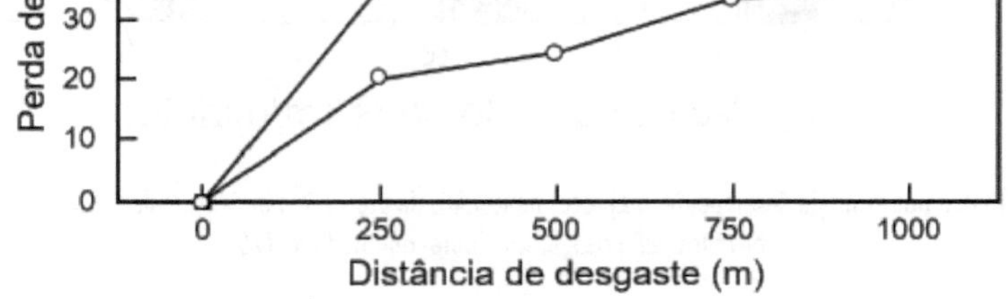

Figura 9.63 – Comparação de desempenho para o aço AISI H11 no ensaio de desgaste após tratamento convencional e criogênico. Fonte: adaptada de (87).

9.6 TRATAMENTOS SUPERFICIAIS DOS AÇOS FERRAMENTA

Os aços ferramenta abrangem uma gama extensa de aplicações na formação de materiais. Essas ferramentas estão sujeitas a solicitações severas de carregamento mecânico, temperatura de processo, variações de temperatura, contato entre corpos e atmosfera de trabalho, que exigem da superfície propriedades que não são plenamente atingidas apenas pelo tratamento térmico de têmpera e revenimento. Operações de conformação e corte a frio e a quente, usinagem com remoção de cavaco, fundição e moldagem são operações extensamente utilizadas na produção de componentes em processos como: fundição sob alta ou baixa pressão, forjamento, extrusão, corte de chapas, injeção de polímeros, entre outros. Em praticamente todos os processos citados, uma das principais causas de fim de vida de ferramenta é o desgaste da cavidade ou da face de corte, associado a outros danos como a fadiga térmica e a corrosão.

Uma forma de aumentar a vida de ferramentas é o uso dos processos de tratamentos superficiais. Esses tratamentos superficiais são basicamente a nitretação e o revestimento PVD. Ambos os processos, com suas particularidades, buscam otimizar as propriedades tribológicas das superfícies com relação principalmente a dureza, coeficiente de atrito, tensões residuais e reatividade química, de forma a combater os danos em serviço. Considerando as diferentes características das famílias de aços ferramenta e as particularidades de cada aplicação, os parâmetros de processo de nitretação como potencial de nitrogênio na atmosfera, temperatura e tempo devem ser criteriosamente selecionados a fim de se obter a microestrutura da superfície nitretada adequada a cada situação (88-96).

9.6.1 AÇOS FERRAMENTA PARA TRABALHO A QUENTE

Os aços para trabalho a quente possuem uma ampla capacidade de aplicações em diferentes processos de dar forma a materiais. Estes processos incluem, principalmente: forjamento a quente de aços, extrusão a quente de ligas de alumínio, fundição sob alta e baixa pressão de ligas não ferrosas, moldes para injeção de polímeros abrasivos, entre outros. Diante dessa diversidade de aplicações, a dureza de tratamento térmico não é suficiente para suportar as complexas solicitações a que as cavidades de trabalho estão sujeitas. Por exemplo: (i) cavidades para forjamento e extrusão estão sujeitas, principalmente, ao mecanismo de desgaste; (ii) ferramentas de fundição sob pressão de não ferrosos falham principalmente por fadiga térmica; e (iii) moldes para injeção de polímeros técnicos devem resistir ao desgaste e manter polibilidade – espelhamento.

Para suprir essas necessidades, as ferramentas são nitretadas de forma a condicionar as propriedades da superfície a cada solicitação específica por aplicação. Isso faz com que o projeto da microestrutura da superfície nitretada deva levar em consideração quais processos aceitam a presença da camada de compostos – camada branca – e quais não aceitam. De fato, aços para trabalho a quente com a presença da camada branca são altamente resistentes a desgaste, mas não se aplicam em fundição em que a presença da camada branca diminui a resistência a fadiga térmica. Em fundição sob pressão as cavidades devem ser nitretadas obrigatoriamente sem a presença da camada branca. Assim, para cada aplicação a microestrutura da camada nitretada deve ser especificada para as solicitações em particular.

Como apresentado nas Figuras 7.10, 7.20 e 7.34, o controle da microestrutura da superfície nitretada depende fundamentalmente do potencial de nitrogênio no processo, seja este a gás ou sob plasma. A Figura 9.64 apresenta a curva de potencial limite de nitrogênio em função do tempo de nitretação para o processo sob plasma do aço AISI H13 na temperatura de 520 °C (97). As regiões correspondentes aos quadrados brancos são as combinações que resultaram na formação da camada branca, e as regiões com esferas pretas foram as combinações com superfície nitretada isenta de camada branca. Assim, potenciais elevados de nitrogênio favorecem a formação da camada branca e teores menores desfavorecem e até mesmo podem eliminar a sua formação. Ainda, a temperatura e o tempo são fatores importantes por afetarem diretamente a difusão e o teor de nitrogênio presente na superfície nitretada. Temperaturas e tempos crescentes favorecem a formação da camada branca. A curva de limite de potencial de nitrogênio para a formação da camada branca deve ser determinada individualmente para diferentes temperaturas.

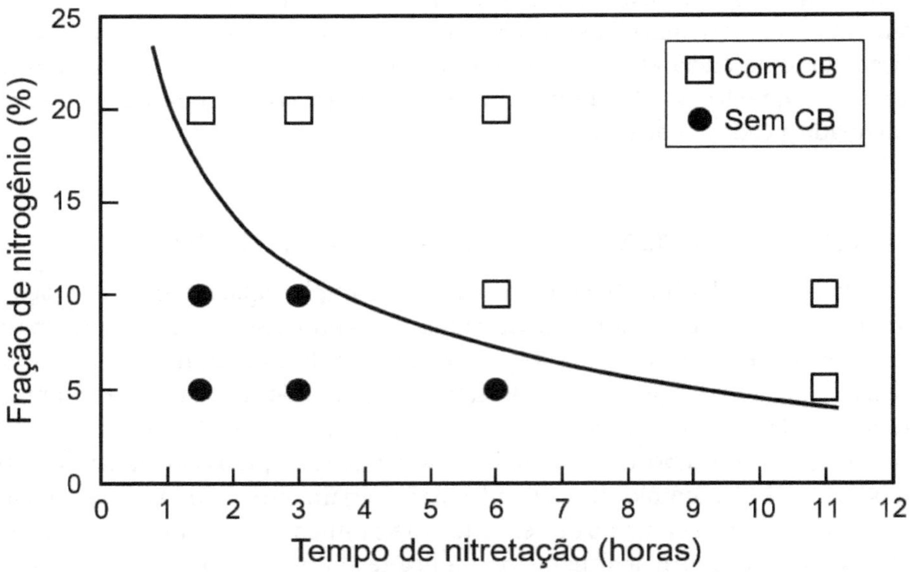

Figura 9.64 – Curva de potencial limite para a formação da camada branca do aço AISI H13 nitretado sob plasma a 520 °C. Fonte: adaptada de (97).

A nitretação do aço AISI H13 para obter superfícies nitretadas com microestruturas diferenciadas, com e sem a camada branca, utiliza o controle do potencial de nitrogênio na nitretação, seja na nitretação gasosa com sonda, seja no processo sob plasma. A Figura 9.65 apresenta a microestrutura da superfície do aço AISI H13 nitretado a 520 °C em diferentes potenciais de nitretação, 5%N_2 e 75%N_2. Verifica-se que sob elevado potencial de nitrogênio, Figura 9.65(a), ocorre a formação da uma camada branca seguida pela zona de difusão (ZD). Com potencial de nitrogênio reduzido, Figura 9.65(b), a formação da camada branca é suprimida e a superfície é constituída apenas pela zona de difusão. A Tabela 9.12 mostra que a dureza antes do núcleo não se modifica após a nitretação, o que é de fundamental importância para garantir que a ferramenta suporte as tensões de serviço, que a dureza superficial independentemente do potencial de nitrogênio é superior a 1000 HV e que a profundidade de nitretação é superior para o potencial elevado de nitrogênio.

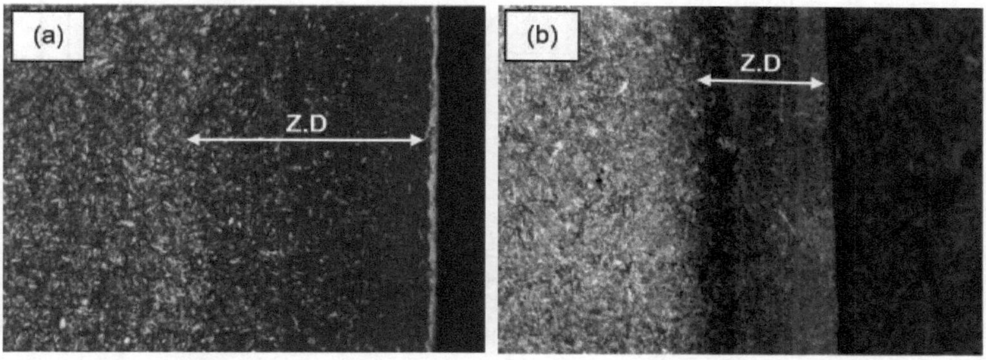

Figura 9.65 – Microestruturas do aço ferramenta AISI H13 após a nitretação sob plasma a 520 °C em (a) potencial de nitrogênio de 75%, com camada branca, e (b) potencial de nitrogênio de 5%, sem camada branca. Nital 4%, 200x. Fonte: o autor.

Tabela 9.12 – Propriedades do aço AISI H13 nitretado sob plasma em diferentes condições para a geração de superfícies com e sem camada branca.

	AISI H13 75%N_2:25%H_2	AISI H13 5%N_2:95%H_2
Dureza de núcleo antes da nitretação (HRC)	47,3	50,5
Dureza de núcleo após a nitretação (HRC)	47,1	49,7
Dureza superficial (HV1,0)	1100	1012
Camada branca (µm)	8,5	Isenta
Profundidade de nitretação (mm)	0,25	0,13

Os perfis de endurecimento transversal obtidos em cada condição da Figura 9.65 são apresentados na Figura 9.66. Verificam-se um endurecimento superficial mais elevado e uma maior profundidade de endurecimento no caso da presença da camada branca, mas o nível de endurecimento atingido na condição sem camada branca, apenas com a zona de difusão, também é elevado, superior a 1000 HV.

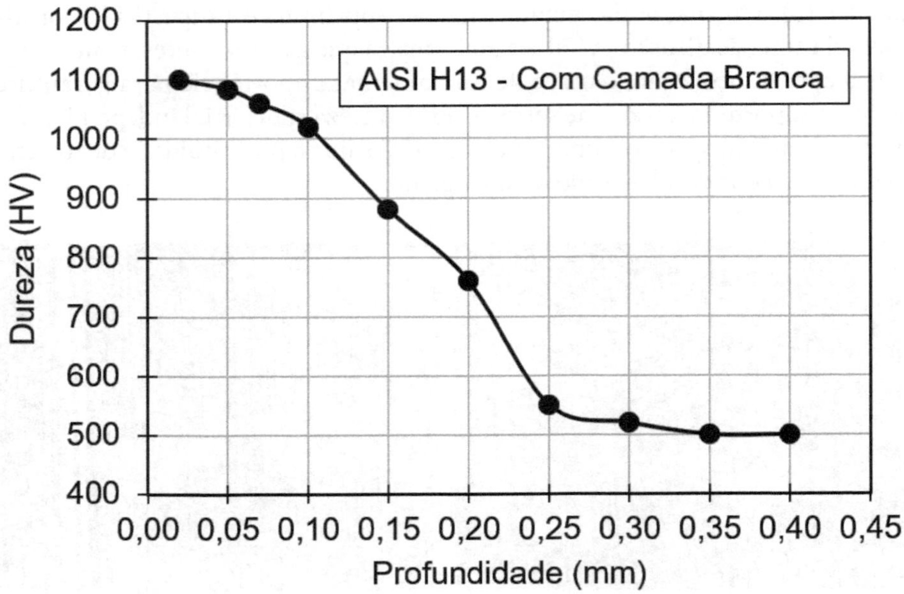

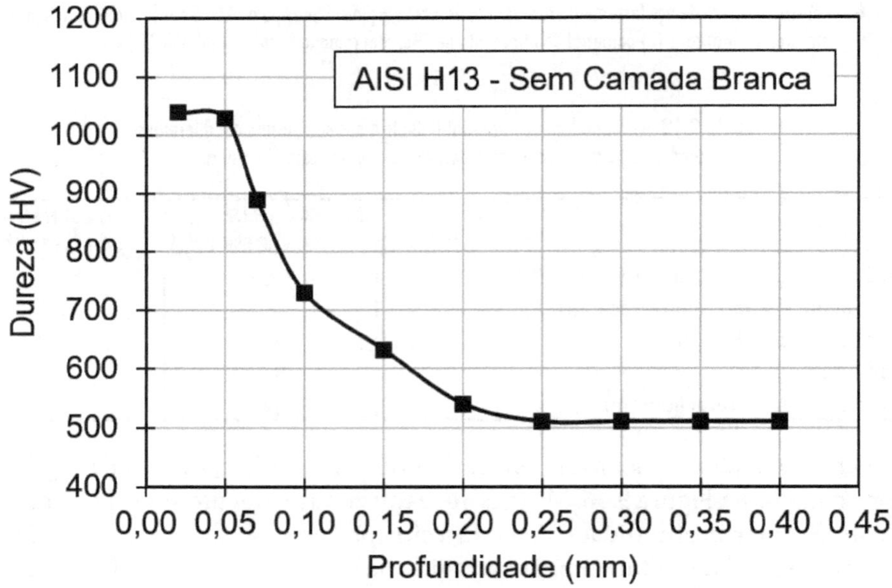

Figura 9.66 – Perfis de endurecimento transversal para o aço AISI H13 nitretado em condições para a formação da camada branca, mistura gasosa 75%N_2:25%H_2 e sem camada branca, 5%N_2:95%H_2. Fonte: o autor.

Para o aço AISI H13 ambas as microestruturas podem ser utilizadas, dependendo da aplicação da ferramenta. Em aplicações como forjamento a quente e extrusão de ligas de alumínio, com elevada carga superficial e taxa de desgaste, se utiliza a nitretação com camada branca. Em matrizes de injeção de alumínio a presença da camada branca é indesejada. A microestrutura deve conter apenas a zona de difusão com o objetivo de promover o endurecimento e melhorar a resistência à nucleação das trincas de fadiga térmica. Em moldes de injeção de polímeros, ambas as superfícies nitretadas podem ser utilizadas. Em casos de cavidades espelhadas não se utiliza a camada branca, pois esta eleva a rugosidade e compromete o espelhamento. Em caso de cavidades sujeitas a intenso desgaste por polímeros com reforço de carga e componentes periféricos a nitretação deve ser feita com a presença da camada de compostos. A Figura 9.67 mostra uma ferramenta de extrusão de alumínio durante a nitretação sob plasma pulsado.

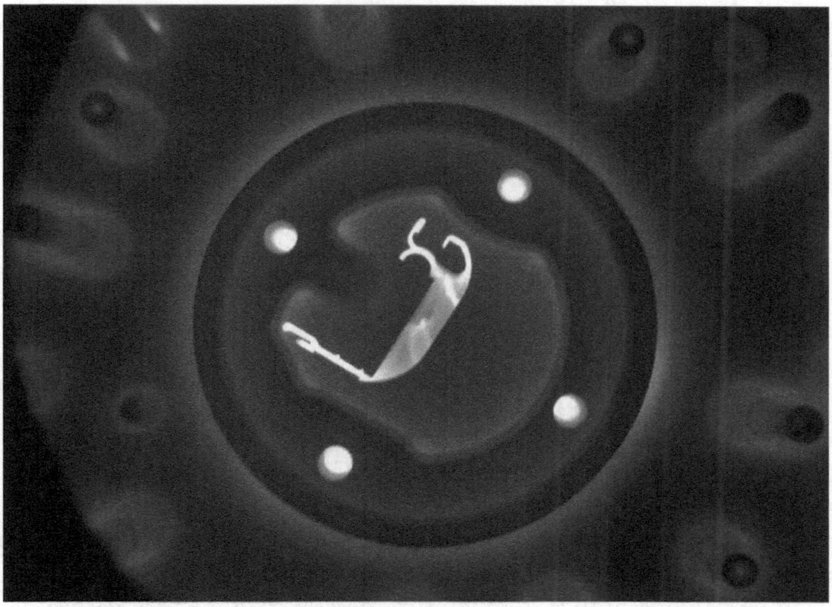

Figura 9.67 – Matriz de extrusão de alumínio durante o processo de nitretação sob plasma. Fonte: o autor.

A cavidade de trabalho de moldes para fundição sob pressão de alumínio e outras ligas não ferrosas tem como principal causa de fim de vida os danos por trincas por fadiga térmica. O aumento da resistência a fadiga térmica é conseguido por um aumento da resistência - dureza - aumento da tenacidade e o controle das tensões residuais na superfície da cavidade, que diminuem a nucleação e a velocidade de propagação das trincas (98, 99). Nesta situação, a nitretação é indicada por dois fatores principais que objetivam retardar a nucleação das trincas de fadiga térmica: um deles é o aumento do limite de escoamento na superfície de trabalho pelo endurecimento superficial, e o outro é modificar o perfil de tensão residual com a introdução de tensões residuais de compressão na nitretação. A Figura 9.68 mostra que a nitretação sob plasma, em condições específicas para cavidades destinadas à fundição sob pressão, permite obter uma superfície nitretada com microestrutura isenta de camada branca e capaz de induzir tensões residuais de compressão da ordem de 2200 MPa a 2500 MPa (100).

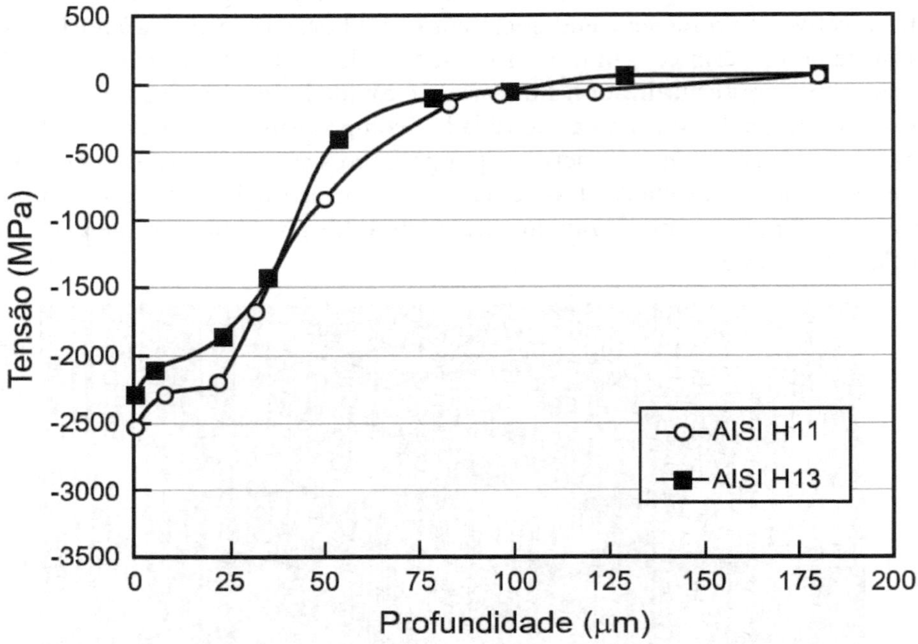

Figura 9.68 – Perfis de tensão residual medidos após a nitretação sob plasma na temperatura de 480 °C por 6 horas com mistura gasosa de 20%N_2:80%H_2 (100). Fonte: o autor.

Além de modificar o perfil de tensões residuais de forma favorável com a geração de tensões residuais de compressão, a nitretação sem a presença da camada branca também melhora a resistência a desgaste das cavidades. A Figura 9.69 mostra a resistência a desgaste para o aço AISI H13 nitretado sob plasma em condições que evitam a formação da camada branca, temperatura de 400 °C e mistura gasosa de 80%H_2-20%N_2 e tempos crescentes até 36 horas. O coeficiente de desgaste diminui com o aumento do tempo de nitretação em decorrência do aumento na dureza superficial e na profundidade da zona de difusão (101).

Aplicações como o forjamento a quente exigem das cavidades em serviço elevada resistência ao desgaste em decorrência do movimento relativo de dois corpos sólidos e pela presença de carepa como terceiro corpo em movimento. Essa resistência a desgaste deve ser oferecida por uma superfície nitretada com a presença da camada branca. A Figura 9.70 compara a resistência a desgaste em ensaio pino contra disco de corpos nas condições (i) não nitretada, temperada e revenida com dureza de 560 HV, (ii) nitretada sob plasma a 500 °C por 5 horas com dureza superficial de 850 HV e (iii) nitretada sob plasma a 500 °C por 9 horas com dureza superficial de 1100 HV (102). Observa-se que a perda de massa diminui com a nitretação, ou seja, a resistência ao desgaste aumenta com a nitretação e com o aumento no tempo de nitretação por efeito de uma maior dureza superficial na região da camada branca.

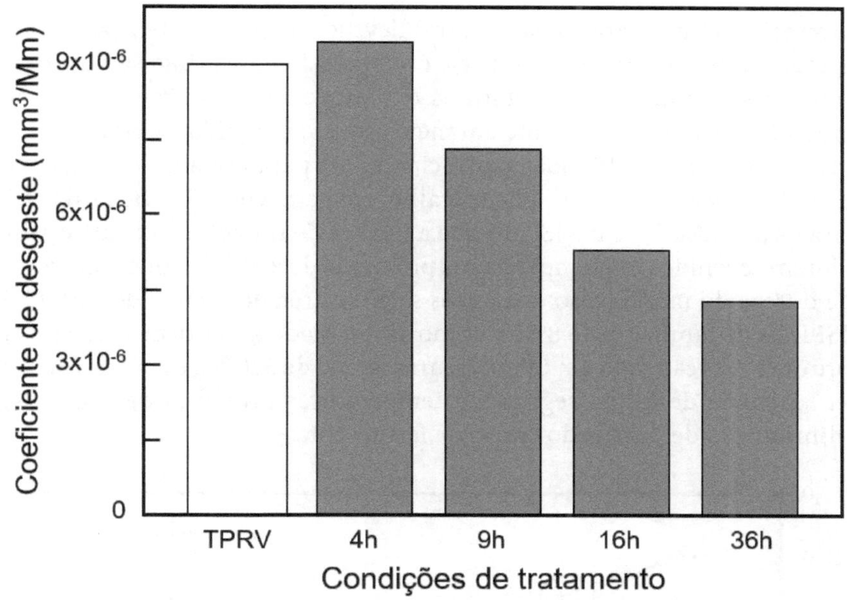

Figura 9.69 – Resposta ao ensaio de desgaste antes e após a nitretação sob plasma do aço AISI H13 em ensaio de pino contra esfera de Si_3N_4 com 7,14 mm a 40 rpm e força normal de 800 N (101). Fonte: o autor.

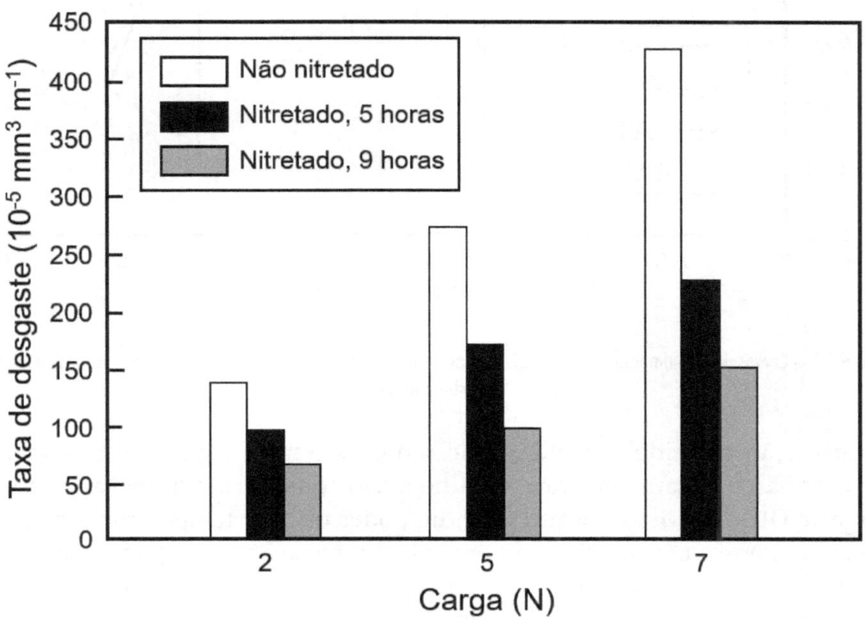

Figura 9.70 – Resposta ao ensaio de desgaste pino contra disco para o aço AISI H13 contra esfera em aço SAE 52100 com dureza de 800 ± 40 HV (102). Fonte: o autor.

9.6.2 AÇOS FERRAMENTA PARA TRABALHO A FRIO

A nitretação de aços para trabalho a frio deve levar em consideração o tipo de aço e a temperatura de revenimento a que ele é submetido para atingir a dureza máxima de trabalho. Isso porque as temperaturas dos processos de nitretação são em geral superiores a 520 °C, principalmente em meios gasoso e líquido. A Figura 9.71 mostra as curvas de revenimento dos quatro principais aços para trabalho a frio e a marcação em círculo de tracejado da dureza de trabalho, em geral entre 58 HRC e 62 HRC. Fica claro para os aços AISI O1 e AISI D6 que a dureza de trabalho somente é atingida se os aços forem revenidos em temperaturas próximas de 200 °C, o que conduzirá a uma perda de dureza do núcleo caso esses aços sejam nitretados acima de 520 °C. Para os aços AISI D2 e da família 1%C-8%Cr, como apresentado anteriormente, o revenimento sempre deve ser realizado em temperaturas acima de 520 °C, e com isso a nitretação pode ser realizada de forma segura em temperaturas próximas de 520 °C sem que ocorra diminuição de dureza do corpo da ferramenta.

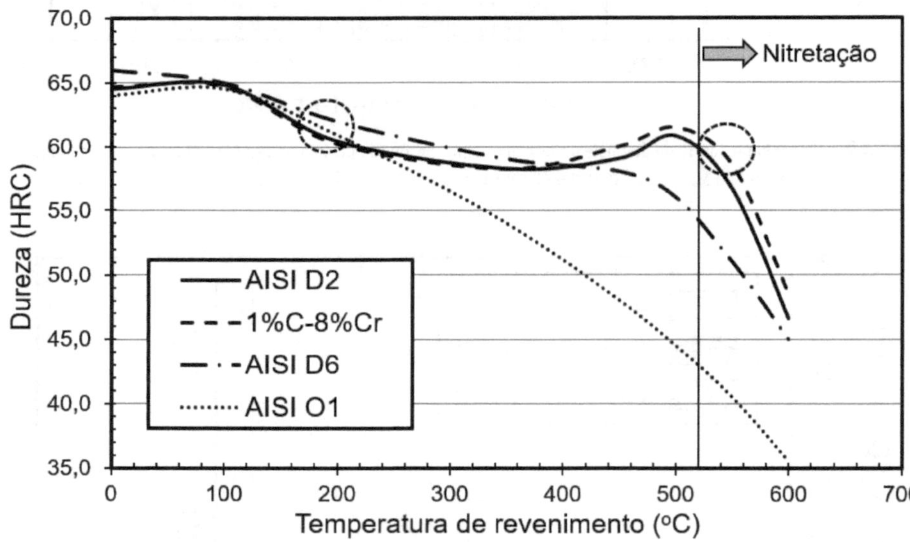

Figura 9.71 – Curvas de revenimento dos principais aços para trabalho a frio e sua relação com a temperatura de nitretação. Fonte: o autor.

A nitretação tem sido utilizada como o processo mais seguro no tratamento superficial dos aços ferramenta para trabalho a frio como forma de elevar a resistência ao desgaste (103,104). Isso porque, além de poder utilizar temperaturas menores de tratamento, é possível controlar o potencial de nitretação. Aços para trabalho a frio possuem elevado teor de cromo, fortes formadores de nitreto, que podem gerar superfícies nitretadas com elevada fragilidade. A curva de potencial limite de formação da camada branca para o aço AISI D2 na nitretação sob plasma a 520 °C, por diferentes tempos, é apresentada na Figura 9.72. Como para o aço AISI H13, a nitretação sem formação de camada branca exige potenciais de nitretação inferiores a 10% por um tempo que pode ser estendido por até 6 horas.

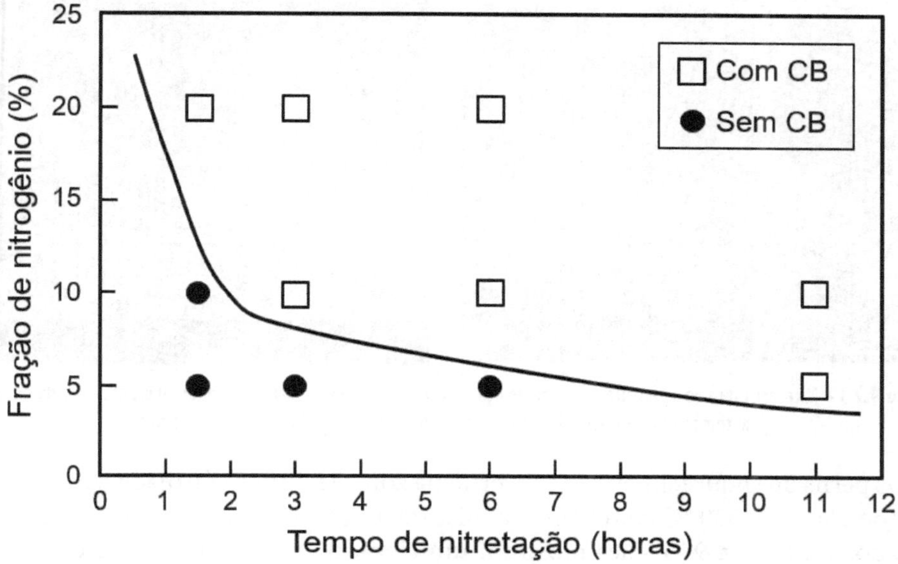

Figura 9.72 – Curva de potencial limite para a formação da camada branca do aço AISI D2 nitretado sob plasma a 520 °C. Fonte: adaptada de (97).

A Figura 9.73 apresenta a microestrutura da superfície nitretada sob plasma para o aço AISI D2 em atmosferas com potenciais de 75%N_2 e 5%N_2. Observa-se claramente que a nitretação com potencial elevado de nitrogênio, 75%, conduz à formação da camada branca e promove uma intensa precipitação de nitretos em contornos de grão, consequência da elevada afinidade do cromo pelo nitrogênio, formando nitretos de cromo. A superfície nitretada com camada branca eleva a dureza superficial, mas deteriora bruscamente a resistência a fratura na superfície e causa a microfratura localizada sob condições prematuras de serviço. Isso ocorre porque ferramentas de trabalho a frio são sujeitas a cargas de deformação extremamente altas em deslizamento relativo de dois corpos, o que causa "esboroamento" na superfície de trabalho. No caso de ferramentas de corte a frio ocorre o lascamento intenso das arestas cortantes. De outra forma, o uso do potencial de 5% de nitrogênio conduz a uma superfície nitretada isenta de camada branca e de nitretos em contornos de grão. A presença da camada branca e de nitretos em contornos de grão é um componente microestrutural responsável por uma fragilização da superfície nitretada.

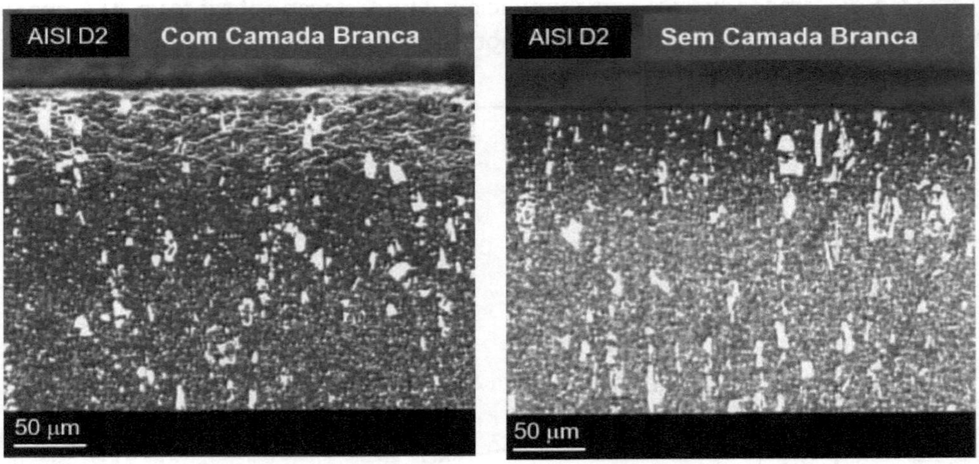

Figura 9.73 – Microestrutura da superfície nitretada do aço AISI D2 nitretado sob plasma em diferentes potenciais de nitrogênio. Com camada branca, 75%N_2, e sem camada branca, 5%N_2. Nital 4%. Fonte: o autor.

Os perfis de endurecimento transversal na zona de difusão formada após a nitretação sob plasma a 520 °C com 5%N_2 na mistura gasosa, sem camada branca, são apresentados na Figura 9.74. Eles mostram um elevado endurecimento máximo e uma profundidade de endurecimento, pelo critério NHT, que aumenta com o aumento no tempo de nitretação.

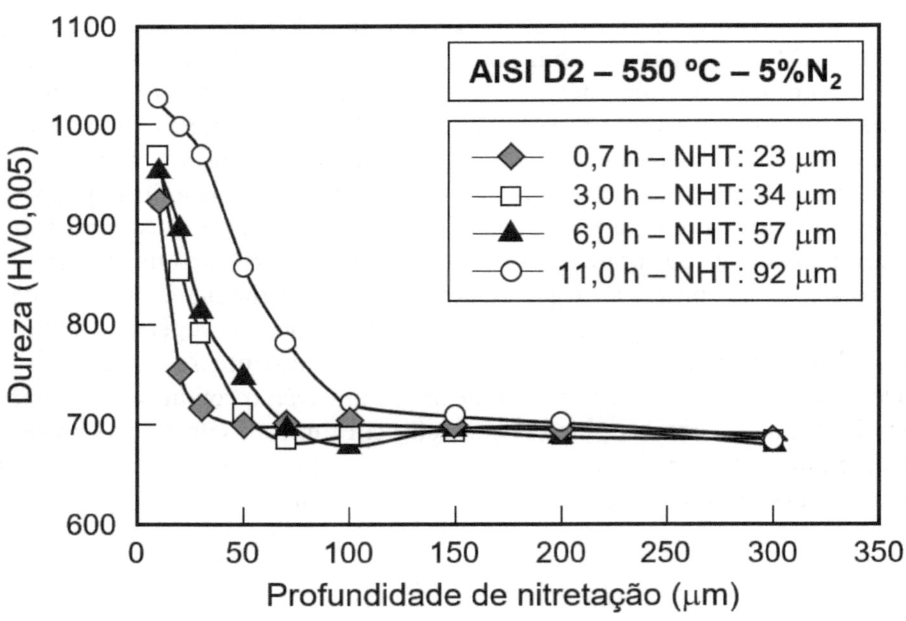

Figura 9.74 – Curvas de endurecimento transversal do aço AISI D2 nitretado sob plasma a 520 °C com potencial de 5%N_2. Fonte: adaptada de (97).

A variação da microestrutura da superfície nitretada sob plasma a 470 °C por 3 horas em diferentes potenciais de nitrogênio – 5%, 10% e 20% – é mostrada na Figura 9.75 (105). É nítido que com um potencial de nitrogênio de 5% a superfície nitretada exibe apenas a zona de difusão com uma baixa fração de nitretos precipitados em contornos de grão (a). O aumento para 10%N_2 intensifica essa precipitação de nitretos na zona de difusão (b), e para o potencial de 20%N_2 é possível observar a formação da camada branca com uma intensa precipitação de nitretos na zona de difusão (c). O aumento no potencial de nitrogênio, para condições fixas de temperatura e tempo, 470 °C por 3 horas, aumenta a profundidade de nitretação de 108 µm para 180 µm.

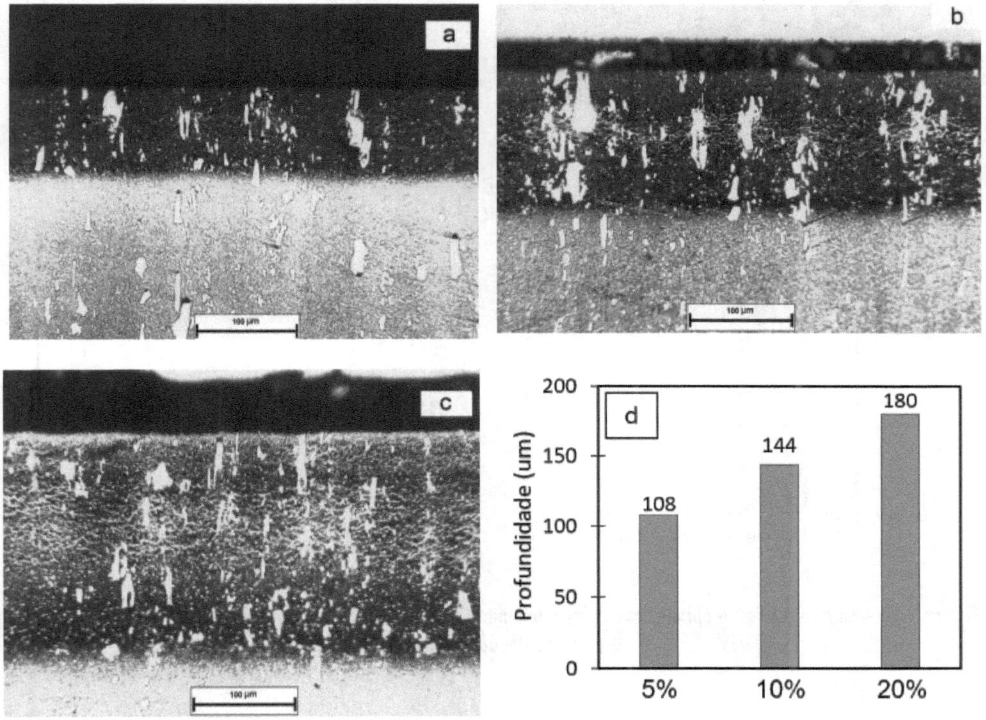

Figura 9.75 – Microestruturas e profundidade da superfície nitretada do aço AISI D2 nitretado sob plasma a 470 °C por 3 horas com potencial de 5%N_2 (a), 10% N_2 (b) e 20% N_2 (c). Fonte: adaptada de (105).

Como mostrado na Figura 9.71, o aço AISI D6 possui uma curva de revenimento que impede a nitretação nas temperaturas convencionais superiores a 520 °C por causa da perda de dureza no núcleo da ferramenta. Entretanto, diferentemente dos processos gasoso e líquido, o processo sob plasma permite a nitretação desse aço em temperaturas inferiores com segurança para uma diminuição mínima de dureza do núcleo. A Figura 9.76 mostra os resultados da nitretação sob plasma do aço AISI D6 na temperatura de 480 °C por 8 horas. Observam-se a formação de uma superfície nitretada isenta de camada branca e de nitretos em contornos de grão (a) e um perfil de endurecimento transversal indicando uma profundidade de nitretação NHT de 0,095 mm (b). A dureza de tratamento térmico do núcleo tem uma queda insignificante (c) diante do elevado endurecimento superficial atingido após a nitretação (d) (106).

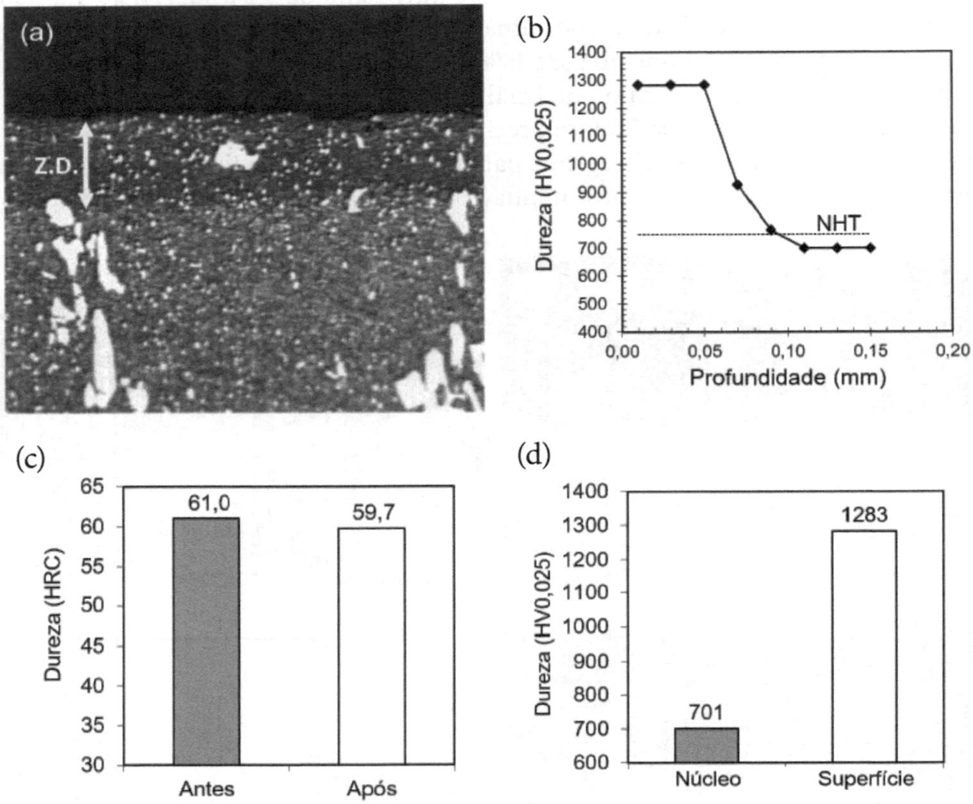

Figura 9.76 – Microestrutura e propriedades obtidas após a nitretação sob plasma do aço AISI D6 na temperatura de 480 °C por 8 horas. Fonte: adaptada de (106).

9.6.3 AÇOS RÁPIDO

Os aços rápido são nitretados industrialmente para elevar a resistência a desgaste por meio do endurecimento superficial, elevando o desempenho de ferramentas de usinagem e de conformação (108-110). A nitretação requer uma criteriosa seleção dos parâmetros de processo em consequência do elevado teor de elementos de liga fortes formadores de nitretos em sua composição química; Cr, W, Mo e V. Essa importante característica faz com que a formação de camada branca e a precipitação de nitretos em contornos de grão sejam intensas e necessitem de um rígido controle dos parâmetros de nitretação.

Aços rápido possuem um elevado potencial de endurecimento, pela precipitação de nitretos complexos, e a superfície nitretada deve resistir a desgaste sem exibir uma fragilidade excessiva. Isso porque a camada nitretada de elevada dureza é formada sobre um substrato temperado e revenido que já possui dureza alta para as condições severas de trabalho, com elevadas cargas em serviço. As temperaturas convencionais próximas de 550 °C formam uma superfície nitretada frágil, de forma que para a obtenção apenas da zona de difusão a temperatura de nitretação deve ser selecionada entre 450 °C e 500 °C (111). O ideal é a obtenção de uma superfície nitretada isenta de camada branca e de precipitados em contornos de grão como a mostrada na Figura 9.77.

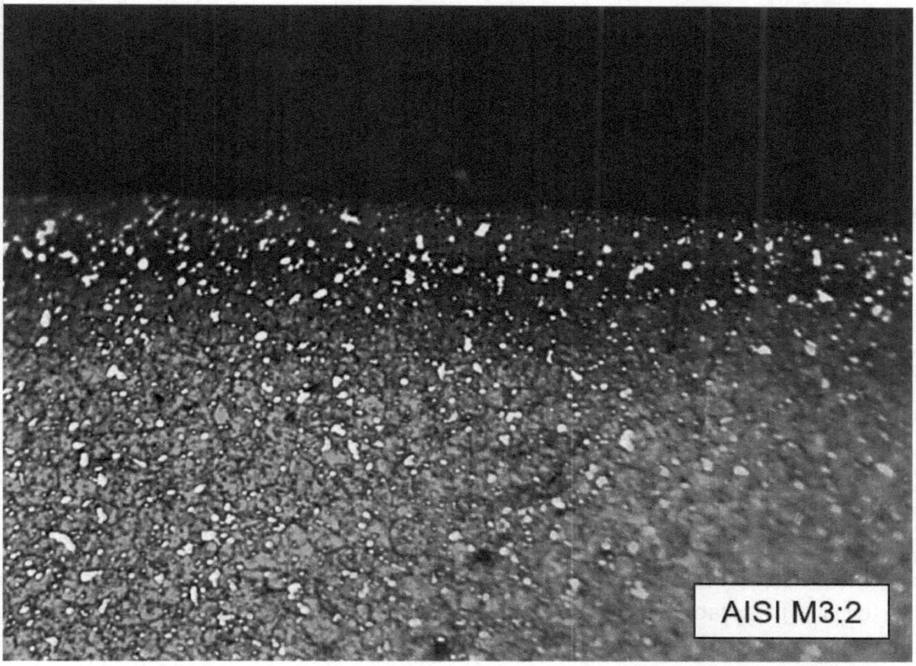

Figura 9.77 – Superfície nitretada sob plasma do aço rápido AISI M3:2 constituída apenas da zona de difusão. Nital 4%, 200x. Fonte: o autor.

O aumento da dureza na nitretação é atribuído: (i) ao endurecimento por solução sólida pelos átomos intersticiais de nitrogênio; (ii) à formação de precipitados finos de nitretos complexos de elementos de liga que atuam como barreiras para a movimentação de discordâncias, causando endurecimento por precipitação; e (iii) à geração de tensões residuais de compressão na camada nitretada (112). A Figura 9.78 apresenta a micrografia da superfície do aço rápido AISI M2, nitretado sob plasma a 450 °C por 8 horas com uma mistura gasosa de $25\%N_2:75\%H_2$ e o perfil de endurecimento transversal com um endurecimento máximo da ordem de 1500 HV.

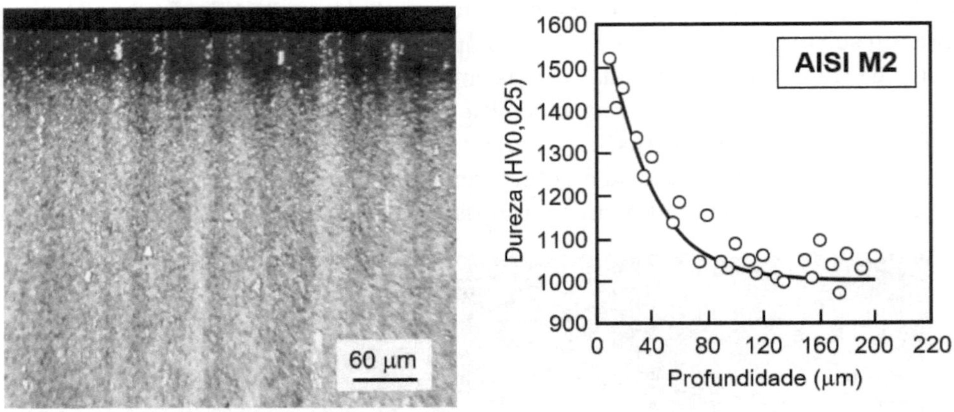

Figura 9.78 – Superfície nitretada e perfil de endurecimento transversal do aço rápido AISI M2 nitretado sob plasma a 450 °C por 8 horas com uma mistura gasosa de 25%N_2:75%H_2. Fonte: adaptada de (112).

9.7 TRATAMENTO DUPLEX: NITRETAÇÃO E REVESTIMENTO PVD

Na aplicação de tratamentos superficiais, o aumento no desempenho de ferramentas tem sido buscado pelo uso da nitretação ou de revestimentos tribológicos. De forma individual, os processos de nitretação e de revestimentos tribológicos por revestimento PVD já encontram amplo uso na indústria por fabricantes de ferramenta e prestadores de serviço. O uso simultâneo desses tratamentos superficiais é mais recente e é denominado "tratamento duplex" ou "superfície duplex". O tratamento duplex consiste na nitretação seguida de revestimento PVD, realizados sobre um substrato de aço ferramenta previamente temperado e revenido para a sua dureza específica de serviço (113-117). A combinação do tratamento termoquímico de nitretação com a deposição do revestimento PVD permite obter camadas com diferentes propriedades, gerando uma superfície em que o material apresenta uma combinação funcional dos dois tratamentos superficiais para uma otimização de desempenho, Figura 9.79.

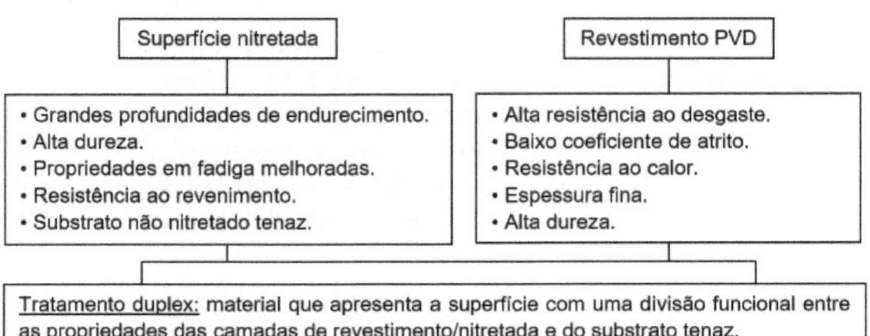

Figura 9.79 – Propriedades funcionais obtidas pela combinação dos tratamentos superficiais de nitretação e revestimento PVD. Fonte: adaptada de (97).

Os revestimentos PVD com aplicação técnica, aplicações tribológicas, possuem dureza entre 2200 HV e 3500 HV. A dureza destes revestimentos é muito superior à dureza dos substratos de aços ferramenta temperados e revenidos, que varia entre 400 HV e 900 HV, para todas as famílias. Quando a fina camada de revestimento PVD, entre 3 μm e 6 μm, é depositada, a diferença de dureza na região da interface substrato-revestimento é elevada e isso promove o desplacamento prematuro em serviço, principalmente para ferramentas de alta solicitação, Figura 9.80(a). Por outro lado, se a nitretação é realizada antes do revestimento PVD a diferença de dureza na interface é menor, tendo em vista a dureza máxima do perfil de endurecimento transversal da superfície nitretada, seguida da queda tênue em direção da dureza do núcleo, Figura 9.80(b), o que aproxima essas propriedades e aumenta o desempenho do conjunto duplex. A Figura 9.81 mostra as fotomicrografias do tratamento duplex em aço rápido com a deposição de nitreto de titânio (TiN) sobre a camada nitretada.

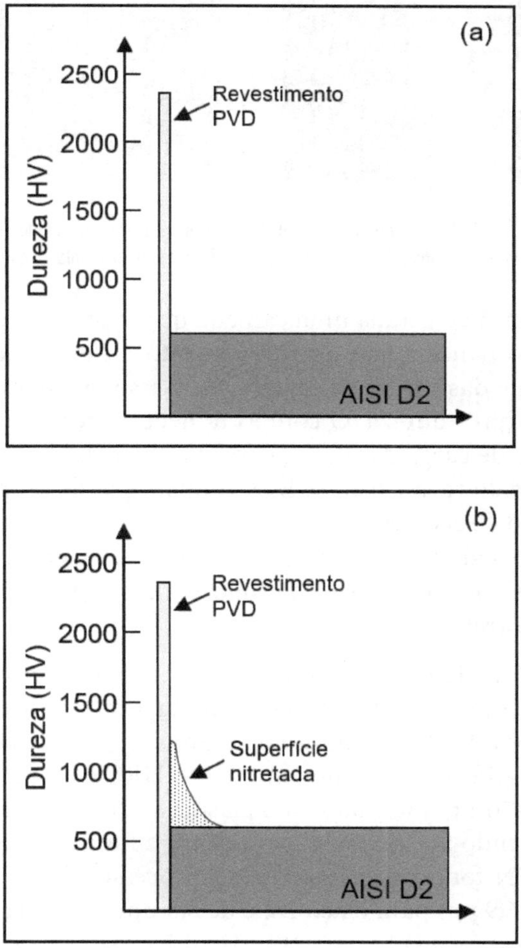

Figura 9.80 – Representação esquemática da compatibilidade de dureza na interface do revestimento PVD com a superfície de uma ferramenta em aço AISI D2 antes e após a nitretação. Fonte: adaptada de (118).

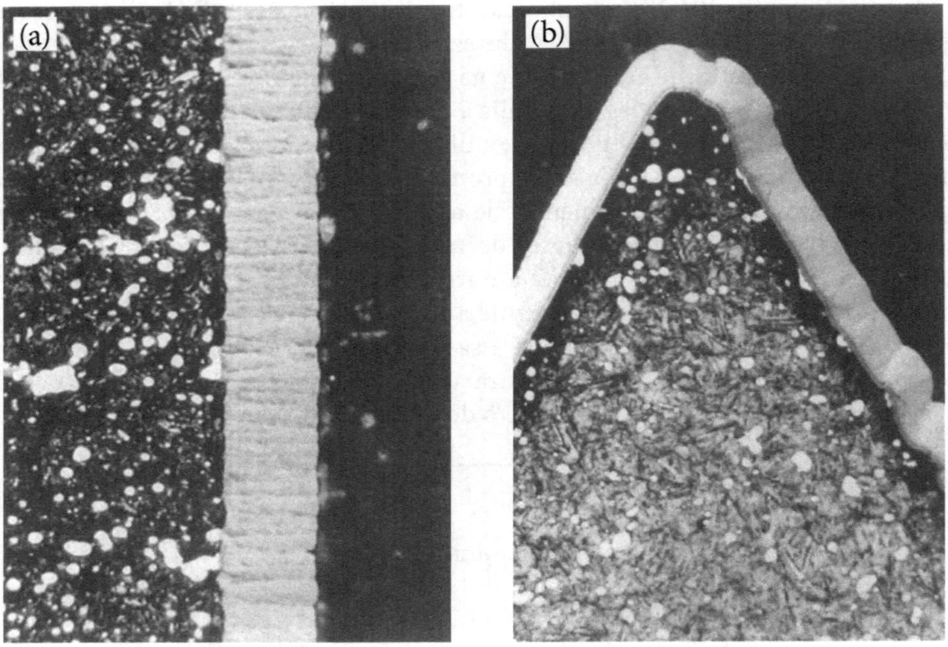

Figura 9.81 – (a) Camada de nitreto de titânio (TiN) depositada sobre a superfície nitretada de um aço rápido AISI M2 e (b) camada de TiN, superfície nitretada e substrato de uma ferramenta de corte em aço rápido AISI M2. Fonte: adaptada de (118).

Com a pré-nitretação é gerada uma camada que suporta as cargas impostas à superfície, minimiza o trincamento do revestimento e eleva a adesão, diminuindo o desplacamento diante das cargas de serviço. Para isso, o sistema não deve ser analisado apenas em relação à dureza. O comportamento mecânico que melhor descreve o sistema de suporte de carga deve considerar também as características elásticas do substrato nitretado e do revestimento. Essa combinação de propriedades é mais bem descrita pelo módulo de elasticidade (E) e pela dureza (H), definida pela relação H/E, de forma que quanto mais próximas forem as relações H/E entre a superfície nitretada e o revestimento melhor será o efeito de suporte de carga e melhor será a adesão do revestimento no substrato.

Franco Jr. et al. (119-124) mostram o efeito de suporte de carga para os aços ferramenta AISI H13 e AISI D2 com o tratamento duplex por nitretação sob plasma seguida de revestimento PVD com nitreto de titânio, TiN. As superfícies duplex foram geradas sobre o aço AISI H13 tratado para 44-46 HRC e o aço AISI D2 tratado para 59-60 HRC. Os aços foram nitretados sob plasma a 520 °C por tempos crescentes em mistura gasosa contendo 5%N_2:95%H_2 para evitar a formação da camada branca. Os revestimentos de TiN foram depositados por processo PVD de arco catódico com espessura média de 6,9 μm para o aço D2 e de 6,5 μm para o H13 e dureza média de 2.274,7 HV0,003 para o aço D2 e de 2.217,5 HV0,003 para o aço H13.

As Figuras 9.82 e 9.83 mostram, para os aços AISI D2 e AISI H13, a variação da relação H/E e os valores de carga crítica de aderência (Lc) para o revestimento de TiN, correspondendo ao aparecimento de trincas radiais (Lc1) e para a falha de adesão com exposição do substrato – desplacamento (Lc2). A maior adesão no sistema duplex é verificada quando a relação H/E da superfície nitretada atinge o valor mais próximo ao do revestimento TiN sem a nitretação sob plasma e a relação H/E do aço temperado e revenido é muito inferior à do TiN. Na condição duplex, as propriedades mecânicas do substrato e do revestimento estão compatíveis e os valores de carga de falha Lc1 e Lc2 são muito superiores, aumentando o tempo de residência do revestimento na ferramenta e, com isso, a sua vida em serviço.

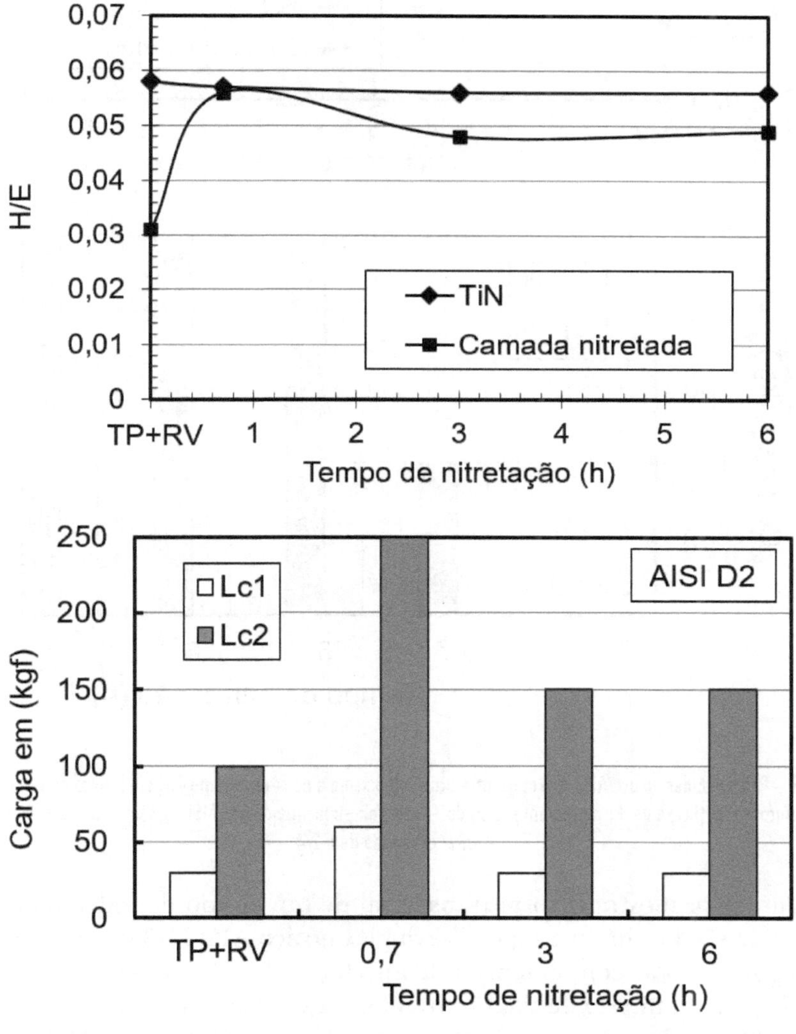

Figura 9.82 – Propriedades do aço AISI D2 após nitretação sob plasma e do revestimento TiN em termos da relação H/E e cargas críticas de trincamento (Lc1) e de desplacamento (Lc2) do TiN sobre a superfície do aço AISI D2 sem e com nitretação sob plasma. Fonte: adaptada de (124).

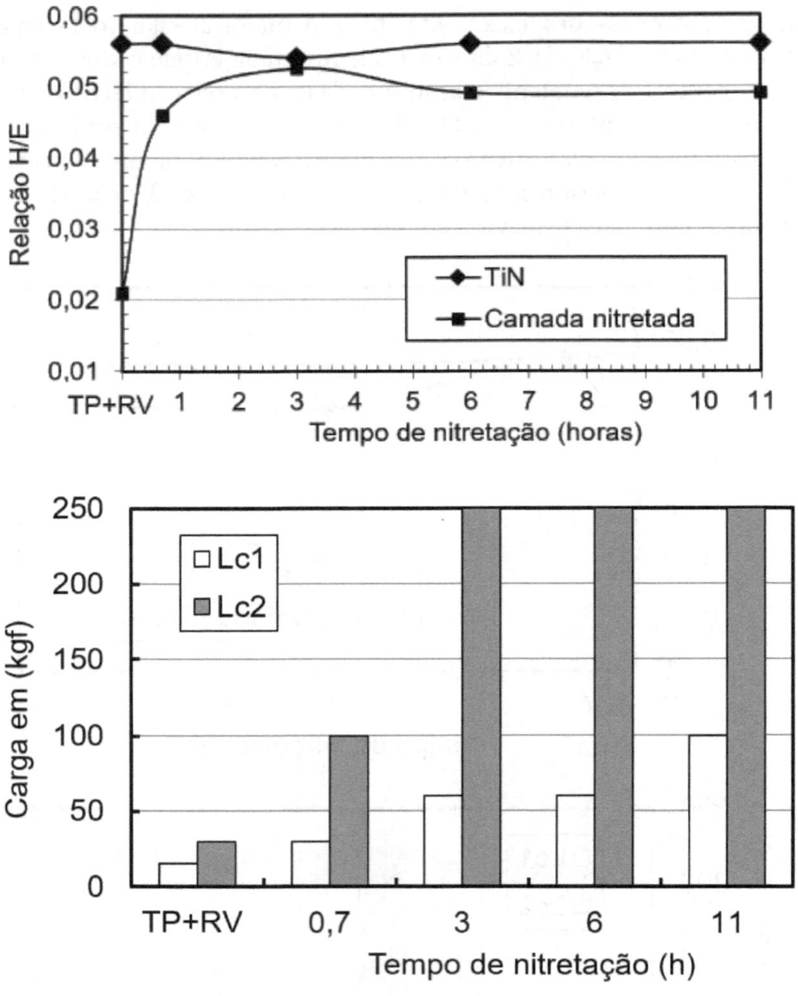

Figura 9.83 – Propriedades do aço AISI H13 após nitretação sob plasma e do revestimento TiN em termos da relação H/E e cargas críticas de trincamento (Lc1) e de desplacamento (Lc2) do TiN sobre a superfície do aço AISI D2 sem e com nitretação sob plasma. Fonte: adaptada de (124).

A Figura 9.84 mostra o corte transversal de um ensaio de indentação Rockwell com carga de 150 kg em uma superfície duplex no aço AISI H13 nitretado sob plasma a 520 °C por 11 horas com potencial de nitretação de 5%N_2 e posteriormente revestida por PVD com nitreto de titânio. A deformação plástica na região da indentação é acompanhada pela superfície nitretada e pelo revestimento. Nos detalhes da região crítica de deformação observa-se a formação de trincas no revestimento que se prolongam para a superfície nitretada, mas sem que ocorra o desplacamento de nitreto de titânio, o que comprova a eficiência da pré-nitretação na melhoria da adesão dos revestimentos PVD (105).

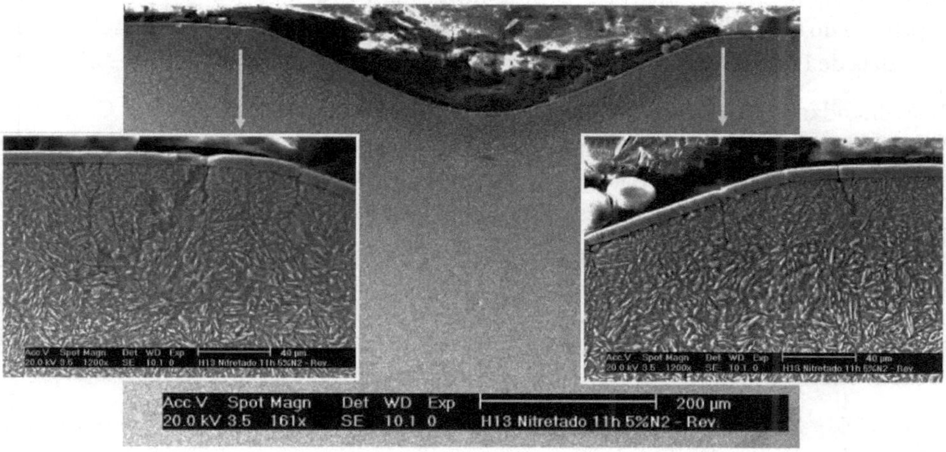

Figura 9.84 – Calota de indentação Rockwell em uma superfície duplex no aço AISI H13 nitretado sob plasma e posteriormente revestida por PVD com nitreto de titânio. Fonte: adaptada de (105).

REFERÊNCIAS

(1) *ASTM A 681–08*. Standard Specification for Tool Steels Alloy. Ohio: ASM International.

(2) *ASTM A 600–92*. Standard Specification for Tool Steel High Speed. Ohio: ASM International.

(3) P. M. Unterweiser, H. E. Boyer, J. J. Kubbs. *Heat Treater's Guide* – Standard Practices and Procedures for Steel. Ohio: ASM International, 1987.

(4) G. Roberts, G. Krauss, R. Kennedy. *Tool Steels*. 5. ed. Ohio: ASM International, 1998.

(5) Villares Metals. Catálogo Técnico, *Aços para Trabalho a Frio* – VND. jul. 2003.

(6) Uddeholms AB – Voestalpine Group. Catálogo Técnico. *ARNE*. Revised 02.2014.

(7) A. V. Khvan, B. Hallstedt, C. Broeckmann. A thermodynamic evaluation of the Fe-Cr-C system. *Calphad*, v. 46, p. 24-33, 2014.

(8) Böhler Edelstahl GMBH & CO KG. Catálogo Técnico. *K110 Cold Work Tool Steel*. DE 10.98 EM-WS.

(9) A. V. Khvana, B. Hallstedt, C. Broeckmann. A thermodynamic evaluation of the Fe-Cr-C system. *CALPHAD*, v. 46, p. 24-33, 2014.

(10) A. Mendanha. *Estudo da resistência à fratura do aço ferramenta para trabalho a frio AISI D2*. Dissertação (Mestrado), Escola Politécnica da Universidade de São Paulo, 2004.

(11) A. Mendanha, C. E. Pinedo, H. Goldenstein. Tenacidade do aço ferramenta para trabalho a frio AISI D2 – Parte II: influência do ciclo de tratamento térmico. In: 1° Encontro de Integrantes da Cadeia Produtiva de Ferramentas, Moldes e Matrizes – ABM, 29-30 de outubro. *Anais*... 2003. p. 197-206.

(12) A. Mendanha, H. Goldenstein, C. E. Pinedo. Influência da microestrutura da matéria-prima e do tratamento térmico na resistência à fratura do aço AISI D2. In: 4° Encontro da Cadeia de Ferramentas, Moldes e Matrizes - ABM, 21-24 de março. *Anais*... 2006.

(13) A. Mendanha, A. R. Franco Júnior, H. Goldenstein, A. P. Tschiptschin, C. E. Pinedo. Principais parâmetros metalúrgicos e suas influências na qualidade e desempenho do aço para trabalho a frio AISI D2 - Artigo de Revisão. In: 6° Seminário da Cadeia de Ferramentas, Moldes e Matrizes - ABM. *Anais*... 2008.

(14) K. W. Andrews. Empirical formulae for the calculation of some transformation temperature. *Journal of the Iron and Steel Institute*, v. 203, p. 721-727, 1965.

(15) R. W. K. Honeycombe. *Structure and Strength of Alloy Steels*. Climax Molibdenum Co. Ltd., 1973.

(16) O. E. Okorafor. Fracture toughness of M2 and H13 alloy tool steels. *Materials Science and Technology*, v. 3, p. 111-124, 1987.

(17) S. Karagöz, H. Fischmeister. Microstructure and toughness in high speed steels: the influence of hot reduction and austenitization temperature. *Steel Research*, v. 58, p. 353-360, 1987.

(18) K. E. Thelning. *Steel and Its Heat Treatment*. London: Butterworth, 1984.

(19) L. Westin. Mechanical properties of pm high speed steels related to heat treatment and hardness. *Metal Powder Report*, v. 44, p. 768-773, 1989.

(20) W. Reiss. *Untersuchung des Werkzeugbruches beim Voll-Vorwärts-Fliesspressen*. Tese (Doutorado). Berlin: Springer-Verlag, 1987.

(21) H. Berns. Distortion and crack formation by heat treatment tools. *Radex Rundschau*, v. 1, p. 40-57, 1989.

(22) Böhler Edelstahl GMBH & CO KG. Catálogo Técnico. *K107 Cold Work Tool Steel*. 2001.

(23) Böhler Edelstahl GMBH & CO KG. Catálogo Técnico. *Sverker 3 Cold Work Tool Steel*. 2004.

(24) A. Mendanha, H. Goldenstein, C. E. Pinedo. The role of microstructure on the toughness behaviour of AISI D2 cold work tool steel. In: 7th International Tooling Conference, 2-5 maio. *Proceedings*... 2006. Volume 1, p. 813-819.

(25) Steel Daido Co. Catálogo Técnico. *High Hardness & Toughness Steel*. New General Purpose Cold Die Seel. 1984.

(26) Alro Steel. Catálogo Técnico. *DAC53 Medium Chrome Tool Steel*.

(27) Villares Metals S.A. Catálogo Técnico. *VF800AT Aços para Trabalho a Frio*. nov. 2003.

(28) Böhler Edelstahl GMBH & CO KG. Catálogo Técnico. *Böhler K360 Isodur*, Cold Work Tool Steel, K360 DE. 2000.

(29) Hitachi Metals Ltd. Catálogo Técnico. *SLD Magic Cold Working Tool Steel*. jan. 2008.

(30) Uddeholm AB. Catálogo Técnico. *Sleipner Cold Work Tool Steel*. 2016.

(31) Dew-Stahl. Catálogo Técnico. *Cryodur 2990.*

(32) R. A. Mesquita, C. A. Barbosa. Uma avaliação das propriedades de desgaste e tenacidade em aços para trabalho a frio. *Tecnologia em Metalurgia e Materiais*, v. 2, p. 12-18, 2005.

(33) Villares Metals S.A. Catálogo Técnico. *Recomendações sobre temperaturas de tratamento térmico do aço VF 800AT.* out. 2001.

(34) Villares Metals S.A. Catálogo Técnico. *VF800AT Cold work tool steel.*

(35) T. Okuno. Effect of microstructure on the toughness of hot work tool steels. AISI H13, H10, and H19. *Transactions ISIJ*, v. 27, p. 51-59, 1987.

(36) R. A. Mesquita, R. Schneider, C. S. Gonçalves. Heat Treating of Hot-Work Tool Steels. *ASM Handbook*, Volume 4D, Heat Treating of Irons and Steels, 2014. p. 336-346.

(37) Uddeholm AB. Catálogo Técnico. *Uddeholm Orvar® Supreme*. 2009.

(38) Y. Guanghua, H. Xinmin, W. Yanqing, Q. Xingguo, Y. Ming, C. Zuoming, J. Kang. Effects of heat treatment on mechanical properties of H13 steel. *Metal Science and Heat Treatment*, v. 52, p. 393-395, 2010.

(39) H. P. Nichols. Standardizing H-13 die cast heat treatment. In: International European Conference on Tooling Materials. New Materials Processes Experiences for Tooling, 7-9 set. *Proceedings...* 1992. p. 97-109.

(40) North American Die Casting Association. *Premium and Superior Quality H13 Steel and Heat Treatment Acceptance Criteria for Pressure Die Casting Dies.* 2003.

(41) H. Jesperson. Influence of the heat treatment on the toughness of some hot-work tool steel grades. *La Metallurgia Italiana*, v. 98, p. 29-37, 2006.

(42) H. Jesperson. Influence of the cooling rate during quenching on the toughness at typical working temperatures of die-casting dies. *La Metallurgia Italiana*, v. 101, p. 55-60, 2009.

(43) H. Jesperson, C. Nilsson. The influence of the cooling rate during quenching and preheating temperature on the toughness of a hot-work tool steel. *BHM - Berg- und Hüttenmännische Monatshefte*, v. 157, p. 401-405, 2012.

(44) L.-Å. Norström, M. Svensson, N. Öhrberg. Thermal-fatigue behaviour of hot-work tool steels. *Metals Technology*, v. 8, p. 376-381, 1981.

(45) B. Skela, M. Sedlaček, B. Podgornik. Microstructure and heat treatment of hot work tool steel: influence on mechanical properties and wear behaviour. *Key Engineering Materials Online*, v. 767, p. 196-203, 2018.

(46) B. Podgornik, G. Puš, B. Žužek, V. Leskovšek, and M. Godec. Heat treatment optimization and properties correlation for h11-type hot-work tool steel. *Metallurgical and Materials Transactions A*, v. 49, p. 455-462, 2018.

(47) V. Leskovšek, B. Šuštaršic, G. Jutriša. The influence of austenitizing and tempering temperature on the hardness and fracture toughness of hot-worked H11 tool steel. *Journal of Materials Processing Technology*, v. 178, p. 328-334, 2006.

(48) V. Leskovšek, B. Šuštaršic, D. Baksa. An assessment of vacuum-heat-treated H11 hot-work tool steel using the Klc/HRc ratio. *Steel Research International*, v. 77, p. 218-223, 2006.

(49) S. Z. Qamar, A. K. Sheikh, A. F. M. Arif, T. Pervez, R. A. Siddiqui. Heat treatment of a hot-work die steel. *Archives of Materials Science and Engineering*, v. 28, p. 503-508, 2007.

(50) S. Z. Qamar. Heat treatment and mechanical testing of AISI H11 Steel. *Key Engineering Materials*, v. 656-657, p. 434-439, 2015.

(51) Böhler Edelstahl GMBH & CO KG. Catálogo Técnico. *Böhler S600 High Speed Steel*, S600 DE – 10. 2007.

(52) Böhler Edelstahl GMBH & CO KG. Catálogo Técnico. *Böhler S607 High Speed Steel*, S600 DE – 10. 2007.

(53) Böhler Edelstahl GMBH & CO KG. Catálogo Técnico. *Böhler S400 High Speed Steel*, S600 DE – 10. 2007.

(54) Böhler Edelstahl GMBH & CO KG. Catálogo Técnico. *Böhler S500 High Speed Steel*, S600 DE – 03. 2008.

(55) J. Golczewski, H. F. Fischmeister. Calculation of phase equilibria for AISI M2 high-speed steel. *Steel Research*, v. 63, p. 354-360, 1992.

(56) R. H. Barkalow, R. W. Kraft, J. I. Goldstein. Solidification of M2 high speed steel. *Metallurgical Transactions*, v. 3, p. 919-926, 1972.

(57) H. F. Fischmeister, R. Riedl, S. Karagöz. Solidification of high-speed tool steels. *Metallurgical Transactions A*, v. 20, p. 2133-2148, 1989.

(58) M. Boccalini, H. Goldenstein. Solidification of high speed steels. *International Materials Reviews*, v. 46, p. 92-115, 2001.

(59) M. P. Delgado, R. A. Mesquita, C. A. Barbosa, T. Ishikawa. Estudo da solidificação do aço rápido M2 em diferentes lingotes. In: 64° Congresso Anual da ABM, 13 a 17 de julho. *Anais...* 2009.

(60) D. J. Blickwede, M. Cohen, G. A. Roberts. The effect of vanadium and carbon on the constitution of high speed steel. *Transactions ASM*, v. 42, p. 1161-1198, 1950.

(61) V. Leskovsek, B. Ule, B. Liscic. The influence of microstructure on the fracture toughness of AISI M2 high-speed. *Steel Research*, v. 71, p. 310-315, 2000.

(62) R. A. Mesquita, C. A. Barbosa, C. S. Gonçalves, A. L. Slaviero. Effect of hardening conditions on mechanical properties of high speed steels. *International Heat Treatment and Surface Engineering*, v. 5, p. 36-40, 2011.

(63) R. A. Mesquita, C. A. Barbosa, C. S. Gonçalves, A. L. Slaviero. Efeito das condições de austenitização na tenacidade do aço rápido M2. *Revista Máquinas e Metais*, v. 48, p. 110-119, 2011.

(64) T. A. Neumeyer, A. Kasak. Grain size of high-speed tool steels. *Metallurgical Transactions*, v. 3, p. 2281-2287, 1971.

(65) A. D. B. Gingell, H. K. D. H. Bhadeshia. Carbide precipitation in some secondary hardened steels. *Journal of Materials Science*, v. 32, p. 4815-4820, 1997.

(66) P. Bala, J. Pacyna, J. Krawczyk. The kinetics of phase transformations during the tempering of HS6-5-2 high-speed steel. *Journal of Achievements in Materials and Manufacturing Engineering*, v. 18, p. 47-50, 2006.

(67) P. Bala, J. Pacyna. The kinetics of phase transformations during tempering in high-speed steels. *Journal of Achievements in Materials and Manufacturing Engineering*, v. 23, p. 15-18, 2007.

(68) B. Lou, B. L. Averbach. Fracture toughness and fatigue behavior of matrix II and M-2 high speed steels. *Metallurgical Transactions A*, v. 14, p. 1889-1898, 1983.

(69) K. Stiller, S. Karagöz, H.-O. Andrén, H. Fischmeister. Secondary hardening in high speed steels. *Journal de Physique, Colloque C6*, v. 48, p. 405-410, 1987.

(70) H. F. Fischmeister, S. Karagöz, H.-O. Andrén. An atom probe study of secondary hardening in high speed steels. *Acta Metallurgica*, v. 36, p. 817-825, 1988.

(71) A. R. Johnson. Fracture toughness of AISI M2 and AISI M7 high-speed steels. *Metallurgical Transactions A*, v. 8, p. 891-897, 1977.

(72) K. E. Thelning. *Steel and Its Heat Treatment*. 2. ed. London: Butterworth, 1984.

(73) V. Leskovšek, B. Ule, B. Liščić. Relations between fracture toughness, hardness and microstructure of vacuum heat-treated high-speed steel. *Journal of Materials Processing Technology*, v. 127, p. 298-308, 2002.

(74) P. Baldissera, C. Delprete. Deep cryogenic treatment: a bibliographic review. *Mechanical Engineering Journal*, v. 2, p. 1-11, 2008.

(75) N. S. Kalsi, R. Sehgal, V. S. Sharma. Cryogenic treatment of tool materials: a review. *Materials and Manufacturing Processes*, v. 25, p. 1077-1100, 2010.

(76) S. S. Gill, H. Singh, R. Singh, J. Singh. Cryoprocessing of cutting tool materials – a review. *International Journal of Advanced Manufacture and Technology*, v. 48, p. 175-192, 2010.

(77) P. F. S. Farina, A. B. Farina, C. A. Barbosa, H. Goldenstein. Tratamento criogênico e de alívio de tensões em um aço AISI D2. *Tecnologia Metalúrgica de Materiais e Mineração*, n. 9, p. 140-147, 2012.

(78) D. Das, A. K. Dutta, K. K. Ray. Sub-zero treatments of AISI D2 steel: Part I. Microstructure and hardness. *Materials Science and Engineering A*, v. 527, p. 2182-2193, 2010.

(79) A. Akhbarizadeh, M. A. Golozar, A. Shafeie, M. Kholghy. Effects of austenitizing time on wear behavior of D6 tool steel after deep cryogenic treatment. *International Journal of Iron and Steel Research*, v. 16, p. 29-32, 2009.

(80) M. Pellizzari, A. Molinari, L. Girardini. Deep cryogenic treatment of AISI M2 high-speed steel. *International Journal Microstructure and Materials Properties*, v. 3, p. 383-390, 2008.

(81) M. Pérez, F. J. Belzunce. The effect of deep cryogenic treatments on the mechanical properties of an AISI H13 steel. *Materials Science & Engineering A*, v. 624, p. 32-40, 2015.

(82) S. Li, L. Deng, X. Wu, Y. Min, H. Wang. Influence of deep cryogenic treatment on microstructure and evaluation by internal friction of a tool steel. *Cryogenics*, v. 50, p. 754-75, 2010.

(83) H. S. Yang, J. Wang, B. L. Shen, H. H. Liu, S. J. Gao, S. J. Huang. Effect of cryogenic treatment on the matrix structure and abrasion resistance of white cast iron subjected to destabilization treatment. *Wear*, v. 261, p. 1150-1154, 2006.

(84) M. Pérez, F. J. Belzunce. The effect of deep cryogenic treatments on the mechanical properties of an AISI H13 steel. *Materials Science & Engineering A*, v. 624, p. 32-40, 2015.

(85) S. S. Gill, J. Singh, R. Singh, H. Singh. Effect of cryogenic treatment on AISI M2 high speed steel: metallurgical and mechanical characterization. *Journal of Materials Engineering and Performance*, v. 21, p. 1320-1326, 2012.

(86) D. N. Korade, K. V. Ramana, K. R. Jagtap, N. B. Dhokey. Effect of deep cryogenic treatment on tribological behaviour of D2 tool steel – an experimental investigation. *Materials Today: Proceedings*, v. 4, p. 7665-7673, 2017.

(87) J. Soleimany, H. Ghayour, K. Amini, F. Gharavi. The effect of deep cryogenic treatment on microstructure and wear behavior of H11 tool steel. *Physics of Metals and Metallography*, v. 120, p. 888-897, 2019.

(88) K. Ozbaysal, O. T. Inal, A. D. Romig Jr. Ion-nitriding behavior of several tool steels. *Materials Science and Engineering*, v. 78, p. 179-191, 1986.

(89) C. E. Pinedo, J. Vatavuk, U. Huchel, J. Crummenauer. Aplicação do processo de nitretação por plasma em aços ferramenta. In: 51° Congresso Anual da ABM. *Anais*... Volume 5, 1996. p. 347-363.

(90) S. D. Oliveira, G. R. Silva, C. E. Pinedo. Modificação superficial de aços ferramenta por nitretação sob plasma pulsado. In: 1° Encontro de Integrantes da Cadeia Produtiva de Ferramentas, Moldes e Matrizes, 29-30 de outubro. *Anais*... 2003. p. 113-122.

(91) C.E. Pinedo. Nitretação sob plasma - fundamentos e aplicações – Parte IV – Nitretação sob plasma pulsado de aços ferramenta. *Industrial Heating – Brasil*, v. 5, p. 53-56, 2013.

(92) A. R. Franco Jr., A. P. Tschiptschin, C. E. Pinedo. Nitretação sob plasma – fundamentos e aplicações – Parte V – Tratamento duplex de nitretação sob plasma e revestimento PVD em aços ferramenta. *Industrial Heating – Brasil*, v. 5, p. 66-69, 2013.

(93) C. E. Pinedo. Nitretação por plasma para endurecimento superficial de aços ferramenta. *Máquinas e Metais*, v. 40, p. 122-133, 2004.

(94) C. E. Pinedo. Nitretação por plasma aumenta a vida de matrizes de fundição sob pressão. *Fundição e Serviços*, v. 15, p. 70-79, 2004.

(95) C. E. Pinedo. Nitretação por plasma proporciona endurecimento superficial de aços ferramenta. *Plástico Industrial*, v. 6, p. 172-179, 2004.

(96) C. E. Pinedo, A. P. Tschiptschin, S. D. Oliveira. Plasma: pesquisas comprovam aumento de vida útil de ferramentas. *Metal Mecânica*, v. 7, p. 78-80, 2002.

(97) A. R. Franco Jr. *Obtenção de revestimento duplex por nitretação a plasma e PVD-TiN em aços ferramenta AISI D2 e AISI H13*. Tese (Doutorado), Departamento de Engenharia Metalúrgica e de Materiais da Escola Politécnica da Universidade de São Paulo. 2003.

(98) K. Dalaei, B. Karlsson, L.-E. Svensson. Stability of shot peening induced residual stresses and their influence on fatigue lifetime. *Materials Science and Engineering A*, v. 528, p. 1008-1015, 2011.

(99) D. Mellouli, N. Haddar, A. Köster, H. F. Ayedi. Hardness effect on thermal fatigue damage of hot-working tool steel. *Engineering Failure Analysis*, v. 45, p. 85-95, 2014.

(100) C. S. Gonçalves. *Efeito do processo de nitretação sob plasma no comportamento em fadiga térmica dos aços ferramenta para moldes de injeção de alumínio sob pressão*. Dissertação (Mestrado), Departamento de Engenharia Metalúrgica e de Materiais da Escola Politécnica da Universidade de São Paulo. 2012.

(101) M. V. Leite, C. A. Figueroa, S. C. Gallo, A. C. Rovani, R. L. O. Basso, P. R. Mei, I. J. R. Baumvol, A. Sinatora. Wear mechanisms and microstructure of pulsed plasma nitrided AISI H13 tool steel. *Wear*, v. 269, p. 466-472, 2010.

(102) J. S. Romero, A. M. Flores, O. R. Aguilar. Tribological evaluation of plasma nitride H13 steel. *Superficies y Vacío*, v. 26, p. 131-138, 2013.

(103) M. Sabet, S. M. Pesteei, B. Zarifkar. Influence of plasma nitriding on wear behavior of AISI D2 tool steel. In: AMPT2006 – Advances in Materials and Processing Technologies, 30 de julho a 3 de agosto. *Proceedings*... 2006.

(104) M. D. Conci, A. C. Bozzi. Effect of plasma nitriding potential on tribological behaviour of AISID2 cold-worked tool steel. *Wear*, v. 317, p. 188-193, 2014.

(105) A. R. Franco Jr. *Obtenção de revestimento duplex por nitretação a plasma e PVD-TiN em aços ferramenta AISI D2 e AISI H13*. Tese (Doutorado), Departamento de Engenharia Metalúrgica e de Materiais da Escola Politécnica da Universidade de São Paulo. 2003.

(106) C. E. Pinedo. Tecnologia em Tratamento Térmico e Engenharia de Superfície Ltda., *Patente BR 102012004918-0*, Processo de endurecimento superficial de ligas ferrosas, 2012.

(107) A. Mubarak, E. B. Hamzah, M. R. M. Toff. Effect of metal ion etching on the tribological, mechanical and microstructural properties of TiN-coated D2 tool steel using CAE PVD technique. *Surface Review and Letters*, v. 13, p. 413-421, 2006.

(108) E. D. Doyle, A. M. Pagon, P. Hubbard, S. J. Dowey, A. Pilkington, D. G. McCulloch, K. Latham, J. DuPlessis. Nitriding of high speed steel. *International Heat Treatment and Surface Engineering*, v. 5, p. 69-72, 2011.

(109) D. M. Krahmer, D. Russo, D. Egidi, M. G. Traverso, P. Corengia, A. Cabo. Rendimiento de brocas helicoidales de acero AISI M2 nitruradas por plasma DC-pulsado. In: Jornadas SAM/ConameT, Simposio Materia. *Anais*... 2003. p. 464-467.

(110) M. A. Pessin, M. D. Tier, T. R. Strohaecker, A. Bloyce, Y. Sun, T. Bell. The effects of plasma nitriding process parameters on the wear characteristics of AISI M2 tool steel. *Tribology Letters*, v. 8, p. 223-228, 2000.

(111) M. Tier, A. Bloyce, T. Bell, T. Strohaecker. Wear of plasma nitrided high speed steel. *Surface Engineering*, v. 14, p. 223-227, 1998.

(112) A. Akbari, R. Mohammadzadeh, C. Templier, J. P. Rivière. Effect of the initial microstructure on the plasma nitriding behavior of AISI M2 high speed steel. *Surface & Coatings Technology*, v. 204, p. 4114-4120, 2010.

(113) M. V. Stappen, M. Kerkhofs, C. Quaeyhaegens, L. Stals. Introduction in industry of a duplex treatment consisting of plasma nitriding and PVD deposition of TiN. *Surface and Coatings Technology*, v. 62, p. 655-661, 1993.

(114) T. Bell, H. Dong, Y. Sun. Realising the potential of duplex surface engineering. *Tribology International*, v. 31, p. 127-137, 1998.

(115) P. Hansson, M. Liljengren. Use of modern tool steel and surface engineering in sheet cold forming. *International Heat Treatment and Surface Engineering*, v. 7, p. 140-143, 2013.

(116) S. V. Bhaskar, H. N. Kudal. Tribology of nitrided-coated steel-a review. *Archives of Mechanical Technology and Materials*, v. 37, p. 50-57, 2017.

(117) R. D. M. Solis, J. G. M. Maldonado, M. A. Q. Salinas, E. R. Anda, R. S. Castañeda. Micro-scale abrasive wear testing of CrN Duplex PVD coating on pre-nitrided tool steel. *Materials Research*, v. 20, p. 1092-1102, 2017.

(118) U. Huchel, S. Bramers, I. Crummenauer, S. Dressler, S. Kinkel. Single cycle, combination layers with plasma assistance. *Surface and Coatings Technology*, v. 76-77, p. 211-217, 1995.

(119) A. R. Franco Junior, C. E. Pinedo, A. P. Tschiptschin. Influência do tratamento de nitretação sob plasma no desempenho de superfícies dúplex revestidas com TiN – Parte 1 – Influência na resistência ao desgaste. In: 3° Encontro da Cadeia de Ferramentas Moldes e Matrizes, 10 a 12 de agosto. *Anais*... 2005.

(120) A. R. Franco Junior, C. E. Pinedo, A. P. Tschiptschin. Influência do tratamento prévio de nitretação sob plasma no desempenho de superfícies dúplex revestidas com TiN – Parte 2 – Influência na adesão. In: 3° Encontro da Cadeia de Ferramentas Moldes e Matrizes, 10 a 12 de agosto. *Anais*... 2005.

(121) A. R. Franco Junior, C. E. Pinedo, A. P. Tschiptschin. Adesão de camadas de TiN em superfícies dúplex geradas por nitretação sob plasma e revestimento PAPVD. In: 60° Congresso Anual da ABM Internacional. *Anais*... 2005. p. 3392-3401.

(122) A. R. Franco Junior, C. E. Pinedo, A. P. Tschiptschin. Effect of the microstructure and thickness of nitrided cases on the abrasive wear resistance of duplex layered PVD-TiN coatings. In: Cobem – 18th International Congress of Mechanical Engineering, 6 a 11 de novembro. *Anais*... 2005.

(123) A. R. Franco Junior, C. E. Pinedo, A. P. Tschiptschin. Influence of the plasma pre-nitriding surface treatment on wear and adhesion of PVD/TiN coating for the hot work tool steel AISI H13. In: 7th International Tooling Conference, 2-5 maio. *Proceedings*... 2006. p. 457-463.

(124) A. R. Franco Junior, A. P. Tschiptschin, C. E. Pinedo. Nitretação sob plasma - fundamentos e aplicações - Parte V - Tratamento duplex de nitretação sob plasma e revestimento PVD em aços ferramenta. *Industrial Heating*, v. 5, p. 66-69, 2013.